중학 신입생 예비과정

수학

정답과 풀이 PDF 파일은 EBS 중학사이트 (mid.ebs.co.kr)에서 내려받으실 수 있습니다

교재 내용 문의	교재 내용 문의는 EBS 중학사이트 (mid.ebs.co.kr)의 교재 Q&A 서비스를 활용하시기 바랍니다.
교재 정오표 공지	발행 이후 발견된 정오 사항을 EBS 중학사이트 정오표 코너에서 알려 드립니다. 교재 검색 ▸ 교재 선택 ▸ 정오표
교재 정정 신청	공지된 정오 내용 외에 발견된 정오 사항이 있다면 EBS 중학사이트를 통해 알려 주세요. 교재 검색 ▸ 교재 선택 ▸ 교재 Q&A

효과가 상상 이상입니다.

예전에는 아이들의 어휘 학습을 위해 학습지를 만들어 주기도 했는데,
이제는 이 교재가 있으니 어휘 학습 고민은 해결되었습니다.
아이들에게 아침 자율 활동으로 할 것을 제안하였는데,
"선생님, 더 풀어도 되나요?"라는 모습을 보면,
아이들의 기초 학습 습관 형성에도 큰 도움이 되고 있다고 생각합니다.

ㄷ초등학교 안00 선생님

어휘 공부의 힘을 느꼈습니다.

학습에 자신감이 없던 학생도 이미 배운 어휘가 수업에 나왔을 때 반가워합니다.
어휘를 먼저 학습하면서 흥미도가 높아지고
동기 부여가 되는 것을 보면서 어휘 공부의 힘을 느꼈습니다.

ㅂ학교 김00 선생님

학생들 스스로 뿌듯해해요.

처음에는 어휘 학습을 따로 한다는 것 자체가 부담스러워했지만,
공부하는 내용에 대해 이해도가 높아지는 경험을 하면서
스스로 뿌듯해하는 모습을 볼 수 있었습니다.

ㅅ초등학교 손00 선생님

앞으로도 활용할 계획입니다.

학생들에게 확인 문제의 수준이 너무 어렵지 않으면서도
교과서에 나오는 낱말의 뜻을 확실하게 배울 수 있었고,
주요 학습 내용과 관련 있는 낱말의 뜻과 용례를
정확하게 공부할 수 있어서 효과적이었습니다.

ㅅ초등학교 지00 선생님

중학 신입생 예비과정

수학

Structure

초등과정 다시 보기

중학교 수학을 배우기 전에 단원과 연관된 초등 수학 문제를 다시 풀어보면서 초등 수학을 복습하고, 앞으로 배우게 될 중학교 수학을 예상해 볼 수 있습니다.

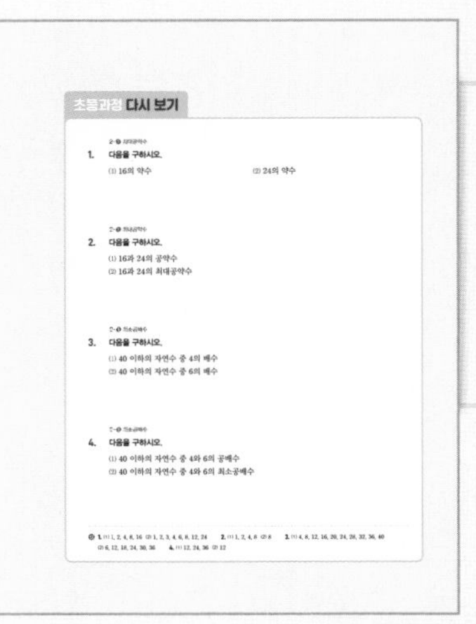

초등과정 다시 보기

1. 다음을 구하시오.
   (1) 16의 약수 (2) 24의 약수

2. 다음을 구하시오.
   (1) 16과 24의 공약수
   (2) 16과 24의 최대공약수

3. 다음을 구하시오.
   (1) 40 이하의 자연수 중 4의 배수
   (2) 40 이하의 자연수 중 6의 배수

4. 다음을 구하시오.
   (1) 40 이하의 자연수 중 4와 6의 공배수
   (2) 40 이하의 자연수 중 4와 6의 최소공배수

답 1. (1) 1, 2, 4, 8, 16 (2) 1, 2, 3, 4, 6, 8, 12, 24 2. (1) 1, 2, 4, 8 (2) 8 3. (1) 4, 8, 12, 16, 20, 24, 28, 32, 36, 40 (2) 6, 12, 18, 24, 30, 36 4. (1) 12, 24, 36 (2) 12

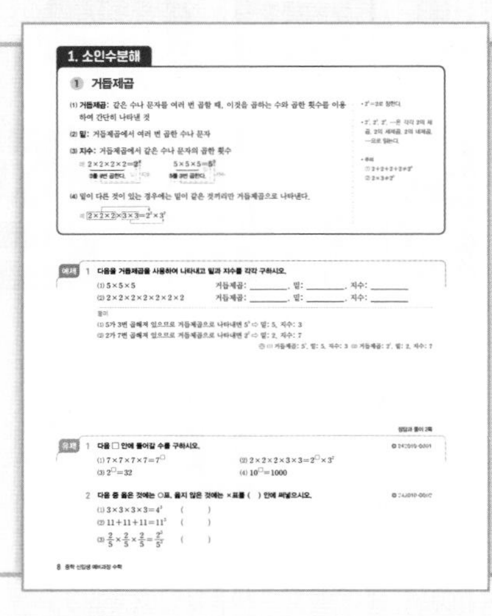

1. 소인수분해

① 거듭제곱

(1) 거듭제곱: 같은 수나 문자를 여러 번 곱할 때, 이것을 곱하는 수와 곱한 횟수를 이용하여 간단히 나타낸 것
(2) 밑: 거듭제곱에서 여러 번 곱한 수나 문자
(3) 지수: 거듭제곱에서 같은 수나 문자의 곱한 횟수
(4) 밑이 다른 것이 있는 경우에는 밑이 같은 것끼리만 거듭제곱으로 나타낸다.

예제 1 다음을 거듭제곱을 사용하여 나타내고 밑과 지수를 각각 구하시오.
(1) $5\times5\times5$ 거듭제곱: ______, 밑: ______, 지수: ______
(2) $2\times2\times2\times2\times2\times2\times2$ 거듭제곱: ______, 밑: ______, 지수: ______

유제 1 다음 □ 안에 들어갈 수를 구하시오.
(1) $7\times7\times7\times7=7^{\square}$ (2) $2\times2\times2\times3\times3=2^{\square}\times3^2$
(3) $2^{\square}=32$ (4) $10^{\square}=1000$

2 다음 중 옳은 것에는 ○표, 옳지 않은 것에는 ×표를 ( ) 안에 써넣으시오.
(1) $3\times3\times3\times3=4^3$ ( )
(2) $11+11+11=11^3$ ( )
(3) $\frac{2}{5}\times\frac{2}{5}\times\frac{2}{5}=\frac{2^3}{5^3}$ ( )

8 중학 신입생 예비과정 수학

개념 정리

교과서의 기본 내용을 체계적으로 정리하고 주제별로 세분화하였습니다. 보조단에 보충설명을 하여 혼자서도 공부할 수 있도록 구성하였습니다.

예제 & 유제

개념을 적용한 예제 문항을 풀어봄으로써 문제를 해결하는 방법을 자연스럽게 익힐 수 있습니다. 이어서 유제를 통해 연습하며 개념을 이해하였는지 확인할 수 있습니다.

중단원 마무리

개념 정리와 예제&유제를 통해 배운 내용을 중단원별로 마무리할 수 있도록 구성하였습니다. 중요 문제와 함께 중단원별 핵심 개념을 익힐 수 있습니다.

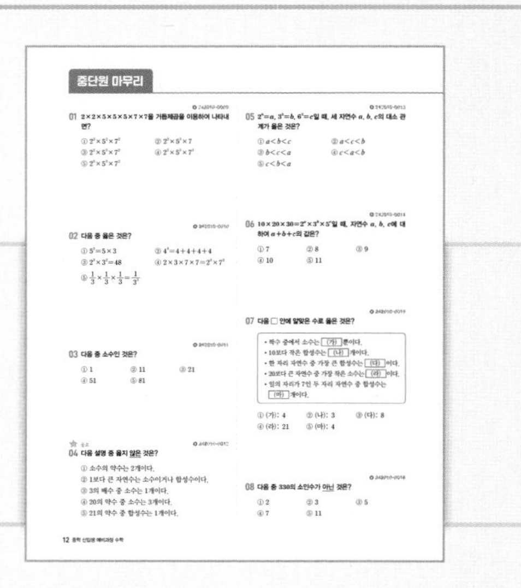

중단원 마무리

01 $2\times2\times5\times5\times5\times7\times7$을 거듭제곱을 이용하여 나타내면?

02 다음 중 옳은 것은?
① $5^3=5\times3$ ② $4^4=4+4+4+4$ ③ $2^3\times3^2=48$ ④ $2\times3\times7\times7=2^3\times7^2$ ⑤ $\frac{1}{3}\times\frac{1}{3}\times\frac{1}{3}=\frac{1}{3^3}$

03 다음 중 소수인 것은?
① 1 ② 11 ③ 21 ④ 51 ⑤ 81

04 다음 설명 중 옳지 않은 것은?
① 소수의 약수는 2개이다.
② 1보다 큰 자연수는 소수이거나 합성수이다.
③ 3의 배수 중 소수는 1개이다.
④ 20의 약수 중 소수는 3개이다.
⑤ 21의 약수 중 합성수는 1개이다.

05 $2^4=a$, $3^3=b$, $6^2=c$일 때, 세 자연수 a, b, c의 대소 관계가 옳은 것은?
① $a<b<c$ ② $a<c<b$ ③ $b<c<a$ ④ $c<a<b$ ⑤ $c<b<a$

06 $10\times20\times30=2^a\times3^b\times5^c$일 때, 자연수 a, b, c에 대하여 $a+b+c$의 값은?
① 7 ② 8 ③ 9 ④ 10 ⑤ 11

07 다음 □ 안에 알맞은 수로 옳은 것은?
• 짝수 중에서 소수는 (가) 뿐이다.
• 10보다 작은 합성수는 (나) 개이다.
• 한 자리 자연수 중 가장 큰 합성수는 (다) 이다.
• 20보다 큰 자연수 중 가장 작은 소수는 (라) 이다.
• 일의 자리가 7인 두 자리 자연수 중 합성수는 (마) 개이다.
① (가): 4 ② (나): 3 ③ (다): 8 ④ (라): 21 ⑤ (마): 4

08 다음 중 330의 소인수가 아닌 것은?
① 2 ② 3 ③ 5 ④ 7 ⑤ 11

12 중학 신입생 예비과정 수학

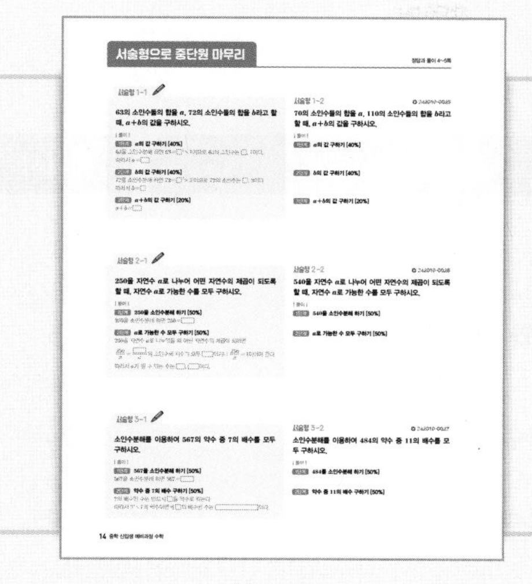
서술형으로 중단원 마무리

서술형 1-1
63의 소인수들의 합을 a, 72의 소인수들의 합을 b라고 할 때, $a+b$의 값을 구하시오.

서술형 1-2
70의 소인수들의 합을 a, 110의 소인수들의 합을 b라고 할 때, $a+b$의 값을 구하시오.

서술형 2-1
250을 자연수 a로 나누어 어떤 자연수의 제곱이 되도록 할 때, 자연수 a로 가능한 수를 모두 구하시오.

서술형 2-2
540을 자연수 a로 나누어 어떤 자연수의 제곱이 되도록 할 때, 자연수 a로 가능한 수를 모두 구하시오.

서술형 3-1
소인수분해를 이용하여 567의 약수 중 7의 배수를 모두 구하시오.

서술형 3-2
소인수분해를 이용하여 484의 약수 중 11의 배수를 모두 구하시오.

14 중학 신입생 예비과정 수학

서술형으로 중단원 마무리

단계별 채점 기준을 통해 문제 해결 과정을 이해하며, 서술형 문제 풀이 연습을 하며 마무리할 수 있습니다.

정답과 풀이

모든 문항에 대한 상세한 풀이를 통해 부족한 학습 내용을 보완할 수 있도록 구성하였습니다.

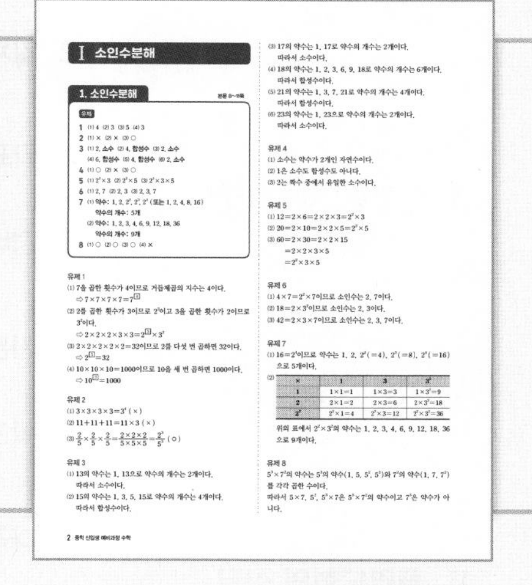
I 소인수분해

1. 소인수분해

2 중학 신입생 예비과정 수학

인공지능 DANCHOQ 푸리봇 문|제|검|색

EBS 중학사이트와 **EBS 중학 APP** 하단의 **AI 학습도우미 푸리봇**을 통해 문항코드를 검색하면 푸리봇이 해당 문제의 해설 강의를 찾아 줍니다.

Contents

이 책의 차례

초등학교와 달라지는

중학교, 이렇게 시작하세요!

늘어나는 수업 시간!
많아지는 학습량

새롭게 시작되는 중학교 생활! 중학교는 수업 시간이 45분으로, 초등학교에 비해 5분 늘어납니다. 또 배우는 과목도 많아지고 과목마다 선생님이 다릅니다. 그러나 두려워할 필요는 없습니다. 달라지는 평가 방법을 파악하고 학습 전략을 제대로 수립한다면 중학교에서도 좋은 성적을 거둘 수 있습니다.

달라지는 평가 방법!
평가계획서 확인하기

중학교에서는 1년간 학습 내용과 평가 운영 계획을 작성하여 미리 안내합니다. 중학교에서의 평가는 지필평가와 수행평가로 구성되고, 반영비율을 적용하여 절대평가로 성적이 산출됩니다. 평가계획서에는 지필평가와 수행평가를 시행하는 횟수, 수행평가 방법, 반영비율 등 평가와 관련된 모든 정보가 담겨 있습니다. 각 평가계획서는 학교 홈페이지와 '학교알리미'를 통해 확인 가능합니다.

[국어 평가계획서 예시]

평가 종류	지필평가			수행평가	
반영비율	60%			20%	20%
횟수 및 평가 영역	1차(중간고사)		2차(기말고사)	설명문 쓰기	고민 처방전 공유하기
	선택형	서·논술형	선택형		
만점(반영비율)	60점(18%)	40점(12%)	100점(30%)	100점(20%)	100점(20%)
평가 시기	4월 29, 30일 ~ 5월 1일		7월 3, 4, 5일	3월	6월

성공적인 중학 생활을 위한
과목별 학습 전략의 필요성

중학교는 교과목에 따른 학습 전략을 세울 필요가 있습니다. 특히 중학교의 교과는 고등학교 과목의 기초가 되기 때문에 고교까지 연결되는 교과 특성에 맞게 학습 습관을 만들어야 합니다.

수학 과목

수학은 학년이 올라갈수록 전에 배운 내용을 더 깊이 학습하는 구조입니다. 중학 수학의 개념과 용어는 중학 3년간 탄탄한 수학 실력의 밑바탕이 되니, 학년을 올라갈수록 확장되는 개념을 정확하게 이해하고 적용하는 습관을 만들어 보세요.

★ **EBS 100% 활용하기**
(+학습 습관 기르기)

- 교재에 수록된 문항코드로 모르는 문제만 골라 강의로 확인하기
- EBS에서 제공하는 다양한 내신 대비 특강 & 수행평가 대비 특강 수강하기

I 소인수분해

1. 소인수분해

1. 거듭제곱
2. 소수와 합성수
3. 소인수분해
4. 소인수분해를 이용하여 약수 구하기

2. 최대공약수와 최소공배수

1. 최대공약수
2. 최대공약수 구하기
3. 최소공배수
4. 최소공배수 구하기

초등과정 다시 보기

2-❶ 최대공약수

1. **다음을 구하시오.**

(1) 16의 약수

(2) 24의 약수

2-❶ 최대공약수

2. **다음을 구하시오.**

(1) 16과 24의 공약수

(2) 16과 24의 최대공약수

2-❸ 최소공배수

3. **다음을 구하시오.**

(1) 40 이하의 자연수 중 4의 배수

(2) 40 이하의 자연수 중 6의 배수

2-❸ 최소공배수

4. **다음을 구하시오.**

(1) 40 이하의 자연수 중 4와 6의 공배수

(2) 40 이하의 자연수 중 4와 6의 최소공배수

답 **1.** (1) 1, 2, 4, 8, 16 (2) 1, 2, 3, 4, 6, 8, 12, 24 **2.** (1) 1, 2, 4, 8 (2) 8 **3.** (1) 4, 8, 12, 16, 20, 24, 28, 32, 36, 40 (2) 6, 12, 18, 24, 30, 36 **4.** (1) 12, 24, 36 (2) 12

1. 소인수분해

1 거듭제곱

(1) **거듭제곱:** 같은 수나 문자를 여러 번 곱할 때, 이것을 곱하는 수와 곱한 횟수를 이용하여 간단히 나타낸 것

(2) **밑:** 거듭제곱에서 여러 번 곱한 수나 문자

(3) **지수:** 거듭제곱에서 같은 수나 문자의 곱한 횟수

예 $2\times2\times2\times2=2^4$ (2를 4번 곱한다. 밑 2, 지수 4) $5\times5\times5=5^3$ (5를 3번 곱한다. 밑 5, 지수 3)

(4) 밑이 다른 것이 있는 경우에는 밑이 같은 것끼리만 거듭제곱으로 나타낸다.

예 $2\times2\times2\times3\times3=2^3\times3^2$

- $2^1=2$로 정한다.
- 2^2, 2^3, 2^4, …은 각각 2의 제곱, 2의 세제곱, 2의 네제곱, …으로 읽는다.
- 주의
  ① $2+2+2+2\neq2^4$
  ② $2\times3\neq2^3$

예제 1 다음을 거듭제곱을 사용하여 나타내고 밑과 지수를 각각 구하시오.

(1) $5\times5\times5$ 거듭제곱: ________, 밑: ________, 지수: ________

(2) $2\times2\times2\times2\times2\times2\times2$ 거듭제곱: ________, 밑: ________, 지수: ________

풀이

(1) 5가 3번 곱해져 있으므로 거듭제곱으로 나타내면 5^3 ⇨ 밑: 5, 지수: 3

(2) 2가 7번 곱해져 있으므로 거듭제곱으로 나타내면 2^7 ⇨ 밑: 2, 지수: 7

답 (1) 거듭제곱: 5^3, 밑: 5, 지수: 3 (2) 거듭제곱: 2^7, 밑: 2, 지수: 7

정답과 풀이 2쪽

유제 1 다음 □ 안에 들어갈 수를 구하시오. ▶ 242010-0001

(1) $7\times7\times7\times7=7^{\square}$

(2) $2\times2\times2\times3\times3=2^{\square}\times3^2$

(3) $2^{\square}=32$

(4) $10^{\square}=1000$

2 다음 중 옳은 것에는 ○표, 옳지 않은 것에는 ×표를 ( ) 안에 써넣으시오. ▶ 242010-0002

(1) $3\times3\times3\times3=4^3$ ( )

(2) $11+11+11=11^3$ ( )

(3) $\frac{2}{5}\times\frac{2}{5}\times\frac{2}{5}=\frac{2^3}{5^3}$ ( )

2 소수와 합성수

(1) **소수:** 1보다 큰 자연수 중에서 1과 자기 자신만을 약수로 가지는 수
⇨ 약수가 2개
예 2, 3, 5, 7, 11, 13, ⋯

(2) **합성수:** 1보다 큰 자연수 중에서 1과 자기 자신 이외의 수를 약수로 가지는 수
⇨ 약수가 3개 이상
예 4, 6, 8, 9, 10, 12, 14, ⋯

(3) 1은 소수도 아니고 합성수도 아니다.

- 2, 3, 5, 7, ⋯은 소수(素數)이고 0.1, 1.32, 3.01, ⋯은 소수(小數)이다.
- 합성수는 1보다 큰 자연수 중에서 소수가 아닌 수라고 할 수 있다.
- 자연수는 1, 소수, 합성수로 이루어져 있다.

예제 2 1부터 10까지의 자연수 중 소수와 합성수를 각각 구하시오.

(1) 소수

(2) 합성수

풀이

(1) 소수는 1보다 큰 자연수 중에서 약수가 1과 자신뿐인 수이므로 2, 3, 5, 7

(2) 합성수는 1보다 큰 자연수 중에서 1과 자기 자신 이외의 수를 약수로 가지는 수이므로 4, 6, 8, 9, 10
(* 합성수는 1보다 큰 자연수 중 소수가 아닌 수이므로 2부터 10까지의 자연수 중 소수가 아닌 수를 찾으면 된다.)

답 (1) 2, 3, 5, 7 (2) 4, 6, 8, 9, 10

정답과 풀이 2쪽

유제 3 다음 자연수의 약수의 개수를 구하고 소수인 것에는 '소수', 합성수인 것에는 '합성수'를 ( ) 안에 써넣으시오. ▶ 242010-0003

(1) 13 약수의 개수: ________개, (   )

(2) 15 약수의 개수: ________개, (   )

(3) 17 약수의 개수: ________개, (   )

(4) 18 약수의 개수: ________개, (   )

(5) 21 약수의 개수: ________개, (   )

(6) 23 약수의 개수: ________개, (   )

4 다음 소수에 대한 설명 중 옳은 것에는 ○표, 옳지 않은 것에는 ×표를 ( ) 안에 써넣으시오. ▶ 242010-0004

(1) 약수가 2개인 자연수이다. (   )

(2) 1은 소수이다. (   )

(3) 2는 짝수 중에서 유일한 소수이다. (   )

3 소인수분해

(1) **소인수:** 소수인 약수 예 15의 소인수: 3, 5

(2) **소인수분해:** 어떤 자연수를 소인수들만의 곱으로 나타내는 것 예 $15=3\times5$

(3) **소인수분해 하는 방법**

① 나누어떨어지는 소수로 나눈다. 몫이 소수가 될 때까지 계속해서 나눈다.

② 나눈 소수들과 마지막 몫을 곱셈 기호로 연결한다.

[방법1]

$90=2\times45$

$=2\times3\times15$

$=2\times3\times3\times5$

$=2\times3^2\times5$

[방법2]

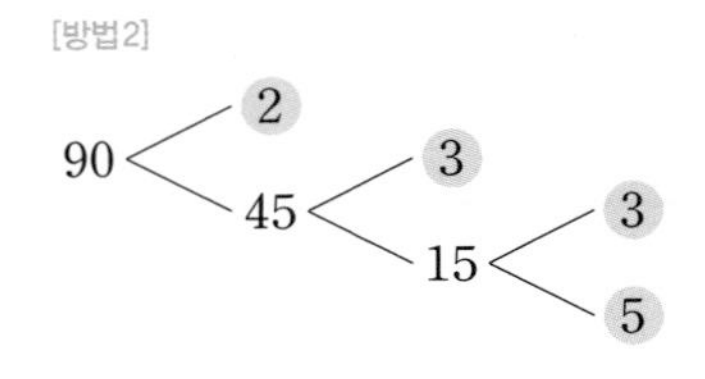

[방법3]

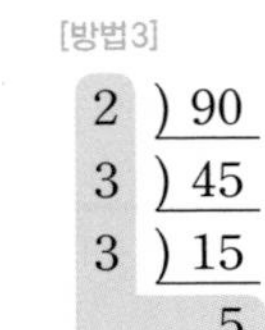

• 소인수분해 한 결과는 보통 크기가 작은 소인수부터 차례대로 쓰고, 같은 소인수의 곱은 거듭제곱으로 나타낸다.

• 어떤 자연수를 소인수분해 한 결과는 곱해진 순서를 생각하지 않는다면 오직 한 가지뿐이다.

예제 3 다음은 24를 소인수분해 하는 다양한 방법이다. □ 안에 알맞은 수를 써넣으시오.

[방법1]

$24=2\times\square$

$=2\times2\times\square$

$=2\times2\times2\times\square$

$=2^{\square}\times\square$

[방법2]

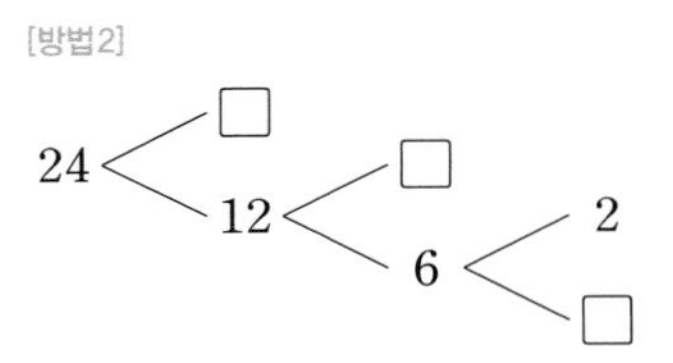

[방법3]

□) 24
□) 12
2) 6
□

⇨ 따라서 24를 소인수분해 하면 $24=2^{\square}\times\square$

풀이

[방법1]

$24=2\times\boxed{12}$

$=2\times2\times\boxed{6}$

$=2\times2\times2\times\boxed{3}=2^{\boxed{3}}\times\boxed{3}$

[방법2]

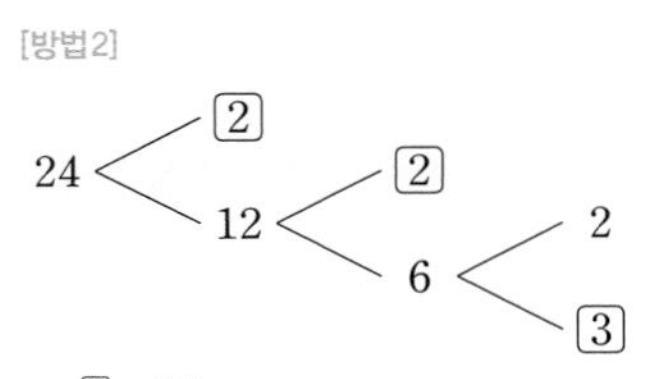

[방법3]

$\boxed{2}$) 24
$\boxed{2}$) 12
2) 6
$\boxed{3}$

⇨ 따라서 24를 소인수분해 하면 $24=2^{\boxed{3}}\times\boxed{3}$

답 풀이 참조

정답과 풀이 2쪽

유제 5 다음 수를 소인수분해 하시오. ▶ 242010-0005

(1) 12 (2) 20 (3) 60

6 다음 수의 소인수를 구하시오. ▶ 242010-0006

(1) 4×7 (2) 18 (3) 42

4 소인수분해를 이용하여 약수 구하기

(1) a가 소수일 때, 자연수 a^n의 약수는 $1, a, a^2, \cdots, a^n$

⇨ a^n의 약수의 개수는 $(n+1)$개

예 3^5의 약수는 $1, 3, 3^2, 3^3, 3^4, 3^5$이고, 약수의 개수는 $5+1=6$(개)이다.

(2) 자연수 N이 $N=a^m \times b^n$ (a, b가 서로 다른 소수)으로 소인수분해 될 때

① N의 약수는 a^m의 약수와 b^n의 약수를 각각 곱하여 구할 수 있다.

예 $54=2\times3^3$이므로 54의 약수는 2의 약수 1, 2와 3^3의 약수 $1, 3, 3^2, 3^3$ 중에서 하나씩 골라 서로 곱하여 구할 수 있다.

×	1	3	3^2	3^3
1	$1\times1=1$	$1\times3=3$	$1\times3^2=9$	$1\times3^3=27$
2	$2\times1=2$	$2\times3=6$	$2\times3^2=18$	$2\times3^3=54$

⇨ 54의 약수는 1, 2, 3, 6, 9, 18, 27, 54이다.

• 표를 이용하면 $a^m \times b^n$의 약수를 빠짐없이 구할 수 있다.

② $N=a^m\times b^n$의 약수의 개수: $(m+1)\times(n+1)$개

예 $54=2\times3^3$이므로 54의 약수의 개수는 $(1+1)\times(3+1)=8$(개)

예제 4 **소인수분해를 이용하여 100의 약수를 모두 구하시오.**

풀이

100을 소인수분해 하면 $100=2^2\times5^2$이므로 2^2의 약수 $1, 2, 2^2$과 5^2의 약수 $1, 5, 5^2$ 중에서 하나씩 골라 서로 곱하여 구할 수 있다.

×	1	5	5^2
1	$1\times1=1$	$1\times5=5$	$1\times5^2=25$
2	$2\times1=2$	$2\times5=10$	$2\times5^2=50$
2^2	$2^2\times1=4$	$2^2\times5=20$	$2^2\times5^2=100$

따라서 100의 약수는 1, 2, 4, 5, 10, 20, 25, 50, 100이다.

답 1, 2, 4, 5, 10, 20, 25, 50, 100

정답과 풀이 2쪽

유제 7 **소인수분해를 이용하여 다음 수의 약수를 모두 구하고 약수의 개수를 구하시오.** ▶ 242010-0007

(1) 16　　약수: ____________,　약수의 개수: ______개

(2) $2^2\times3^2$　　약수: ____________,　약수의 개수: ______개

8 **다음 중 $5^3\times7^2$의 약수인 것에는 ○표, 약수가 아닌 것에는 ×표를 (　) 안에 써넣으시오.** ▶ 242010-0008

(1) 5×7　(　　)　　(2) 5^2　(　　)

(3) $5^3\times7$　(　　)　　(4) 7^3　(　　)

중단원 마무리

242010-0009

01 $2\times2\times5\times5\times5\times7\times7$을 거듭제곱을 이용하여 나타내면?

① $2^2\times5^2\times7^2$ ② $2^2\times5^3\times7$
③ $2^2\times5^3\times7^2$ ④ $2^2\times5^3\times7^3$
⑤ $2^3\times5^3\times7^2$

242010-0010

02 다음 중 옳은 것은?

① $5^3=5\times3$ ② $4^4=4+4+4+4$
③ $2^3\times3^2=48$ ④ $2\times3\times7\times7=2^3\times7^2$
⑤ $\frac{1}{3}\times\frac{1}{3}\times\frac{1}{3}=\frac{1}{3^3}$

242010-0011

03 다음 중 소수인 것은?

① 1 ② 11 ③ 21
④ 51 ⑤ 81

★ 중요

242010-0012

04 다음 설명 중 옳지 않은 것은?

① 소수의 약수는 2개이다.
② 1보다 큰 자연수는 소수이거나 합성수이다.
③ 3의 배수 중 소수는 1개이다.
④ 20의 약수 중 소수는 3개이다.
⑤ 21의 약수 중 합성수는 1개이다.

242010-0013

05 $2^8=a$, $3^5=b$, $6^3=c$일 때, 세 자연수 a, b, c의 대소 관계가 옳은 것은?

① $a<b<c$ ② $a<c<b$
③ $b<c<a$ ④ $c<a<b$
⑤ $c<b<a$

242010-0014

06 $10\times20\times30=2^a\times3^b\times5^c$일 때, 자연수 a, b, c에 대하여 $a+b+c$의 값은?

① 7 ② 8 ③ 9
④ 10 ⑤ 11

242010-0015

07 다음 □ 안에 알맞은 수로 옳은 것은?

- 짝수 중에서 소수는 (가) 뿐이다.
- 10보다 작은 합성수는 (나) 개이다.
- 한 자리 자연수 중 가장 큰 합성수는 (다) 이다.
- 20보다 큰 자연수 중 가장 작은 소수는 (라) 이다.
- 일의 자리가 7인 두 자리 자연수 중 합성수는 (마) 개이다.

① (가): 4 ② (나): 3 ③ (다): 8
④ (라): 21 ⑤ (마): 4

242010-0016

08 다음 중 330의 소인수가 아닌 것은?

① 2 ② 3 ③ 5
④ 7 ⑤ 11

▶ 242010-0017

09 120을 소인수분해 하면?

① 4×30　② $1\times5\times24$
③ $2\times3^2\times5$　④ $2^3\times3\times5$
⑤ $2\times3\times4\times5$

중요

▶ 242010-0018

10 다음 중 소인수분해를 바르게 한 것은?

① $150=3^2\times5^2$　② $180=2^3\times3\times5$
③ $220=2^2\times5\times11$　④ $350=2^2\times5^2\times7$
⑤ $400=2^4\times5^3$

▶ 242010-0019

11 다음 순서에 따라 1부터 50까지의 수를 지워나갈 때 5단계가 끝난 후 남은 수의 개수는?

1	2	3	4	5	6	7	8	9	10
11	12	13	14	15	16	17	18	19	20
21	22	23	24	25	26	27	28	29	30
31	32	33	34	35	36	37	38	39	40
41	42	43	44	45	46	47	48	49	50

1단계: 1을 지운다.
2단계: 2는 남기고 2의 배수를 모두 지운다.
3단계: 3은 남기고 3의 배수를 모두 지운다.
4단계: 5는 남기고 5의 배수를 모두 지운다.
5단계: 7은 남기고 7의 배수를 모두 지운다.

① 15개　② 16개　③ 17개
④ 18개　⑤ 19개

▶ 242010-0020

12 54에 한 자리 자연수 a를 곱하면 자연수 b의 제곱이 된다고 할 때, $a+b$의 값은?

① 20　② 24　③ 28
④ 32　⑤ 36

▶ 242010-0021

13 다음 중 약수의 개수가 다른 하나는?

① 2^{11}　② $2^4\times11$　③ $3^2\times5^3$
④ $5^3\times7^2$　⑤ $7^3\times11^2$

▶ 242010-0022

14 $5^2\times7^4$이 $3\times5^3\times7^{\square}$의 약수일 때, 다음 중 □ 안에 들어갈 수 있는 수를 모두 고르면? (정답 2개)

① 1　② 2　③ 3
④ 4　⑤ 5

중요

▶ 242010-0023

15 다음 중 360의 약수가 아닌 것은?

① 3^2　② $2^2\times5$　③ $3^3\times5$
④ $2^2\times3^2\times5$　⑤ $2^3\times3\times5$

▶ 242010-0024

16 다음 (가), (나), (다), (라)에 들어갈 수를 모두 더한 값은?
(단, (가), (나), (다), (라)는 자연수이다.)

144를 소인수분해 하면 $144=2^{(가)}\times3^{(나)}$이다.
따라서 144의 소인수는 2와 (다) 이고, 144의 약수의 개수는 (라) 개이다.

① 24　② 25　③ 26
④ 27　⑤ 28

서술형으로 중단원 마무리

정답과 풀이 4~5쪽

서술형 1-1

63의 소인수들의 합을 a, 72의 소인수들의 합을 b라고 할 때, $a+b$의 값을 구하시오.

| 풀이 |

1단계 **a의 값 구하기 [40%]**

63을 소인수분해 하면 $63=\square^2\times7$이므로 63의 소인수는 $\square$, 7이다.

따라서 $a=\square$

2단계 **b의 값 구하기 [40%]**

72를 소인수분해 하면 $72=\square^3\times3^2$이므로 72의 소인수는 $\square$, 3이다.

따라서 $b=\square$

3단계 **$a+b$의 값 구하기 [20%]**

$a+b=\square$

서술형 1-2

242010-0025

70의 소인수들의 합을 a, 110의 소인수들의 합을 b라고 할 때, $a+b$의 값을 구하시오.

| 풀이 |

1단계 **a의 값 구하기 [40%]**

2단계 **b의 값 구하기 [40%]**

3단계 **$a+b$의 값 구하기 [20%]**

서술형 2-1

250을 자연수 a로 나누어 어떤 자연수의 제곱이 되도록 할 때, 자연수 a로 가능한 수를 모두 구하시오.

| 풀이 |

1단계 **250을 소인수분해 하기 [50%]**

250을 소인수분해 하면 $250=\square$

2단계 **a로 가능한 수 모두 구하기 [50%]**

250을 자연수 a로 나누었을 때 어떤 자연수의 제곱이 되려면

$\frac{250}{a}=\frac{\square}{a}$의 소인수의 지수가 모두 $\square$이거나 $\frac{250}{a}=1$이어야 한다.

따라서 a가 될 수 있는 수는 $\square$, $\square$이다.

서술형 2-2

242010-0026

540을 자연수 a로 나누어 어떤 자연수의 제곱이 되도록 할 때, 자연수 a로 가능한 수를 모두 구하시오.

| 풀이 |

1단계 **540을 소인수분해 하기 [50%]**

2단계 **a로 가능한 수 모두 구하기 [50%]**

서술형 3-1

소인수분해를 이용하여 567의 약수 중 7의 배수를 모두 구하시오.

| 풀이 |

1단계 **567을 소인수분해 하기 [50%]**

567을 소인수분해 하면 $567=\square$

2단계 **약수 중 7의 배수 구하기 [50%]**

7의 배수인 수는 반드시 $\square$을 약수로 갖는다.

따라서 $3^4\times7$의 약수이면서 $\square$의 배수인 수는 $\square$이다.

서술형 3-2

242010-0027

소인수분해를 이용하여 484의 약수 중 11의 배수를 모두 구하시오.

| 풀이 |

1단계 **484를 소인수분해 하기 [50%]**

2단계 **약수 중 11의 배수 구하기 [50%]**

2. 최대공약수와 최소공배수

1 최대공약수

(1) **공약수:** 두 개 이상의 자연수의 공통인 약수

(2) **최대공약수:** 공약수 중에서 가장 큰 수

예 12의 약수: 1, 2, 3, 4, 6, 12

20의 약수: 1, 2, 4, 5, 10, 20

⇨ 12와 20의 공약수: 1, 2, 4 ⇨ 12와 20의 최대공약수: 4

(3) **최대공약수의 성질:** 두 개 이상의 자연수의 공약수는 그 수들의 최대공약수의 약수이다.

예 두 자연수의 최대공약수가 12이면 그들의 공약수는 1, 2, 3, 4, 6, 12이다.

(4) **서로소:** 최대공약수가 1인 두 자연수

예 9의 약수: 1, 3, 9

10의 약수: 1, 2, 5, 10

⇨ 9와 10의 최대공약수는 1이므로 9와 10은 서로소이다.

• 공약수 중에서 가장 작은 수는 항상 1이므로 '최소공약수'라는 것은 생각하지 않는다.

• 공약수가 1뿐인 두 자연수는 서로소이다.

• 서로 다른 두 소수는 항상 서로소이다.

예제 1 두 자연수의 최대공약수가 다음과 같을 때, 두 자연수의 공약수를 모두 구하시오.

(1) 18

(2) $2^2\times3$

풀이

(1) 두 자연수의 공약수는 두 수의 최대공약수의 약수이므로 18의 약수인 1, 2, 3, 6, 9, 18이다.

(2) 두 자연수의 공약수는 두 수의 최대공약수의 약수이므로 $2^2\times3$의 약수인 1, 2, 3, 4, 6, 12이다.

답 (1) 1, 2, 3, 6, 9, 18 (2) 1, 2, 3, 4, 6, 12

정답과 풀이 6쪽

유제 1 두 자연수의 최대공약수가 다음과 같을 때, 두 자연수의 공약수를 모두 구하시오. ▶ 242010-0028

(1) 20

(2) $3^2\times5^2$

2 다음 중 두 수가 서로소인 것에는 ○표, 서로소가 아닌 것에는 ×표를 ( ) 안에 써넣으시오. ▶ 242010-0029

(1) 5, 8 ( ) (2) 1, 10 ( )

(3) 15, 12 ( ) (4) 20, 55 ( )

2 최대공약수 구하기

소인수분해를 이용하여 최대공약수 구하기

① 각 수를 소인수분해 하여 거듭제곱의 꼴로 나타낸다.

② 공통인 소인수의 거듭제곱 중에서 지수가 같거나 작은 것을 택하여 곱한다.

예 두 수 18과 24의 최대공약수 구하기

$$\begin{array}{rcl} 18 &=& 2 \times 3^2 \\ 24 &=& 2^3 \times 3 \\ \hline (\text{최대공약수}) &=& 2 \times 3 = 6 \end{array}$$

세 수 36, 60, 120의 최대공약수 구하기

$$\begin{array}{rcl} 36 &=& 2^2 \times 3^2 \\ 60 &=& 2^2 \times 3 \times 5 \\ 120 &=& 2^3 \times 3 \times 5 \\ \hline (\text{최대공약수}) &=& 2^2 \times 3 = 12 \end{array}$$

• 나눗셈을 이용하여 최대공약수를 구할 수도 있다.

① 1이 아닌 공약수로 각 수를 나눈다.

② 몫에 1 이외의 공약수가 없을 때까지 계속 나눈다.

③ 나누어 준 공약수를 모두 곱한다.

예 두 수 18과 24의 최대공약수 구하기

$$\begin{array}{r|rr} 2 & 18 & 24 \\ 3 & 9 & 12 \\ \hline & 3 & 4 \end{array}$$

(최대공약수)$=2\times3=6$

예제 2 **소인수분해를 이용하여 다음 두 수의 최대공약수를 구하시오.**

24, 60

풀이

두 수 24와 60을 각각 소인수분해 하면 $24=2^3\times3$, $60=2^2\times3\times5$

최대공약수는 각 수의 밑이 같은 거듭제곱 중에서 지수가 같거나 작은 것을 택하여 곱하므로

$$\begin{array}{rcl} 24 &=& 2^3 \times 3 \\ 60 &=& 2^2 \times 3 \times 5 \\ \hline (\text{최대공약수}) &=& 2^2 \times 3 = 12 \end{array}$$

답 12

정답과 풀이 6쪽

유제 3 **소인수분해를 이용하여 다음 두 수의 최대공약수를 구하시오.** 242010-0030

(1) 16, 40

(2) $2^2\times3\times5^2$, $2^3\times5\times7$

4 **소인수분해를 이용하여 다음 세 수의 최대공약수를 구하시오.** 242010-0031

(1) 30, 75, 150

(2) 2×3^3, $2\times3^2\times5$, $2^2\times3^2\times7$

3 최소공배수

(1) **공배수:** 두 개 이상의 자연수의 공통인 배수

(2) **최소공배수:** 공배수 중에서 가장 작은 수

예 4의 배수: 4, 8, 12, 16, 20, 24, 28, 32, 36, ⋯

6의 배수: 6, 12, 18, 24, 30, 36, ⋯

⇨ 4와 6의 공배수: 12, 24, 36, ⋯

⇨ 4와 6의 최소공배수: 12

(3) **최소공배수의 성질:** 두 개 이상의 자연수의 공배수는 그 수들의 최소공배수의 배수이다.

예 두 자연수의 최소공배수가 5이면 그들의 공배수는 5, 10, 15, 20, 25, ⋯ 이다.

• 공배수는 끝없이 계속 구할 수 있으므로 공배수 중에서 가장 큰 수는 알 수 없다. 따라서 '최대공배수'라는 것은 생각하지 않는다.

• 서로소인 두 자연수의 최소공배수는 두 수의 곱이다.

예제 3 다음 보기를 보고, 물음에 답하시오.

보기

2×3^2, $2^2\times3$, 3×5, $3^2\times5^2$, $3^3\times5^2$

(1) 두 자연수의 최소공배수가 6일 때, 두 자연수의 공배수를 모두 고르시오.

(2) 두 자연수의 최소공배수가 $3^2\times5$일 때, 두 자연수의 공배수를 모두 고르시오.

풀이

(1) 두 자연수의 공배수는 두 수의 최소공배수의 배수이므로
보기에서 $6=2\times3$의 배수를 고르면 2×3^2, $2^2\times3$

(2) 두 자연수의 공배수는 두 수의 최소공배수의 배수이므로
보기에서 $3^2\times5$의 배수를 고르면 $3^2\times5^2$, $3^3\times5^2$

답 (1) 2×3^2, $2^2\times3$ (2) $3^2\times5^2$, $3^3\times5^2$

정답과 풀이 6쪽

유제 5 다음 보기를 보고, 물음에 답하시오. ▶ 242010-0032

보기

$2^2\times3^3$, $2^3\times3^2$, 3×5, $3^2\times5^2$, $2\times3^2\times5$

(1) 두 자연수의 최소공배수가 15일 때, 두 자연수의 공배수를 모두 고르시오.

(2) 두 자연수의 최소공배수가 $2^2\times3^2$일 때, 두 자연수의 공배수를 모두 고르시오.

4 최소공배수 구하기

소인수분해를 이용하여 최소공배수 구하기

① 각 수를 소인수분해 하여 거듭제곱의 꼴로 나타낸다.

② 공통인 소인수의 거듭제곱 중에서 지수가 같거나 큰 것을 택하고, 공통이 아닌 소인수의 거듭제곱도 모두 택하여 곱한다.

예 두 수 18과 30의 최소공배수 구하기

$$\begin{array}{rcl} 18 &=& 2 \times 3^2 \\ 30 &=& 2 \times 3 \times 5 \\ \hline (\text{최소공배수}) &=& 2 \times 3^2 \times 5 = 90 \end{array}$$

세 수 6, 45, 60의 최소공배수 구하기

$$\begin{array}{rcl} 6 &=& 2 \times 3 \\ 45 &=& 3^2 \times 5 \\ 60 &=& 2^2 \times 3 \times 5 \\ \hline (\text{최소공배수}) &=& 2^2 \times 3^2 \times 5 = 180 \end{array}$$

• 나눗셈을 이용하여 최소공배수를 구할 수도 있다.

① 1이 아닌 공약수로 각 수를 나눈다. 세 수의 공약수가 없으면 두 수의 공약수로 나눈다.

② 어느 두 몫도 1 이외의 공약수가 없을 때까지 계속 나눈다.

③ 나눈 공약수와 마지막 몫을 모두 곱한다.

예 세 수 6, 45, 60의 최소공배수 구하기

$$\begin{array}{r|rrr} 3 & 6 & 45 & 60 \\ 2 & 2 & 15 & 20 \\ 5 & 1 & 15 & 10 \\ \hline & 1 & 3 & 2 \end{array}$$

(최소공배수)

$=3\times2\times5\times1\times3\times2$

$=180$

예제 4 소인수분해를 이용하여 다음 두 수의 최소공배수를 구하시오.

36, 40

풀이

두 수 36과 40을 각각 소인수분해 하면 $36=2^2\times3^2$, $40=2^3\times5$

최소공배수는 공통인 소인수의 거듭제곱 중에서 지수가 같거나 큰 것을 택하고, 공통이 아닌 소인수의 거듭제곱도 모두 택하여 곱하므로

$$\begin{array}{rcl} 36 &=& 2^2 \times 3^2 \\ 40 &=& 2^3 \times 5 \\ \hline (\text{최소공배수}) &=& 2^3 \times 3^2 \times 5 = 360 \end{array}$$

답 360

정답과 풀이 6쪽

유제 6 소인수분해를 이용하여 다음 두 수의 최소공배수를 구하시오. ▶ 242010-0033

(1) 28, 30

(2) 3×5^2, $2\times3\times5\times7$

7 소인수분해를 이용하여 다음 세 수의 최소공배수를 구하시오. ▶ 242010-0034

(1) 24, 32, 63

(2) 2×5^2, $2\times3^2\times5^2$, $2^2\times3\times7$

중단원 마무리

정답과 풀이 7쪽

▶ 242010-0035

01 최대공약수가 15인 두 자연수의 공약수는 개수는?

① 2개 ② 3개 ③ 4개
④ 5개 ⑤ 6개

▶ 242010-0036

02 다음 중 두 수가 서로소인 것은?

① 16, 25 ② 18, 81 ③ 21, 56
④ 22, 55 ⑤ 23, 46

중요 ▶ 242010-0037

03 서로소에 대한 설명으로 옳지 않은 것은?

① 서로소인 두 자연수의 최대공약수는 1이다.
② 서로 다른 두 홀수는 서로소이다.
③ 서로 다른 두 소수는 서로소이다.
④ 모든 자연수는 1과 서로소이다.
⑤ 모든 홀수는 2와 서로소이다.

중요 ▶ 242010-0038

04 두 수 $3^5\times13$, $3^3\times7\times13^2$의 최대공약수는?

① $3^2\times13$ ② $3\times7\times13$ ③ $3^3\times13$
④ $3^3\times7\times13^2$ ⑤ $3^5\times13^2$

▶ 242010-0039

05 자연수 A와 $3^3\times7^2$의 최대공약수가 $3^2\times7$일 때, 다음 중 A의 값이 될 수 없는 것을 모두 고르면? (정답 2개)

① 3×7 ② $3^2\times7$ ③ $3^2\times7^2$
④ $3^2\times5\times7$ ⑤ $3^2\times7\times11^2$

▶ 242010-0040

06 두 수 80, $2^2\times5^2$의 공약수가 아닌 것은?

① 2 ② 2^2 ③ 2×5
④ $2^2\times5$ ⑤ 5^2

▶ 242010-0041

07 두 자연수 $3^2\times5$와 □가 서로소일 때, 다음 중 □ 안에 들어갈 수 없는 수는?

① 2^3 ② $2^2\times5$ ③ 7×11
④ $7^2\times13$ ⑤ 13^2

▶ 242010-0042

08 두 수 $5^3\times7^3$, $5^2\times7^a$의 공약수의 개수가 9개일 때, 자연수 a의 값은?

① 1 ② 2 ③ 3
④ 4 ⑤ 5

242010-0043

09 세 수 $2^3\times3^a\times5^2$, $2^b\times3^2\times5$, $2^3\times3^2\times5^2$의 최대공약수가 $2^2\times3\times c$일 때, 자연수 a, b, c에 대하여 $a+b+c$의 값은? (단, c는 소수)

① 8 ② 14 ③ 20
④ 26 ⑤ 28

중요 242010-0044

10 두 수 $2^3\times5^2\times13$, $2^2\times5\times7^2$의 최소공배수는?

① $2^2\times5$ ② $2^3\times5^2$
③ $2^3\times5\times7\times13$ ④ $2^2\times5\times7^2\times13$
⑤ $2^3\times5^2\times7^2\times13$

242010-0045

11 다음은 최대공약수에 대한 건우와 예나의 대화이다. 건우의 마지막 물음에 대한 답은?

> 건우: 오늘은 최대공약수의 성질을 배웠어. 두 자연수의 공약수는 두 수의 최대공약수의 약수야.
> 예나: 그럼, 두 수 $3^2\times5^3$과 3×5^4의 공약수를 구하고 싶으면 두 수의 최대공약수를 먼저 구하고, 그 다음 최대공약수의 약수를 찾으면 되겠네.
> 건우: 맞아. 음... 내가 문제 하나를 내 볼게. 그럼, 두 수 $3^2\times5^3$과 3×5^4의 공약수 중 200에 가장 가까운 수는 무엇일까?

① 250 ② 225 ③ 145
④ 125 ⑤ 100

242010-0046

12 다음 중 두 수 24, $3^2\times5$의 공배수인 것은?

① $2\times3^2\times5^2$ ② $2^2\times3^2\times5$
③ $2^3\times3\times5^3$ ④ $2^2\times3^3\times5^3$
⑤ $2^3\times3^2\times5^2$

242010-0047

13 두 자연수 225, $3^{\square}\times5^{\triangle}\times7$의 최대공약수가 3×5일 때, 두 수의 최소공배수는?

① $3\times5\times7$ ② $3^2\times5^2$
③ $3^2\times5\times7$ ④ $3^2\times5^2\times7$
⑤ $3^2\times5^2\times7^2$

242010-0048

14 세 수 25, $2^3\times3\times7$, $2\times5\times7^2$의 최소공배수는?

① 2×7 ② $2\times3\times5\times7$
③ $2\times5^2\times7^2$ ④ $2^3\times3\times5\times7^2$
⑤ $2^3\times3\times5^2\times7^2$

242010-0049

15 최소공배수가 30인 두 자연수의 공배수 중 두 자리 수의 개수는?

① 2개 ② 3개 ③ 4개
④ 5개 ⑤ 6개

242010-0050

16 자연수 $\square\times3^3$이 세 수 16, $2^2\times3$, 2×3^2의 공배수라고 할 때, 다음 중 $\square$ 안에 들어갈 수로 옳지 않은 것은?

① 16 ② 32 ③ 40
④ 48 ⑤ 80

서술형으로 중단원 마무리

정답과 풀이 8쪽

서술형 1-1 

1부터 20까지의 자연수 중 $2^2\times3^2$과 서로소인 수를 모두 구하시오.

| 풀이 |

1단계 $2^2\times3^2$과 서로소일 조건 구하기 [50%]

$2^2\times3^2$과 서로소인 자연수는 □와 □을 약수로 갖지 않는다.
1부터 20까지의 자연수 중 □의 배수도 아니고 □의 배수도 아닌 수를 찾으면 된다.

2단계 조건을 만족시키는 자연수 모두 구하기 [50%]

따라서 조건을 만족시키는 수는 □이다.

서술형 1-2

242010-0051

1부터 20까지의 자연수 중 $2^2\times5$와 서로소인 수를 모두 구하시오.

| 풀이 |

1단계 $2^2\times5$와 서로소일 조건 구하기 [50%]

2단계 조건을 만족시키는 자연수 모두 구하기 [50%]

 서술형 2-1

자연수 A는 $3^3\times5^2\times7$과 $2\times3^4\times5$의 공약수이면서 동시에 3^2과 3×5의 공배수이다. 자연수 A로 가능한 수를 모두 구하시오.

| 풀이 |

1단계 $3^3\times5^2\times7$과 $2\times3^4\times5$의 최대공약수 구하기 [30%]

$3^3\times5^2\times7$과 $2\times3^4\times5$의 최대공약수는 □

2단계 3^2과 3×5의 최소공배수 구하기 [30%]

3^2과 3×5의 최소공배수는 □

3단계 A로 가능한 수 모두 구하기 [40%]

A는 □의 약수이며 동시에 □의 배수이어야 하므로 자연수 A로 가능한 수는 □, □이다.

서술형 2-2

242010-0052

자연수 A는 $2^4\times3^2\times5$와 $2^4\times3$의 공약수이면서 동시에 2^2과 $2^2\times3$의 공배수이다. 자연수 A로 가능한 수를 모두 구하시오.

| 풀이 |

1단계 $2^4\times3^2\times5$와 $2^4\times3$의 최대공약수 구하기 [30%]

2단계 2^2과 $2^2\times3$의 최소공배수 구하기 [30%]

3단계 A로 가능한 수 모두 구하기 [40%]

서술형 3-1

다음 조건을 만족시키는 자연수 A를 모두 구하시오.

> (가) A와 $2^2\times11^3$의 최대공약수는 2×11이다.
> (나) A는 두 자리 자연수이다.

| 풀이 |

1단계 A를 소인수분해 꼴로 표현하기 [50%]

조건 (가)에서 A와 $2^2\times11^3$의 최대공약수가 2×11이므로
$A=2\times11\times b$ (b는 □, □과 서로소)의 꼴이어야 한다.
$b=1, 3, 5, 7, 9, 13, \cdots$

2단계 A로 가능한 수 모두 구하기 [50%]

조건 (나)에서 A는 두 자리 자연수이므로 A를 모두 구하면 □, □이다.

서술형 3-2

242010-0053

다음 조건을 만족시키는 자연수 A를 모두 구하시오.

> (가) A와 $2^2\times3^3$의 최소공배수는 $2^3\times3^3$이다.
> (나) A는 두 자리 자연수이다.

| 풀이 |

1단계 A의 약수를 찾고 소인수분해 꼴로 표현하기 [50%]

2단계 A로 가능한 수 모두 구하기 [50%]

Ⅱ 정수와 유리수

초등과정 다시 보기

1-❶ 양수와 음수

1. 다음 수 중에서 자연수를 모두 고르시오.

$$0.5,\quad 3,\quad \frac{2}{3},\quad 6.4,\quad 11,\quad 20$$

1-❹ 유리수의 대소 관계

2. 두 수의 크기를 비교하여 □ 안에 $>$, $=$, $<$ 중 알맞은 것을 써넣으시오.

(1) $\frac{3}{2}\ \square\ 1.5$

(2) $0.31\ \square\ 0.031$

(3) $\frac{3}{5}\ \square\ \frac{3}{4}$

(4) $2.7\ \square\ 5.6$

2-❶ 유리수의 덧셈, 2-❷ 유리수의 뺄셈

3. 다음을 계산하시오.

(1) $\frac{2}{5}+3$

(2) $\frac{2}{5}+\frac{1}{2}$

(3) $4-\frac{3}{2}$

(4) $\frac{5}{6}-\frac{1}{2}$

2-❸ 유리수의 곱셈, 2-❹ 유리수의 나눗셈

4. 다음을 계산하시오.

(1) $6\times\frac{2}{3}$

(2) $\frac{25}{12}\times\frac{6}{5}$

(3) $6\div\frac{2}{3}$

(4) $\frac{15}{7}\div\frac{5}{14}$

답 **1.** 3, 11, 20 **2.** (1) $=$ (2) $>$ (3) $<$ (4) $<$ **3.** (1) $\frac{17}{5}$ (2) $\frac{9}{10}$ (3) $\frac{5}{2}$ (4) $\frac{1}{3}$ **4.** (1) 4 (2) $\frac{5}{2}$ (3) 9 (4) 6

1. 정수와 유리수

1 양수와 음수

(1) 양수와 음수

① 양의 부호와 음의 부호: 서로 반대되는 성질을 가지는 수량은 어떤 기준을 중심으로 한쪽은 '+(양의 부호)', 다른 쪽은 '−(음의 부호)'를 사용하여 나타낼 수 있다.

예 500원 이익 ⇨ +500원, 300원 손해 ⇨ −300원
영상 5 ℃ ⇨ +5 ℃, 영하 3 ℃ ⇨ −3 ℃

② 양수: 0이 아닌 수에 양의 부호 +를 붙인 수 예 $+0.3$, $+5$, $+\frac{3}{4}$

③ 음수: 0이 아닌 수에 음의 부호 −를 붙인 수 예 -0.3, -5, $-\frac{3}{4}$

(2) 정수

① 양의 정수: 자연수에 양의 부호 +를 붙인 수 $+1$, $+2$, $+3$, …

② 음의 정수: 자연수에 음의 부호 −를 붙인 수 -1, -2, -3, …

③ 양의 정수(자연수), 0, 음의 정수를 통틀어 정수라고 한다.

• 양의 부호 +, 음의 부호 −는 각각 덧셈(+), 뺄셈(−)의 기호와 모양은 같지만 그 뜻은 다르다.
• +5는 '양의 5', −5는 '음의 5'라고 읽는다.

• 양의 정수 +1, +2, +3, …은 양의 부호 +를 생략하여 1, 2, 3, …과 같이 나타낼 수 있다. 즉, 양의 정수는 자연수와 같다.
• 0은 양의 정수도 음의 정수도 아니다.

예제 1 다음 수를 보고, 아래에 알맞은 수를 모두 고르시오.

-4, $+\frac{2}{5}$, $+4$, $-\frac{1}{3}$, $+2.5$, 10, 0, -7

(1) 양수 (2) 음수 (3) 양의 정수 (4) 음의 정수

풀이

(1) 양수는 양의 부호 +를 붙인 수(양의 부호 +를 생략하여 나타낼 수도 있다.)로 $+\frac{2}{5}$, $+4$, $+2.5$, 10

(2) 음수는 음의 부호 −를 붙인 수로 -4, $-\frac{1}{3}$, -7

(3) 양의 정수는 자연수에 양의 부호 +를 붙인 수(양의 부호 +를 생략하여 나타낼 수도 있다.)로 $+4$, 10

(4) 음의 정수는 자연수에 음의 부호 −를 붙인 수로 -4, -7

답 (1) $+\frac{2}{5}$, $+4$, $+2.5$, 10 (2) -4, $-\frac{1}{3}$, -7 (3) $+4$, 10 (4) -4, -7

정답과 풀이 9쪽

유제 1 다음 수를 보고, 아래에 알맞은 수를 모두 고르시오. ▶ 242010-0054

$+\frac{11}{3}$, $\frac{6}{5}$, -1, 0, $-\frac{2}{7}$, $+5$, -10

(1) 양수 (2) 음수 (3) 양의 정수 (4) 음의 정수

2 다음에서 밑줄 친 부분을 양의 부호 + 또는 음의 부호 −를 사용하여 나타내시오. ▶ 242010-0055

(1) ㉠ 영상 10 ℃와 ㉡ 영하 10 ℃ (2) ㉠ 해발 200 m와 ㉡ 해저 200 m

2 유리수

(1) 유리수

① 양의 유리수: 분자와 분모가 자연수인 분수에 양의 부호 +를 붙인 수

② 음의 유리수: 분자와 분모가 자연수인 분수에 음의 부호 −를 붙인 수

③ 양의 유리수, 0, 음의 유리수를 통틀어 유리수라고 한다.

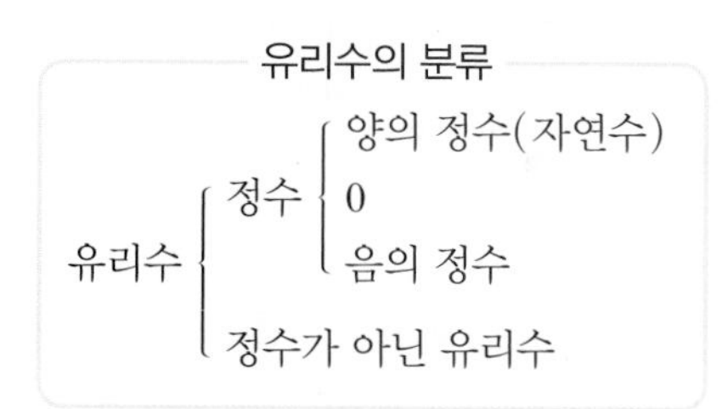

- 양의 유리수도 양의 정수와 같이 양의 부호+를 생략하여 나타낼 수 있다.
- 모든 정수는 분모가 1인 분수로 나타낼 수 있으므로 정수는 유리수이다.

예 $+1=+\frac{1}{1}$, $-2=-\frac{2}{1}$

(2) 수직선: 직선 위에 기준이 되는 점 O를 잡아 그 점에 정수 0을 대응시키고, 점 O의 좌우에 일정한 간격으로 점을 잡아 오른쪽에 양의 정수를, 왼쪽에 음의 정수를 차례로 대응시켜 만든 직선

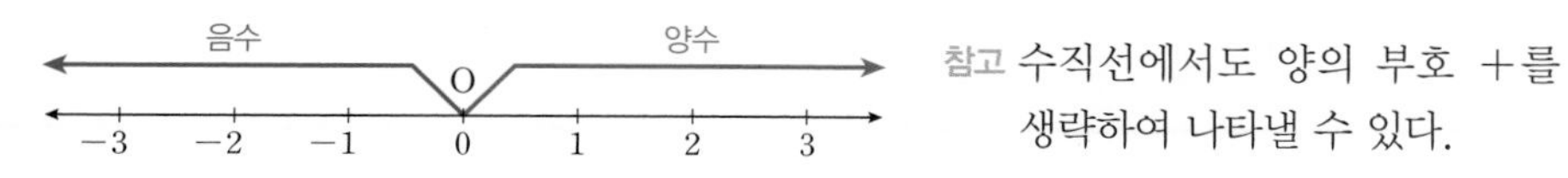

참고 수직선에서도 양의 부호 +를 생략하여 나타낼 수 있다.

- 기준이 되는 점 O를 원점이라고 한다.
- 앞으로 수라고 하면 특별한 언급이 없는 한 유리수를 말하며 양의 유리수를 간단히 양수, 음의 유리수를 간단히 음수라고 한다.

예제 2 **오른쪽 수를 보고, 아래에 알맞은 수를 모두 고르시오.**

$-\frac{10}{5}$, 2, $+\frac{5}{4}$, −8, +1.1, $-\frac{3}{5}$, 0, $+\frac{9}{3}$

(1) 양의 유리수

(2) 정수가 아닌 유리수

풀이

(1) 양의 유리수는 분모, 분자가 모두 자연수인 분수에 양의 부호를 붙인 수로 2, $+\frac{5}{4}$, +1.1, $+\frac{9}{3}$

(2) $-\frac{10}{5}=-2$, $+\frac{9}{3}=+3$은 정수이므로 정수가 아닌 유리수는 $+\frac{5}{4}$, +1.1, $-\frac{3}{5}$

답 (1) 2, $+\frac{5}{4}$, +1.1, $+\frac{9}{3}$ (2) $+\frac{5}{4}$, +1.1, $-\frac{3}{5}$

정답과 풀이 9쪽

유제 3 **오른쪽 수를 보고, 아래에 알맞은 수를 모두 고르시오.** 242010-0056

+6, $-\frac{12}{4}$, −8, −3.4, $+\frac{15}{5}$, 0, $\frac{3}{2}$

(1) 양의 유리수

(2) 음의 유리수

(3) 정수가 아닌 유리수

4 **다음 수를 수직선 위에 나타내시오.** 242010-0057

(1) $-\frac{1}{3}$ (2) $+\frac{13}{4}$ (3) −5.5

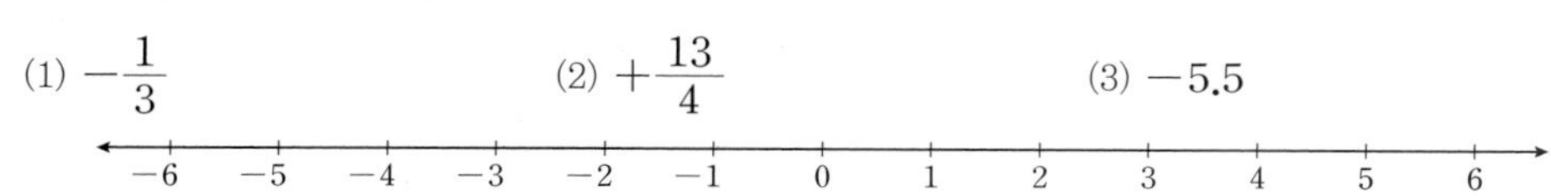

3 절댓값

(1) **절댓값:** 수직선 위에서 원점과 어떤 수를 나타내는 점 사이의 거리를 그 수의 절댓값이라 하고, 이것을 기호 $|\quad|$을 사용하여 나타낸다.

예 $+5$의 절댓값: $|+5|=5$

-5의 절댓값: $|-5|=5$

거리 5 거리 5

-5 0 $+5$

• 양수 a에 대하여 절댓값이 a인 수는 $+a$와 $-a$로 2개이다.

(2) **절댓값의 성질**

① 양수와 음수의 절댓값은 그 수의 부호 $+$, $-$를 떼어낸 수이다.

② 0의 절댓값은 0이다. $|0|=0$

③ 절댓값은 항상 0보다 크거나 같다.

④ 수를 수직선 위에 나타낼 때, 원점에서 멀리 떨어질수록 그 수의 절댓값이 커진다.

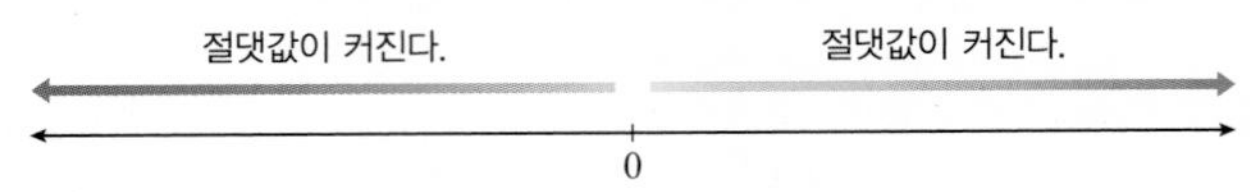

• 절댓값이 가장 작은 수는 0이다.

예제 3 다음 수의 절댓값을 기호를 사용하여 나타내고, 그 값을 구하시오.

(1) $+3$ (2) -10 (3) $-\frac{5}{2}$

풀이

(1) 절댓값을 기호를 사용하여 나타내면 $|+3|$
원점과 $+3$을 나타내는 점 사이의 거리는 3이므로 $+3$의 절댓값은 3

(2) 절댓값을 기호를 사용해서 나타내면 $|-10|$
원점과 -10을 나타내는 점 사이의 거리는 10이므로 -10의 절댓값은 10

(3) 절댓값을 기호를 사용해서 나타내면 $\left|-\frac{5}{2}\right|$
원점과 $-\frac{5}{2}$를 나타내는 점 사이의 거리는 $\frac{5}{2}$이므로 $-\frac{5}{2}$의 절댓값은 $\frac{5}{2}$

답 (1) $|+3|=3$ (2) $|-10|=10$ (3) $\left|-\frac{5}{2}\right|=\frac{5}{2}$

정답과 풀이 9쪽

유제 5 다음을 구하시오. ▶ 242010-0058

(1) $+2.3$의 절댓값 (2) -7의 절댓값 (3) $|0|$

(4) $|+6.5|$ (5) $|-3.9|$

6 다음을 구하시오. ▶ 242010-0059

(1) 절댓값이 0인 수 (2) 절댓값이 5인 수

(3) 절댓값이 $|+1|$인 수 (4) 절댓값이 $|-4|$인 수

4 유리수의 대소 관계

(1) 유리수의 대소 관계

① 양수는 0보다 크고 음수는 0보다 작다. ⇨ (양수)>0, (음수)<0

② 양수는 음수보다 크다. ⇨ (양수)$>$(음수)

③ 양수끼리는 절댓값이 클수록 크고, 음수끼리는 절댓값이 클수록 작다.

예 $+2>+1$, $-2<-1$

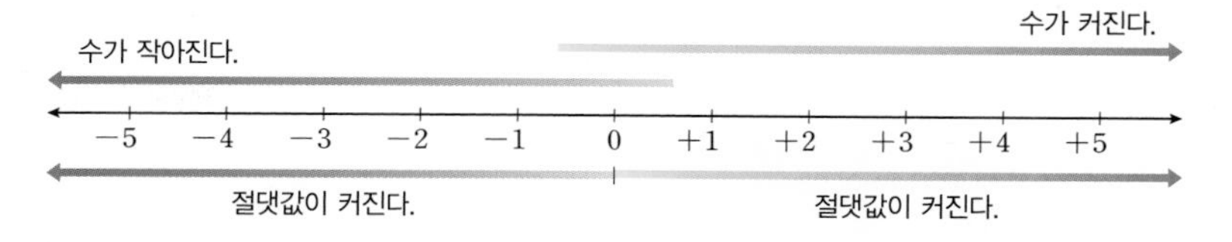

(2) 부등호의 사용

$x>a$	$x<a$	$x\geq a$	$x\leq a$
x는 a보다 크다. x는 a 초과이다.	x는 a보다 작다. x는 a 미만이다.	x는 a보다 크거나 같다. x는 a 이상이다. x는 a보다 작지 않다.	x는 a보다 작거나 같다. x는 a 이하이다. x는 a보다 크지 않다.

• 수를 수직선 위에 나타낼 때, 오른쪽에 있는 수가 왼쪽에 있는 수보다 크다.

• $\geq$ ⇨ $>$ 또는 $=$
$\leq$ ⇨ $<$ 또는 $=$

• 세 수의 대소 관계도 부등호를 사용하여 나타낼 수 있다.
예 'a는 -2보다 크고 3보다 작거나 같다.'
⇨ $-2<a\leq 3$

예제 4 다음 □ 안에 부등호 $>$, $<$ 중에서 알맞은 것을 써넣으시오.

(1) $+2$ □ $+\frac{5}{3}$　　(2) -1 □ $+\frac{3}{2}$

(3) 0 □ -5　　(4) -6 □ -2

풀이

(1) 양수끼리는 절댓값이 클수록 크므로 $+2>+\frac{5}{3}$

(2) (음수)$<$(양수)이므로 $-1<+\frac{3}{2}$

(3) (음수)<0이므로 $0>-5$

(4) 음수끼리는 절댓값이 클수록 작으므로 $-6<-2$

답 (1) $>$ (2) $<$ (3) $>$ (4) $<$

정답과 풀이 9~10쪽

유제 7 다음 설명 중 옳은 것에는 ○표, 옳지 않은 것에는 ×표를 (　) 안에 써넣으시오. ▶ 242010-0060

(1) 양수는 0보다 크고, 음수는 0보다 작다. (　　)

(2) 양수는 음수보다 크다. (　　)

(3) 양수끼리는 절댓값이 큰 수가 작다. (　　)

(4) 음수끼리는 절댓값이 큰 수가 크다. (　　)

8 다음 수를 작은 것부터 차례로 나열하시오. ▶ 242010-0061

-3,　4,　$\frac{2}{3}$,　$-\frac{10}{3}$,　0,　-5

중단원 마무리

242010-0062

01 다음 중 양의 부호 + 또는 음의 부호 −를 사용하여 나타낸 것으로 옳은 것은?

① 3 kg 감소 ⇨ +3 kg
② 14 m 상승 ⇨ −14 m
③ 영하 13 ℃ ⇨ +13 ℃
④ 해저 100 m ⇨ −100 m
⑤ 5000원 이익 ⇨ −5000원

242010-0063

02 다음을 읽고 '2시간 후', '서쪽으로 3 m', '지상 2층'을 나타내는 수를 부호를 사용하여 차례로 나타내면?

- 1시간 전을 −1시간으로 나타낸다.
- 동쪽으로 3 m를 +3 m로 나타낸다.
- 지하 5층을 −5층으로 나타낸다.

① +2시간, −3 m, +2층
② +2시간, −3 m, +5층
③ +2시간, +3 m, +5층
④ −2시간, +3 m, −2층
⑤ −2시간, +3 m, −5층

중요 242010-0064

03 다음 수에 대한 설명으로 옳은 것은?

$$-1.2,\ 0,\ +\frac{4}{2},\ +3.14,\ -11,\ 7,\ -\frac{7}{3}$$

① 정수는 4개이다.
② 양수는 2개이다.
③ 자연수는 1개이다.
④ 음의 정수는 3개이다.
⑤ 음수가 아닌 수는 3개이다.

242010-0065

04 다음 중 옳지 않은 것은?

① 0은 정수이다.
② 모든 자연수는 정수이다.
③ 1과 2 사이에는 정수가 없다.
④ 모든 정수는 수직선에 나타낼 수 있다.
⑤ 양의 정수가 아닌 정수는 음의 정수이다.

242010-0066

05 다음 수 중에서 정수가 a개, 정수가 아닌 유리수가 b개일 때, $a-b$의 값은?

$$-\frac{14}{7},\ 0,\ +\frac{10}{3},\ -1.6,\ -5,\ +3,\ +\frac{12}{12},\ -\frac{1}{2}$$

① 0
② 2
③ 4
④ 6
⑤ 8

242010-0067

06 다음 보기의 설명 중 옳은 것을 있는 대로 고른 것은?

보기
ㄱ. 모든 정수는 유리수이다.
ㄴ. 유리수는 양의 유리수와 음의 유리수로 이루어져 있다.
ㄷ. −1과 1 사이에는 유리수가 1개 있다.

① ㄱ
② ㄷ
③ ㄱ, ㄴ
④ ㄴ, ㄷ
⑤ ㄱ, ㄴ, ㄷ

242010-0068

07 다음 수직선 위의 다섯 개의 점 A, B, C, D, E가 나타내는 수에 대한 설명으로 옳은 것은?

A B C D E
−4 −3 −2 −1 0 +1 +2

① A: $-\frac{10}{3}$
② B: $-\frac{1}{2}$
③ 양의 유리수는 3개이다.
④ 정수가 아닌 유리수는 3개이다.
⑤ 음수는 2개이다.

242010-0069

08 −9의 절댓값을 a, 절댓값이 3인 수 중에서 양수를 b라고 할 때, $a+b$의 값은?

① 3
② 6
③ 9
④ 12
⑤ 15

중요 ▶ 242010-0070

09 다음 중 옳은 것은?

① 절댓값은 항상 양수이다.
② 음수의 절댓값은 자기 자신과 같다.
③ 원점에서 멀어질수록 절댓값이 크다.
④ 절댓값이 가장 작은 정수는 1과 -1이다.
⑤ 원점으로부터 거리가 10인 두 수는 -5와 $+5$이다.

▶ 242010-0071

10 절댓값이 3 이하인 정수의 개수는?

① 3개　② 4개　③ 5개
④ 6개　⑤ 7개

▶ 242010-0072

11 다음 그림과 같은 갈림길에서 작은 수가 있는 길로 갈 때 도착하는 장소는?

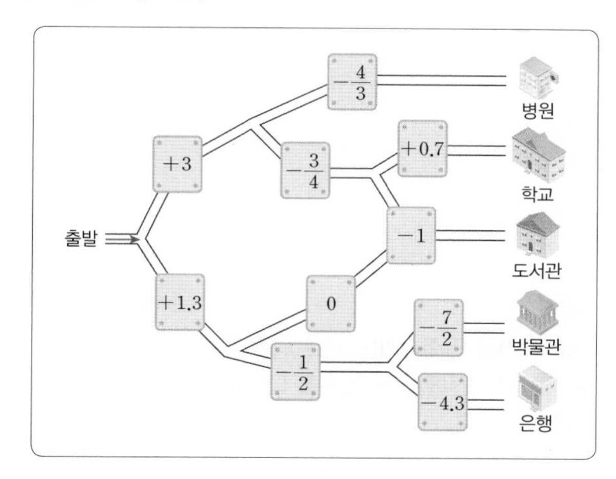

① 병원　② 학교　③ 도서관
④ 박물관　⑤ 은행

▶ 242010-0073

12 수직선에서 $-\frac{7}{5}$에 가장 가까운 정수 a와 $+\frac{7}{5}$에 가장 가까운 정수 b를 옳게 짝 지은 것은?

① $a=-2,\ b=+2$　② $a=-2,\ b=+1$
③ $a=-1,\ b=+2$　④ $a=-1,\ b=+1$
⑤ $a=0,\ b=+2$

▶ 242010-0074

13 주어진 문장을 부등호를 사용하여 바르게 나타낸 것은?

① a는 3보다 작거나 같다. ⇨ $a<3$
② a는 -2 초과 0 이하이다. ⇨ $-2<a\le 0$
③ a는 -2보다 크거나 같다. ⇨ $a\le -2$
④ a는 -1 이상 5 미만이다. ⇨ $-1\le a\le 5$
⑤ a는 -7보다 크거나 같고 -4보다 작다.
⇨ $-7<a<-4$

▶ 242010-0075

14 두 유리수 $-\frac{11}{4}$과 $+\frac{10}{3}$ 사이에 있는 정수의 개수는?

① 6개　② 7개　③ 8개
④ 9개　⑤ 10개

▶ 242010-0076

15 다음 중 □에 들어갈 수 없는 수는?

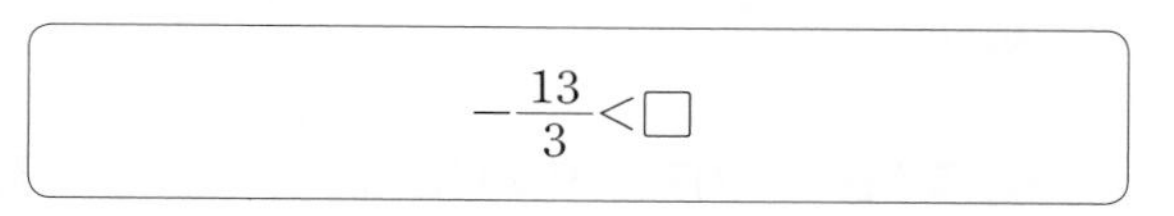
$-\frac{13}{3}<\square$

① 0　② $-\frac{1}{3}$　③ $-\frac{9}{2}$
④ $\frac{3}{4}$　⑤ $-\frac{14}{5}$

중요 ▶ 242010-0077

16 다음 중 수직선 위에 나타낼 때, 가장 왼쪽에 있는 수는?

① $+4$　② $-\frac{2}{3}$　③ $-\frac{5}{4}$
④ $+\frac{9}{2}$　⑤ $-\frac{8}{5}$

서술형으로 중단원 마무리

정답과 풀이 12쪽

서술형 1-1

$-\frac{4}{3}$와 $\frac{7}{4}$ 사이에 있는 정수가 아닌 유리수 중 분모가 12인 유리수의 개수를 구하시오.

| 풀이 |

1단계 두 유리수를 통분하기 [30%]

$-\frac{4}{3}=-\frac{\square}{12}$, $\frac{7}{4}=\frac{\square}{12}$이므로

2단계 두 유리수 사이에 있는 유리수 구하기 [30%]

두 수 사이에 있는 분모가 12인 유리수는

$-\frac{15}{12}$, $-\frac{14}{12}$, $-\frac{13}{12}$, $-\frac{12}{12}$, $\cdots$, $\frac{18}{12}$, $\frac{19}{12}$, $\frac{20}{12}$

3단계 정수가 아닌 유리수의 개수 구하기 [40%]

이 중 정수인 $\square$를 제외하면 정수가 아닌 유리수의 개수는 $\square$개이다.

서술형 1-2

242010-0078

$-\frac{12}{5}$와 $\frac{5}{2}$ 사이에 있는 정수가 아닌 유리수 중 분모가 10인 유리수의 개수를 구하시오.

| 풀이 |

1단계 두 유리수를 통분하기 [30%]

2단계 두 유리수 사이에 있는 유리수 구하기 [30%]

3단계 정수가 아닌 유리수의 개수 구하기 [40%]

서술형 2-1

다음 조건을 만족시키는 서로 다른 두 정수 a, b를 각각 구하고, 수직선에서 두 정수를 나타내는 두 점 사이의 거리를 구하시오.

> (가) $|a|=|b|$
> (나) a를 수직선 위에 나타내면 원점에서 오른쪽으로 4만큼 떨어져 있다.

| 풀이 |

1단계 정수 a의 값 구하기 [40%]

수직선의 원점에서 오른쪽으로 4만큼 떨어져 있는 수는 $\square$이므로 $a=\square$

2단계 정수 b의 값 구하기 [40%]

a와 b는 절댓값이 같은 서로 다른 두 정수이므로 $b=\square$

3단계 두 정수를 나타내는 두 점 사이의 거리 구하기 [20%]

수직선 위에서 a, b를 나타내는 두 점 사이의 거리는 $\square$이다.

서술형 2-2

242010-0079

다음 조건을 만족시키는 서로 다른 두 정수 a, b를 각각 구하고, 수직선에서 두 정수를 나타내는 두 점 사이의 거리를 구하시오.

> (가) $|a|=|b|$
> (나) a를 수직선 위에 나타내면 -2를 나타내는 점으로부터 오른쪽으로 5만큼 떨어져 있다.

| 풀이 |

1단계 정수 a의 값 구하기 [40%]

2단계 정수 b의 값 구하기 [40%]

3단계 두 정수를 나타내는 두 점 사이의 거리 구하기 [20%]

2. 정수와 유리수의 계산

1 유리수의 덧셈

(1) 유리수의 덧셈

① 부호가 같은 두 수의 덧셈: 두 수의 절댓값의 합에 공통인 부호를 붙인다.

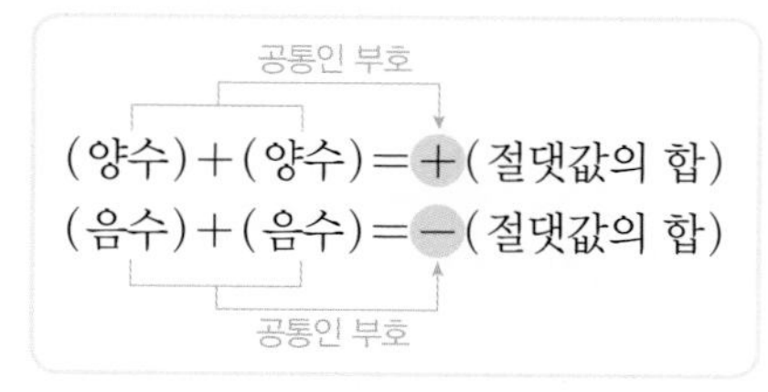

예 $(+1)+(+4)=+(1+4)=+5$

$(-1)+(-4)=-(1+4)=-5$

② 부호가 다른 두 수의 덧셈: 두 수의 절댓값의 차에 절댓값이 큰 수의 부호를 붙인다.

(양수)+(음수)
(음수)+(양수) → ● (절댓값의 차)
절댓값이 큰 수의 부호

예 $(-1)+(+4)=+(4-1)=+3$

$(+1)+(-4)=-(4-1)=-3$

(2) 덧셈의 계산법칙

세 수 a, b, c에 대하여

① 덧셈의 교환법칙: $a+b=b+a$ ② 덧셈의 결합법칙: $(a+b)+c=a+(b+c)$

• 절댓값이 같고 부호가 다른 두 수의 합은 0이다.
예 $(+3)+(-3)=0$

• 두 수의 차는 큰 수에서 작은 수를 뺀 것이다.

• 세 수의 덧셈에서는 결합법칙이 성립하므로 $(a+b)+c$, $a+(b+c)$를 모두 $a+b+c$와 같이 나타낼 수 있다.

예제 1 다음을 계산하시오.

(1) $(+3)+(+5)$ (2) $(+3)+(-5)$ (3) $(-3)+(+5)$

(4) $(-3)+(-5)$ (5) $\left(+\frac{5}{4}\right)+\left(+\frac{3}{4}\right)$ (6) $\left(+\frac{5}{4}\right)+\left(-\frac{3}{4}\right)$

풀이

(1) $(+3)+(+5)=+(3+5)=+8$

(2) $(+3)+(-5)=-(5-3)=-2$

(3) $(-3)+(+5)=+(5-3)=+2$

(4) $(-3)+(-5)=-(3+5)=-8$

(5) $\left(+\frac{5}{4}\right)+\left(+\frac{3}{4}\right)=+\left(\frac{5}{4}+\frac{3}{4}\right)=+2$

(6) $\left(+\frac{5}{4}\right)+\left(-\frac{3}{4}\right)=+\left(\frac{5}{4}-\frac{3}{4}\right)=+\frac{1}{2}$

답 (1) $+8$ (2) -2 (3) $+2$ (4) -8 (5) $+2$ (6) $+\frac{1}{2}$

정답과 풀이 13쪽

유제 1 다음을 계산하시오. ▶ 242010-0080

(1) $(+2)+(-7)$ (2) $(-5)+(-8)$ (3) $\left(-\frac{7}{3}\right)+\left(+\frac{1}{3}\right)$ (4) $0+(-7)$

2 다음을 계산하시오. ▶ 242010-0081

(1) $(-2.3)+(+1)+(-3.7)$ (2) $(-4)+(+3.2)+(+2.8)$

2 유리수의 뺄셈

(1) **유리수의 뺄셈:** 두 수의 뺄셈은 빼는 수의 부호를 바꾸어 덧셈으로 고쳐서 계산한다.

예 $(+4)-(+5)=(+4)+(-5)=-(5-4)=-1$

$(+4)-(-5)=(+4)+(+5)=+(4+5)=+9$

$(-4)-(+5)=(-4)+(-5)=-(4+5)=-9$

$(-4)-(-5)=(-4)+(+5)=+(5-4)=+1$

(2) **덧셈과 뺄셈이 섞여 있는 식의 계산:** 뺄셈을 덧셈으로 고친 후 덧셈의 계산 법칙을 이용하여 계산한다.

예 $(-1)-(-4)+(+3)=(-1)+(+4)+(+3)$

$=(-1)+\{(+4)+(+3)\}$

$=(-1)+(+7)=+(7-1)=+6$

(3) **부호가 생략된 수의 덧셈과 뺄셈:** 생략된 양의 부호 +를 넣은 후 뺄셈을 덧셈으로 고쳐서 계산한다.

예 $-2+6-3=(-2)+(+6)-(+3)=(-2)+(+6)+(-3)=+1$

• 뺄셈에서는 교환법칙과 결합법칙이 성립하지 않으므로 뺄셈을 덧셈으로 고친 후 덧셈의 계산 법칙을 이용한다.

예제 2 다음을 계산하시오.

(1) $(+4)-(+7)$ (2) $(+4)-(-7)$ (3) $(-4)-(+5)$

(4) $(-4)-(-5)$ (5) $\left(-\frac{5}{4}\right)-\left(+\frac{3}{4}\right)$ (6) $\left(+\frac{5}{4}\right)-\left(-\frac{3}{4}\right)$

풀이

두 수의 뺄셈은 빼는 수의 부호를 바꾸어 덧셈으로 고쳐서 계산한다.

(1) $(+4)-(+7)=(+4)+(-7)=-(7-4)=-3$

(2) $(+4)-(-7)=(+4)+(+7)=+(4+7)=+11$

(3) $(-4)-(+5)=(-4)+(-5)=-(4+5)=-9$

(4) $(-4)-(-5)=(-4)+(+5)=+(5-4)=+1$

(5) $\left(-\frac{5}{4}\right)-\left(+\frac{3}{4}\right)=\left(-\frac{5}{4}\right)+\left(-\frac{3}{4}\right)=-\left(\frac{5}{4}+\frac{3}{4}\right)=-2$

(6) $\left(+\frac{5}{4}\right)-\left(-\frac{3}{4}\right)=\left(+\frac{5}{4}\right)+\left(+\frac{3}{4}\right)=+\left(\frac{5}{4}+\frac{3}{4}\right)=+2$

답 (1) -3 (2) $+11$ (3) -9 (4) $+1$ (5) -2 (6) $+2$

정답과 풀이 13쪽

유제 3 다음을 계산하시오. ▶ 242010-0082

(1) $(+1)-(-9)$ (2) $(-3)-(+2)$ (3) $0-(-3)$

(4) $\left(-\frac{2}{5}\right)-\left(+\frac{3}{5}\right)$ (5) $\left(+\frac{3}{2}\right)-\left(-\frac{3}{2}\right)$ (6) $\left(-\frac{1}{4}\right)-\left(-\frac{1}{4}\right)$

4 다음을 계산하시오. ▶ 242010-0083

(1) $1-5+6$ (2) $-3-5+4$

3 유리수의 곱셈

(1) 유리수의 곱셈

① 부호가 같은 두 수의 곱셈: 두 수의 절댓값의 곱에 양의 부호 +를 붙인다.

예 $(+1)\times(+4)=+(1\times4)=+4$, $(-1)\times(-4)=+(1\times4)=+4$

② 부호가 다른 두 수의 곱셈: 두 수의 절댓값의 곱에 음의 부호 −를 붙인다.

예 $(-1)\times(+4)=-(1\times4)=-4$, $(+1)\times(-4)=-(1\times4)=-4$

(양수)×(양수), (음수)×(음수) → + (절댓값의 곱)
(양수)×(음수), (음수)×(양수) → − (절댓값의 곱)

• 어떤 수든 0을 곱하면 항상 0이다.
예 $(-3)\times0=0$

(2) 곱셈의 계산법칙

세 수 a, b, c에 대하여

① 곱셈의 교환법칙: $a\times b=b\times a$ ② 곱셈의 결합법칙: $(a\times b)\times c=a\times(b\times c)$

• 세 수의 곱셈에서 $(a\times b)\times c$, $a\times(b\times c)$는 계산 결과가 같으므로 괄호 없이 $a\times b\times c$로 나타낼 수 있다.

(3) 여러 개의 수의 곱셈

① 먼저 부호를 정한다.

곱해진 음수의 개수가 없거나 짝수 개이면 ⇨ +
곱해진 음수의 개수가 홀수 개이면 ⇨ −

② 각 수의 절댓값의 곱에 ①에서 결정된 부호를 붙인다.

예 $(+1)\times(-2)\times(-3)$
$=+(1\times2\times3)=+6$
$(-1)\times(-2)\times(-3)$
$=-(1\times2\times3)=-6$

• 음수의 거듭제곱의 부호는
(1) 지수가 짝수이면
⇨ 양의 부호 +
예 $(-2)^4=+16$
(2) 지수가 홀수이면
⇨ 음의 부호 −
예 $(-2)^5=-32$

예제 3 다음을 계산하시오.

(1) $(+4)\times(+5)$ (2) $(-4)\times(+5)$ (3) $\left(+\frac{3}{7}\right)\times\left(-\frac{7}{6}\right)$

(4) $\left(-\frac{3}{7}\right)\times\left(-\frac{7}{6}\right)$ (5) $(-1)^3$ (6) $(-1)^4$

풀이

(1) $(+4)\times(+5)=+(4\times5)=+20$

(2) $(-4)\times(+5)=-(4\times5)=-20$

(3) $\left(+\frac{3}{7}\right)\times\left(-\frac{7}{6}\right)=-\left(\frac{3}{7}\times\frac{7}{6}\right)=-\frac{1}{2}$

(4) $\left(-\frac{3}{7}\right)\times\left(-\frac{7}{6}\right)=+\left(\frac{3}{7}\times\frac{7}{6}\right)=+\frac{1}{2}$

(5) $(-1)^3=(-1)\times(-1)\times(-1)=-1$

(6) $(-1)^4=(-1)\times(-1)\times(-1)\times(-1)=+1$

답 (1) $+20$ (2) -20 (3) $-\frac{1}{2}$ (4) $+\frac{1}{2}$ (5) -1 (6) $+1$

정답과 풀이 13쪽

유제 5 다음을 계산하시오. ▶ 242010-0084

(1) $(-6)\times(-5)$ (2) $\left(-\frac{3}{2}\right)\times\left(+\frac{4}{9}\right)$ (3) $(-3)^2$

(4) $(-3)^3$ (5) $(+2)\times(-5)\times(-3)$ (6) $(-5)\times\left(-\frac{3}{2}\right)\times\left(-\frac{4}{3}\right)$

4 유리수의 나눗셈

(1) 유리수의 나눗셈

① 부호가 같은 두 수의 나눗셈: 절댓값의 나눗셈의 몫에 양의 부호 +를 붙인다.

예 $(+8)\div(+4)=+(8\div4)=+2$,
$(-8)\div(-4)=+(8\div4)=+2$

(양수)÷(양수), (음수)÷(음수) → + (절댓값의 나눗셈의 몫)

(양수)÷(음수), (음수)÷(양수) → − (절댓값의 나눗셈의 몫)

② 부호가 다른 두 수의 나눗셈: 절댓값의 나눗셈의 몫에 음의 부호 −를 붙인다.

예 $(+8)\div(-4)=-(8\div4)=-2$, $(-8)\div(+4)=-(8\div4)=-2$

• 0을 0이 아닌 수로 나눈 몫은 항상 0이다.
예 $0\div(-3)=0$

(2) 역수를 이용한 나눗셈

① 역수: 두 수의 곱이 1이 될 때, 한 수를 다른 수의 역수라고 한다.

예 $\frac{2}{3}\times\frac{3}{2}=1$이므로 $\frac{2}{3}$의 역수는 $\frac{3}{2}$이고, $\frac{3}{2}$의 역수는 $\frac{2}{3}$이다.

예 $(-3)\times\left(-\frac{1}{3}\right)=1$이므로 -3의 역수는 $-\frac{1}{3}$이고, $-\frac{1}{3}$의 역수는 -3이다.

② 역수를 이용한 두 수의 나눗셈: 나누는 수의 역수를 곱하여 계산한다.

예 $\left(+\frac{3}{4}\right)\div(-6)=\left(+\frac{3}{4}\right)\times\left(-\frac{1}{6}\right)=-\frac{1}{8}$

• 나눗셈에서 0으로 나누는 것은 생각하지 않는다. 0의 역수는 생각하지 않는다.

• 역수를 구할 때에는 부호는 바뀌지 않음에 유의한다.

예제 4 다음을 계산하시오.

(1) $(+10)\div(+2)$ (2) $(+10)\div(-2)$

(3) $(-10)\div(+2)$ (4) $(-10)\div(-2)$

풀이

(1) $(+10)\div(+2)=+(10\div2)=+5$ (2) $(+10)\div(-2)=-(10\div2)=-5$

(3) $(-10)\div(+2)=-(10\div2)=-5$ (4) $(-10)\div(-2)=+(10\div2)=+5$

답 (1) $+5$ (2) -5 (3) -5 (4) $+5$

정답과 풀이 13쪽

유제 6 다음 수의 역수를 구하시오. ▶ 242010-0085

(1) $+\frac{1}{3}$ (2) -4 (3) $-\frac{2}{5}$ (4) -1.2

7 다음을 계산하시오. ▶ 242010-0086

(1) $(+9)\div(+3)$ (2) $(+9)\div(-3)$ (3) $(-9)\div(-3)$

(4) $(+5)\div\left(-\frac{10}{3}\right)$ (5) $(-6)\div\left(-\frac{1}{3}\right)$ (6) $\left(+\frac{2}{3}\right)\div(+2)$

5 유리수의 곱셈과 나눗셈의 혼합 계산

① 거듭제곱이 있으면 거듭제곱을 먼저 계산한다.
② 나눗셈은 역수를 이용하여 곱셈으로 고친다.
③ 부호를 결정하고 각 수의 절댓값의 곱에 부호를 붙인다.

> 곱해진 음수의 개수가 없거나 짝수 개이면 ⇨ +
> 곱해진 음수의 개수가 홀수 개이면 ⇨ −

예 $(-4)\div\left(+\frac{1}{2}\right)^2\times(+3)$

$=(-4)\div\left(+\frac{1}{4}\right)\times(+3)$ ← 거듭제곱을 계산한다.

$=(-4)\times(+4)\times(+3)$ ← 나눗셈을 곱셈으로 고친다.

$=-(4\times4\times3)=-48$ ← 곱해진 음수의 개수에 따라 부호를 결정하고 각 수의 절댓값의 곱에 부호를 붙인다.

예제 5 **다음을 계산하시오.**

(1) $(+9)\times(+2)\div(-3)$

(2) $(+2)\div\left(-\frac{3}{4}\right)\times(+3)$

(3) $(-6)\div(+3)\times(-5)\div(+2)$

(4) $(-5)\times(-4)\div(+2)\times\left(-\frac{3}{5}\right)$

풀이

(1) $(+9)\times(+2)\div(-3)=(+9)\times(+2)\times\left(-\frac{1}{3}\right)=-\left(9\times2\times\frac{1}{3}\right)=-6$

(2) $(+2)\div\left(-\frac{3}{4}\right)\times(+3)=(+2)\times\left(-\frac{4}{3}\right)\times(+3)=-\left(2\times\frac{4}{3}\times3\right)=-8$

(3) $(-6)\div(+3)\times(-5)\div(+2)=(-6)\times\left(+\frac{1}{3}\right)\times(-5)\times\left(+\frac{1}{2}\right)=+\left(6\times\frac{1}{3}\times5\times\frac{1}{2}\right)=+5$

(4) $(-5)\times(-4)\div(+2)\times\left(-\frac{3}{5}\right)=(-5)\times(-4)\times\left(+\frac{1}{2}\right)\times\left(-\frac{3}{5}\right)=-\left(5\times4\times\frac{1}{2}\times\frac{3}{5}\right)=-6$

답 (1) -6 (2) -8 (3) $+5$ (4) -6

정답과 풀이 14쪽

유제 8 **다음을 계산하시오.** ▶ 242010-0087

(1) $(+6)\times(-2)\div(+2)$

(2) $\left(+\frac{2}{5}\right)\div\left(-\frac{1}{5}\right)\times(+10)$

(3) $\left(-\frac{15}{7}\right)\div(+3)\times(-14)\div\left(+\frac{2}{3}\right)$

(4) $(-3)\times\left(-\frac{5}{6}\right)\div\left(+\frac{10}{3}\right)\times(-8)$

9 **다음을 계산하시오.** ▶ 242010-0088

(1) $(+16)\div(-2)^2\times(-3)$

(2) $\left(+\frac{2}{5}\right)\times\left(-\frac{1}{2}\right)^2\div\left(-\frac{1}{20}\right)$

6 복잡한 식의 계산

(1) 분배법칙

세 수 a, b, c에 대하여

① $a\times(b+c)=a\times b+a\times c$

② $(a+b)\times c=a\times c+b\times c$

예 $10\times\left(\frac{1}{2}+\frac{1}{5}\right)=10\times\frac{1}{2}+10\times\frac{1}{5}=5+2=7$

$a\times(b+c)=\underset{①}{a\times b}+\underset{②}{a\times c}$

$(a+b)\times c=\underset{①}{a\times c}+\underset{②}{b\times c}$

(2) 덧셈, 뺄셈, 곱셈, 나눗셈이 섞여 있는 식의 계산

① 거듭제곱이 있으면 거듭제곱을 먼저 계산한다.

② 괄호가 있으면 괄호 안을 먼저 계산한다.

이때 소괄호 ( ) → 중괄호 { } → 대괄호 [ ]의 순서로 계산한다.

③ 곱셈, 나눗셈을 앞에서부터 차례로 계산한다.

④ 덧셈, 뺄셈을 앞에서부터 차례로 계산한다.

예 $(-4)+\left\{1-(-2)^2\times\frac{3}{4}\right\}\times 2$

계산 순서: ⑤ ③ ① ② ④

• 혼합 계산 순서

① 거듭제곱

② 괄호 ( ) → { } → [ ]

③ 곱셈, 나눗셈을 앞에서부터

④ 덧셈, 뺄셈을 앞에서부터

예제 6 다음을 계산하시오.

(1) $(-2)\times(-1)+8\div 2^2$

(2) $4-\left\{(-2)^2+6\times\frac{1}{3}\right\}$

풀이

(1) $(-2)\times(-1)+8\div 2^2$
$=(-2)\times(-1)+8\div 4$
$=(+2)+8\div 4$
$=(+2)+(+2)$
$=+4$

(2) $4-\left\{(-2)^2+6\times\frac{1}{3}\right\}$
$=4-\left(4+6\times\frac{1}{3}\right)$
$=4-(4+2)$
$=4-6$
$=-2$

답 (1) $+4$ (2) -2

정답과 풀이 14쪽

유제 10 다음을 계산하시오. ▶ 242010-0089

(1) $3\times(-3)+6\div(-1)^3$

(2) $[4-\{(-2)^2+8\}]\div(-2)$

11 다음을 계산하시오. ▶ 242010-0090

(1) $7\times 145-7\times 45$

(2) $11\times(-1.3)+11\times 0.3$

중단원 마무리

정답과 풀이 14~15쪽

242010-0091

01 다음 중 계산 결과가 양수인 것은?

① $(-1)+(+3)$ ② $(+3)+(-4)$

③ $(-3)+(+3)$ ④ $\left(-\frac{1}{3}\right)+\left(-\frac{2}{3}\right)$

⑤ $\left(-\frac{3}{5}\right)+\left(+\frac{2}{5}\right)$

242010-0092

02 다음 중 계산 결과가 옳은 것을 모두 고르면? (정답 2개)

① $(-1)-\left(+\frac{3}{4}\right)=\frac{1}{4}$

② $(+3)-(-4)=-1$

③ $(+5)-\left(+\frac{1}{2}\right)=\frac{9}{2}$

④ $\left(-\frac{1}{3}\right)-\left(-\frac{2}{3}\right)=\frac{1}{3}$

⑤ $\left(+\frac{2}{5}\right)-(-3)=-\frac{13}{5}$

242010-0093

03 다음을 계산하면?

$$(-1)+(+2)+(-3)+(+4)+(-5)+(+6)$$

① -1 ② 1 ③ 3

④ 5 ⑤ 9

★ 중요 242010-0094

04 다음 중 계산 결과가 나머지 넷과 다른 하나는?

① $(-2)-(-4)+(+5)$

② $(+6)+(-2)-(-3)$

③ $(-1)+(+1)-(-7)$

④ $(+5)-(+1)+(-3)$

⑤ $(+9)+(-1)-(+1)$

242010-0095

05 다음을 계산하시오.

$$-5-\frac{1}{3}+2-\frac{1}{2}$$

242010-0096

06 다음 중 계산한 값의 부호가 나머지 넷과 다른 하나는?

① -4^4

② $(+3)^3\times(-2)^3$

③ $(+2)^2\times(-8)$

④ $(+3)^2\times(-8)\times(+2)$

⑤ $(-1)\times(-2)\times(-1)^2$

242010-0097

07 다음 중 계산 결과가 옳은 것은?

① $(-100)\div(+25)=4$

② $(+88)\div\left(-\frac{11}{2}\right)=-8$

③ $(-10)\div\left(+\frac{1}{2}\right)=-5$

④ $\left(+\frac{3}{4}\right)\div\left(+\frac{9}{16}\right)=\frac{4}{3}$

⑤ $\left(+\frac{10}{7}\right)\div(-5)=-\frac{4}{7}$

242010-0098

08 다음 중 계산 결과가 나머지 넷과 다른 하나는?

① $\left(+\frac{4}{3}\right)^2\times\left(-\frac{3}{2}\right)$

② $\left(-\frac{8}{9}\right)\times(+2)\times(+3)$

③ $\left(-\frac{2}{9}\right)\times(-8)\times\left(-\frac{3}{2}\right)$

④ $\left(+\frac{3}{5}\right)\times\left(+\frac{10}{9}\right)\times(-4)$

⑤ $\left(-\frac{14}{3}\right)\times\left(+\frac{8}{7}\right)\times\left(+\frac{1}{2}\right)$

242010-0099

09 ㉠, ㉡에서 이용된 계산 법칙을 바르게 짝 지은 것은?

$\left(-\frac{8}{3}\right)+(+1.2)+\left(-\frac{1}{3}\right)$

$=\left(-\frac{8}{3}\right)+\left(-\frac{1}{3}\right)+(+1.2)$ ㉠

$=\left\{\left(-\frac{8}{3}\right)+\left(-\frac{1}{3}\right)\right\}+(+1.2)$ ㉡

$=(-3)+(+1.2)=-1.8$

① ㉠: 덧셈의 결합법칙, ㉡: 분배법칙
② ㉠: 덧셈의 교환법칙, ㉡: 덧셈의 결합법칙
③ ㉠: 분배법칙, ㉡: 곱셈의 결합법칙
④ ㉠: 곱셈의 결합법칙, ㉡: 분배법칙
⑤ ㉠: 곱셈의 교환법칙, ㉡: 덧셈의 결합법칙

242010-0100

10 다음을 계산하시오.

$$\left(+\frac{1}{2}\right)\div\left(-\frac{3}{2}\right)\div\left(+\frac{4}{3}\right)\div\left(-\frac{5}{4}\right)\div\left(+\frac{6}{5}\right)$$

242010-0101

11 선생님의 물음에 대한 답으로 옳은 것은?

선생님: 일교차란 하루 동안의 최고 기온과 최저 기온의 차이를 말해요. 아래 표의 5개의 도시 중 일교차가 가장 큰 도시는 어디인가요?

도시	A	B	C	D	E
최고 기온(℃)	0	+2.5	+7	−1.3	−6
최저 기온(℃)	−1.9	−0.3	+2.1	−3	−9.7

① 도시 A ② 도시 B ③ 도시 C
④ 도시 D ⑤ 도시 E

242010-0102

12 절댓값이 같은 두 정수 a, b가 $a\times b=-9$를 만족할 때, 두 수 a, b의 합과 차를 바르게 짝 지은 것은?

① 합: 0, 차: 6 ② 합: 0, 차: 9
③ 합: 6, 차: 18 ④ 합: 9, 차: 0
⑤ 합: 9, 차: 18

★ 중요 242010-0103

13 다음 두 수 A, B에 대하여 $A\times B$의 값은?

$$A=\left(-\frac{4}{5}\right)\div\left(+\frac{11}{10}\right)\times\left(-\frac{3}{16}\right)$$
$$B=\left(+\frac{3}{2}\right)\times\left(-\frac{22}{7}\right)\div\left(+\frac{3}{14}\right)$$

① 2 ② 1 ③ −1
④ −2 ⑤ −3

242010-0104

14 (가), (나)에 들어갈 수를 바르게 짝 지은 것은?

$(+4)\times(-1.7)+(+4)\times(-2.3)$
$=(+4)\times$ (가) $=$ (나)

① (가): −4, (나): −16
② (가): +4, (나): +16
③ (가): −6.8, (나): −9.2
④ (가): −0.6, (나) : −2.4
⑤ (가): +0.6, (나): +2.4

242010-0105

15 다음 식의 계산 순서를 차례로 나열하시오.

$$2-\left\{-\frac{2}{3}+\frac{1}{3}\times(-3)^2\right\}\div\frac{3}{5}$$

(㉠: $2-$의 뺄셈, ㉡: $+$, ㉢: $\times$, ㉣: $(-3)^2$, ㉤: $\div$)

★ 중요 242010-0106

16 다음을 계산하면?

$$(-3)\times2-\left\{1-(-2)^2\div\frac{2}{3}\right\}-1$$

① −3 ② −2 ③ −1
④ 1 ⑤ 2

서술형으로 중단원 마무리

정답과 풀이 16~17쪽

서술형 1-1 

네 수 -6, $-\frac{11}{4}$, $\frac{3}{11}$, $-\frac{1}{3}$ 중에서 서로 다른 세 수를 뽑아 곱한 값 중 가장 큰 수를 A, 가장 작은 수를 B라고 할 때, $A+B$의 값을 구하시오.

| 풀이 |

1단계 가장 큰 수 A 구하기 [40%]

서로 다른 세 수를 뽑아 곱한 값이 가장 크려면
A는 (양수)×(음수)×(음수)의 꼴이어야 한다.
이때 두 음수는 세 음수 -6, $-\frac{11}{4}$, $-\frac{1}{3}$ 중 절댓값이 큰 두 수이어야 하므로 □, □이다.

그러므로 $A=$□

2단계 가장 작은 수 B 구하기 [40%]

서로 다른 세 수를 뽑아 곱한 값이 가장 작으려면
B는 (음수)×(음수)×(음수)의 꼴이어야 한다.
그러므로 $B=$□

3단계 $A+B$의 값 구하기 [20%]

따라서 $A+B=$□

서술형 1-2

▶ 242010-0107

네 수 $-\frac{9}{2}$, $\frac{4}{5}$, $-\frac{2}{5}$, 5 중에서 서로 다른 세 수를 뽑아 곱한 값 중 가장 큰 수를 A, 가장 작은 수를 B라고 할 때, $A+B$의 값을 구하시오.

| 풀이 |

1단계 가장 큰 수 A 구하기 [40%]

2단계 가장 작은 수 B 구하기 [40%]

3단계 $A+B$의 값 구하기 [20%]

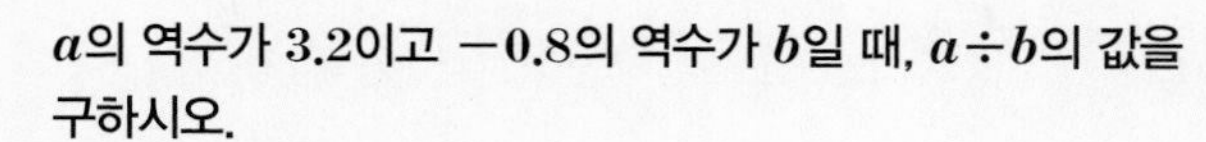

서술형 2-1

a의 역수가 3.2이고 -0.8의 역수가 b일 때, $a\div b$의 값을 구하시오.

| 풀이 |

1단계 a의 값 구하기 [40%]

a의 역수가 $3.2=\frac{16}{5}$이므로 $a\times\frac{16}{5}=1$, $a=$□

2단계 b의 값 구하기 [40%]

$-0.8=-\frac{4}{5}$의 역수가 b이므로 $-\frac{4}{5}\times b=1$, $b=$□

3단계 $a\div b$의 값 구하기 [20%]

따라서 $a\div b=$□

서술형 2-2

▶ 242010-0108

a의 역수가 -2.5이고 1.4의 역수가 b일 때, $a\div b$의 값을 구하시오.

| 풀이 |

1단계 a의 값 구하기 [40%]

2단계 b의 값 구하기 [40%]

3단계 $a\div b$의 값 구하기 [20%]

III 문자와 식

1. 문자의 사용과 식의 계산

❶ 문자를 사용한 식
❷ 곱셈과 나눗셈 기호의 생략
❸ 식의 값
❹ 다항식과 일차식
❺ 일차식과 수의 곱셈, 나눗셈
❻ 일차식의 덧셈, 뺄셈

2. 일차방정식

❶ 방정식과 항등식
❷ 등식의 성질
❸ 일차방정식
❹ 일차방정식의 풀이
❺ 계수가 소수나 분수인 일차방정식의 풀이
❻ 일차방정식의 활용

초등과정 다시 보기

2-❸ 일차방정식

1. **다음 □ 안에 알맞은 수를 써넣으시오.**

(1) $31-\square=16$ (2) $15+\square=23$

(3) $21+\square=33$ (4) $110-\square=100$

1-❶ 문자를 사용한 식

2. **다음 □ 안에 알맞은 수를 써넣으시오.**

(1) □의 5배가 30이다.

(2) 90을 □로 나눈 몫이 10이다.

1-❶ 문자를 사용한 식

3. **다음을 △를 사용한 식으로 나타내시오.**

(1) 6과 △의 곱보다 2 큰 수

(2) 한 개에 △원 하는 사탕 10개의 값

(3) 한 변의 길이가 △ cm인 정사각형의 둘레의 길이

1-❶ 문자를 사용한 식

4. **다음과 같은 도형의 배열을 보고 물음에 답하시오.**

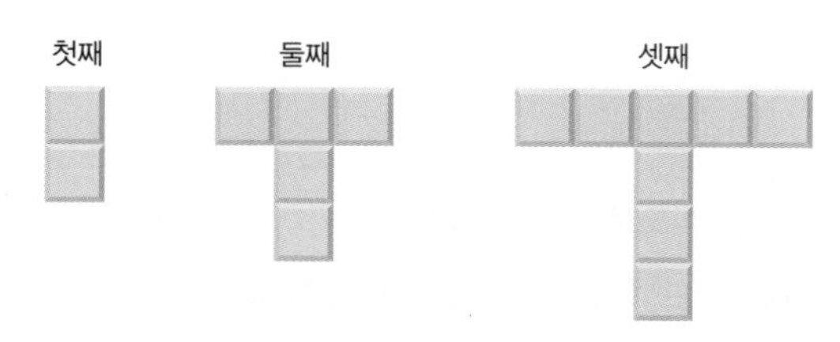

(1) 첫째, 둘째, 셋째 배열에 사용된 사각형의 개수를 각각 구하시오.

(2) 모양의 배열을 보고 넷째 배열에 필요한 사각형의 개수를 구하시오.

(3) 모양의 배열을 보고 다섯째 배열에 필요한 사각형의 개수를 구하시오.

답 **1.** (1) 15 (2) 8 (3) 12 (4) 10 **2.** (1) 6 (2) 9 **3.** (1) $6\times\triangle+2$ (2) $(\triangle\times10)$원 (3) $(\triangle\times4)$ cm
4. (1) 2, 5, 8 (2) 11개 (3) 14개

1. 문자의 사용과 식의 계산

1 문자를 사용한 식

(1) 문자를 사용한 식

문자를 사용하면 구체적인 값이 주어지지 않은 수량 사이의 관계를 간단히 나타낼 수 있다. 참고 수량을 나타내는 문자로 보통 a, b, c, x, y, z, …를 사용한다.

(2) 문자를 사용하여 식 세우기

① 문제의 뜻을 파악하여 규칙을 찾는다.

② ①에서 찾은 관계 또는 규칙에 맞도록 문자를 사용하여 식을 세운다.

예

자동차 수(대)	총 바퀴 수(개)
1	4
2	8
3	12
⋮	⋮

자동차가 1대, 2대, 3대, …일 때, 총 바퀴 수는 $\{4\times$(자동차의 대수)$\}$개이다. 이때 자동차의 대수 대신 문자 x를 사용하면 총 바퀴 수는 $(4\times x)$개로 나타낼 수 있다.

• 식을 세울 때는 단위를 바르게 적도록 주의한다.

• (속력)$=\frac{(\text{거리})}{(\text{시간})}$, (시간)$=\frac{(\text{거리})}{(\text{속력})}$, (거리)$=$(속력)$\times$(시간)

• x의 $a\,\%=x\times\frac{a}{100}$

예제 1 다음을 문자를 사용한 식으로 나타내시오.

(1) 1개에 1500원인 볼펜 x개를 살 때 필요한 돈

(2) 한 변의 길이가 x cm인 정사각형의 넓이

(3) 1개에 a원인 지우개 5개를 사고 20000원을 냈을 때 받은 거스름돈

풀이

(1) 1개에 1500원인 볼펜 x개의 가격은 $(1500\times x)$원

(2) (정사각형의 넓이)$=$(가로의 길이)$\times$(세로의 길이)이므로 한 변의 길이가 x cm인 정사각형의 넓이는 $(x\times x)$ cm^2

(3) (거스름돈)$=$(지불 금액)$-$(물건 가격)이고 1개에 a원인 지우개 5개의 가격은 $(a\times 5)$원이므로 받은 거스름돈은 $(20000-a\times 5)$원

답 (1) $(1500\times x)$원 (2) $(x\times x)$ cm^2 (3) $(20000-a\times 5)$원

정답과 풀이 18쪽

유제 1 다음을 문자를 사용한 식으로 나타내시오. ▶ 242010-0109

(1) 1개에 700원인 각도기 x개를 살 때 필요한 돈

(2) 가로의 길이가 x cm, 세로의 길이가 y cm인 직사각형의 넓이

(3) 1000원짜리 아이스크림 a개를 사고 b원을 냈을 때 받은 거스름돈

2 다음 문장을 식으로 옳게 나타낸 것에는 ○표, 그렇지 않은 것에는 ×표를 ( ) 안에 써넣으시오. ▶ 242010-0110

(1) 정가가 b원인 빵을 20 % 할인하여 산 금액 ⇨ $\left(b\times\frac{20}{100}\right)$원 ( )

(2) 한 개에 50 g인 사탕 a개와 한 개에 80 g인 초콜릿 b개의 전체 무게
⇨ $(50\times a+80\times b)$ g ( )

(3) 자동차가 시속 x km로 5시간 동안 이동한 거리 ⇨ $(x\div 5)$ km ( )

2 곱셈과 나눗셈 기호의 생략

(1) 곱셈 기호의 생략

① 수와 문자, 문자와 문자의 곱에서는 곱셈 기호 ×를 생략한다.
예 $5\times a=5a$, $x\times y=xy$

② 수와 문자의 곱에서는 수를 문자 앞에 쓰고, 1 또는 -1과 문자의 곱에서는 1을 생략한다.
예 $b\times 3=3b$, $1\times x=x$, $(-1)\times x=-x$

③ 문자와 문자의 곱에서는 보통 알파벳 순서로 쓰고, 같은 문자의 곱은 거듭제곱의 꼴로 나타낸다.
예 $a\times x\times b=abx$, $x\times x\times y\times y\times y=x^2y^3$

④ 괄호가 있는 식과 수의 곱에서는 곱셈 기호 ×를 생략하고 수를 괄호 앞에 쓴다.
예 $(a+2b)\times(-3)=-3(a+2b)$

(2) 나눗셈 기호의 생략

나눗셈 기호 ÷를 생략하고 분수의 꼴로 나타낸다. 또는 나눗셈을 역수의 곱으로 바꾼 후 곱셈 기호를 생략할 수도 있다.
예 $a\div b=\dfrac{a}{b}$ (단, $b\neq 0$), $a\div 2=a\times\dfrac{1}{2}=\dfrac{a}{2}$

- 수와 수 사이의 곱셈 기호는 생략하지 않는다.
  예 $3\times 5\neq 35$
- 0.1, 0.01, 0.001, …과 문자의 곱을 나타낼 때 1은 생략하지 않는다.
  예 $0.1\times a=0.a$ (×)
  $0.1\times a=0.1a$ (○)
- $\dfrac{1}{2}\times a=\dfrac{1}{2}a=\dfrac{a}{2}$
- 곱셈 기호와 나눗셈 기호가 섞여 있는 식은 앞에서부터 차례대로 기호를 생략한다.

예제 2 다음 식을 곱셈 기호 ×를 생략하여 나타내시오.

(1) $a\times 4\times b\times c$　　(2) $x\times y\times(-2)\times x\times x$

(3) $a\times b\times 0.1\times a\times b$　　(4) $(x+2y)\times(-4)$

풀이

(1) 곱셈 기호를 생략할 때에는 수를 문자 앞에 쓰고 문자는 알파벳 순서로 쓴다. ⇨ $a\times 4\times b\times c=4abc$

(2) 문자는 알파벳 순서로 쓰고, 같은 문자의 곱은 거듭제곱의 꼴로 나타낸다. ⇨ $x\times y\times(-2)\times x\times x=-2x^3y$

(3) 0.1과 문자의 곱에서 1은 생략하지 않는다. ⇨ $a\times b\times 0.1\times a\times b=0.1a^2b^2$

(4) 곱셈 기호 ×를 생략하고 수를 괄호 앞에 쓴다. ⇨ $(x+2y)\times(-4)=-4(x+2y)$

답 (1) $4abc$ (2) $-2x^3y$ (3) $0.1a^2b^2$ (4) $-4(x+2y)$

정답과 풀이 18쪽

유제 3 다음 식을 나눗셈 기호 ÷를 생략하여 나타내시오. ▶ 242010-0111

(1) $(-3a)\div b$　　(2) $5\div(x-4y)$

(3) $(a-3b+c)\div(-2)$　　(4) $x\div 4+y\div 3$

4 다음 식을 곱셈 기호 × 또는 나눗셈 기호 ÷를 생략하여 나타내시오. ▶ 242010-0112

(1) $x\times 3\times x\times y-4\div x$　　(2) $a\times c\div(a-b)$

(3) $(x+y)\times(-1)+(x-y-z)\div 2$　　(4) $a\div b\times c+x\times(-3)\times y$

3 식의 값

(1) **대입:** 문자를 사용한 식에서 문자 대신 수를 넣는 것

(2) **식의 값:** 문자를 사용한 식에서 문자에 수를 대입하여 계산한 결과

예 $x=5$일 때, $x+10$의 식의 값을 구하면

$x+10$

대입

$=5+10=15$ ← 식의 값

(3) **식의 값을 구하는 방법**

① 주어진 식에서 생략된 곱셈과 나눗셈 기호를 다시 쓴다.

② 문자에 주어진 수를 대입하여 계산한다.

③ 두 개 이상의 문자를 포함한 식의 값은 문자에 각각의 수를 대입하여 구한다.

예 $x=2$, $y=-3$일 때, $4x-y$의 식의 값을 구하면

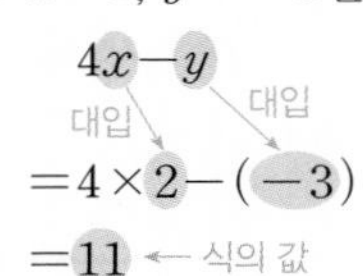

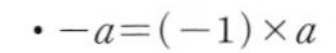

• 음수를 대입할 때 반드시 괄호를 사용하고 부호가 틀리지 않도록 주의한다.

예제 3 **$a=3$, $b=-2$일 때, 다음 식의 값을 구하시오.**

(1) $-a+4$ (2) $2b-3$ (3) $\dfrac{a-3}{a+3}$ (4) b^2+3b+2

풀이

(1) $-a+4=-3+4=1$

(2) $2b-3=2\times(-2)-3=-4-3=-7$

(3) $\dfrac{a-3}{a+3}=\dfrac{3-3}{3+3}=\dfrac{0}{6}=0$

(4) $b^2+3b+2=(-2)^2+3\times(-2)+2=4-6+2=0$

답 (1) 1 (2) -7 (3) 0 (4) 0

정답과 풀이 18쪽

유제 5 $x=-1$, $y=2$일 때, 다음 식의 값을 구하시오. ▶ 242010-0113

(1) $3x+3y$ (2) $\dfrac{-x+y}{xy}$ (3) $2x-y^2$ (4) x^2y^3

6 **가로의 길이가 x cm, 세로의 길이가 y cm, 높이가 3 cm인 직육면체에 대하여 다음 물음에 답하시오.** ▶ 242010-0114

(1) 직육면체의 부피를 문자 x, y를 사용한 식으로 나타내시오.

(2) $x=4$, $y=2$일 때, 직육면체의 부피를 구하시오.

4 다항식과 일차식

(1) 단항식과 다항식

① 항: 수 또는 문자의 곱으로 이루어진 식

② 상수항: 수로만 이루어진 항

③ 계수: 수와 문자의 곱으로 이루어진 항에서 문자 앞에 곱한 수

④ 다항식: 한 개의 항 또는 두 개 이상의 항의 합으로 이루어진 식 예 $2a$, $x-5$, $3x+4y-4$

⑤ 단항식: 한 개의 항으로만 이루어진 식 예 8, $3x$, $-\frac{1}{2}y$

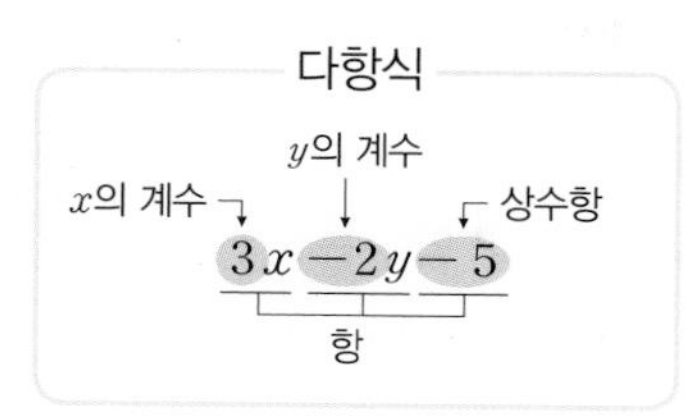

• 항을 말할 때에는 반드시 상수항도 포함하고 부호를 빠뜨리지 않도록 주의한다.

• 모든 단항식은 다항식이다.

(2) 일차식

① 차수: 항에 포함되어 있는 어떤 문자의 곱해진 개수 예 $2x^3$의 차수는 3

② 다항식의 차수: 다항식에서 차수가 가장 큰 항의 차수

예 $3x^2-3x$에서 차수가 가장 큰 항이 $3x^2$이고 차수가 2이므로 다항식 $3x^2-3x$의 차수는 2이다.

③ 일차식: 차수가 1인 다항식 예 $4x+3$, $-5x$

• 상수항의 차수는 0이다.

• $\frac{1}{x}$, $\frac{2}{a+1}$와 같이 분모에 문자가 있는 식은 다항식이 아니므로 일차식도 아니다.

예제 4 다항식 $3x-\frac{5}{2}y+4$에 대하여 다음을 구하시오.

(1) 항의 개수 (2) 상수항

(3) x의 계수 (4) y의 계수

풀이

(1) 항은 $3x$, $-\frac{5}{2}y$, 4로 3개이다.

(2) 상수항은 수로만 이루어진 항으로 4이다.

(3), (4) x의 계수는 3, y의 계수는 $-\frac{5}{2}$이다.

답 (1) 3개 (2) 4 (3) 3 (4) $-\frac{5}{2}$

정답과 풀이 18~19쪽

유제 7 다항식 $-4x^2+x+3$에 대하여 다음을 구하시오. ▶ 242010-0115

(1) 상수항 (2) x의 계수

(3) x^2의 계수 (4) 다항식의 차수

8 다음 중 일차식인 것에는 ○표, 일차식이 아닌 것에는 ×표를 ( ) 안에 써넣으시오. ▶ 242010-0116

(1) $5-x$ ( ) (2) $-\frac{x}{2}+3$ ( ) (3) x^2+3x+1 ( )

(4) $0.3x+0.5$ ( ) (5) $\frac{1}{x}$ ( )

5 일차식과 수의 곱셈, 나눗셈

(1) 단항식과 수의 곱셈과 나눗셈

① (단항식)×(수): 수끼리 곱하여 문자 앞에 쓴다. 예 $4x\times3=(4\times3)x=12x$

② (단항식)÷(수): 나누는 수의 역수를 이용하여 곱셈으로 고친 후 계산한다.

예 $15x\div3=15x\times\frac{1}{3}=\left(15\times\frac{1}{3}\right)x=5x$

참고

$4x\times3=4\times x\times3$
$=4\times3\times x$ ← 곱셈의 교환법칙
$=(4\times3)\times x$ ← 곱셈의 결합법칙
$=12x$

(2) 일차식과 수의 곱셈과 나눗셈

① (일차식)×(수): 분배법칙을 이용하여 일차식의 각 항에 수를 곱하여 계산한다.

예 $3(2x-1)=3\times2x-3\times1=6x-3$

② (일차식)÷(수): 나눗셈을 곱셈으로 고쳐서 계산한다.

예 $(2x-4)\div2=(2x-4)\times\frac{1}{2}=2x\times\frac{1}{2}-4\times\frac{1}{2}=x-2$

• 덧셈에 대한 곱셈의 분배법칙
→ 세 수 a, b, c에 대하여
$a(b+c)=ab+ac$
$(a+b)c=ac+bc$

• 괄호 앞의 수를 다항식의 모든 항에 곱해야 함에 주의한다.
$2(x-3)=2x-6$

예제 5 다음을 계산하시오.

(1) $3x\times(-4)$　(2) $(-7)\times(-3y)$　(3) $27a\div9$

(4) $(-30b)\div5$　(5) $-\frac{1}{2}(4x-6)$　(6) $(6x+9)\div(-3)$

풀이

(1) $3x\times(-4)=3\times(-4)\times x=-12x$

(2) $(-7)\times(-3y)=(-7)\times(-3)\times y=21y$

(3) $27a\div9=27a\times\frac{1}{9}=27\times\frac{1}{9}\times a=3a$

(4) $(-30b)\div5=(-30b)\times\frac{1}{5}=(-30)\times\frac{1}{5}\times b=-6b$

(5) $-\frac{1}{2}(4x-6)=\left(-\frac{1}{2}\right)\times4x-\left(-\frac{1}{2}\right)\times6=-2x+3$

(6) $(6x+9)\div(-3)=(6x+9)\times\left(-\frac{1}{3}\right)=6x\times\left(-\frac{1}{3}\right)+9\times\left(-\frac{1}{3}\right)=-2x-3$

답 (1) $-12x$ (2) $21y$ (3) $3a$ (4) $-6b$ (5) $-2x+3$ (6) $-2x-3$

정답과 풀이 19쪽

유제 9 다음을 계산하시오. ▶ 242010-0117

(1) $20a\times\left(-\frac{4}{5}\right)$　(2) $10b\div(-2)$　(3) $(-8c)\div\frac{4}{3}$

(4) $(x+1)\times2$　(5) $5\left(y-\frac{2}{5}\right)$　(6) $(3z+9)\div\frac{3}{2}$

10 다음 중 계산이 옳은 것에는 ○표, 옳지 않은 것에는 ×표를 ( ) 안에 써넣으시오. ▶ 242010-0118

(1) $(2x+1)\times3=6x+3$ ( )　(2) $-\frac{2}{3}(6x-6)=-4x-4$ ( )

(3) $(-5y-15)\div5=-y-3$ ( )　(4) $(4y-1)\div\left(-\frac{1}{2}\right)=-8y+2$ ( )

6 일차식의 덧셈, 뺄셈

(1) **동류항:** 문자와 차수가 각각 같은 항　예 $2a^3$과 $-a^3$, $3x$와 $7x$, -1과 5

(2) **동류항의 덧셈과 뺄셈:** 분배법칙을 이용하여 동류항의 계수끼리 더하거나 뺀 후 문자 앞에 쓴다.　예 $3a+2a=(3+2)\times a=5a$, $6x-4x=(6-4)\times x=2x$

(3) **일차식의 덧셈과 뺄셈**

① 괄호가 있으면 분배법칙을 이용하여 괄호를 푼다.

② 동류항끼리 모아 계산한다.

예 $2(3x-1)+(x+4)$
$=6x-2+x+4$ ← 괄호를 푼다.
$=6x+x-2+4$ ← 동류항끼리 모은다.
$=(6+1)x+(-2+4)$ ← 분배법칙을 이용하여 동류항끼리 계산한다.
$=7x+2$

- 상수항끼리는 모두 동류항이다.
- 동류항이 없는 식은 더 이상 간단히 할 수 없다.
  예 $3x+2$, $x+4y$
- 계수가 분수인 동류항을 계산할 때에는 먼저 통분한 후 계산한다.

예제 6 다음을 계산하시오.

(1) $5x-2-7x+8$　(2) $-3(2x+3)+2(x-1)$　(3) $\frac{1}{2}(2x+5)+\frac{4x-3}{3}$

풀이

(1) $5x-2-7x+8=5x-7x-2+8=(5-7)x+(-2+8)=-2x+6$

(2) $-3(2x+3)+2(x-1)=-6x-9+2x-2=-6x+2x-9-2=(-6+2)x+(-9-2)=-4x-11$

(3) $\frac{1}{2}(2x+5)+\frac{4x-3}{3}=x+\frac{5}{2}+\frac{4}{3}x-1=x+\frac{4}{3}x+\frac{5}{2}-1=\left(\frac{3}{3}+\frac{4}{3}\right)x+\left(\frac{5}{2}-\frac{2}{2}\right)=\frac{7}{3}x+\frac{3}{2}$

답 (1) $-2x+6$ (2) $-4x-11$ (3) $\frac{7}{3}x+\frac{3}{2}$

정답과 풀이 19쪽

유제 11 다음 보기에서 동류항끼리 짝 지어진 것을 있는 대로 고르시오. 242010-0119

보기

ㄱ. x, x^2	ㄴ. -2, 5	ㄷ. $-3x$, $3y$
ㄹ. $2x$, $-7x$	ㅁ. $4a^2$, $-8a^2$	ㅂ. 5, $5b$

12 다음을 계산하시오. 242010-0120

(1) $6x-x+3x$　(2) $-\frac{4}{3}x+2+\frac{2}{3}x-1$

(3) $(9x+1)-(x+2)$　(4) $3(3x+2)+2x$

(5) $\frac{1}{2}(6x+1)+2\left(x-\frac{1}{4}\right)$　(6) $\frac{x}{3}+\frac{3x+2}{4}$

중단원 마무리

▶ 242010-0121

01 하나에 500 g인 사과 a개를 무게가 5 kg인 박스 안에 넣으려고 한다. 사과 박스 전체의 무게를 문자를 사용한 식으로 나타내면?

① $(5+500\times a)$ kg ② $(5+0.5\times a)$ kg
③ $(5\times a+0.5)$ kg ④ $(500+5\times a)$ kg
⑤ $(0.5+500\times a)$ kg

★ 중요 ▶ 242010-0122

02 다음 중 곱셈 기호와 나눗셈 기호를 생략하여 바르게 나타낸 것은?

① $b\times(-1)=b-1$

② $a-b\div5=\frac{a-b}{5}$

③ $x\div3\times y=\frac{x}{3y}$

④ $a\div(b\div c)=\frac{a}{bc}$

⑤ $x\times x-x\times0.1\times y=x^2-0.1xy$

▶ 242010-0123

03 다음 중 $4a$와 같은 식을 모두 고르면? (정답 2개)

① $4+a$ ② $a\div\frac{1}{4}$ ③ $a\div4$
④ $a\times4$ ⑤ $a\times a\times a\times a$

▶ 242010-0124

04 다음 중 문자를 사용한 식으로 바르게 나타낸 것은?

① 점수가 각각 a점, b점인 두 과목의 평균 점수
⇨$(a+b)$점
② 한 모서리의 길이가 x cm인 정육면체의 겉넓이
⇨ $3x^2$ cm^2
③ 10개에 x원인 사과 1개의 가격 ⇨ $\frac{10}{x}$원
④ 어떤 수 x의 4배보다 4만큼 큰 수 ⇨ $4x-4$
⑤ 백의 자리의 숫자가 x, 십의 자리의 숫자가 2, 일의 자리의 숫자가 y인 세 자리 자연수
⇨ $100x+20+y$

★ 중요 ▶ 242010-0125

05 $x=-3$일 때, 다음 중 그 값이 가장 큰 것은?

① $-\frac{1}{x}$ ② $(-x)^2$ ③ $-\frac{1}{9}x^3$
④ $2x-x^2$ ⑤ $5-x$

▶ 242010-0126

06 $a=\frac{1}{2}$, $b=-2$일 때, $5ab^2-\frac{2b}{a}$의 값은?

① 10 ② 12 ③ 15
④ 18 ⑤ 20

▶ 242010-0127

07 다음 중 옳지 않은 것은?

① $-2x$는 단항식이다.
② $\frac{1}{3}x^2+4x-5$의 차수는 2이다.
③ $3xy$에서 항은 3개이다.
④ x^2-1에서 상수항은 -1이다.
⑤ $-\frac{x}{4}+5y$에서 x의 계수는 $-\frac{1}{4}$이다.

▶ 242010-0128

08 다음 중 일차식인 것은?

① 1 ② $2-\frac{x}{3}$ ③ $0.1x+x^2$
④ $-\frac{1}{x}$ ⑤ $\frac{1}{2}x^2+1$

242010-0129

09 A와 B의 계산 결과를 바르게 짝 지은 것은?

$$A=4\times\left(-\frac{1}{2}a\right),\ B=6b\div\left(-\frac{1}{6}\right)$$

① $A=-2a,\ B=-b$
② $A=-2a,\ B=-36b$
③ $A=-8a,\ B=0$
④ $A=-8a,\ B=-36b$
⑤ $A=-\frac{2}{a},\ B=-b$

242010-0130

10 다음 중 계산 결과가 다른 하나는?

① $(6x-2)\div(-2)$ ② $\frac{1}{2}\times(-12x+4)$
③ $-2(3x-1)$ ④ $(9x-3)\div\left(-\frac{3}{2}\right)$
⑤ $(-3x+1)\div\frac{1}{2}$

242010-0131

11 어느 도시에서 택시를 타고 x km를 이동한 후 지불해야 하는 택시비는 $\{4800+1300(x-1.6)\}$원이라고 한다. 택시를 타고 2.4 km를 이동할 때 지불해야 할 금액은?

① 5640원 ② 5760원 ③ 5840원
④ 5920원 ⑤ 5980원

242010-0132

12 다음 중 옳은 것을 모두 고르면? (정답 2개)

① $xy+2xy=3xy$
② $5x+4y=9xy$
③ $x-3x+2x=-x$
④ $3+5y+1+4y=4+9y^2$
⑤ $-2y+1+4y+2=2y+3$

242010-0133

13 과거 몸무게가 a kg인 민서와 b kg인 은수가 각각 10 %, 5 %의 몸무게를 감량하였을 때, 현재 둘의 몸무게의 합을 문자를 사용한 식으로 나타내면?

① $(10a+5b)$ kg ② $\left(\frac{a+5b}{10}\right)$ kg
③ $\left(\frac{11a}{10}+\frac{21b}{20}\right)$ kg ④ $\left(\frac{9a}{10}+\frac{19b}{20}\right)$ kg
⑤ $\left(\frac{a}{10}+\frac{b}{20}\right)$ kg

중요 242010-0134

14 $\frac{3}{2}(4x-1)+(2-8x)\div(-4)$를 계산하면?

① $8x-2$ ② $8x-8$ ③ $6x-1$
④ $4x-1$ ⑤ $4x-2$

242010-0135

15 $\frac{3x+1}{2}-\frac{2x-5}{3}$를 계산하면 $ax+b$일 때, $3(a-b)$의 값은? (단, a, b는 상수)

① -5 ② -4 ③ -3
④ -2 ⑤ 2

242010-0136

16 다음 조건을 만족시키는 두 다항식 A, B에 대하여 $2A-B$를 계산하면?

- $4x-5$에서 $-x+3$을 빼면 A가 된다.
- A에 $3x-1$을 더하면 B가 된다.

① $2x-7$ ② $-3x+1$ ③ $12x$
④ $3x-2$ ⑤ $5x-8$

서술형으로 중단원 마무리

정답과 풀이 22쪽

서술형 1-1 

n개의 팀이 경기에 출전할 때 우승팀을 가리기 위해 필요한 경기의 수는 $\dfrac{n(n-1)}{2}$이라고 한다. 10개의 팀이 출전할 때와 5개의 팀이 출전할 때 필요한 경기 수를 각각 구하시오.

| 풀이 |

1단계 10개 팀이 출전할 때 필요한 경기의 수 구하기 [50%]

$\dfrac{n(n-1)}{2}$에 $n=$□을 대입하면

$\dfrac{\square\times(\square-1)}{2}=$□(경기)

2단계 5개 팀이 출전할 때 필요한 경기의 수 구하기 [50%]

$\dfrac{n(n-1)}{2}$에 $n=$□을 대입하면

$\dfrac{\square\times(\square-1)}{2}=$□(경기)

서술형 1-2

242010-0137

공을 지면에서 초속 40 m로 위로 던졌을 때 t초 후의 높이는 $(40t-5t^2)$ m라고 한다. 2초 후의 공의 높이와 4초 후의 공의 높이의 차를 구하시오.

| 풀이 |

1단계 2초 후의 공의 높이 구하기 [40%]

2단계 4초 후의 공의 높이 구하기 [40%]

3단계 공의 높이의 차 구하기 [20%]

서술형 2-1

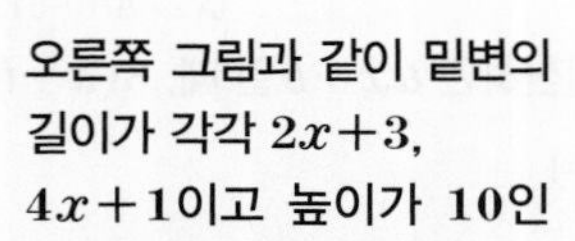

오른쪽 그림과 같이 밑변의 길이가 각각 $2x+3$, $4x+1$이고 높이가 10인 삼각형과 직사각형의 넓이의 합을 나타낸 식이 $ax+b$일 때, $a+b$의 값을 구하시오. (단, a, b는 상수)

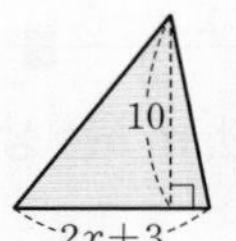

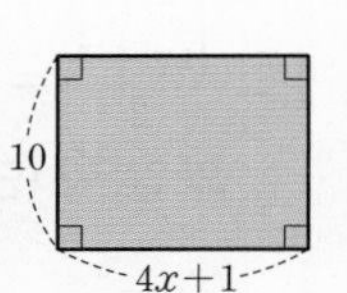

| 풀이 |

1단계 삼각형의 넓이 나타내기 [25%]

(삼각형의 넓이)$=\dfrac{1}{2}\times$(밑변의 길이)$\times$(높이)

$=\dfrac{1}{2}\times(2x+3)\times10$

$=5(2x+3)=$□

2단계 사각형의 넓이 나타내기 [25%]

(사각형의 넓이)=(밑변의 길이)$\times$(높이)

$=(4x+1)\times10=$□

3단계 두 도형의 넓이의 합 나타내기 [25%]

(두 도형의 넓이의 합)=□

4단계 $a+b$의 값 구하기 [25%]

따라서 $a=$□, $b=$□이므로 $a+b=$□

서술형 2-2

242010-0138

오른쪽 그림과 같이 아랫변의 길이가 $3x$, 높이가 6으로 같은 평행사변형과 사다리꼴이 있다. 사다리꼴의 윗변의 길이가 $x+4$일 때, 두 도형의 넓이의 합을 나타낸 식이 $ax+b$이다. $a+b$의 값을 구하시오. (단, a, b는 상수)

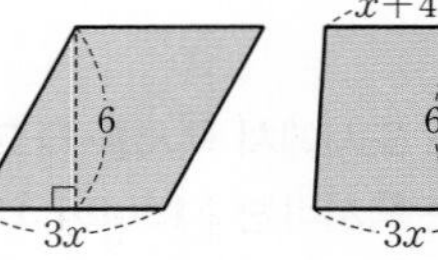

| 풀이 |

1단계 평행사변형의 넓이 나타내기 [25%]

2단계 사다리꼴의 넓이 나타내기 [25%]

3단계 두 도형의 넓이의 합 나타내기 [25%]

4단계 $a+b$의 값 구하기 [25%]

2. 일차방정식

1 방정식과 항등식

(1) **등식**: 등호 =를 사용하여 나타낸 식

예 $5=2$, $4+x=6$

① 좌변: 등식에서 등호의 왼쪽 부분

② 우변: 등식에서 등호의 오른쪽 부분

③ 양변: 등식의 좌변과 우변

(2) **방정식**: 미지수의 값에 따라 참이 되기도 하고 거짓이 되기도 하는 등식

예 $x+3=5$는 $x=2$일 때에만 참이 되고, 그 외에는 거짓이므로 방정식이다.

① 방정식의 해(또는 근): 방정식을 참이 되게 하는 미지수의 값

② 방정식을 푼다: 방정식의 해(또는 근)를 모두 구하는 것

(3) **항등식**: 미지수에 어떤 수를 대입하여도 항상 참이 되는 등식

예 $x+x=2x$는 x에 어떤 값을 대입해도 항상 참이므로 항등식이다.

• 미지수는 방정식에 있는 문자를 말한다.

• 항등식은 등식의 좌변 또는 우변을 간단히 정리하였을 때 양변이 같은 식이다.

예제 1 x의 값이 -1, 0, 1, 2일 때, 다음 방정식의 해를 구하시오.

(1) $x+1=0$

(2) $2x-8=-x-2$

풀이

(1) 방정식 $x+1=0$에

$x=-1$을 대입하면 $(-1)+1=0$

$x=0$을 대입하면 $0+1\neq 0$

$x=1$을 대입하면 $1+1\neq 0$

$x=2$를 대입하면 $2+1\neq 0$

따라서 방정식 $x+1=0$의 해는 $x=-1$

(2) 방정식 $2x-8=-x-2$에

$x=-1$을 대입하면 $2\times(-1)-8\neq-(-1)-2$

$x=0$을 대입하면 $2\times 0-8\neq 0-2$

$x=1$을 대입하면 $2\times 1-8\neq -1-2$

$x=2$를 대입하면 $2\times 2-8=-2-2$

따라서 방정식 $2x-8=-x-2$의 해는 $x=2$

답 (1) $x=-1$ (2) $x=2$

정답과 풀이 23쪽

유제 1 다음 보기 중 등식, 항등식인 것을 각각 찾아 기호를 쓰시오. 242010-0139

보기

ㄱ. $x>4$

ㄴ. $x+3=0$

ㄷ. $-10x+5x=-2x-3x$

ㄹ. $3x-2$

ㅁ. $5x-2=3x$

ㅂ. $2x-(x+2)=x-2$

(1) 등식: ________ (2) 항등식: ________

2 x의 값이 -3, -2, -1, 0일 때, 다음 방정식의 해를 구하시오. 242010-0140

(1) $x-2=2x$

(2) $-2(x+3)=-6$

(3) $\frac{1}{3}x-9=2(x-2)$

2 등식의 성질

(1) 등식의 성질 $a=b$이면

① 등식의 양변에 같은 수를 더하여도 등식은 성립한다. ⇨ $a+c=b+c$

② 등식의 양변에서 같은 수를 빼어도 등식은 성립한다. ⇨ $a-c=b-c$

③ 등식의 양변에 같은 수를 곱하여도 등식은 성립한다. ⇨ $ac=bc$

④ 등식의 양변을 0이 아닌 같은 수로 나누어도 등식은 성립한다. ⇨ $\frac{a}{c}=\frac{b}{c}$ (단, $c\neq0$)

예 $a=b$이면 $a+1=b+1$, $a-2=b-2$, $3a=3b$, $-\frac{a}{4}=-\frac{b}{4}$

(2) 등식의 성질을 이용한 방정식의 풀이

등식의 성질을 이용하여 주어진 방정식을 $x=$(수)의 꼴로 바꾸어 해를 구할 수 있다.

예 $2x-1=5$ $\xrightarrow[\text{1을 더한다.}]{\text{양변에}}$ $2x=6$ $\xrightarrow[\text{2로 나눈다.}]{\text{양변을}}$ $x=3$

• 양변에서 c를 빼는 것은 양변에 $-c$를 더하는 것과 같고, 양변을 c $(c\neq0)$으로 나누는 것은 양변에 $\frac{1}{c}$을 곱하는 것과 같다.

예제 2 등식의 성질을 이용하여 다음 방정식을 푸시오.

(1) $-3x-2=7$

(2) $\frac{x+3}{4}=2$

풀이

(1) 양변에 2를 더하면 $-3x-2+2=7+2$
간단히 하면 $-3x=9$
양변을 -3으로 나누면 $\frac{-3x}{-3}=\frac{9}{-3}$
따라서 $x=-3$

(2) 양변에 4를 곱하면 $\frac{x+3}{4}\times4=2\times4$
간단히 하면 $x+3=8$
양변에서 3을 빼면 $x+3-3=8-3$
따라서 $x=5$

답 (1) $x=-3$ (2) $x=5$

정답과 풀이 23쪽

유제 3 $a=b$일 때, 다음 등식이 성립하도록 □ 안에 알맞은 식을 써넣으시오. ▶ 242010-0141

(1) $a+1=$□

(2) $\frac{a}{2}=$□

(3) $-3a+1=$□

(4) $5(a-2)=$□

4 오른쪽은 등식의 성질을 이용하여 방정식 $5-\frac{1}{6}x=8$을 푸는 과정이다. □ 안에 알맞은 수를 써넣으시오. ▶ 242010-0142

$5-\frac{1}{6}x=8$

$5-\frac{1}{6}x+($ (1) $)=8+($ (2) $)$

$-\frac{1}{6}x=3$

$-\frac{1}{6}x\times($ (3) $)=3\times($ (4) $)$

따라서 $x=$ (5)

3 일차방정식

(1) **이항**: 등식의 성질을 이용하여 등식의 어느 한 변에 있는 항을 부호를 바꾸어 다른 변으로 옮기는 것

이항

예 $3x-5=4$ ⇨ $\underline{3x-5+5=4+5}$ ⇨ $3x=4+5$
등식의 성질 이용

(2) **일차방정식**

방정식의 우변에 있는 모든 항을 좌변으로 이항하여 정리한 식이

(x에 대한 일차식)$=0$

의 꼴로 나타내어지는 방정식을 x에 대한 일차방정식이라고 한다.

예 $x+2=3x$ $\xrightarrow[\text{좌변으로 이항}]{\text{우변에 있는 항을}}$ $-2x+2=0$ ⇨ x에 대한 일차방정식

• 양변에 같은 수를 곱하거나 나누는 것은 이항이 아니다.

• x에 대한 일차방정식은 $ax+b=0$ $(a\neq0)$의 꼴로 나타낼 수 있다.

예제 3 다음 방정식에서 밑줄 친 항을 이항하고, 식을 정리한 후 일차방정식인지 말하시오.

(1) $3x+2=\underline{3x}$ (2) $x+3=\underline{-5}$ (3) $2x^2-x+3=\underline{2x^2}$

풀이

(1) $3x+2=\underline{3x}$의 $3x$를 좌변으로 이항하여 정리하면 $3x+2-3x=0$, $2=0$
이때 2는 일차식이 아니므로 $3x+2=3x$는 일차방정식이 아니다.

(2) $x+3=\underline{-5}$의 -5를 좌변으로 이항하여 정리하면 $x+3+5=0$, $x+8=0$
이때 $x+8$은 일차식이므로 $x+3=-5$는 일차방정식이다.

(3) $2x^2-x+3=\underline{2x^2}$의 $2x^2$을 좌변으로 이항하여 정리하면 $2x^2-x+3-2x^2=0$, $-x+3=0$
이때 $-x+3$은 일차식이므로 $2x^2-x+3=2x^2$은 일차방정식이다.

답 풀이 참조

정답과 풀이 23~24쪽

유제 5 다음 방정식에서 밑줄 친 항을 이항하시오. ▶ 242010-0143

(1) $4x=\underline{2x}+10$ ⇨ ____________

(2) $\underline{8}-x=\underline{3x}+4$ ⇨ ____________

(3) $2x\underline{+5}=\underline{-x}-4$ ⇨ ____________

6 다음 중 일차방정식인 것에는 ○표, 일차방정식이 아닌 것에는 ×표를 ( ) 안에 써넣으시오. ▶ 242010-0144

(1) $2(x+3)+x=2x-1$ ( )

(2) $4x+1=4x^2$ ( )

(3) $x+2=2-x$ ( )

(4) $2x^2+1=2(5x+x^2)$ ( )

4 일차방정식의 풀이

(1) 일차방정식의 풀이

① 미지수를 포함하는 항은 좌변으로, 상수항은 우변으로 이항한다.

② 동류항끼리 정리하여 $ax=b\ (a\neq0)$의 꼴로 고친다.

③ 양변을 x의 계수 a로 나누어 해를 구한다.

예 $3x-1=-x+3$ $\xrightarrow[\text{상수항은 우변으로 이항}]{x\text{를 포함하는 항은 좌변}}$ $3x+x=3+1$

$\xrightarrow[ax=b\ (a\neq0)\text{의 꼴로 변형}]{\text{양변을 정리하여}}$ $4x=4$ $\xrightarrow[4\text{로 나누기}]{\text{양변을 }x\text{의 계수}}$ $x=1$

(2) 괄호가 있는 일차방정식

분배법칙을 이용하여 괄호를 풀어 정리한 후 (1)의 순서로 방정식의 해를 구한다.

• 방정식의 미지수는 보통 x를 쓰지만 다른 문자를 쓸 수도 있다.

• 방정식을 푼 다음에는 구한 값을 방정식에 대입하여 방정식의 해가 맞는지 확인한다.

예제 4 다음 일차방정식을 푸시오.

(1) $-3x+5=14$

(2) $x+4=5x-4$

(3) $-2x+13=3(x+1)$

(4) $2(3-2x)=-(x+3)$

풀이

(1) $+5$를 이항하면 $-3x=14-5$

양변을 정리하면 $-3x=9$

양변을 x의 계수 -3으로 나누면 $\frac{-3x}{-3}=\frac{9}{-3}$

따라서 $x=-3$

(2) $+4$, $5x$를 각각 이항하면 $x-5x=-4-4$

양변을 정리하면 $-4x=-8$

양변을 x의 계수 -4로 나누면 $\frac{-4x}{-4}=\frac{-8}{-4}$

따라서 $x=2$

(3) 괄호를 풀면 $-2x+13=3x+3$

$+13$, $3x$를 각각 이항하면 $-2x-3x=3-13$

양변을 정리하면 $-5x=-10$

양변을 x의 계수 -5로 나누면 $\frac{-5x}{-5}=\frac{-10}{-5}$

따라서 $x=2$

(4) 괄호를 풀면 $6-4x=-x-3$

6, $-x$를 각각 이항하면 $-4x+x=-3-6$

양변을 정리하면 $-3x=-9$

양변을 x의 계수 -3으로 나누면 $\frac{-3x}{-3}=\frac{-9}{-3}$

따라서 $x=3$

답 (1) $x=-3$ (2) $x=2$ (3) $x=2$ (4) $x=3$

정답과 풀이 24쪽

유제 7 다음 일차방정식을 푸시오. 242010-0145

(1) $9x+18=0$

(2) $4=2-x$

(3) $15+x=-2x$

(4) $x+8=-x+8$

8 다음 일차방정식을 푸시오. 242010-0146

(1) $2(x-3)+4=0$

(2) $4(x+3)+2=-2(2x+1)$

5 계수가 소수나 분수인 일차방정식의 풀이

(1) **계수가 소수일 때:** 양변에 10의 거듭제곱을 곱하여 계수를 정수로 고친 후 푼다.

(2) **계수가 분수일 때:** 양변에 분모의 최소공배수를 곱하여 계수를 정수로 고친 후 푼다.

예 • 계수가 소수인 경우

$0.3x=2+0.1x$

↓ 양변에 10을 곱한다.

$3x=20+x$

$3x-x=20$

$2x=20$, $x=10$

• 계수가 분수인 경우

$\frac{x-1}{3}=\frac{1}{2}x-\frac{2}{3}$

↓ 양변에 분모 3, 2의 최소공배수 6을 곱한다.

$2(x-1)=3x-4$

$2x-2=3x-4$

$2x-3x=-4+2$, $-x=-2$, $x=2$

• 양변에 10의 거듭제곱 또는 분모의 최소공배수를 곱할 때에는 모든 항에 똑같이 곱함에 유의한다.

• 다항식의 분모가 약분되어 없어질 때에는 분자에 괄호를 사용해야 한다.

예 $4\times\frac{x-3}{2}=2(x-3)$

예제 5 다음 일차방정식을 푸시오.

(1) $1.2x=0.3x+1.8$

(2) $x+0.1=0.7x-2$

(3) $\frac{3}{4}-\frac{5}{2}x=\frac{23}{4}$

(4) $\frac{1}{6}x-\frac{1}{2}=\frac{x-1}{10}$

풀이

(1) 양변에 10을 곱하면

$12x=3x+18$

$3x$를 이항하면 $12x-3x=18$, $9x=18$

양변을 9로 나누면 $x=2$

(2) 양변에 10을 곱하면

$10x+1=7x-20$

$+1$, $7x$를 각각 이항하면 $10x-7x=-20-1$, $3x=-21$

양변을 3으로 나누면 $x=-7$

(3) 양변에 4, 2의 최소공배수인 4를 곱하면

$3-10x=23$

3을 이항하면 $-10x=23-3$, $-10x=20$

양변을 -10으로 나누면 $x=-2$

(4) 양변에 6, 2, 10의 최소공배수인 30을 곱하면

$5x-15=3(x-1)$, $5x-15=3x-3$

-15, $3x$를 각각 이항하면 $5x-3x=-3+15$, $2x=12$

양변을 2로 나누면 $x=6$

답 (1) $x=2$ (2) $x=-7$ (3) $x=-2$ (4) $x=6$

정답과 풀이 24쪽

유제 9 다음 일차방정식을 푸시오. 242010-0147

(1) $0.5x=-0.2x+1.4$

(2) $-0.8+0.2x=x+1.6$

(3) $0.25x+0.1=0.1x+0.7$

(4) $-0.05x+0.02=0.15x-0.58$

10 다음 일차방정식을 푸시오. 242010-0148

(1) $\frac{1}{6}x-\frac{2}{9}=\frac{4}{9}$

(2) $\frac{2}{3}x=\frac{3}{4}x+\frac{9}{4}$

(3) $\frac{x}{3}-\frac{x+3}{4}=2$

(4) $-\frac{5}{6}x=\frac{2-x}{3}-\frac{7}{6}$

6 일차방정식의 활용

일차방정식을 활용한 문제 풀이 순서

① 미지수 정하기: 문제의 뜻을 파악하고 구하고자 하는 것을 x로 놓는다.
② 방정식 세우기: 문제의 뜻에 맞게 일차방정식을 세운다.
③ 방정식 풀기: 일차방정식을 풀어 x의 값을 구한다.
④ 구한 해 확인하기: 구한 해가 문제의 뜻에 맞는지 확인한다.

예 연속하는 두 짝수의 합이 54일 때, 두 짝수 구하기

미지수 정하기	연속하는 두 짝수를 x, $x+2$라고 하면
↓	
방정식 세우기	두 수의 합이 54이므로 $x+(x+2)=54$
↓	
방정식 풀기	$2x+2=54$, $2x=52$, $x=26$
↓	
구한 해 확인하기	두 짝수는 26과 28이고 그 합이 54이다.

• 방정식을 세울 때에는 일반적으로 구하고자 하는 것을 x로 놓지만 식을 간단하게 하는 것을 x로 놓기도 한다.

• 연속하는 두 정수: x, $x+1$ 또는 $x-1$, x

• 연속하는 세 정수: $x-1$, x, $x+1$

• 연속하는 두 짝수 또는 두 홀수: x, $x+2$ 또는 $x-2$, x

예제 6 **한 개에 1200원 하는 과자와 한 개에 1000원 하는 음료수를 합하여 20개를 사고 21600원을 지불하였을 때, 다음 물음에 답하시오.**

(1) 구입한 음료수의 개수를 x개라고 할 때, 구입한 과자의 개수를 x에 대한 식으로 나타내시오.
(2) x에 대한 방정식을 세우시오.
(3) 방정식을 풀어 구입한 음료수의 개수를 구하시오.

풀이

(1) 과자와 음료수를 합하여 20개를 샀으므로 (구입한 과자의 개수)=20−(구입한 음료수의 개수)$=20-x$(개)
(2) 과자의 총 가격은 $1200\times(20-x)$원, 음료수의 총 가격은 $(1000\times x)$원이고 지불한 금액이 21600원이므로
$1200\times(20-x)+1000\times x=21600$, $1200(20-x)+1000x=21600$
(3) 방정식을 풀면 $24000-1200x+1000x=21600$, $-200x=-2400$, $x=12$
따라서 구입한 음료수의 개수는 12개이다.

답 (1) $(20-x)$개 (2) $1200(20-x)+1000x=21600$ (3) 12개

정답과 풀이 24~25쪽

유제 11 **두 지점 A, B 사이를 자동차로 왕복하는 데 갈 때는 시속 40 km, 올 때는 시속 80 km로 달렸더니 6시간이 걸렸을 때, 다음 물음에 답하시오.** 242010-0149

(1) 두 지점 A, B 사이의 거리를 x km라고 할 때, 갈 때 걸린 시간과 올 때 걸린 시간을 x에 대한 식으로 나타내시오.
(2) x에 대한 방정식을 세우시오.
(3) 방정식을 풀어 두 지점 A, B 사이의 거리를 구하시오.

중단원 마무리

정답과 풀이 25~26쪽

▶ 242010-0150

01 다음 중 등식으로 나타낼 수 있는 문장을 모두 고르면? (정답 2개)

① x와 4의 합
② 5와 3의 차는 1이다.
③ x는 9보다 작거나 같다.
④ y의 2배는 x보다 1만큼 크다.
⑤ 35를 5로 나눈 몫

▶ 242010-0151

02 다음 중 x의 값에 관계없이 항상 참인 등식은?

① $2x+3=5$　② $x-4x+2=2-3x$
③ $\frac{x}{3}=-\frac{x}{3}$　④ $2(x+1)=2x+1$
⑤ $5x-5=0$

★ 중요 ▶ 242010-0152

03 다음 중 [　] 안의 수가 주어진 방정식의 해인 것은?

① $2x-4=0$ [1]　② $x-3=3$ [0]
③ $4-x=1$ [3]　④ $3(2-x)=6$ [2]
⑤ $-x+2=x$ [−2]

★ 중요 ▶ 242010-0153

04 다음 중 옳지 <u>않은</u> 것은?

① $3x=3y$이면 $x=y$이다.
② $x=\frac{y}{4}$이면 $4x=y$이다.
③ $x=y+2$이면 $\frac{x}{2}=\frac{y}{2}+2$이다.
④ $a+1=b+2$이면 $a=b+1$이다.
⑤ $a=b$이면 $-a+1=-b+1$이다.

▶ 242010-0154

05 $a=2b$일 때, 다음 중 옳은 것은?

① $\frac{a}{2}=\frac{b}{4}$　② $a-5=5-2b$
③ $8a=4b$　④ $a+2=2(b+2)$
⑤ $2-a=2-2b$

▶ 242010-0155

06 등식의 성질을 이용해서 방정식 $5x-5=2x-3$을 $ax+b=x+3$으로 나타낼 때, ab의 값은? (단, a, b는 상수)

① 2　② 4　③ 6
④ 8　⑤ 10

▶ 242010-0156

07 다음 밑줄 친 항을 이항하여 정리하면?

$$\underline{8}-3x=\underline{-x}+2$$

① $-2x=-6$　② $-2x=10$
③ $-3x=-6$　④ $-4x=6$
⑤ $-4x=10$

▶ 242010-0157

08 다음 중 x에 대한 일차방정식인 것은?

① $6x+5$　② $x^2=x-2$
③ $3x-4=4+3x$　④ $2(x-3)+x=3x$
⑤ $x(x-3)-x^2=5$

242010-0158

09 방정식 $-2x-7=3x+13$의 해는?

① $x=-6$ ② $x=6$ ③ $x=-4$
④ $x=4$ ⑤ $x=20$

중요 242010-0159

10 다음 방정식 중에서 해가 나머지 넷과 다른 하나는?

① $3(x+4)=-3$
② $-4(x+1)+x=11$
③ $x+5=-2(x+5)$
④ $-2x-7=8-x$
⑤ $2(x+7)=-(x+1)$

242010-0160

11 (가), (나), (다)에 들어갈 수를 모두 더한 값은?

> 현우: 우리 반이 체육대회에서 1등을 해서 상품으로 공책 (가) 권을 받았어. 같이 나누어 주자.
> 수빈: 음... 5권씩 나누어 주려니 15권이 부족해.
> 현우: 그럼, 3권씩 나누어 볼까? 3권씩 나누면 31권이나 남네.
> 지수: 4권씩 나누는 게 좋지 않을까? 우리 반 학생이 (나) 명이니까 4권씩 나누면 (다) 권이 남아.

① 113 ② 125 ③ 131
④ 142 ⑤ 157

242010-0161

12 방정식 $3(-x+5)=-2(x+3)$의 해가 $x=a$이고 x에 대한 일차방정식 $b(x-2)+3=3b-x$의 해가 $x=3$일 때, $a-b$의 값은? (단, b는 상수)

① 18 ② 19 ③ 20
④ 21 ⑤ 22

242010-0162

13 방정식 $\frac{2-x}{3}-1=\frac{2x+1}{5}-x$의 해는?

① $x=2$ ② $x=5$ ③ $x=9$
④ $x=12$ ⑤ $x=15$

242010-0163

14 방정식 $0.4(x-4)=2-0.8(2x-3)$의 해가 $x=a$일 때, 방정식 $0.5x-0.3=0.1(x-a)$의 해는?

① $x=-1$ ② $x=0$ ③ $x=1$
④ $x=2$ ⑤ $x=3$

242010-0164

15 형이 구매한 스티커의 개수는 동생이 구매한 스티커 개수의 2배이다. 형이 스티커 5개를 동생에게 나누어 주면 둘의 스티커 개수가 같아진다고 할 때, 동생이 구매한 스티커의 개수는?

① 6개 ② 7개 ③ 8개
④ 9개 ⑤ 10개

242010-0165

16 연속하는 세 정수 중 가장 큰 수의 3배가 나머지 두 수의 합보다 22만큼 크다고 할 때, 세 정수의 합은?

① 51 ② 54 ③ 57
④ 60 ⑤ 63

서술형으로 중단원 마무리

정답과 풀이 27~28쪽

서술형 1-1 

식 A는 해가 $x=-1$인 방정식이고, 식 B는 x에 대한 항등식일 때, 상수 a, b의 값을 각각 구하시오.

A: $3x+1=-2x+a$
B: $-4(x-b)=-4x-12$

| 풀이 |

1단계 a의 값 구하기 [50%]

$3x+1=-2x+a$에 $x=\square$을 대입하면
$3\times(-1)+1=-2\times(-1)+a$, $-2=2+a$
-2, $+a$를 각각 이항하면 $-a=2+2$, $-a=4$
양변을 -1로 나누면 $a=\square$

2단계 b의 값 구하기 [50%]

$-4(x-b)=-4x-12$의 좌변을 정리하면
$-4x+4b=-4x-12$
식의 좌변과 우변이 같아야 하므로 $4b=\square$
양변을 4로 나누면 $b=\square$

서술형 1-2

242010-0166

식 A는 해가 $x=0$인 방정식이고, 식 B는 x에 대한 항등식일 때, $a+b$의 값을 구하시오. (단, a, b는 상수)

A: $2(x-3)+a=-5(x+3)$
B: $3(-x+b)+1=-2(x-2b)-x$

| 풀이 |

1단계 a의 값 구하기 [40%]

2단계 b의 값 구하기 [40%]

3단계 $a+b$의 값 구하기 [20%]

서술형 2-1

집에서 마트까지 가는 데 시속 3 km로 걸으면 시속 6 km로 뛰어가는 것보다 40분이 더 걸린다. 이때 집에서 마트까지의 거리를 구하고, 집에서 마트까지 자동차를 타고 시속 40 km로 갈 때 몇 분이 걸리는지 각각 구하시오.

| 풀이 |

1단계 거리, 속력, 시간 사이의 관계를 이용하여 방정식 세우기 [40%]

집에서 마트까지의 거리를 x km라고 하자.
시간$=\frac{(\text{거리})}{(\text{속력})}$이므로 걸어갈 때 걸리는 시간은 $\frac{x}{\square}$시간, 뛰어갈 때 걸리는 시간은 $\frac{x}{\square}$시간이다.
또한 40분은 $\frac{2}{3}$시간이므로 $\frac{x}{\square}=\frac{x}{\square}+\frac{2}{3}$

2단계 집에서 마트까지의 거리 구하기 [30%]

위의 식의 양변에 6을 곱하면 $2x=x+\square$
x를 좌변으로 이항하면 $x=\square$
집에서 마트까지의 거리는 $\square$ km이다.

3단계 시속 40 km로 갈 때 걸리는 시간 구하기 [30%]

자동차를 타고 시속 40 km로 갈 때 걸리는 시간은 $\frac{\square}{40}$시간, 즉 $\square$분이 걸린다.

서술형 2-2

242010-0167

두 지점 A와 B 사이를 왕복하는 데 시속 4 km로 걸으면 시속 5 km로 걷는 것보다 30분이 더 걸린다. 이때 두 지점 사이의 거리를 구하고, 두 지점 사이를 차를 타고 시속 50 km로 왕복할 때 몇 분이 걸리는지 구하시오.

| 풀이 |

1단계 거리, 속력, 시간 사이의 관계를 이용하여 방정식 세우기 [40%]

2단계 두 지점 A, B 사이의 거리 구하기 [30%]

3단계 시속 50 km로 왕복할 때 걸리는 시간 구하기 [30%]

IV 좌표평면과 그래프

1. 좌표와 그래프

❶ 수직선 위의 점의 좌표
❷ 좌표평면 위의 점의 좌표
❸ 사분면
❹ 그래프의 이해

2. 정비례와 반비례

❶ 정비례
❷ 정비례 관계의 그래프
❸ 반비례
❹ 반비례 관계의 그래프

초등과정 다시 보기

1-❹ 꺾은선 그래프

1. **오른쪽 그림은 2018년부터 2022년까지 1일 평균 교통사고 건수를 조사하여 나타낸 그림이다. 다음 물음에 답하시오.**

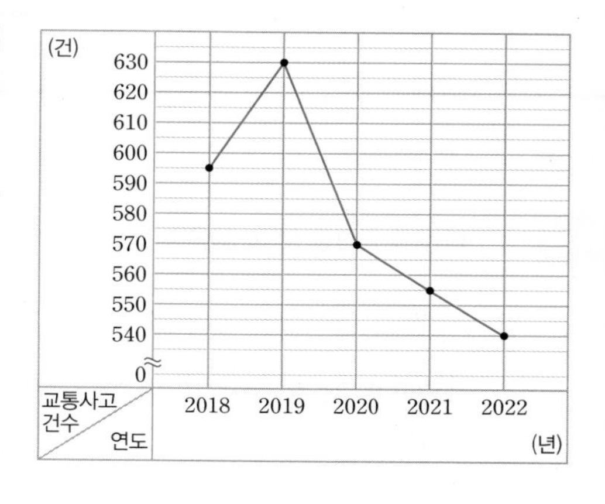

(1) 2018년부터 2022년까지 중 평균 교통사고 건수가 가장 많은 연도와 가장 적은 연도를 각각 구하시오.

(2) 2019년의 1일 평균 교통사고 건수를 구하시오.

2-❶ 대응 관계

2. **아래 표는 ■와 ★ 사이의 대응 관계를 나타낸 것이다. 다음 물음에 답하시오.**

■	1	2	㉠	4	5	6
★	4	5	6	7	㉡	9

(1) ㉠, ㉡에 알맞은 수를 써넣으시오.

(2) ■와 ★ 사이의 대응 관계를 식으로 나타내시오.

2-❶ 비와 비례, 2-❸ 비례식

3. **다음 비례식에서 □에 알맞은 수를 써넣으시오.**

(1) 3 : 5＝12 : □

(2) □ : 40＝5 : 8

(3) 7 : □＝42 : 60

(4) 11 : 16＝□ : 32

2-❶ 여러 가지 도형, 2-❸ 규칙찾기

4. **다음 규칙에 따라 쌓기나무를 놓을 때, 여섯 번째에는 총 몇 개의 쌓기나무를 쌓아야 하는지 구하시오.**

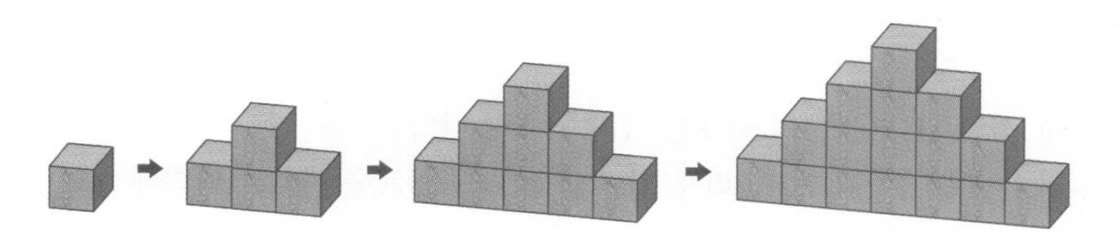

답 **1.** (1) 2019년, 2022년 (2) 630건 **2.** (1) ㉠ 3, ㉡ 8 (2) ★＝■＋3 **3.** (1) 20 (2) 25 (3) 10 (4) 22 **4.** 36개

1. 좌표와 그래프

1 수직선 위의 점의 좌표

수직선 위의 한 점에 대응하는 수를 그 점의 좌표라 하고 점 P의 좌표가 a일 때, 기호로 P(a)와 같이 나타낸다.

예 다음 수직선에서 세 점 A, O, B의 좌표를 기호로 나타내면 O(0), A(−3), B(1)이다.

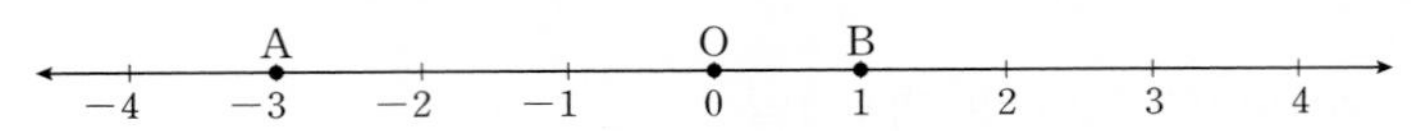

• 수직선에서 좌표가 0인 점을 원점(O)이라고 하고, 양수는 원점의 오른쪽에, 음수는 원점의 왼쪽에 나타낸다.

예제 1 다음 수직선을 보고, 물음에 답하시오.

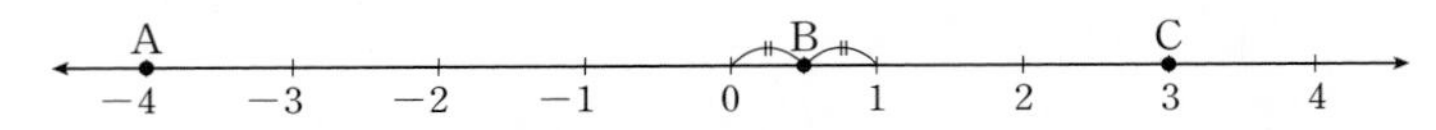

(1) 세 점 A, B, C의 좌표를 각각 기호로 나타내시오.

(2) P(−2), Q(−0.5), R(4)를 수직선 위에 나타내시오.

풀이

(1) 점 A의 좌표는 −4, 점 B의 좌표는 $\frac{1}{2}$, 점 C의 좌표는 3이므로 각각 기호로 나타내면 A(−4), B$\left(\frac{1}{2}\right)$, C(3)

(2) 점 P, Q, R을 수직선 위에 나타내면 다음 그림과 같다.

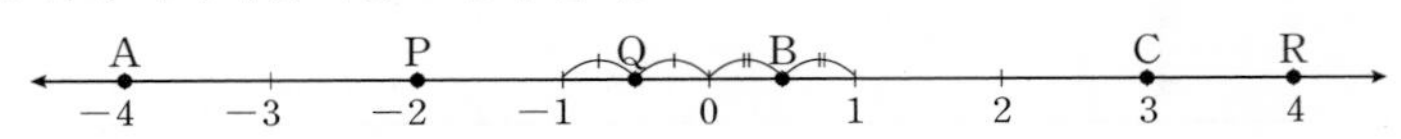

답 (1) A(−4), B$\left(\frac{1}{2}\right)$, C(3) (2) 풀이 참조

정답과 풀이 28쪽

유제 1 다음 수직선을 보고, 물음에 답하시오. ▶ 242010-0168

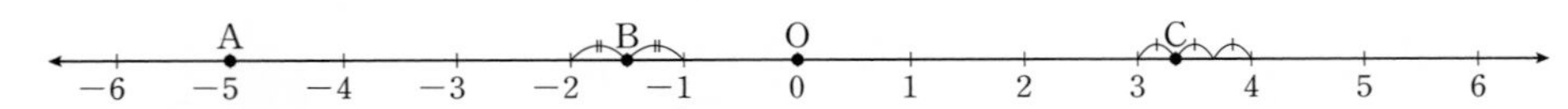

(1) 네 점 A, B, C, O의 좌표를 각각 기호로 나타내시오.

(2) 점 O에서 오른쪽으로 6만큼 떨어진 점 D의 좌표를 기호로 나타내시오.

2 두 점 P(−2), Q(5) 사이의 거리를 구하시오. ▶ 242010-0169

2 좌표평면 위의 점의 좌표

(1) **순서쌍:** 두 수의 순서를 정하여 짝 지어 나타낸 쌍

예 제주도는 대략 동경 126°, 북위 34°에 위치하는데 이 위치를 동경과 북위의 순서대로 써서 (126, 34)로 나타낼 수 있다.

(2) **좌표평면:** 두 수직선을 점 O에서 서로 수직으로 만나도록 그릴 때

① x축: 가로의 수직선, y축: 세로의 수직선

② 좌표축: x축, y축

③ 원점: 두 좌표축이 만나는 점 O

④ 좌표평면: 좌표축이 정해져 있는 평면

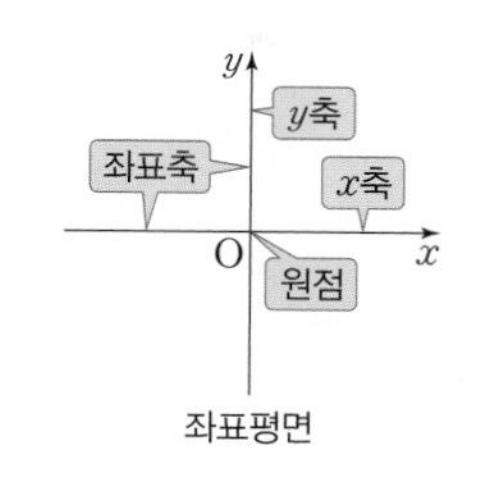

좌표평면

(3) **좌표평면 위의 점의 좌표:** 좌표평면 위의 한 점 P에서 x축, y축에 수직으로 내린 선이 만나는 점이 나타내는 수가 각각 a, b일 때, 순서쌍 (a, b)를 점 P의 좌표라고 한다. 점 P의 좌표가 (a, b)일 때, 이것을 기호로 $P(a, b)$와 같이 나타내고 a를 점 P의 x좌표, b를 점 P의 y좌표라고 한다.

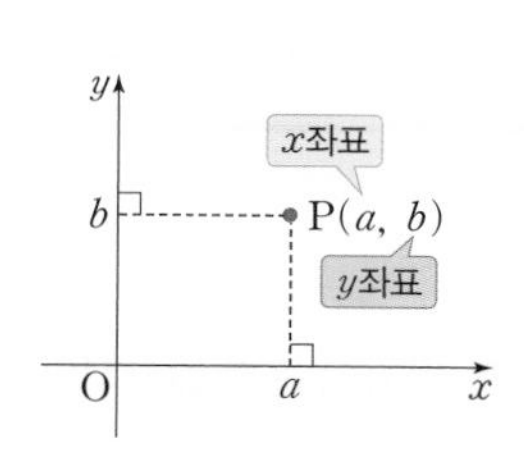

• 순서쌍은 두 수의 순서를 정하여 나타낸 것이므로 (a, b)와 (b, a)는 서로 다르다.

• 원점을 나타내는 O는 영어 Origin의 첫 글자이다.

• x축 위의 점은 y좌표가 0, y축 위의 점은 x좌표가 0이다.

예제 2 **오른쪽 좌표평면 위의 네 점 A, B, C, D의 좌표를 각각 기호로 나타내시오.**

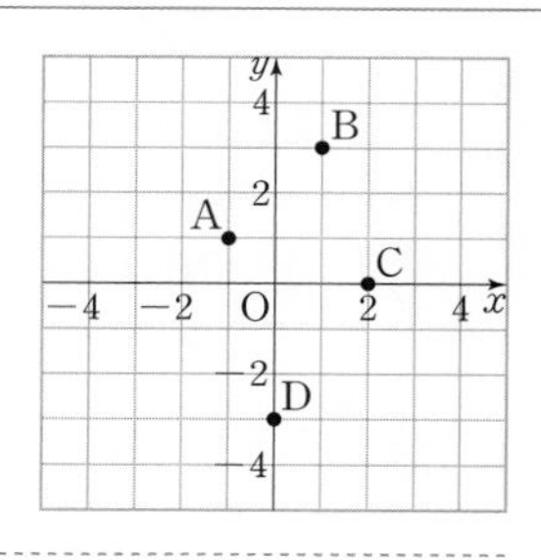

풀이

점 A의 x좌표는 -1, y좌표는 1이므로 점 A의 좌표는 $(-1, 1)$이고 기호로 $A(-1, 1)$로 나타낸다.
마찬가지 방법으로 $B(1, 3)$이다.
점 C는 x축 위의 점이므로 y좌표가 0, 점 D는 y축 위의 점이므로 x좌표가 0이다.
따라서 기호로 나타내면 $C(2, 0)$, $D(0, -3)$이다.

답 $A(-1, 1)$, $B(1, 3)$, $C(2, 0)$, $D(0, -3)$

정답과 풀이 28쪽

유제 3 **오른쪽 좌표평면 위에 네 점 A, B, C, D를 각각 나타내시오.** ▶ 242010-0170

(1) $A(-4, 2)$

(2) $B(1, 0)$

(3) $C(0, 3)$

(4) $D(3, -4)$

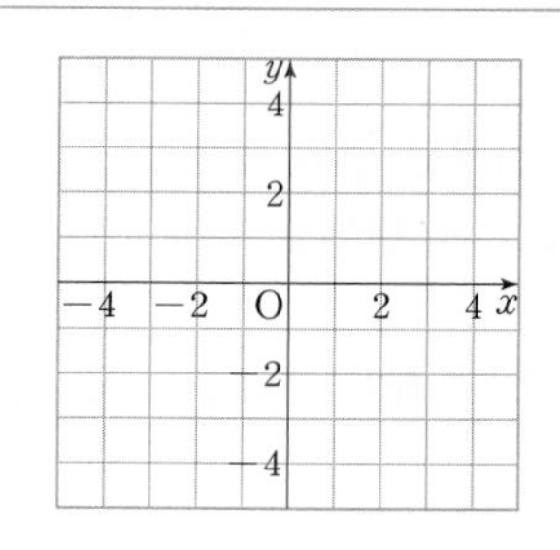

3 사분면

(1) **사분면:** 좌표평면을 x축, y축에 의하여 네 부분으로 나눌 때, 이들을 각각 제1사분면, 제2사분면, 제3사분면, 제4사분면이라고 한다.

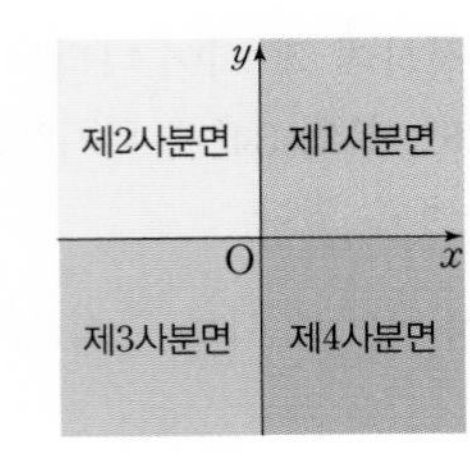

• x축, y축 위의 점은 어느 사분면에도 속하지 않는다.

(2) **사분면에서의 부호**

좌표 \ 사분면	제1사분면	제2사분면	제3사분면	제4사분면
x좌표의 부호	$+$	$-$	$-$	$+$
y좌표의 부호	$+$	$+$	$-$	$-$

예제 3 다음 점은 제몇 사분면 위에 있는지 말하시오.

(1) $\mathrm{A}(-1,\ 3)$ (2) $\mathrm{B}(1,\ 2)$

(3) $\mathrm{C}(-5,\ -1)$ (4) $\mathrm{D}(4,\ -4)$

풀이

(1) (x좌표)<0, (y좌표)>0이므로 제2사분면

(2) (x좌표)>0, (y좌표)>0이므로 제1사분면

(3) (x좌표)<0, (y좌표)<0이므로 제3사분면

(4) (x좌표)>0, (y좌표)<0이므로 제4사분면

답 (1) 제2사분면 (2) 제1사분면 (3) 제3사분면 (4) 제4사분면

정답과 풀이 29쪽

유제 4 다음 보기의 점에 대하여 물음에 답하시오. ▶ 242010-0171

보기

$\mathrm{A}(-2,\ -1)$, $\mathrm{B}(3,\ 0)$, $\mathrm{C}(1,\ 5)$, $\mathrm{D}(0,\ -2)$, $\mathrm{E}(0,\ 0)$,
$\mathrm{F}(-4,\ 2)$, $\mathrm{G}(1,\ -3)$, $\mathrm{H}(2,\ 4)$, $\mathrm{I}(-1,\ -2)$

(1) 제3사분면 위의 점을 있는 대로 고르시오.

(2) 어느 사분면에도 속하지 않는 점을 있는 대로 고르시오.

5 점 $(a,\ b)$가 제2사분면 위의 점일 때, 다음 점은 제몇 사분면 위의 점인지 구하시오. ▶ 242010-0172

(1) $\mathrm{P}(-a,\ -b)$ (2) $\mathrm{Q}(b,\ a)$ (3) $\mathrm{R}(ab,\ a)$

4 그래프의 이해

(1) **변수**: 여러 가지로 변하는 값을 나타내는 문자

(2) **그래프**: 두 변수 사이의 관계를 좌표평면 위에 그림으로 나타낸 것

(3) 두 변수 사이의 관계를 좌표평면 위에 그래프로 나타내면 두 변수의 변화 관계를 알 수 있다.

예 오른쪽 그림은 어떤 자동차가 출발한 후 시간에 따른 이동거리를 나타낸 그래프이다. 시간을 x분, 이동거리를 y m라고 하면 x, y는 변수이다. 그래프를 통해 시간에 따른 거리가 점점 서서히 증가함을 알 수 있다.

• 변수와 달리 일정한 값을 갖는 수나 문자를 상수라고 한다.

예제 4 **오른쪽 그림은 하랑이가 집에서 출발한 지 x분 후에 집으로부터 떨어진 거리를 y km라고 할 때, x와 y 사이의 관계를 그래프로 나타낸 것이다. 다음 물음에 답하시오.**
(단, 하랑이는 직선거리를 따라 이동한다.)

(1) 출발 후 40분이 지났을 때, 하랑이가 집으로부터 떨어진 거리를 구하시오.

(2) 하랑이는 중간에 몇 분 동안 멈춰 있었는지 구하시오.

(3) 하랑이가 집으로 돌아오기 시작한 지점은 집으로부터 몇 km 떨어져 있는지 구하시오.

풀이

(1) x좌표가 40인 점의 좌표는 $(40, 3)$이므로 40분 후에 집으로부터 떨어진 거리는 3 km이다.

(2) 하랑이는 출발한 지 40분부터 60분까지 멈춰 있었으므로 20분 동안 멈춰 있었다.

(3) 60분 이후 하랑이가 집으로 돌아오기 시작하였으므로 집으로부터 3 km 떨어진 지점에서 돌아오기 시작하였다.

답 (1) 3 km (2) 20분 (3) 3 km

정답과 풀이 29쪽

유제 6 **오른쪽 그림과 같은 컵에 시간당 일정한 양의 물을 넣는다고 할 때, 경과 시간 x에 따른 물의 높이 y의 변화를 그래프로 나타내시오.**

242010-0173

7 **오른쪽 그림은 선아가 직선거리를 따라 x분 동안 걸은 거리를 y km라고 할 때, x와 y 사이의 관계를 그래프로 나타낸 것이다. 그래프에 대한 설명 중 옳은 것에는 ○표, 옳지 않은 것에는 ×표를 ( ) 안에 써넣으시오.**

242010-0174

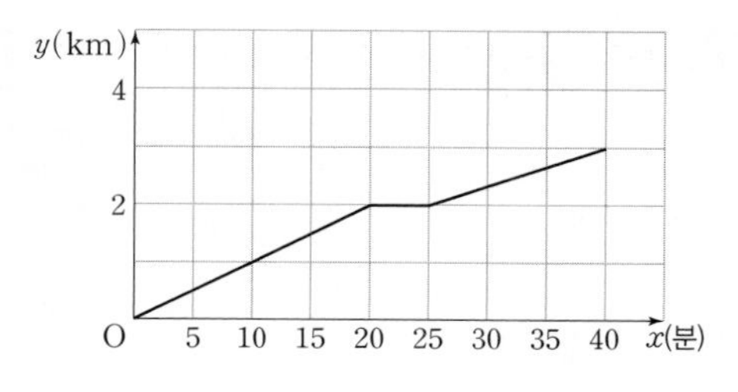

(1) 선아는 중간에 10분 동안 휴식을 취하였다. (   )

(2) 선아는 휴식을 취한 후에 휴식을 취하기 전보다 더 천천히 걸었다. (   )

(3) 선아는 처음 20분 동안 3 km를 걸었다. (   )

중단원 마무리

▶ 242010-0175

01 다음 중 수직선 위의 점의 좌표를 나타낸 것으로 옳지 않은 것은?

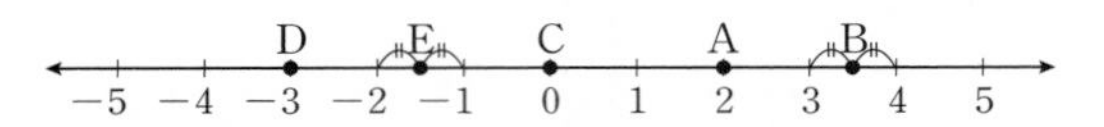

① A(2) ② B(3.5) ③ C(0)
④ D(−3) ⑤ $E\left(-\frac{5}{2}\right)$

▶ 242010-0176

02 다음 그림과 같은 수직선 위의 두 점 A(−2), B(4)의 한가운데 위치한 점을 P라고 할 때, 점 P의 좌표는?

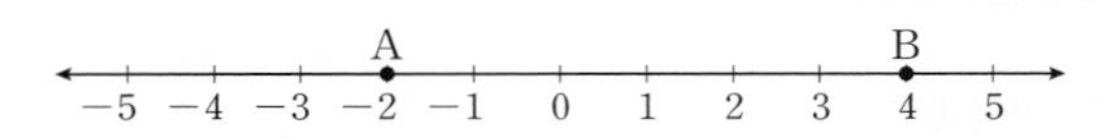

① P(0) ② $P\left(\frac{1}{2}\right)$ ③ P(1)
④ P(2) ⑤ $P\left(\frac{5}{2}\right)$

▶ 242010-0177

03 두 순서쌍 $(-2a+3,\ 4)$와 $(5,\ 2b)$가 서로 같을 때, $a+b$의 값은?

① −2 ② −1 ③ 0
④ 1 ⑤ 2

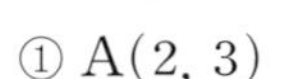

▶ 242010-0178

04 다음 중 오른쪽 좌표평면 위의 점 A, B, C, D, E의 좌표를 나타낸 것으로 옳지 않은 것은?

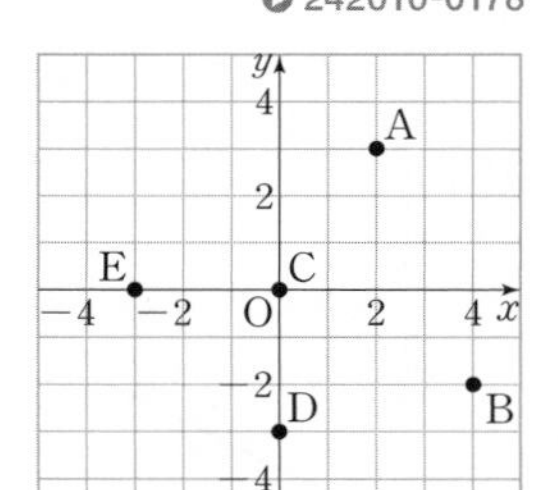

① A(2, 3)
② B(−2, 4)
③ C(0, 0)
④ D(0, −3)
⑤ E(−3, 0)

▶ 242010-0179

05 다음 보기 중 옳은 설명을 있는 대로 고른 것은?

보기
ㄱ. 점 (2, 0)은 x축 위의 점이다.
ㄴ. 점 (−1, 3)의 x좌표는 3이다.
ㄷ. 점 (0, −1)에서 x좌표와 y좌표의 곱은 −1이다.
ㄹ. 점 (4, −2)와 점 (3, −2)의 y좌표는 같다.

① ㄱ, ㄴ ② ㄱ, ㄷ ③ ㄱ, ㄹ
④ ㄴ, ㄷ ⑤ ㄴ, ㄹ

▶ 242010-0180

06 좌표평면 위의 네 점 A(−4, 4), B(−4, −1), C(1, −1), D(1, 4)를 꼭짓점으로 하는 사각형 ABCD의 넓이는?

① 9 ② 12 ③ 16
④ 20 ⑤ 25

▶ 242010-0181

07 좌표평면 위의 세 점 A(−4, −3), B(2, −3), C(0, a)에 대하여 삼각형 ABC의 넓이가 12가 되도록 하는 모든 a의 값의 합은?

① −6 ② −3 ③ 1
④ 5 ⑤ 8

▶ 242010-0182

08 점 $(a+1,\ b)$는 y축 위의 점이고, 점 $(a,\ b-3)$은 x축 위의 점일 때, $a-b$의 값은?

① −6 ② −4 ③ −2
④ 0 ⑤ 2

242010-0183

09 다음 중 제4사분면 위의 점은?

① A(1, 4) ② B(3, −2) ③ C(2, 0)
④ D(−5, −1) ⑤ E(−6, 1)

중요 242010-0184

10 점 (a, b)가 제2사분면 위의 점일 때, 점 $(b-a, ab)$는 제몇 사분면 위의 점인가?

① 제1사분면 ② 제2사분면
③ 제3사분면 ④ 제4사분면
⑤ 어느 사분면에도 속하지 않는다.

242010-0185

11 두 수 x, y에 대하여 $xy>0$이고 $x+y<0$일 때, 다음 중 제1사분면 위의 점은?

① $(-x, y)$ ② $(x, -y)$ ③ $(-y, -x)$
④ (xy, x) ⑤ $(-x-y, -xy)$

242010-0186

12 다음 그림은 대관람차가 운행을 시작한 후 시간과 A칸의 지면으로부터의 높이 사이의 관계를 나타낸 그래프이다. 대관람차가 운행을 시작한 후 한 바퀴 도는 데 걸리는 시간은? (단, A칸은 대관람차가 정지하고 있을 때, 지면에 가장 가까운 칸이다.)

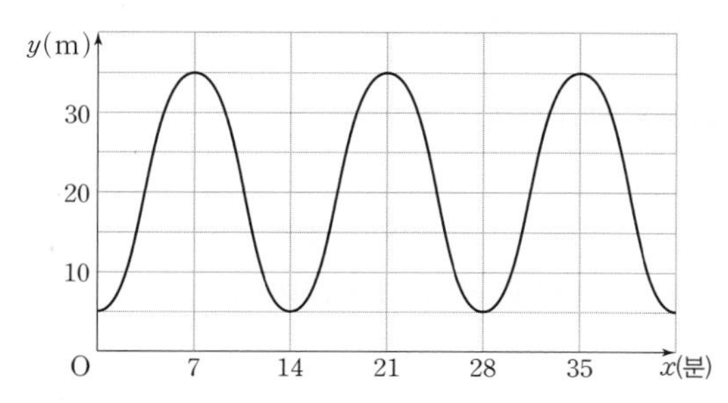

① 7분 ② 14분 ③ 21분
④ 28분 ⑤ 35분

[13~14] 오른쪽 그림은 하린이와 서윤이가 학교에서 6 km 떨어진 도서관까지 갈 때, 경과 시간 x분에 따른 학교에서 떨어진 거리 y km 사이의 관계를 나타낸 그래프이다. 다음 물음에 답하시오.

(단, 학교에서 도서관은 직선거리이다.)

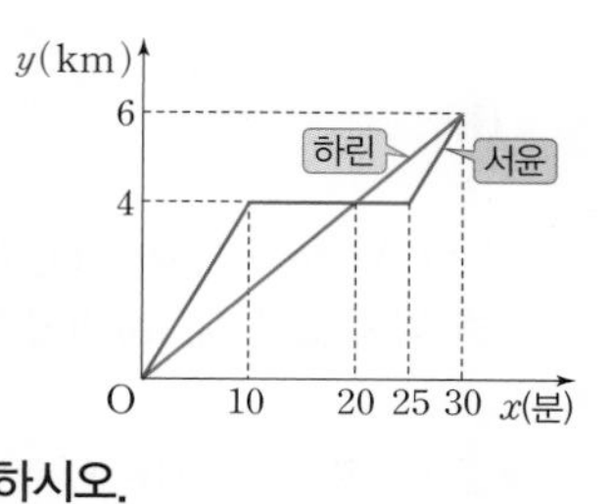

242010-0187

13 하린이와 서윤이가 학교에서 같은 시간에 출발했다면, 출발한 지 몇 분 만에 처음으로 만났는지 구하시오.

중요 242010-0188

14 그래프에 대한 설명으로 옳지 않은 것은?

① 학교에서 도서관까지의 거리는 6 km이다.
② 하린이는 일정한 속력으로 도서관까지 이동하였다.
③ 하린이가 서윤이보다 도서관에 더 빨리 도착하였다.
④ 서윤이는 도서관까지 가는 길에 15분 동안 멈춰 있었다.
⑤ 서윤이는 학교에서 4 km 떨어진 지점까지 가는 데 10분 걸렸다.

242010-0189

15 오른쪽 그림과 같은 컵에 시간당 일정한 양의 물을 넣는다고 할 때, 다음 중 경과 시간 x에 따른 물의 높이 y의 변화를 그래프로 옳게 나타낸 것은?

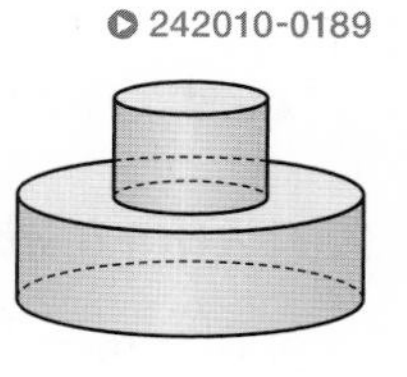

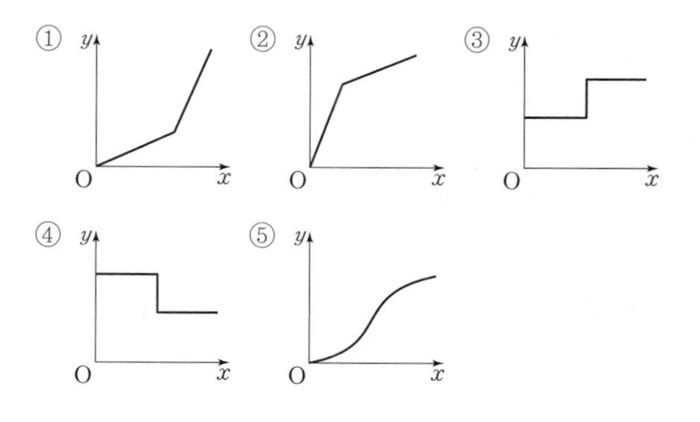

서술형으로 중단원 마무리

정답과 풀이 30~31쪽

서술형 1-1

두 점 $A(2a+1,\ a-3)$, $B(3b-1,\ b+2)$가 각각 x축, y축 위에 있을 때, ab의 값을 구하시오.

| 풀이 |

1단계 a의 값 구하기 [40%]

점 A는 x축 위에 있으므로 (y좌표)$=\square$

즉, $a-3=\square$이므로 $a=\square$

2단계 b의 값 구하기 [40%]

점 B는 y축 위에 있으므로 (x좌표)$=\square$

즉, $3b-1=\square$이므로 $b=\square$

3단계 ab의 값 구하기 [20%]

따라서 $ab=\square$

서술형 1-2

▶ 242010-0190

두 점 $A(a+1,\ -4a-1)$, $B(b+2,\ 3b-9)$가 각각 y축, x축 위에 있을 때, $a+b$의 값을 구하시오.

| 풀이 |

1단계 a의 값 구하기 [40%]

2단계 b의 값 구하기 [40%]

3단계 $a+b$의 값 구하기 [20%]

서술형 2-1

좌표평면 위의 세 점 $A(-3,\ 5)$, $B(2,\ 5)$, $C(1,\ -1)$을 꼭짓점으로 하는 삼각형 ABC의 넓이를 구하시오.

| 풀이 |

1단계 좌표평면 위에 세 점 A, B, C 나타내기 [50%]

세 점 A, B, C를 좌표평면 위에 나타내면 오른쪽 그림과 같다.

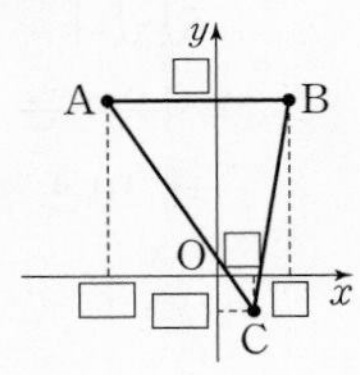

2단계 삼각형 ABC의 넓이 구하기 [50%]

$\triangle ABC=\frac{1}{2}\times\square\times\square=\square$

서술형 2-2

▶ 242010-0191

좌표평면 위의 세 점 $A(-2,\ 0)$, $B(4,\ 3)$, $C(4,\ -1)$을 꼭짓점으로 하는 삼각형 ABC의 넓이를 구하시오.

| 풀이 |

1단계 좌표평면 위에 세 점 A, B, C 나타내기 [50%]

2단계 삼각형 ABC의 넓이 구하기 [50%]

서술형 3-1

점 $A(a+b,\ ab)$가 제2사분면 위의 점일 때, 점 $B\left(-a,\ -\frac{a}{b}\right)$는 제몇 사분면 위의 점인지 구하시오.

| 풀이 |

1단계 a, b의 부호 각각 구하기 [40%]

점 $A(a+b,\ ab)$가 제2사분면 위의 점이므로

$a+b\square 0$, $ab\square 0$

a, b의 부호가 같고 $a+b\square 0$이므로 $a\square 0$, $b\square 0$

2단계 점 B의 x좌표, y좌표의 부호 구하기 [30%]

점 B의 (x좌표)$=-a\square 0$, (y좌표)$=-\frac{a}{b}\square 0$이므로

3단계 점 B가 제몇 사분면 위의 점인지 구하기 [30%]

점 $B\left(-a,\ -\frac{a}{b}\right)$는 제$\square$사분면 위의 점이다.

서술형 3-2

▶ 242010-0192

$ab<0$, $a<b$일 때, 점 $P\left(a-b,\ \frac{b}{a}+a\right)$는 제몇 사분면 위의 점인지 구하시오.

| 풀이 |

1단계 a, b의 부호 각각 구하기 [40%]

2단계 점 P의 x좌표, y좌표의 부호 구하기 [30%]

3단계 점 P가 제몇 사분면 위의 점인지 구하기 [30%]

2. 정비례와 반비례

1 정비례

(1) **정비례:** 두 변수 x, y에서 x가 2배, 3배, 4배, …가 됨에 따라 y도 2배, 3배, 4배, …가 되는 관계가 있을 때, y는 x에 정비례한다고 한다.

(2) **정비례 관계식:** y가 x에 정비례하면 x와 y 사이의 관계를 $y=ax\ (a\neq0)$과 같이 나타낼 수 있다. 또, x와 y 사이에 $y=ax\ (a\neq0)$이 성립하면 y는 x에 정비례한다.

$y=ax$ (↑ a: 일정한 수)

예 1병에 500원인 생수 x병의 가격을 y원이라고 할 때

(2배, 3배, 4배)

x	1	2	3	4	…
y	500	1000	1500	2000	…

(2배, 3배, 4배)

y는 x에 정비례하고 x와 y 사이의 관계식은 $y=500x$이다.

• y가 x에 정비례할 때, x에 대한 y의 비율 $\frac{y}{x}$는 일정하다.

예제 1 **현빈이는 하루에 10쪽씩 책을 읽는다고 한다. x일 동안 읽은 책의 양을 y쪽이라고 할 때, 다음 물음에 답하시오.**

(1) y가 x에 정비례하는지 판단하시오.

(2) x와 y 사이의 관계를 식으로 나타내시오.

풀이

(1) x와 y 사이의 관계를 표로 나타내면 오른쪽과 같고, x가 2배, 3배, 4배, …가 됨에 따라 y도 2배, 3배, 4배, …가 되므로 y가 x에 정비례한다.

x	1	2	3	4	5	…
y	10	20	30	40	50	…

(2) 1일에 10쪽씩 책을 읽으므로 x일 동안은 $10x$쪽 만큼 책을 읽는다.
따라서 x와 y 사이의 관계식은 $y=10x$이다.

답 (1) y가 x에 정비례한다. (2) $y=10x$

정답과 풀이 31쪽

유제 1 **시속 80 km의 일정한 속력으로 달리는 자동차가 x시간 동안 달린 거리를 y km라고 하자. 다음 물음에 답하시오.** ▶ 242010-0193

(1) 다음 표를 완성하시오.

x	1	2	3	4	…
y					…

(2) x와 y 사이의 관계를 식으로 나타내시오.

(3) 자동차가 400 km를 가는 데 걸리는 시간을 구하시오.

2 **y가 x에 정비례하고 $x=4$일 때, $y=20$이다. 이때 y를 x에 대한 식으로 나타내시오.** ▶ 242010-0194

2 정비례 관계의 그래프

정비례 관계 $y=ax$ $(a\neq0)$의 그래프는 원점을 지나는 직선이다.

	$a>0$일 때	$a<0$일 때
그래프		
지나는 사분면	제1사분면, 제3사분면	제2사분면, 제4사분면
모양	오른쪽 위로 향하는 직선	오른쪽 아래로 향하는 직선
증가, 감소	x의 값이 증가할 때, y의 값도 증가	x의 값이 증가할 때, y의 값은 감소

- y가 x에 정비례할 때, x의 값이 구체적으로 주어지지 않으면 x의 값은 모든 수로 생각한다.
- 정비례 관계 $y=ax$ $(a\neq0)$의 그래프는 a의 절댓값이 커질수록 y축에 가까워진다.
- 직선은 서로 다른 두 점을 곧게 이어서 그릴 수 있으므로 정비례 관계의 그래프는 원점과 그래프가 지나는 다른 한 점을 찾아 그릴 수 있다.

예제 2 다음 보기 중 정비례 관계 $y=-4x$의 그래프에 대한 설명으로 옳은 것을 있는 대로 고르시오.

보기
ㄱ. 점 $(0,\ 0)$을 지난다.
ㄴ. 제1사분면과 제3사분면을 지난다.
ㄷ. 점 $(2,\ -8)$을 지난다.
ㄹ. x의 값이 증가하면 y의 값도 증가한다.

풀이
ㄴ. 정비례 관계 $y=ax$ $(a\neq0)$의 그래프는 $a<0$일 때 제2사분면과 제4사분면을 지난다.
ㄹ. 정비례 관계 $y=ax$ $(a\neq0)$의 그래프는 $a<0$일 때 x의 값이 증가하면 y의 값은 감소한다.
따라서 옳은 것은 ㄱ, ㄷ이다.

답 ㄱ, ㄷ

정답과 풀이 31쪽

유제 3 다음 중 정비례 관계 $y=ax$ $(a\neq0)$에 대한 설명으로 옳지 않은 것은? ▶ 242010-0195

① 원점을 지난다.
② a의 값이 클수록 y축에 가까워진다.
③ 점 $(1,\ a)$를 지난다.
④ $a>0$이면 제1사분면과 제3사분면을 지난다.
⑤ $a<0$이면 x의 값이 증가할 때 y의 값은 감소한다.

4 정비례 관계 $y=ax$의 그래프가 오른쪽 그림과 같을 때, 상수 a의 값을 구하시오. ▶ 242010-0196

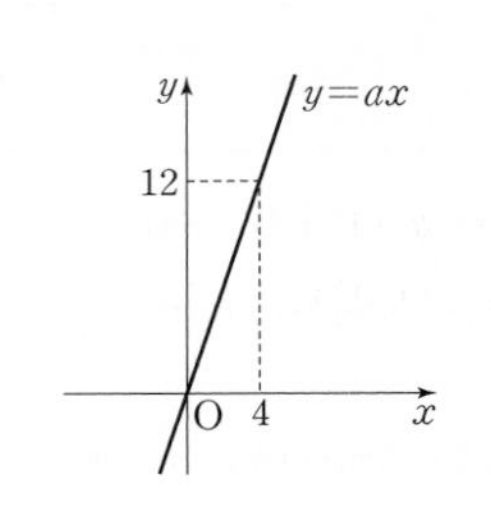

3 반비례

(1) **반비례:** 두 변수 x, y에서 x가 2배, 3배, 4배, …가 됨에 따라 y는 $\frac{1}{2}$배, $\frac{1}{3}$배, $\frac{1}{4}$배, …가 되는 관계가 있을 때, y는 x에 반비례한다고 한다.

(2) **반비례 관계식:** y가 x에 반비례하면 x와 y 사이의 관계를

$y=\frac{a}{x}$ $(a\neq0)$과 같이 나타낼 수 있다. 또, x와 y 사이에

$y=\frac{a}{x}$ $(a\neq0)$이 성립하면 y는 x에 반비례한다.

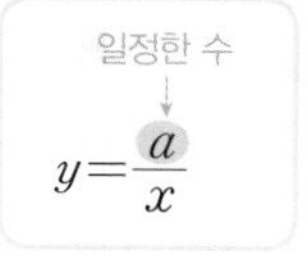

예 우유 2 L를 x명이 똑같이 나누어 마시면 1명이 y L씩 마신다고 할 때

x	1	2	3	4	…
y	2	1	$\frac{2}{3}$	$\frac{1}{2}$	…

(x: 2배, 3배, 4배 / y: $\frac{1}{2}$배, $\frac{1}{3}$배, $\frac{1}{4}$배)

y는 x에 반비례하고 x와 y 사이의 관계식은 $y=\frac{2}{x}$이다.

• y가 x에 반비례할 때, x와 y의 곱 xy는 일정하다.

예제 3 **자전거를 타고 20 km 떨어진 지점까지 시속 x km로 일정하게 달릴 때, 걸린 시간을 y시간이라고 한다. 다음 물음에 답하시오.**

(1) y가 x에 반비례하는지 판단하시오.

(2) x와 y 사이의 관계를 식으로 나타내시오.

풀이

(1) x와 y 사이의 관계를 표로 나타내면 오른쪽과 같고, x가 2배, 3배, 4배, …가 됨에 따라 y는 $\frac{1}{2}$배, $\frac{1}{3}$배, $\frac{1}{4}$배, …가 되므로 y가 x에 반비례한다.

x	1	2	3	4	…
y	20	10	$\frac{20}{3}$	5	…

(2) (속력)×(시간)=(거리)이므로 $xy=20$이다. 따라서 x와 y 사이의 관계식은 $y=\frac{20}{x}$이다.

답 (1) y가 x에 반비례한다. (2) $y=\frac{20}{x}$

정답과 풀이 31~32쪽

유제 5 **넓이가 60 cm²인 직사각형의 가로의 길이를 x cm, 세로의 길이를 y cm라고 한다. 다음 물음에 답하시오.** 242010-0197

(1) x와 y 사이의 관계를 식으로 나타내시오.

(2) 이 직사각형의 세로의 길이가 12 cm일 때, 가로의 길이를 구하시오.

6 **y가 x에 반비례하고 $x=3$일 때, $y=-15$이다. 이때 y를 x에 대한 식으로 나타내시오.** 242010-0198

④ 반비례 관계의 그래프

반비례 관계 $y=\frac{a}{x}\ (a\neq0)$의 그래프는 좌표축에 점점 가까워지면서 한없이 뻗어 나가는 한 쌍의 매끄러운 곡선이다.

	$a>0$일 때	$a<0$일 때
그래프		
지나는 사분면	제1사분면, 제3사분면	제2사분면, 제4사분면
증가, 감소	각 사분면 내에서 x의 값이 증가할 때, y의 값은 감소	각 사분면 내에서 x의 값이 증가할 때, y의 값도 증가

- y가 x에 반비례할 때, x의 값이 구체적으로 주어지지 않으면 x의 값은 0이 아닌 모든 수로 생각한다.
- 반비례 관계 $y=\frac{a}{x}\ (a\neq0)$의 그래프는 a의 절댓값이 작을수록 원점에 가까워진다.

예제 4 다음 보기 중 반비례 관계 $y=\frac{20}{x}$의 그래프에 대한 설명으로 옳은 것을 있는 대로 고르시오.

보기
ㄱ. 제1사분면과 제3사분면을 지난다.
ㄴ. 원점을 지나지 않는다.
ㄷ. 점 $(4,\ -5)$를 지나는 한 쌍의 매끄러운 곡선이다.
ㄹ. y축과 두 점에서 만나는 매끄러운 곡선이다.

풀이

ㄷ. $x=4$일 때, $y=\frac{20}{4}=5$이므로 점 $(4,\ 5)$를 지나는 한 쌍의 매끄러운 곡선이다.
ㄹ. y축에 한없이 가까워질 뿐 만나지 않는다.
따라서 옳은 것은 ㄱ, ㄴ이다.

답 ㄱ, ㄴ

정답과 풀이 32쪽

유제 7 다음 중 반비례 관계 $y=\frac{a}{x}\ (a\neq0)$에 대한 설명으로 옳지 <u>않은</u> 것은? ▶ 242010-0199

① 좌표축에 한없이 가까워지는 곡선이다.
② 한 쌍의 매끄러운 곡선이다.
③ 점 $(1,\ a)$를 지나는 직선이다.
④ $a>0$이면 제1사분면과 제3사분면을 지난다.
⑤ $a<0$이면 제2사분면과 제4사분면을 지난다.

8 반비례 관계 $y=\frac{a}{x}\ (a\neq0)$의 그래프가 오른쪽 그림과 같을 때, 상수 a의 값을 구하시오. ▶ 242010-0200

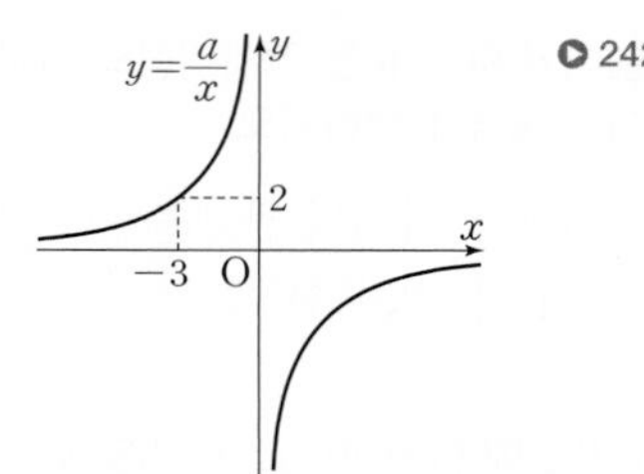

중단원 마무리

정답과 풀이 32쪽

242010-0201

01 다음 중 y가 x에 정비례하는 것이 아닌 것은?

① $y=-4x$ ② $\frac{y}{x}=1$ ③ $xy=8$

④ $y=\frac{1}{3}x$ ⑤ $y=-\frac{2}{5}x$

242010-0202

02 다음 보기 중 정비례 관계를 있는 대로 고른 것은?

보기

ㄱ. 한 개에 1200원 하는 아이스크림을 x개 살 때, 지불한 금액은 y원이다.

ㄴ. x분은 y초이다.

ㄷ. 8조각의 피자를 x명이 똑같이 나눠 먹을 때, 1명이 먹는 조각 수는 y조각이다.

ㄹ. 10 km 떨어진 거리를 시속 x km로 y시간 동안 가면 도착한다.

① ㄱ, ㄴ ② ㄱ, ㄷ ③ ㄴ, ㄷ

④ ㄴ, ㄹ ⑤ ㄷ, ㄹ

중요 242010-0203

03 x의 값이 2배, 3배, 4배, …가 될 때, y의 값도 2배, 3배, 4배, …가 되는 x와 y의 관계에서 $x=3$일 때, $y=-15$이다. $y=20$일 때, x의 값은?

① -6 ② -4 ③ -2

④ 2 ⑤ 4

242010-0204

04 y가 x에 정비례할 때, $A+B$의 값은?

x	1	2	5	6
y	A	8		B

① 12 ② 16 ③ 20

④ 24 ⑤ 28

중요 242010-0205

05 다음 중 정비례 관계 $y=-\frac{1}{3}x$의 그래프는?

①

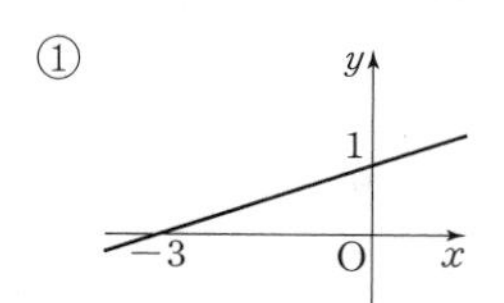

②

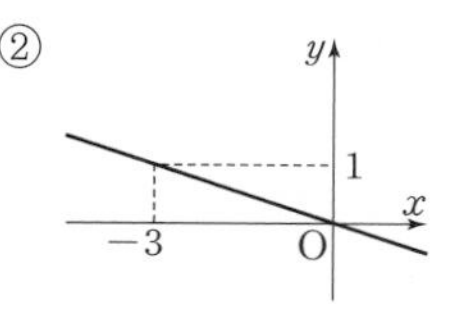

③

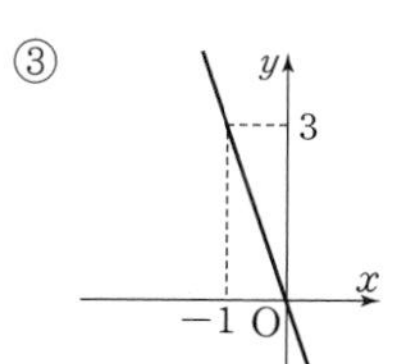

④

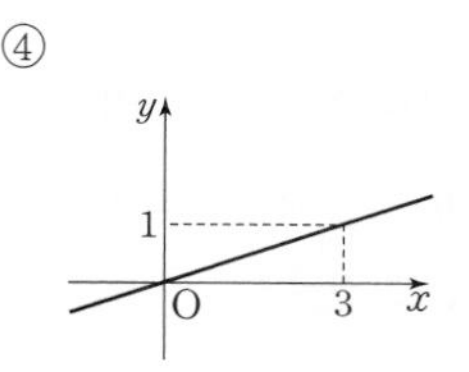

⑤

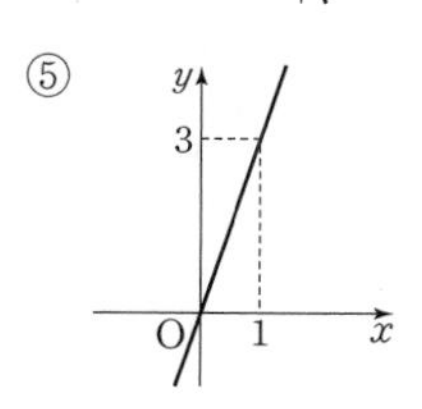

242010-0206

06 다음 중 $y=-\frac{2}{5}x$의 그래프에 대한 설명으로 옳지 않은 것은?

① 점 $(2, -5)$를 지난다.

② 원점을 지나는 직선이다.

③ 제2사분면과 제4사분면을 지난다.

④ 정비례 관계를 나타내는 그래프이다.

⑤ x의 값이 증가하면 y의 값은 감소한다.

242010-0207

07 오른쪽 그림과 같이 두 점 A, B가 각각 정비례 관계 $y=-x$, $y=3x$의 그래프 위의 점이고 두 점의 y좌표가 모두 6일 때, 삼각형 AOB의 넓이를 구하시오. (단, O는 원점이다.)

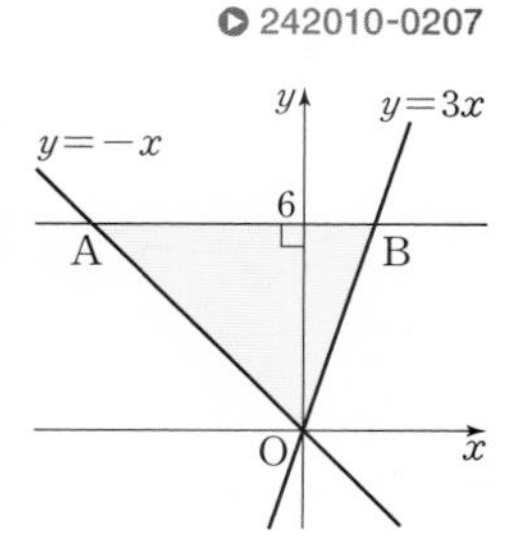

▶ 242010-0208

08 수학 문제를 하루에 x개씩 풀면 y일 동안 300개의 수학 문제를 모두 풀 수 있다고 할 때, x와 y 사이의 관계식을 구하시오.

▶ 242010-0209

09 오른쪽 그림은 반비례 관계 $y=\frac{a}{x}$의 그래프일 때, 상수 a의 값은?

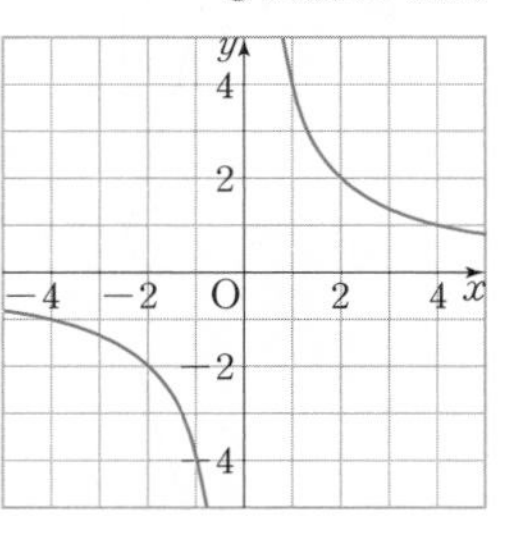

① 1 ② 2 ③ 3 ④ 4 ⑤ 5

중요

▶ 242010-0210

10 $y=\frac{a}{x}$의 그래프에 대한 설명 중 옳은 것은? (단, $a\neq0$인 상수)

① 점 $(3a, 3)$을 지난다.
② 원점을 지나는 직선이다.
③ x와 y는 정비례 관계이다.
④ a의 절댓값이 작을수록 원점에서 멀어진다.
⑤ $a>0$이면 제1사분면과 제3사분면을 지난다.

▶ 242010-0211

11 다음 보기에서 x, y 사이의 관계를 나타내는 그래프가 제2사분면을 지나는 것을 있는 대로 고른 것은?

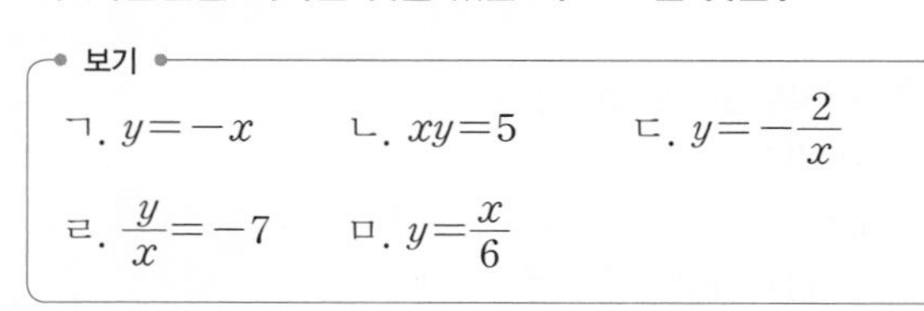

보기
ㄱ. $y=-x$ ㄴ. $xy=5$ ㄷ. $y=-\frac{2}{x}$
ㄹ. $\frac{y}{x}=-7$ ㅁ. $y=\frac{x}{6}$

① ㄱ, ㄹ ② ㄴ, ㅁ ③ ㄷ, ㄹ ④ ㄱ, ㄷ, ㄹ ⑤ ㄴ, ㄷ, ㄹ

▶ 242010-0212

12 오른쪽 그림은 정비례 관계 $y=ax$의 그래프일 때, 반비례 관계 $y=\frac{a}{x}$의 그래프가 두 점 $(-2, b)$, $\left(c, \frac{1}{2}\right)$을 지난다. $a+b+c$의 값은? (단, a는 상수)

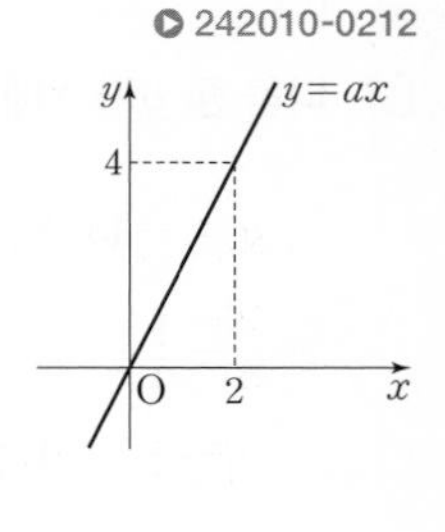

① 3 ② 4 ③ 5 ④ 6 ⑤ 7

▶ 242010-0213

13 y가 x에 반비례할 때, $A-B+C$의 값은?

x	A	1	2	6
y	6	B	−12	C

① 16 ② 20 ③ 24 ④ 28 ⑤ 32

▶ 242010-0214

14 오른쪽 그림과 같이 반비례 관계 $y=\frac{a}{x}$의 그래프가 점 $(-3, -2)$와 점 P를 지날 때, 사각형 AOBP의 넓이는? (단, a는 상수, O는 원점이다.)

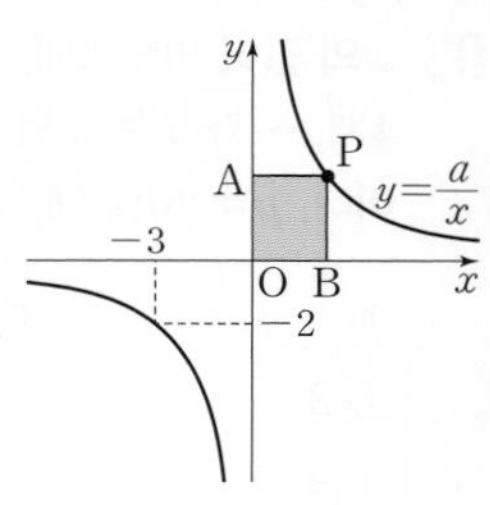

① 4 ② 6 ③ 8 ④ 10 ⑤ 12

▶ 242010-0215

15 반비례 관계 $y=\frac{16}{x}$의 그래프 위의 점 중에서 x좌표와 y좌표가 모두 정수인 점의 개수를 구하시오.

서술형으로 중단원 마무리

정답과 풀이 33~34쪽

서술형 1-1 

80 mL의 열량이 144 kcal인 아이스크림이 있다. 이 아이스크림 x mL의 열량이 y kcal라고 할 때, x와 y 사이의 관계식을 구하고, 아이스크림을 45 mL를 먹었을 때의 열량을 구하시오.

| 풀이 |

1단계 x와 y 사이의 관계식 구하기 [60%]

80 mL의 열량이 144 kcal이므로 1 mL의 열량은 ☐ kcal이다.
즉, x mL의 열량은 ☐ kcal이므로 $y=$☐

2단계 열량 구하기 [40%]

$x=45$일 때의 $y=$☐이므로 45 mL를 먹었을 때의 열량은 ☐ kcal이다.

서술형 1-2

242010-0216

출발지로부터 1600 m 떨어진 거리를 분속 x m로 걸어가면 y분 걸린다고 할 때, x와 y 사이의 관계식을 구하고, 분속 120 m로 걸어갈 때 걸리는 시간을 구하시오.

| 풀이 |

1단계 x와 y 사이의 관계식 구하기 [60%]

2단계 걸리는 시간 구하기 [40%]

서술형 2-1 

정비례 관계 $y=ax$의 그래프가 점 $(3, 9)$를 지나고 반비례 관계 $y=\frac{a}{x}$의 그래프가 점 $(-3, b)$를 지날 때, $a+b$의 값을 구하시오. (단, a는 상수)

| 풀이 |

1단계 a의 값 구하기 [40%]

$y=ax$의 그래프가 점 $(3, 9)$를 지나므로 ☐$=3a$, $a=$☐

2단계 b의 값 구하기 [40%]

$a=$☐이므로 $b=\frac{☐}{-3}=$☐

3단계 $a+b$의 값 구하기 [20%]

따라서 $a+b=$☐

서술형 2-2

242010-0217

반비례 관계 $y=\frac{a}{x}$의 그래프가 점 $(-4, -3)$을 지나고 정비례 관계 $y=ax$의 그래프가 점 $(b, -6)$을 지날 때, $a\div b$의 값을 구하시오. (단, a는 상수)

| 풀이 |

1단계 a의 값 구하기 [40%]

2단계 b의 값 구하기 [40%]

3단계 $a\div b$의 값 구하기 [20%]

서술형 3-1

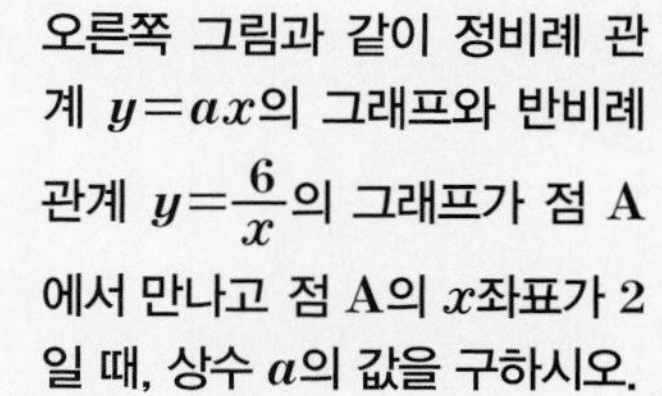

오른쪽 그림과 같이 정비례 관계 $y=ax$의 그래프와 반비례 관계 $y=\frac{6}{x}$의 그래프가 점 A에서 만나고 점 A의 x좌표가 2일 때, 상수 a의 값을 구하시오.

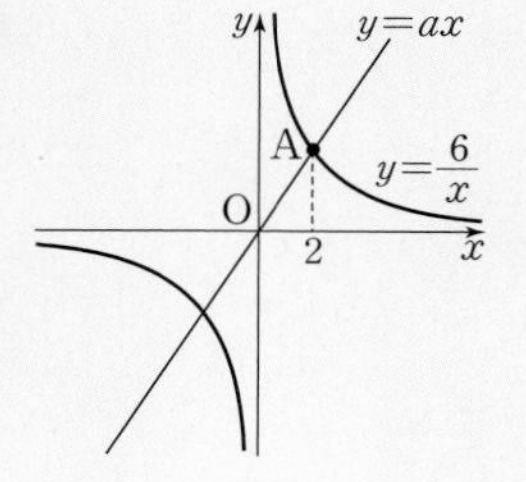

| 풀이 |

1단계 점 A의 y좌표 구하기 [50%]

점 A는 $y=\frac{6}{x}$의 그래프 위의 점이므로 $y=\frac{6}{x}$에 $x=$☐를 대입하면 $y=$☐

2단계 a의 값 구하기 [50%]

점 A(2, ☐)이 $y=ax$의 그래프 위의 점이므로
$y=ax$에 $x=2$, $y=$☐을 대입하면 $a=$☐

서술형 3-2

242010-0218

오른쪽 그림과 같이 정비례 관계 $y=-5x$의 그래프와 반비례 관계 $y=\frac{a}{x}$의 그래프가 점 P에서 만나고 점 P의 y좌표가 -5일 때, 상수 a의 값을 구하시오.

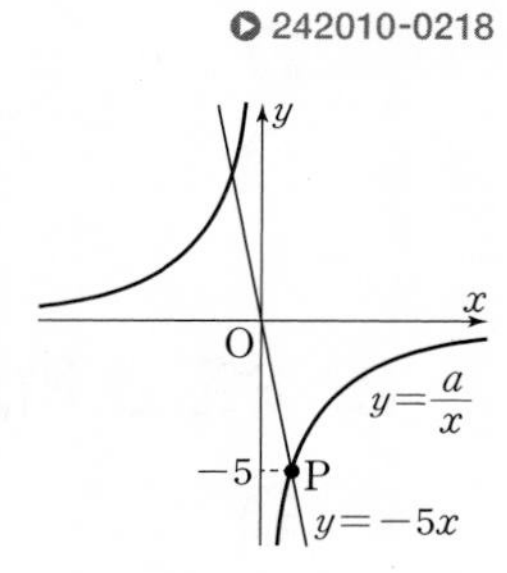

| 풀이 |

1단계 점 P의 x좌표 구하기 [50%]

2단계 a의 값 구하기 [50%]

V

기본 도형

1. 기본 도형

2. 작도와 합동

초등과정 다시 보기

1-❷ 선분, 반직선, 직선

1. 다음 중 선분, 반직선, 직선을 각각 찾아 그 이름을 쓰시오.

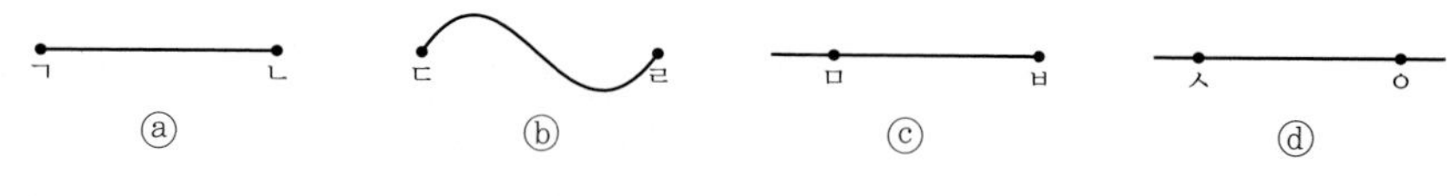

(1) 선분 ________ : ___ (2) 반직선 ________ : ___ (3) 직선 ________ : ___

1-❸ 각

2. 다음 중 둔각을 있는 대로 고르시오.

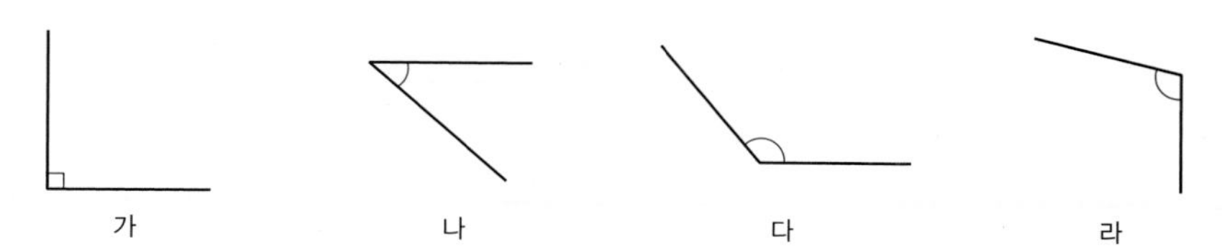

1-❹ 평면도형

3. 오른쪽 그림은 사다리꼴이다. 다음 물음에 답하시오.

(1) 선분 ㄱㄹ에 평행한 선분을 구하시오.

(2) 선분 ㄱㄹ에 수직인 선분을 구하시오.

2-❹ 합동

4. 주어진 도형과 합동인 도형을 고르시오.

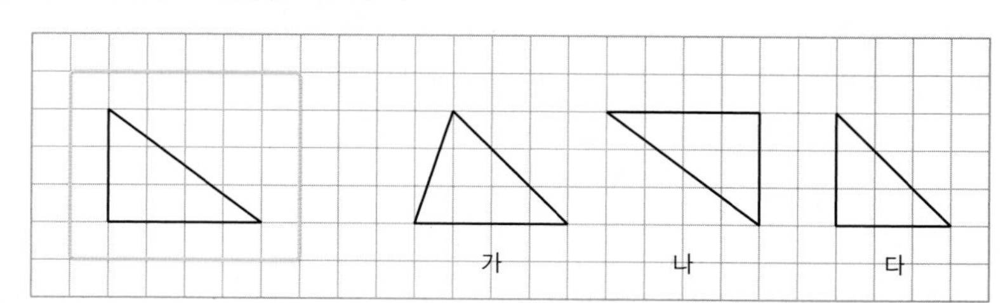

2-❹ 합동

5. 오른쪽 두 사각형이 서로 합동일 때, 선분 ㄱㄴ의 길이를 구하시오.

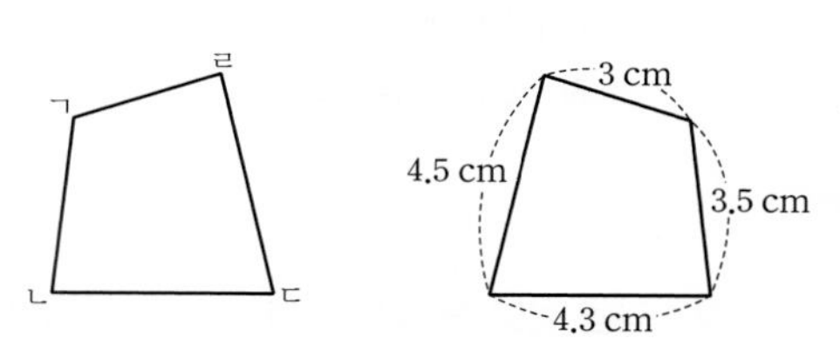

답 **1.** (1) ㄱㄴ, ⓐ (2) ㅂㅁ, ⓒ (3) ㅅㅇ, ⓓ **2.** 다, 라 **3.** (1) 선분 ㄴㄷ (2) 선분 ㄱㄴ **4.** 나 **5.** 3.5 cm

1. 기본 도형

1 도형

(1) **도형의 기본 요소:** 점, 선, 면

① 평면도형: 한 평면 위에 있는 도형 예 삼각형, 원

② 입체도형: 한 평면 위에 있지 않은 도형 예 직육면체, 삼각뿔, 구

(2) **교점과 교선**

① 교점: 선과 선 또는 선과 면이 만나서 생기는 점

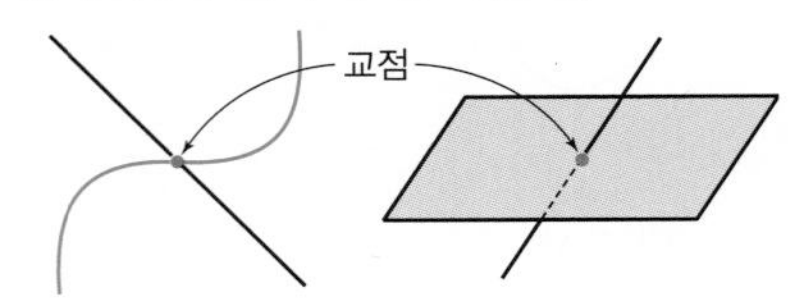

② 교선: 면과 면이 만나서 생기는 선

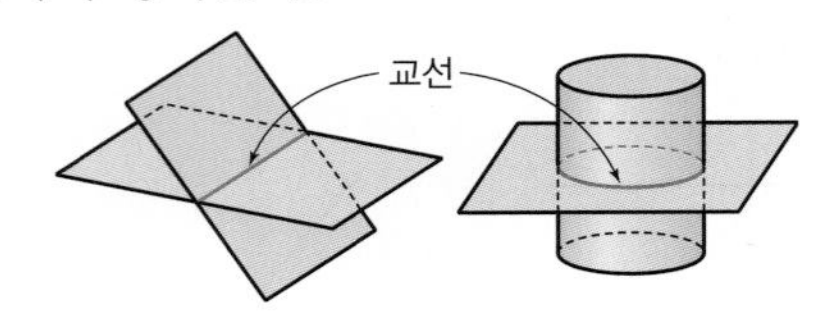

• 점이 움직인 자리는 선이 되고 선이 움직인 자리는 면이 된다.

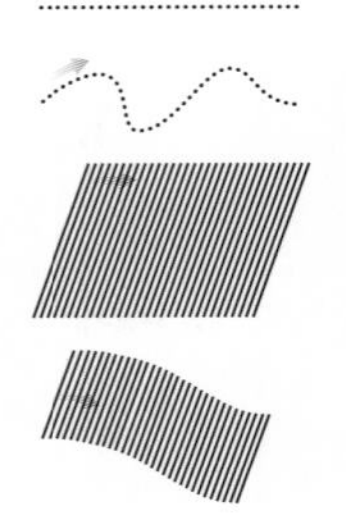

예제 1 **오른쪽 입체도형에서 다음을 구하시오.**

(1) 교점의 개수

(2) 교선의 개수

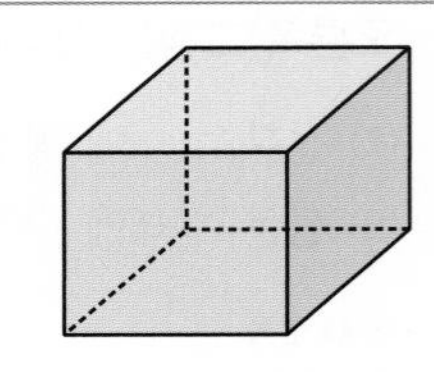

풀이

(1) 입체도형에서 두 모서리의 교점은 꼭짓점이므로 교점의 개수는 8개이다.

(2) 입체도형에서 두 면의 교선은 모서리이므로 교선의 개수는 12개이다.

답 (1) 8개 (2) 12개

정답과 풀이 34쪽

유제 1 **오른쪽 입체도형에서 다음을 구하시오.** 242010-0219

(1) 교점의 개수

(2) 교선의 개수

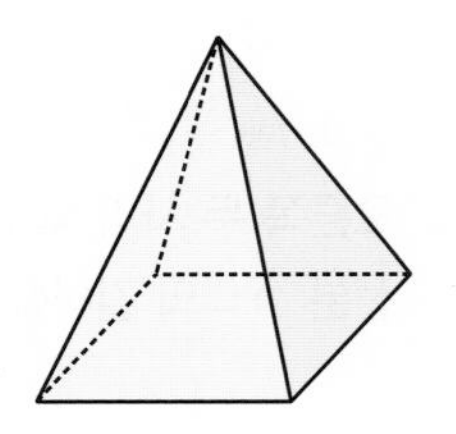

2 **다음 설명 중 옳은 것에는 ○표, 옳지 않은 것에는 ×표를 ( ) 안에 써넣으시오.** 242010-0220

(1) 선과 선이 만나서 생기는 점은 교점이다. ( )

(2) 면과 면이 만나서 생기는 선은 직선이다. ( )

(3) 점이 움직인 자리는 직선이 된다. ( )

2 직선, 선분, 반직선과 두 점 사이의 거리

(1) **직선 AB**: 두 점 A, B를 지나는 직선 ⇨ (기호) $\overleftrightarrow{AB}$

(2) **선분 AB**: 직선 AB에서 점 A에서 점 B까지의 부분
⇨ (기호) $\overline{AB}$

(3) **반직선 AB**: 직선 AB에서 점 A를 시작으로 점 B쪽으로 뻗은 부분 ⇨ (기호) $\overrightarrow{AB}$

(4) **두 점 A, B 사이의 거리**: 선분 AB의 길이

(5) **선분 AB의 중점**: 선분 AB 위에 있고 양 끝점에서 같은 거리에 있는 점 M
⇨ $\overline{AM}=\overline{BM}=\frac{1}{2}\overline{AB}$

- 서로 다른 두 점을 지나는 직선은 오직 하나뿐이다.
- $\overleftrightarrow{AB}=\overleftrightarrow{BA}$
  $\overline{AB}=\overline{BA}$
  $\overrightarrow{AB}\neq\overrightarrow{BA}$
- $\overline{AB}$는 선분 AB를 나타내기도, 그 선분의 길이를 나타내기도 한다.

예제 2 오른쪽 그림과 같이 세 점 A, B, C가 한 직선 위에 있을 때, 다음 중 $\overrightarrow{AB}$와 같은 것을 고르시오.

$\overline{AB}$, $\overrightarrow{BA}$, $\overleftrightarrow{CA}$, $\overrightarrow{AC}$, $\overrightarrow{BC}$, $\overline{CB}$

풀이
$\overrightarrow{AB}$와 $\overrightarrow{AC}$ 모두 오른쪽 그림과 같다.

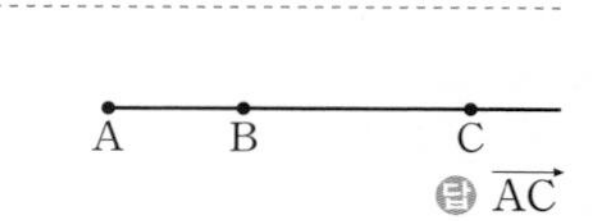

답 $\overrightarrow{AC}$

정답과 풀이 34~35쪽

유제 3 오른쪽 그림과 같이 네 점 A, B, C, D가 한 직선 위에 있을 때, 다음 중 옳지 않은 것은? ▶ 242010-0221

① $\overleftrightarrow{AC}=\overleftrightarrow{BC}$ ② $\overleftrightarrow{AB}=\overleftrightarrow{CD}$ ③ $\overline{BC}=\overline{CB}$
④ $\overrightarrow{BC}=\overrightarrow{BD}$ ⑤ $\overrightarrow{CA}=\overrightarrow{DA}$

4 오른쪽 그림에서 점 M은 $\overline{AB}$의 중점이고, 점 N은 $\overline{AM}$의 중점이다. $\overline{MN}=2$ cm일 때, $\overline{AB}$의 길이를 구하시오. ▶ 242010-0222

3 각

(1) **각 AOB:** 두 반직선 OA와 OB로 이루어진 도형으로 기호로 ∠AOB (또는 ∠BOA)로 나타낸다.
간단히 ∠O 또는 $\angle a$로 나타내기도 한다.

(2) **각 AOB의 크기:** ∠AOB에서 각의 꼭짓점 O를 중심으로 변 OA가 변 OB까지 회전한 양

(3) **평각:** ∠AOB의 두 변 OA와 OB가 점 O를 중심으로 반대쪽에 있고 한 직선을 이룰 때, ∠AOB를 평각이라고 한다.
평각의 크기는 180°이고 직각의 크기는 평각의 크기의 $\frac{1}{2}$이다.

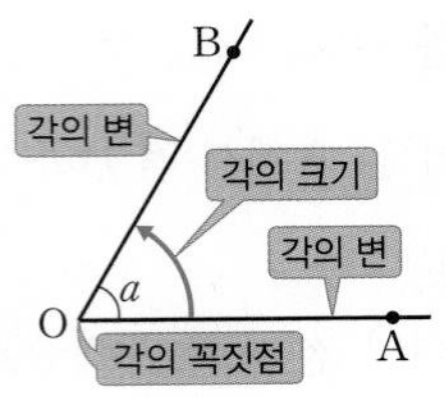

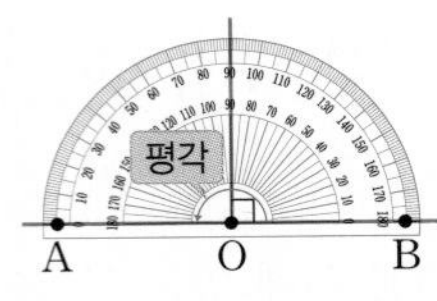

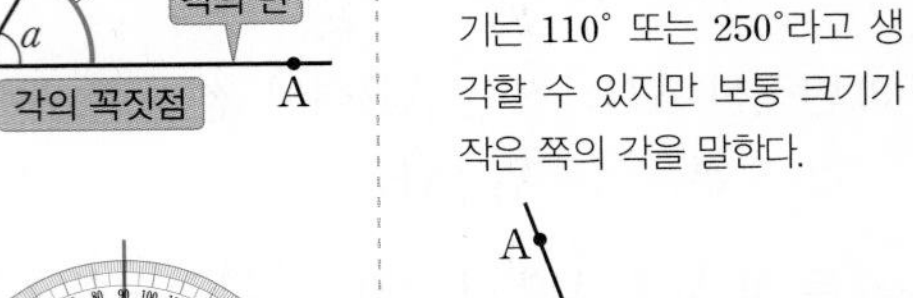

- ∠AOB는 각 AOB를 나타내기도, 그 각의 크기를 나타내기도 한다.
- 다음 그림에서 ∠AOB의 크기는 110° 또는 250°라고 생각할 수 있지만 보통 크기가 작은 쪽의 각을 말한다.

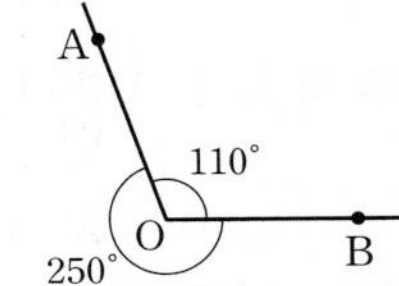

예제 3 다음 그림에서 $\angle x$의 크기를 구하시오.

(1)

(2)

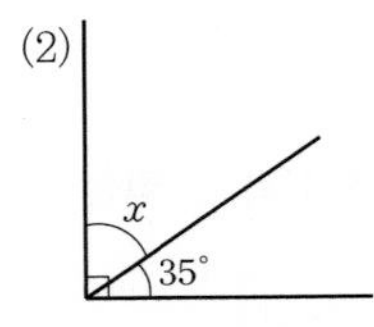

풀이

(1) $\angle x=180°-50°=130°$

(2) $\angle x=90°-35°=55°$

답 (1) 130° (2) 55°

정답과 풀이 35쪽

유제 5 오른쪽 그림에서 ∠AOD가 평각이고 ∠AOB=43°일 때, 다음 각의 크기를 구하시오. 242010-0223

(1) ∠BOD

(2) ∠COD

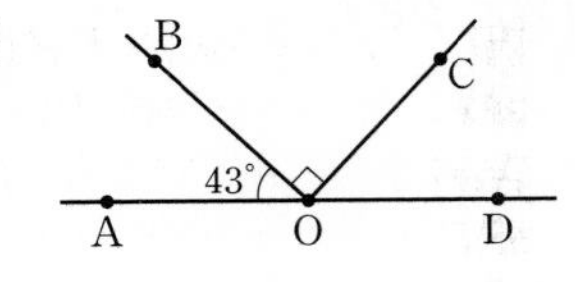

6 오른쪽 그림에서 x의 값을 구하시오. 242010-0224

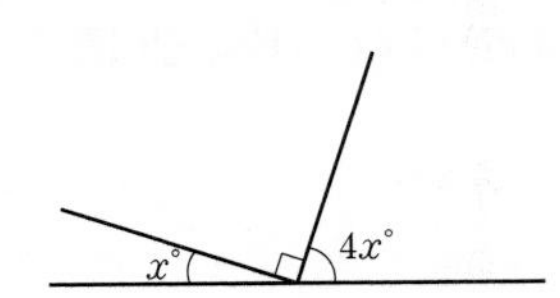

4 맞꼭지각과 수선

(1) **교각:** 두 직선이 한 점에서 만나서 생기는 네 각

예 $\angle a$, $\angle b$, $\angle c$, $\angle d$

(2) **맞꼭지각:** 교각 중 서로 마주 보는 두 각

예 $\angle a$와 $\angle c$, $\angle b$와 $\angle d$

맞꼭지각의 성질: 맞꼭지각의 크기는 서로 같다.

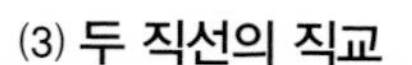

(3) **두 직선의 직교**

두 직선 AB와 CD의 교각이 직각일 때 두 직선은 직교한다.

⇨ (기호) $\overleftrightarrow{AB} \perp \overleftrightarrow{CD}$

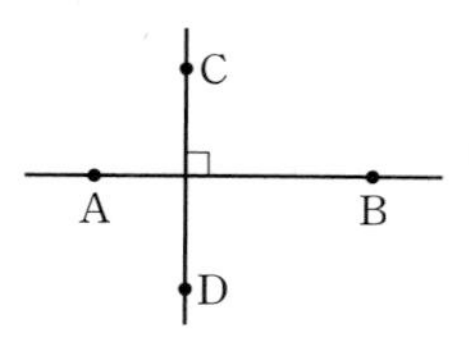

• 두 직선이 서로 직교할 때, 두 직선은 서로 수직이고 한 직선은 다른 직선의 수선이다.

(4) **선분 AB의 수직이등분선**

선분 AB의 중점 M을 지나고 선분 AB에 수직인 직선 l

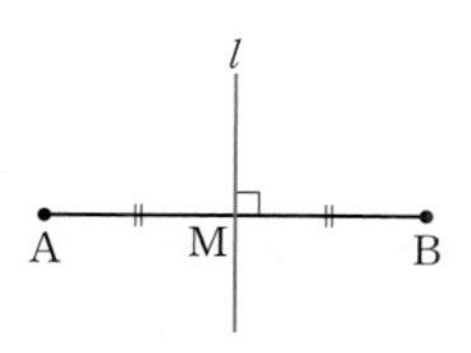

(5) **수선의 발**

직선 l 위에 있지 않은 점 P에서 직선 l에 수선을 그을 때, 이 수선과 직선 l의 교점 H를 점 P에서 직선 l에 내린 수선의 발이라고 한다.

또한 $\overline{PH}$를 점 P와 직선 l 사이의 거리라고 한다.

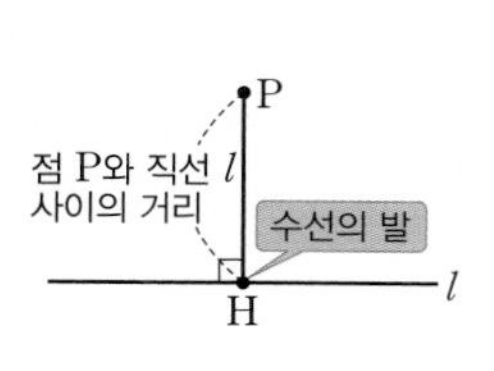

예제 4 **오른쪽 그림에서 $\angle x$, $\angle y$의 크기를 각각 구하시오.**

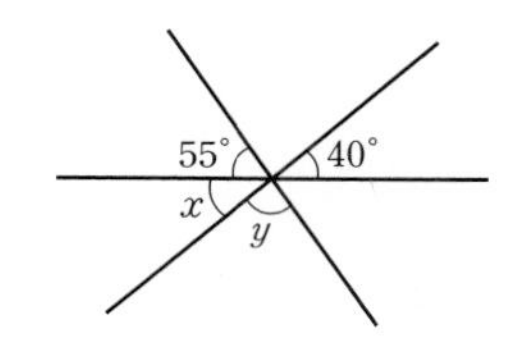

풀이

$\angle x=40°$ (맞꼭지각), $\angle y=180°-55°-40°=85°$

답 $\angle x=40°$, $\angle y=85°$

정답과 풀이 35쪽

유제 7 **오른쪽 그림에서 x의 값을 구하시오.** ▶ 242010-0225

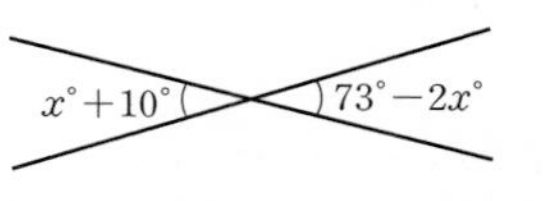

8 **직선 PO가 길이가 10 cm인 선분 AB의 수직이등분선일 때, 다음을 구하시오.** ▶ 242010-0226

(1) $\overline{AO}$의 길이

(2) $\angle$POA의 크기

5 동위각과 엇각

한 평면 위에서 서로 다른 두 직선 l, m이 다른 한 직선 n과 만나 생기는 8개의 교각에 대하여

(1) **동위각:** 서로 같은 위치에 있는 두 각

예 $\angle a$와 $\angle e$, $\angle b$와 $\angle f$

$\angle c$와 $\angle g$, $\angle d$와 $\angle h$

(2) **엇각:** 서로 엇갈린 위치에 있는 두 각

예 $\angle c$와 $\angle e$, $\angle d$와 $\angle f$

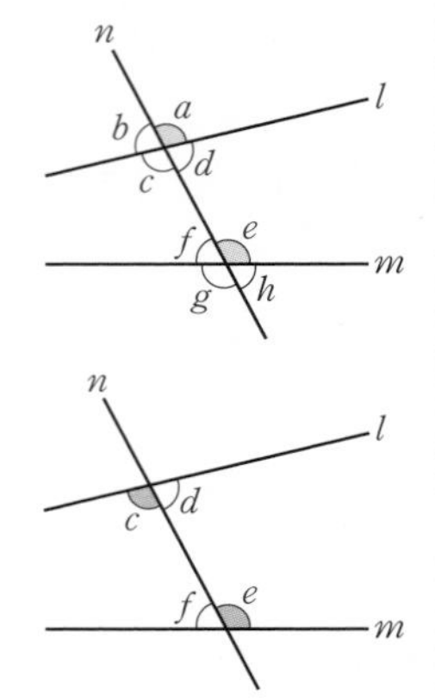

예제 5 **오른쪽 그림과 같이 서로 다른 두 직선 l, m이 다른 한 직선 n과 만날 때, 다음을 구하시오.**

(1) $\angle a$의 동위각

(2) $\angle b$의 엇각

풀이

(1) $\angle a$와 같은 위치에 있는 각은 $\angle c$이다.

(2) $\angle b$와 엇갈린 위치에 있는 각은 $\angle g$이다.

답 (1) $\angle c$ (2) $\angle g$

정답과 풀이 35쪽

유제 9 **오른쪽 그림은 숫자 4를 쓸 때 생기는 각 중 일부를 표시한 것이다. $\angle a \sim \angle d$ 중 다음을 구하시오.**

242010-0227

(1) $\angle x$의 동위각

(2) $\angle x$의 엇각

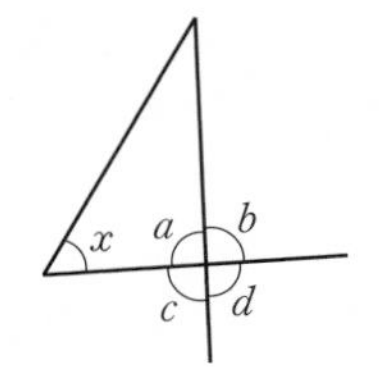

10 **오른쪽 그림과 같이 서로 다른 두 직선 l, m이 다른 한 직선 n과 만날 때, 다음을 구하시오.**

242010-0228

(1) $\angle x$의 동위각의 크기

(2) $\angle y$의 엇각의 크기

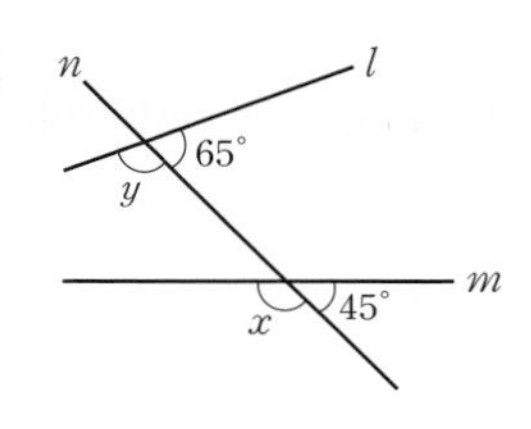

6 평행선과 동위각, 엇각

(1) 평행선

한 평면 위에 있는 두 직선 l, m이 만나지 않을 때, 두 직선 l과 m은 서로 평행하다. ⇨ (기호) $l /\!/ m$

(2) 평행선의 성질

한 평면 위에서 서로 다른 두 직선 l, m이 다른 한 직선 n과 만날 때

① 평행선과 동위각

– 두 직선이 평행하면 동위각의 크기는 서로 같다.
($l /\!/ m$이면 $\angle a = \angle b$)

– 동위각의 크기가 서로 같으면 두 직선은 평행하다.
($\angle a = \angle b$이면 $l /\!/ m$)

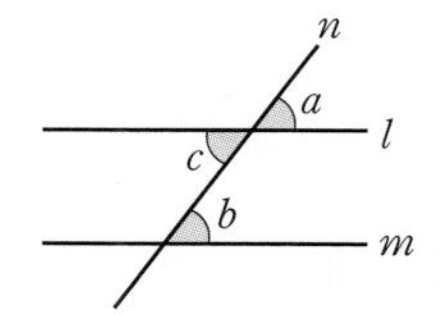

② 평행선과 엇각

– 두 직선이 평행하면 엇각의 크기는 서로 같다. ($l /\!/ m$이면 $\angle b = \angle c$)

– 엇각의 크기가 서로 같으면 두 직선은 평행하다. ($\angle b = \angle c$이면 $l /\!/ m$)

• 두 직선 l, m이 서로 평행하지 않으면 동위각(엇각)의 크기는 같지 않다.

예제 6 **오른쪽 그림에서 $l /\!/ m$일 때, 다음을 구하시오.**

(1) $\angle x$의 크기

(2) $\angle y$의 크기

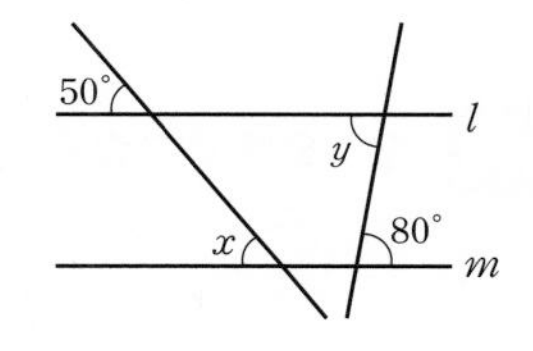

풀이

(1) $l /\!/ m$이므로 동위각의 크기는 같다. 따라서 $\angle x = 50°$

(2) $l /\!/ m$이므로 엇각의 크기는 같다. 따라서 $\angle y = 80°$

답 (1) $50°$ (2) $80°$

정답과 풀이 35쪽

유제 11 **오른쪽 그림에서 $l /\!/ m$일 때, $\angle x$, $\angle y$의 크기를 각각 구하시오.** ▶ 242010-0229

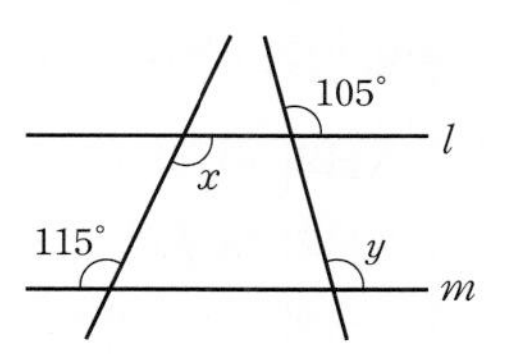

12 **오른쪽 그림에서 $l /\!/ m$일 때, $\angle x$의 크기를 구하시오.** ▶ 242010-0230

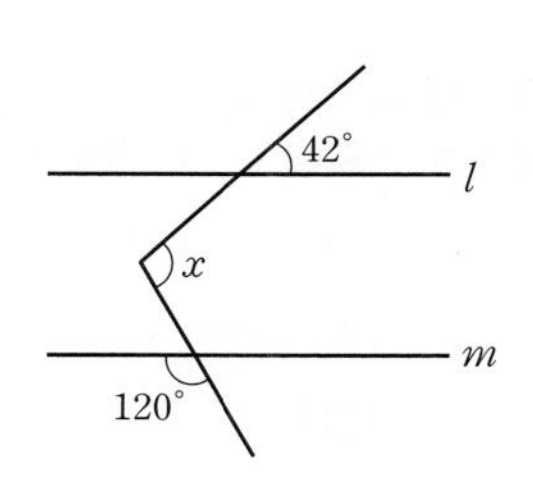

7 점, 직선, 평면의 위치 관계 (1)

(1) 점과 직선의 위치 관계

① 점이 직선 위에 있다.　　② 점이 직선 위에 있지 않다.

(2) 평면에서 두 직선의 위치 관계

① 한 점에서 만난다.　　② 일치한다.　　③ 평행하다.

• 평면에서 두 직선
– 만난다. (①, ②)
만나지 않는다. (③)

(3) 공간에서 두 직선의 위치 관계

① 한 점에서 만난다.　　② 일치한다.　　③ 평행하다.　　④ 꼬인 위치에 있다.

• 공간에서 두 직선
– 만난다. (①, ②)
만나지 않는다. (③, ④)
– 한 평면 위에 있다. (①, ②, ③)
한 평면 위에 있지 않다. (④)

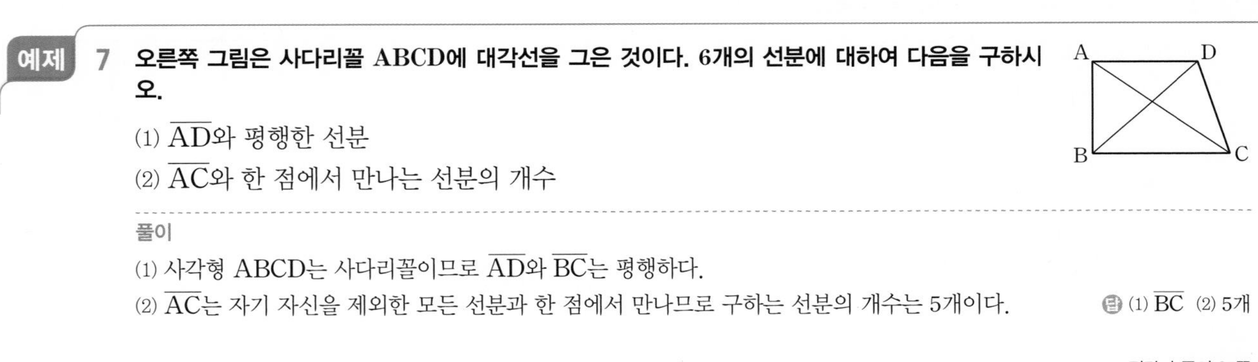

예제 7 **오른쪽 그림은 사다리꼴 ABCD에 대각선을 그은 것이다. 6개의 선분에 대하여 다음을 구하시오.**

(1) $\overline{AD}$와 평행한 선분

(2) $\overline{AC}$와 한 점에서 만나는 선분의 개수

풀이

(1) 사각형 ABCD는 사다리꼴이므로 $\overline{AD}$와 $\overline{BC}$는 평행하다.

(2) $\overline{AC}$는 자기 자신을 제외한 모든 선분과 한 점에서 만나므로 구하는 선분의 개수는 5개이다.

답 (1) $\overline{BC}$ (2) 5개

정답과 풀이 35쪽

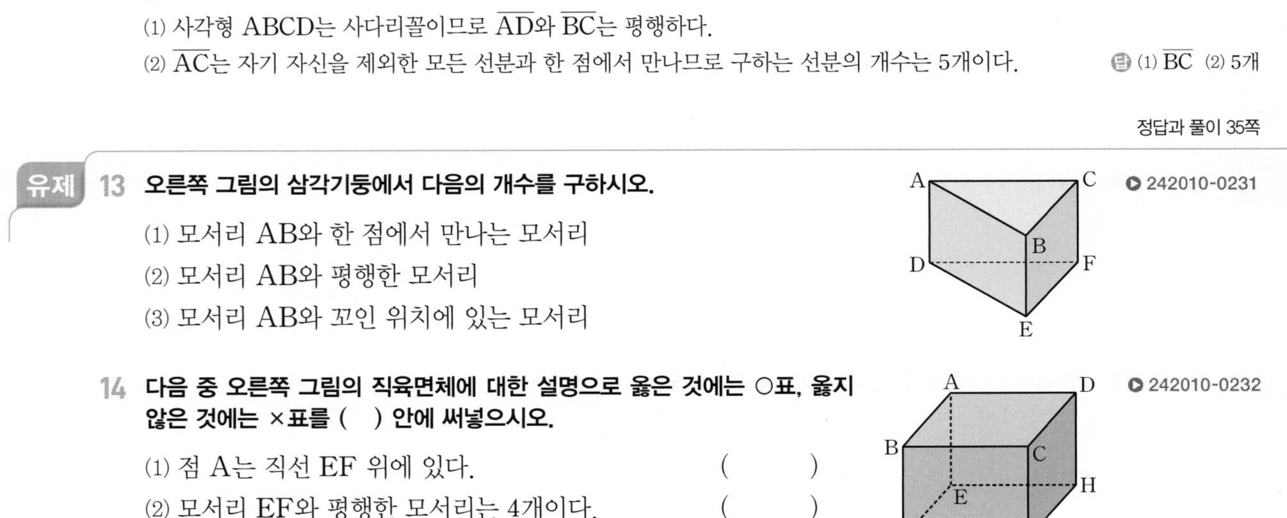

유제 13 **오른쪽 그림의 삼각기둥에서 다음의 개수를 구하시오.** ▶ 242010-0231

(1) 모서리 AB와 한 점에서 만나는 모서리

(2) 모서리 AB와 평행한 모서리

(3) 모서리 AB와 꼬인 위치에 있는 모서리

14 **다음 중 오른쪽 그림의 직육면체에 대한 설명으로 옳은 것에는 ○표, 옳지 않은 것에는 ×표를 ( ) 안에 써넣으시오.** ▶ 242010-0232

(1) 점 A는 직선 EF 위에 있다. (　　)

(2) 모서리 EF와 평행한 모서리는 4개이다. (　　)

(3) 모서리 AE와 모서리 BC는 꼬인 위치에 있다. (　　)

8 점, 직선, 평면의 위치 관계 (2)

(1) **공간에서 직선과 평면의 위치 관계**

① 한 점에서 만난다. ② 포함된다. ③ 평행하다.

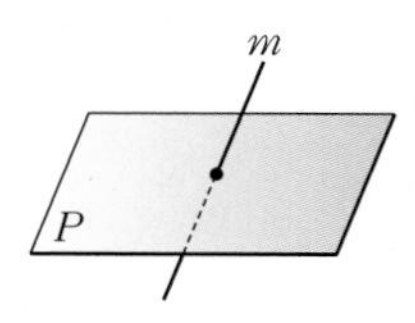

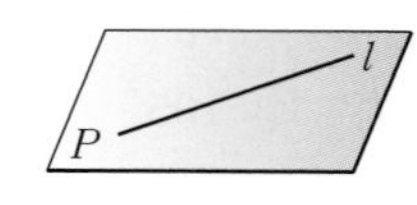

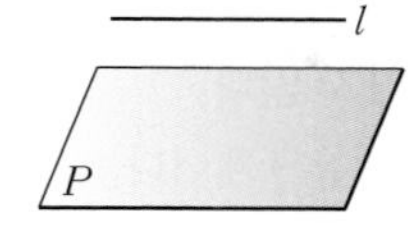

(2) **직선과 평면의 직교**

직선 l이 평면 P와 한 점 O에서 만나고, 점 O를 지나면서 평면 P에 포함된 모든 직선에 수직일 때, 직선 l과 평면 P는 수직이다(또는 직교한다). ⇨ (기호) $l \perp P$

또한 직선 l은 평면 P의 수선이고 점 O는 수선의 발이다.

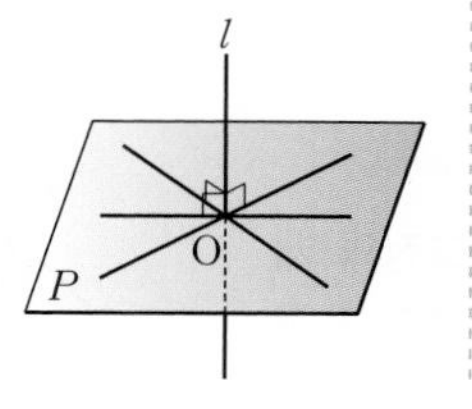

- 공간에서 직선과 평면
  – 만난다. (①, ②)
  만나지 않는다. (③)
- 공간에서 두 평면의 위치 관계
  ① 한 직선에서 만난다.
  ② 평행하다.
  ③ 일치한다.

예제 8 **오른쪽 그림과 같은 직육면체에서 다음을 구하시오.**

(1) 면 ABFE에 포함되는 모서리

(2) 면 EFGH와 평행한 모서리

(3) 모서리 GH와 직교하는 면

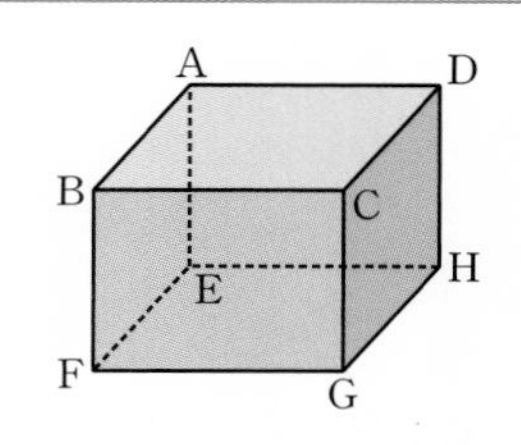

풀이

(1) 면 ABFE에 포함되는 모서리: 모서리 AB, 모서리 AE, 모서리 BF, 모서리 EF

(2) 면 EFGH와 평행한 모서리: 모서리 AB, 모서리 AD, 모서리 BC, 모서리 CD

(3) 모서리 GH와 직교하는 면: 면 BCGF, 면 ADHE

답 풀이 참조

정답과 풀이 35~36쪽

유제 15 **오른쪽 그림과 같이 $\angle EDF = 90°$인 삼각기둥에서 모서리 BE를 포함하는 면의 개수를 a, 모서리 AC에 수직인 면의 개수를 b라고 할 때, $a+b$의 값을 구하시오.**

▶ 242010-0233

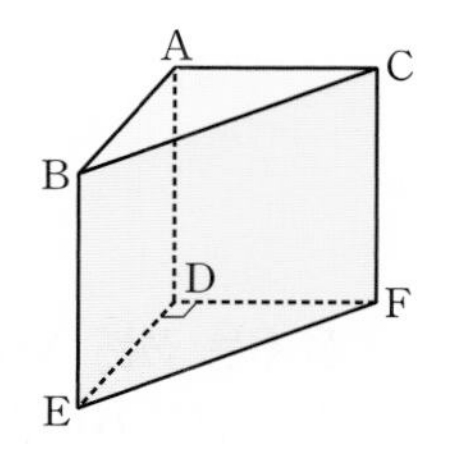

16 **오른쪽 그림은 사각뿔 모양의 텐트에 밑면에 수직인 기둥 AH를 세운 것이다. 다음 보기의 설명 중 옳은 것을 있는 대로 고르시오.**

▶ 242010-0234

보기

ㄱ. 사각뿔의 각 면 중 $\overline{AH}$와 만나는 면은 4개이다.

ㄴ. 사각뿔의 각 면 중 $\overline{AH}$를 포함하는 면은 없다.

ㄷ. $\overline{AH} \perp \overline{CH}$

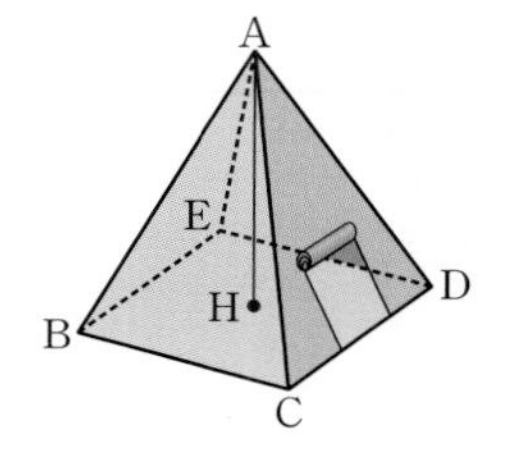

중단원 마무리

01 다음 중 옳지 <u>않은</u> 것은? ▶ 242010-0235

① 점, 선, 면은 도형의 기본 요소이다.
② 점이 움직인 자리는 선이 된다.
③ 입체도형은 한 평면 위에 있지 않다.
④ 두 선이 만날 때 생기는 교점은 1개이다.
⑤ 입체도형에서 두 모서리의 교점은 꼭짓점이다.

02 오른쪽 입체도형에서 교점의 개수를 a, 교선의 개수를 b라고 할 때, $b-a$의 값은? ▶ 242010-0236

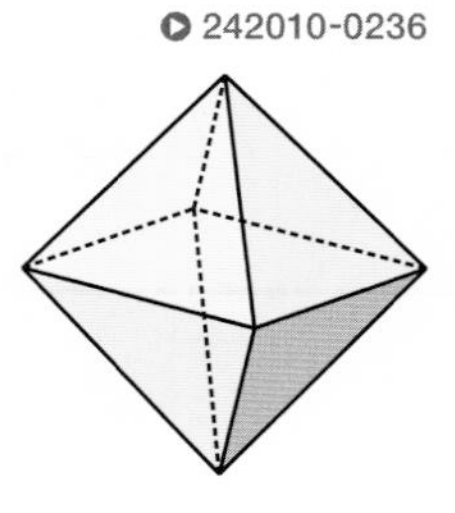

① 2　② 4
③ 6　④ 8
⑤ 10

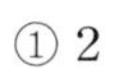

☆ 중요
03 오른쪽 그림과 같은 삼각형의 세 꼭짓점 A, B, C 중 두 점을 이어서 만들 수 있는 서로 다른 반직선의 개수는? ▶ 242010-0237

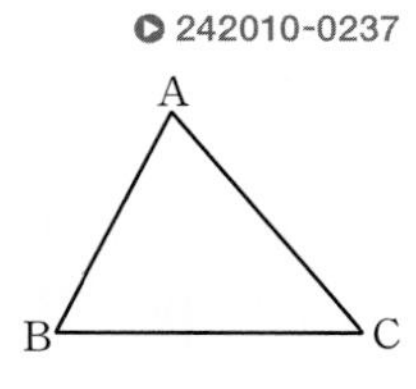

① 3개　② 4개　③ 5개
④ 6개　⑤ 7개

04 다음 그림에서 점 C는 선분 AB의 중점, 점 D는 선분 BC의 중점, 점 E는 선분 BD의 중점일 때, $\overline{BE}$는 $\overline{AD}$의 □배이다. □ 안에 알맞은 수는? ▶ 242010-0238

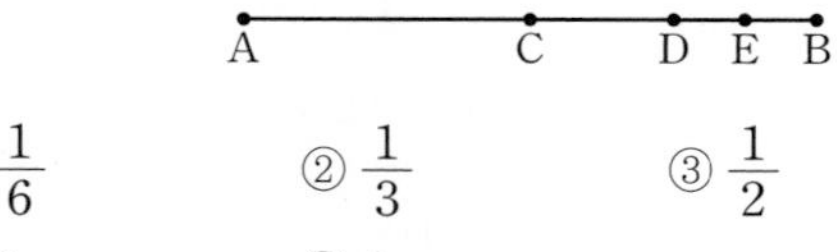

① $\frac{1}{6}$　② $\frac{1}{3}$　③ $\frac{1}{2}$
④ 3　⑤ 6

05 오른쪽 그림에서 $\angle a : \angle b : \angle c = 5 : 3 : 1$일 때, $\angle a$의 크기는? ▶ 242010-0239

① 95°　② 100°
③ 105°　④ 110°
⑤ 115°

06 오른쪽 그림에서 x의 값은? ▶ 242010-0240

① 11　② 12
③ 13　④ 14
⑤ 15

07 오른쪽 그림에서 $\angle x - \angle y$의 크기는? ▶ 242010-0241

① 60°　② 70°
③ 80°　④ 90°
⑤ 100°

☆ 중요
08 오른쪽 그림에서 직선 CD는 선분 AB의 수직이등분선이고 그 교점이 점 H일 때, 다음 중 옳은 것은? ▶ 242010-0242

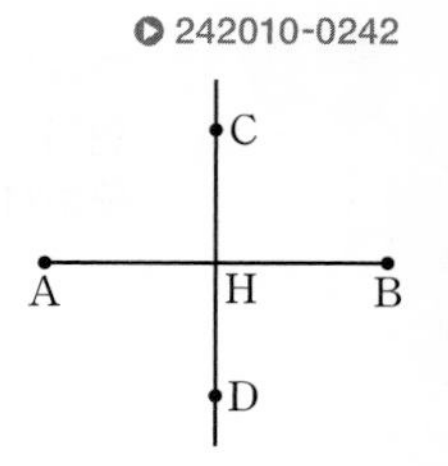

① $\angle AHB = 90°$이다.
② $\angle AHD = \angle BDH$이다.
③ $\overline{AH} = \overline{CH}$
④ 점 A에서 직선 CD까지의 거리는 $\overline{AC}$의 길이와 같다.
⑤ 점 D에서 직선 AB까지의 거리는 $\overline{DH}$의 길이와 같다.

242010-0243

09 오른쪽 그림과 같이 세 직선 l, m, n이 만날 때, $\angle a \sim \angle h$ 중 $\angle x$의 동위각을 있는 대로 구하시오.

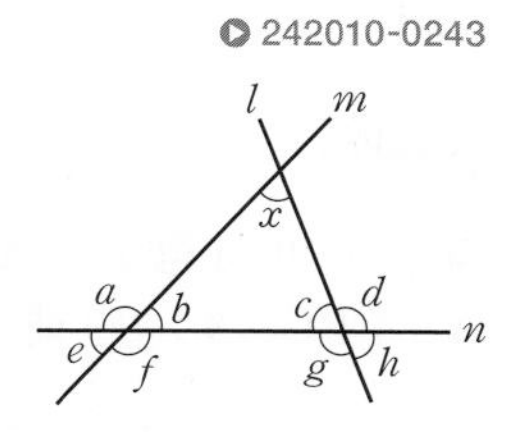

☆ 중요

242010-0244

10 오른쪽 그림에서 $l /\!/ m$일 때, x의 값은?

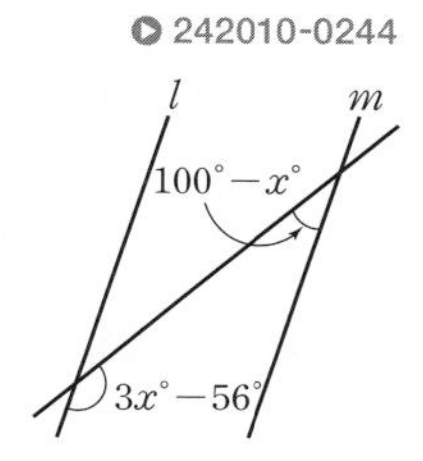

① 53 ② 58
③ 63 ④ 68
⑤ 73

242010-0245

11 기차가 달리려면 선로의 레일은 서로 평행해야 한다. 아래 그림의 ①~⑤ 레일 중 한 레일이 공사가 잘못되어 정비가 필요하다고 할 때, 정비가 필요한 레일은?

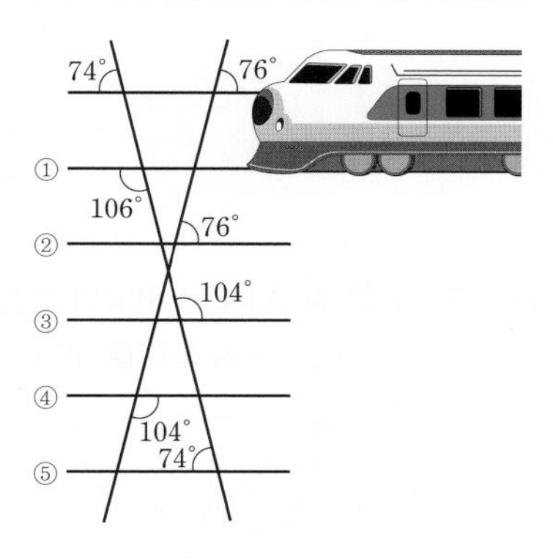

242010-0246

12 오른쪽 그림의 사각형 ABCD가 평행사변형일 때, $\angle x$의 크기는?

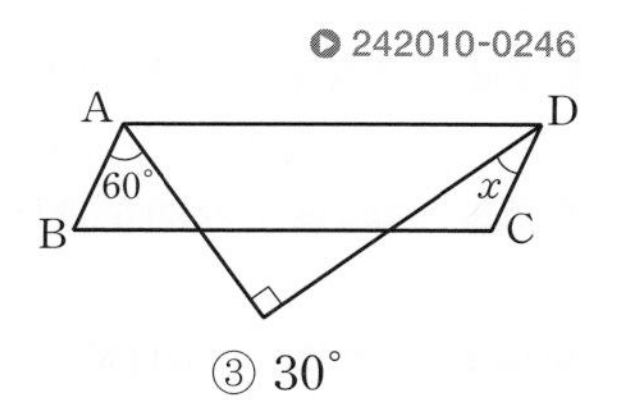

① 20° ② 25° ③ 30°
④ 35° ⑤ 40°

242010-0247

13 오른쪽 그림과 같은 정육각형의 꼭짓점 A~F 중 서로 다른 두 점을 선택해 그은 직선은 총 15개이다. 이 중 점 A를 지나는 직선의 개수는?

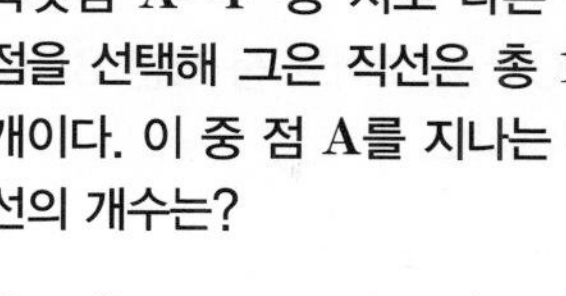

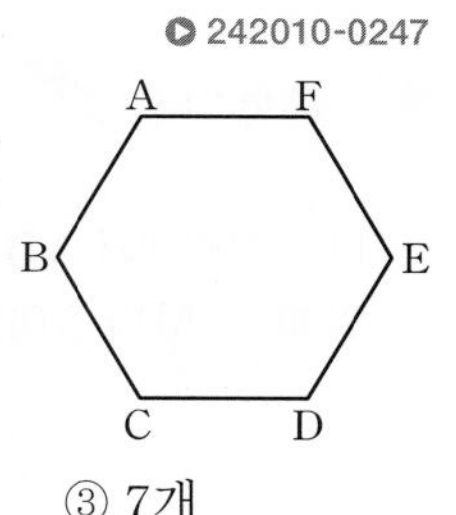

① 5개 ② 6개 ③ 7개
④ 8개 ⑤ 9개

[14~15] 다음 그림은 삼각기둥의 전개도이다. 물음에 답하시오.

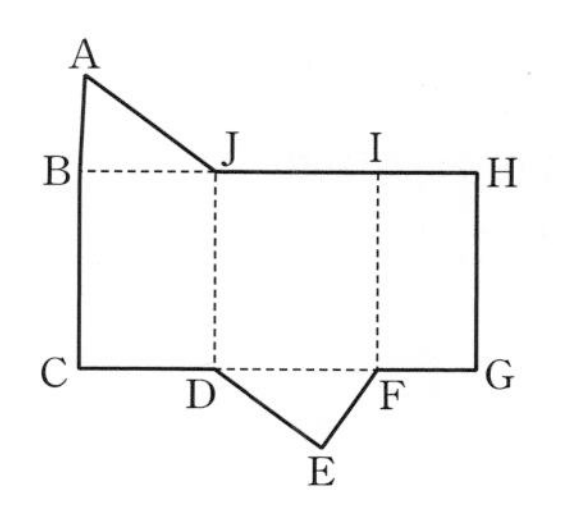

242010-0248

14 평면에 전개도를 펼쳐놓았을 때, 다음 중 옳지 않은 것은?

① $\overline{BC} \perp \overline{BJ}$
② $\overline{DJ} = \overline{FI}$
③ $\overleftrightarrow{CD}$와 $\overleftrightarrow{FG}$는 일치한다.
④ $\overleftrightarrow{AJ}$와 $\overleftrightarrow{DE}$는 한 점에서 만난다.
⑤ $\overleftrightarrow{BJ}$와 $\overleftrightarrow{DF}$는 평행하다.

242010-0249

15 전개도를 접어 삼각기둥을 만들었을 때, 다음 중 $\overline{AB}$와 꼬인 위치에 있는 모서리는?

① $\overline{CD}$ ② $\overline{EF}$ ③ $\overline{GH}$
④ $\overline{HI}$ ⑤ $\overline{IJ}$

242010-0250

16 오른쪽 그림은 직육면체를 세 꼭짓점 B, D, G를 지나는 평면으로 잘라내고 남은 입체도형이다. 모서리 DH와 수직인 모서리의 개수는?

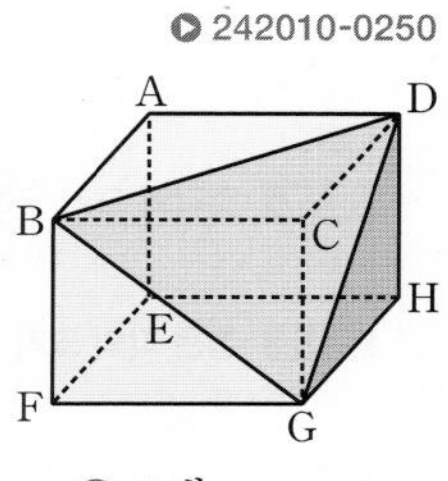

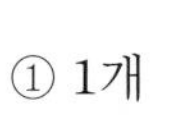

① 1개 ② 2개 ③ 3개
④ 4개 ⑤ 5개

서술형으로 중단원 마무리

서술형 1-1

다음 그림에서 $\overline{AB}:\overline{BC}=3:2$이고 점 M은 $\overline{BC}$의 중점일 때, $\overline{AM}$의 길이를 구하시오.

2 cm
A B M C

| 풀이 |

1단계 $\overline{BC}$의 길이 구하기 [30%]

$\overline{BC}=\square\times\overline{BM}=\square$(cm)

2단계 $\overline{AB}$의 길이 구하기 [40%]

$\overline{AB}:\overline{BC}=3:2$이므로

$2\times\overline{AB}=\square\times\overline{BC}=\square\times\square=\square$(cm)

$\overline{AB}=\square$ cm

3단계 $\overline{AM}$의 길이 구하기 [30%]

따라서 $\overline{AM}=\overline{AB}+\overline{BM}=\square$(cm)

서술형 1-2

242010-0251

다음 그림에서 점 M은 $\overline{AB}$의 중점이고 $\overline{AB}:\overline{BC}=3:1$일 때, $\overline{AC}$의 길이를 구하시오.

3 cm
A M B C

| 풀이 |

1단계 $\overline{AB}$의 길이 구하기 [30%]

2단계 $\overline{BC}$의 길이 구하기 [40%]

3단계 $\overline{AC}$의 길이 구하기 [30%]

서술형 2-1

다음 그림과 같이 직사각형 ABCD 모양의 색종이를 $\overline{EF}$를 접는 선으로 접었을 때, $\angle x$의 크기를 구하시오.

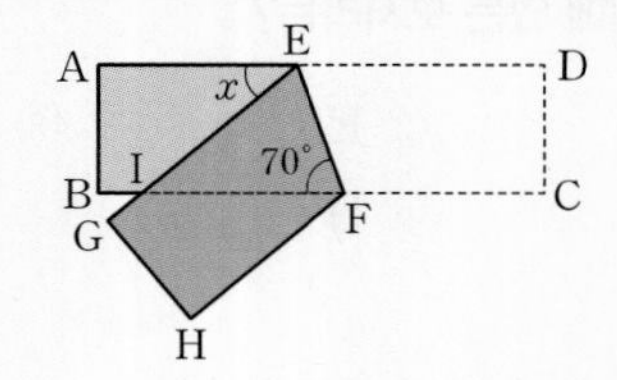

| 풀이 |

1단계 엇각의 크기 구하기 [40%]

$\angle BFE=\square=70^\circ$(엇각)

2단계 접은 각의 크기 구하기 [20%]

$\angle FEG=\square=70^\circ$(접은 각)

3단계 $\angle x$의 크기 구하기 [40%]

$\angle x+\angle DEF+\angle FEG=\square$이므로

$\angle x=\square$

서술형 2-2

242010-0252

다음 그림과 같이 직사각형 ABCD 모양의 색종이를 $\overline{EF}$를 접는 선으로 접었을 때, $\angle x$의 크기를 구하시오.

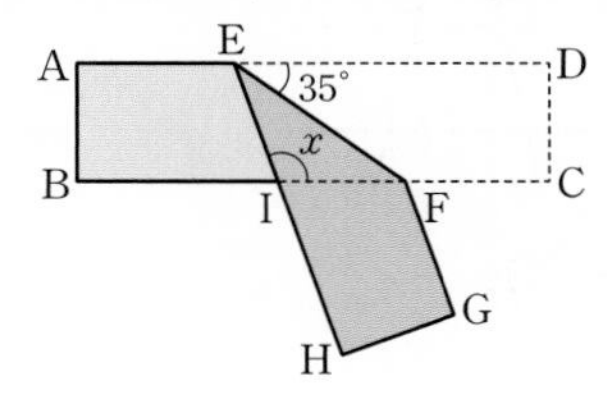

| 풀이 |

1단계 접은 각의 크기 구하기 [20%]

2단계 엇각의 크기 구하기 [40%]

3단계 $\angle x$의 크기 구하기 [40%]

서술형 3-1

오른쪽 그림에서 $l \,/\!/\, m$일 때, $\angle x$의 크기를 구하시오.

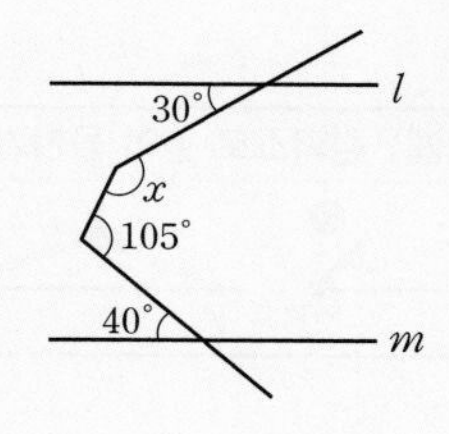

| 풀이 |

1단계 평행선 그리기 [30%]

각의 꼭짓점을 지나고 직선 l, m과 평행한 두 직선을 그으면 오른쪽 그림과 같다.

2단계 엇각의 크기 구하기 [50%]

$\angle a=$□(엇각), $\angle b=$□(엇각)

$\angle c=105^\circ-\angle b=$□

$\angle d=$□(엇각), $\angle e=180^\circ-\angle d=$□

3단계 $\angle x$의 크기 구하기 [20%]

따라서 $\angle x=\angle a+\angle e=$□

서술형 3-2

242010-0253

오른쪽 그림에서 $l \,/\!/\, m$일 때, $\angle x$의 크기를 구하시오.

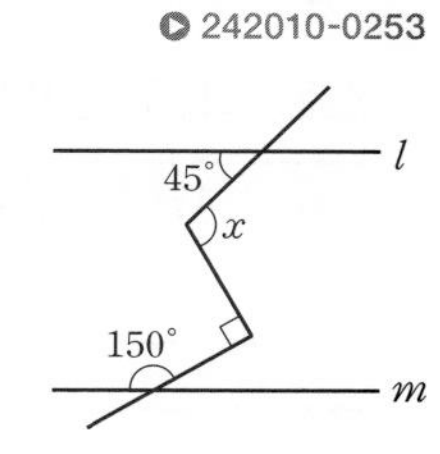

| 풀이 |

1단계 평행선 그리기 [30%]

2단계 엇각의 크기 구하기 [50%]

3단계 $\angle x$의 크기 구하기 [20%]

서술형 4-1

오른쪽 정사면체에서 $\overline{\mathrm{AB}}$와 한 점에서 만나는 모서리의 개수를 a개, 꼬인 위치에 있는 모서리의 개수를 b개라고 할 때, $a-b$의 값을 구하시오.

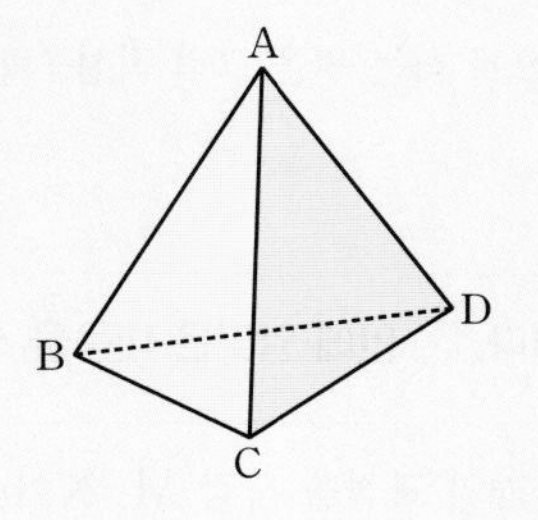

| 풀이 |

1단계 a의 값 구하기 [30%]

$\overline{\mathrm{AB}}$와 한 점에서 만나는 모서리는

□, □, □, □의 4개이므로 $a=4$

2단계 b의 값 구하기 [40%]

$\overline{\mathrm{AB}}$와 꼬인 위치에 있는 모서리는

□의 1개이므로 $b=1$

3단계 $a-b$의 값 구하기 [30%]

따라서 $a-b=$□

서술형 4-2

242010-0254

오른쪽 정팔면체에서 $\overline{\mathrm{AB}}$와 한 점에서 만나는 모서리의 개수를 a개, 꼬인 위치에 있는 모서리의 개수를 b개라고 할 때, $a-b$의 값을 구하시오.

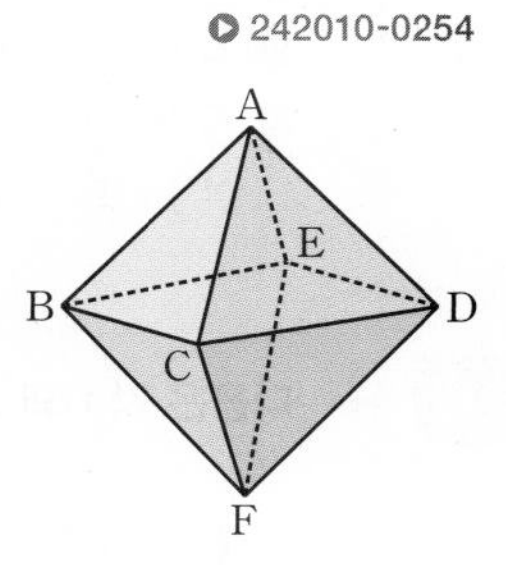

| 풀이 |

1단계 a의 값 구하기 [30%]

2단계 b의 값 구하기 [40%]

3단계 $a-b$의 값 구하기 [30%]

2. 작도와 합동

1 작도

(1) **작도:** 눈금 없는 자와 컴퍼스만을 사용하여 도형을 그리는 것

(2) **선분 AB와 길이가 같은 선분 PQ 작도하기**

1단계: 눈금 없는 자로 직선 긋기	2단계: 컴퍼스로 길이 옮기기
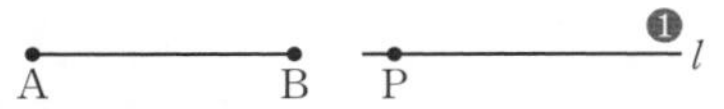 A B P ❶ l	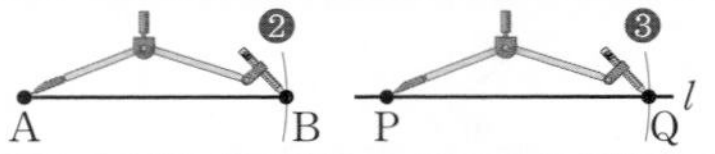 A ❷ B P ❸ Q l

(3) **각 O와 크기가 같은 각 A 작도하기**

1단계: 컴퍼스로 $\overline{OM}=\overline{AB}$인 원 그리기	2단계: 컴퍼스로 $\overline{MN}=\overline{BC}$인 원 그리기
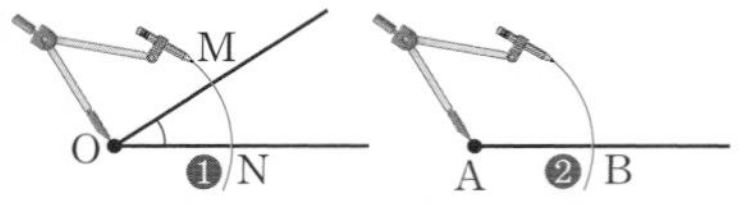 M O ❶ N A ❷ B	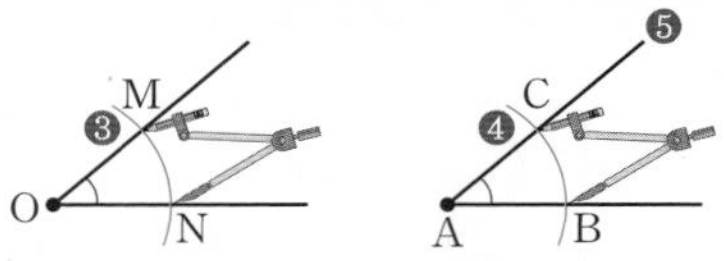 M ❸ O N ❺ C ❹ A B

• 눈금 없는 자: 두 점을 연결하는 선분을 그리거나 선분을 연장하는 데 사용한다.

• 컴퍼스: 선분의 길이를 재어서 옮기거나 원을 그릴 때 사용한다.

예제 1 다음은 선분 AB와 길이가 같은 선분 PQ를 작도하는 과정이다. □ 안에 알맞은 내용을 쓰시오.

❶ [(1)]를 사용하여 직선 l을 긋고 그 위에 점 P를 잡는다.
❷ 컴퍼스를 사용하여 $\overline{AB}$의 길이를 잰다.
❸ 점 P를 중심으로 하고 [(2)]의 길이를 반지름으로 하는 원을 그려 직선 l과의 교점을 Q라고 하면 선분 AB와 선분 PQ의 길이는 같다.

풀이

❶ [(1) 눈금 없는 자]를 사용하여 직선 l을 긋고 그 위에 점 P를 잡는다.
❷ 컴퍼스를 사용하여 $\overline{AB}$의 길이를 잰다.
❸ 점 P를 중심으로 하고 [(2) $\overline{AB}$]의 길이를 반지름으로 하는 원을 그려 직선 l과의 교점을 Q라고 하면 선분 AB와 선분 PQ의 길이는 같다.

답 (1) 눈금 없는 자 (2) $\overline{AB}$

정답과 풀이 39쪽

유제 1 다음은 각 O와 크기가 같은 각 A를 작도하는 과정이다. □ 안에 알맞은 내용을 쓰시오. ▶ 242010-0255

❶ 점 O를 중심으로 하는 원을 그려 ∠O의 두 변과의 교점을 각각 M, N이라고 한다.
❷ 점 A를 중심으로 하고 반지름의 길이가 [(1)]인 원을 그려 A에서 시작하는 반직선과의 교점을 점 B라고 한다.
❸ 컴퍼스를 사용하여 [(2)]의 길이를 잰다.
❹ 점 B를 중심으로 하고 반지름의 길이가 [(3)]인 원을 그려 ❷에서 그린 원과의 교점을 점 C라고 한다.
❺ 반직선 AC를 그으면 각 O와 각 A의 크기가 같다.

2 삼각형

(1) $\triangle$ABC: 삼각형 ABC를 기호로 $\triangle$ABC와 같이 나타낸다.

(2) **삼각형의 대변과 대각**

$\triangle$ABC에서 $\angle$A와 변 BC가 마주 보고 있을 때, 변 BC를 $\angle$A의 대변, $\angle$A를 변 BC의 대각이라고 한다.

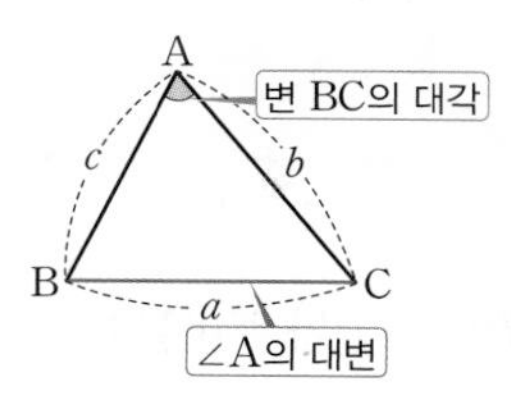

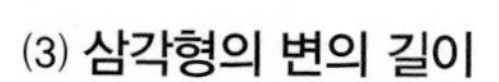

(3) **삼각형의 변의 길이**

삼각형에서 한 변의 길이는 다른 두 변의 길이의 합보다 작다.
특히, $a \geq b \geq c$일 때, $b-c < a < b+c$

- $\triangle$ABC는 삼각형 ABC의 넓이를 나타내기도 한다.
- $\triangle$ABC에서 $\angle$A, $\angle$B, $\angle$C의 대변의 길이를 각각 a, b, c로 나타낸다.
- (3)이 아닐 경우 다음과 같이 삼각형이 만들어지지 않는다.

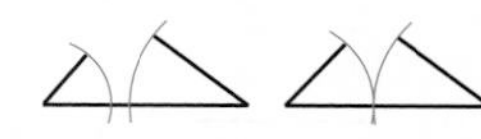

예제 2 오른쪽 그림의 $\triangle$ABC에서 다음을 구하시오.

(1) $\angle$C의 대변
(2) $\overline{\text{BC}}$의 대각

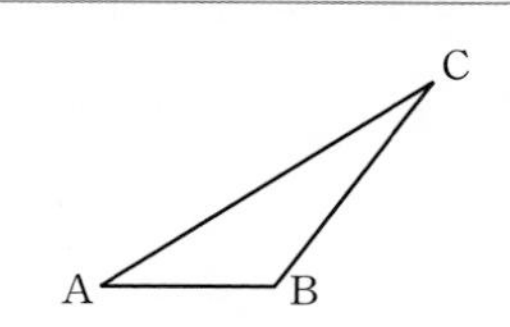

풀이
(1) $\angle$C와 마주 보고 있는 변은 $\overline{\text{AB}}$이다.
(2) $\overline{\text{BC}}$와 마주 보고 있는 각은 $\angle$A이다.

답 (1) $\overline{\text{AB}}$ (2) $\angle$A

정답과 풀이 39쪽

유제 2 오른쪽 그림에서 다음을 구하시오. ▶ 242010-0256

(1) $\triangle$ABC에서 $\angle$ABC의 대변의 길이
(2) $\triangle$BCD에서 $\overline{\text{BC}}$의 대각의 크기

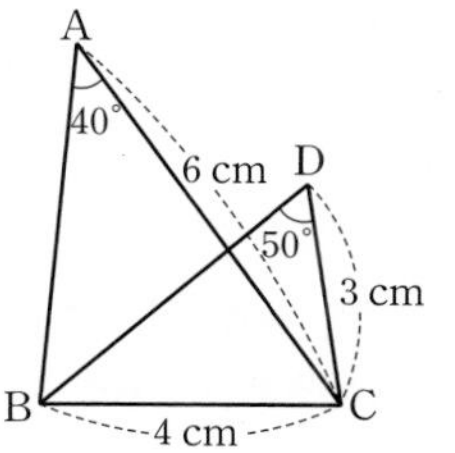
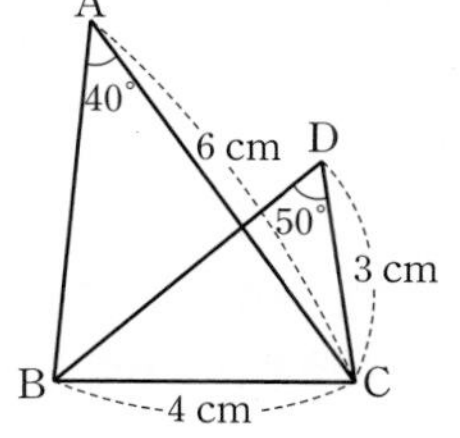

3 다음 중 삼각형의 세 변의 길이가 될 수 없는 것은? ▶ 242010-0257

① 3 cm, 5 cm, 7 cm
② 4 cm, 5 cm, 6 cm
③ 5 cm, 9 cm, 10 cm
④ 6 cm, 12 cm, 18 cm
⑤ 7 cm, 20 cm, 24 cm

3 삼각형의 작도

(1) 세 변의 길이가 주어질 때

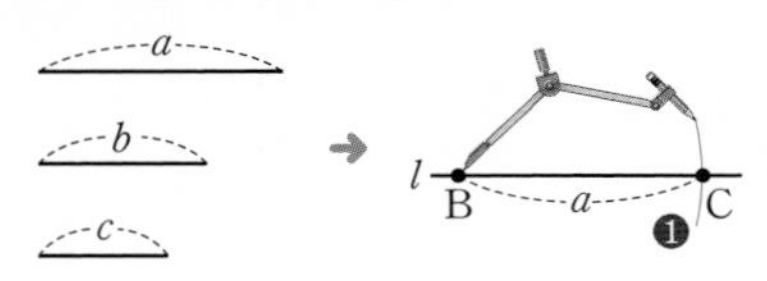
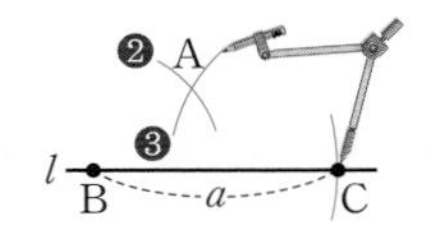
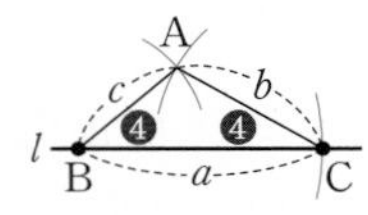
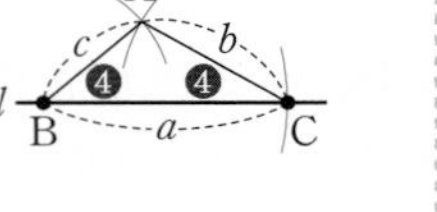

• 길이가 a인 선분을 작도한 후 선분의 양 끝 점을 중심으로 반지름의 길이가 각각 b, c인 원을 그려 교점을 찾는다.

(2) 두 변의 길이와 그 끼인각의 크기가 주어질 때

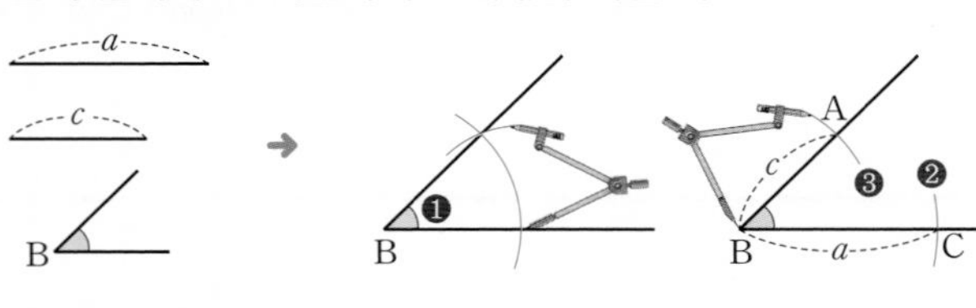

• 크기가 ∠B인 각을 작도한 후 각 변 위에 길이가 a, c인 선분을 작도한다.

(3) 한 변의 길이와 그 양 끝 각의 크기가 주어질 때

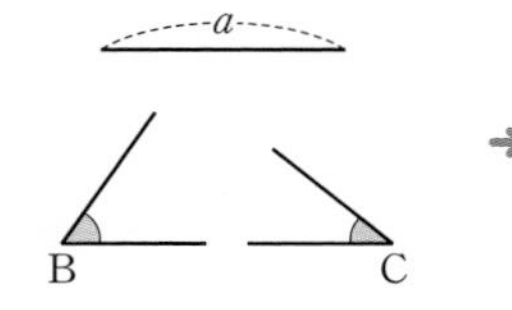
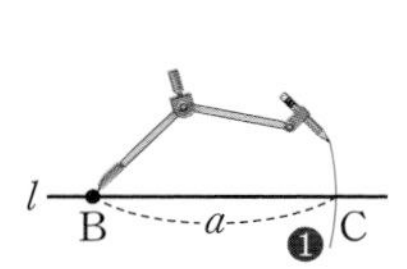
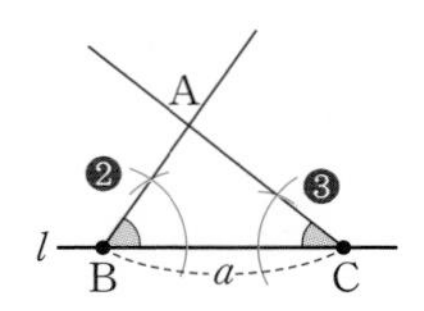

• 길이가 a인 선분을 작도한 후 양 끝 점을 각의 꼭짓점으로 하는 크기가 ∠B, ∠C인 각을 작도한다.

예제 3 **다음은 한 변의 길이와 그 양 끝 각의 크기가 주어질 때 삼각형 ABC를 작도하는 다른 방법이다. □ 안에 알맞은 내용을 쓰시오.**

❶ ∠B와 크기가 같은 각을 작도한다.
❷ [(1)]를 이용하여 ∠B의 한 변 위에 길이가 [(2)]인 점 C를 작도한다.
❸ ∠C와 크기가 같은 각을 작도하여 ∠B의 다른 한 변과의 [(3)]을 점 A라고 하면 △ABC를 작도할 수 있다.

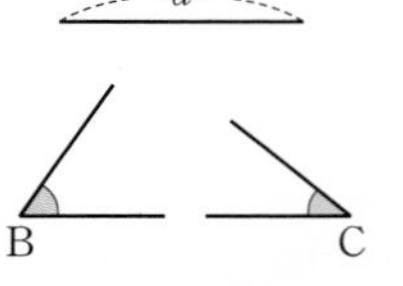
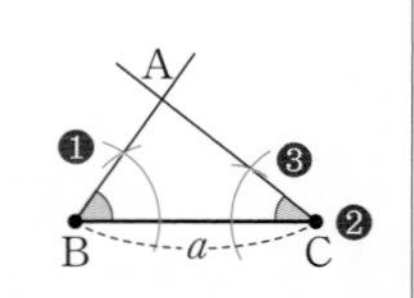

풀이

❶ ∠B와 크기가 같은 각을 작도한다.
❷ [(1) 컴퍼스]를 이용하여 ∠B의 한 변 위에 길이가 [(2) a]인 점 C를 작도한다.
❸ ∠C와 크기가 같은 각을 작도하여 ∠B의 다른 한 변과의 [(3) 교점]을 점 A라고 하면 △ABC를 작도할 수 있다.

답 (1) 컴퍼스 (2) a (3) 교점

정답과 풀이 39쪽

유제 4 **$\overline{BC}=4$ cm, ∠C$=30°$일 때, 다음 조건을 추가하였을 때 삼각형을 하나로 작도할 수 있으면 ○표, 그렇지 않으면 ×표를 ( ) 안에 써넣으시오.** ▶ 242010-0258

(1) $\overline{AB}=3$ cm ( ) (2) $\overline{AC}=3$ cm ( ) (3) ∠B$=50°$ ( )

4 삼각형의 합동 조건

(1) 합동과 대응

① 두 삼각형 ABC와 DEF가 서로 합동일 때, 기호로 △ABC≡△DEF와 같이 나타낸다.

② 합동인 두 도형에서 포개어지는 꼭짓점과 꼭짓점, 변과 변, 각과 각은 서로 대응한다고 한다.

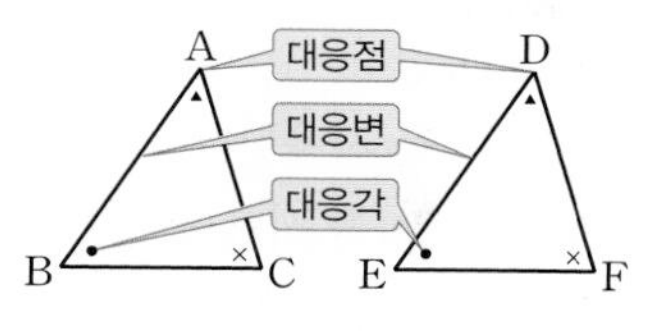

③ 서로 합동인 두 도형의 대응변의 길이와 대응각의 크기는 각각 같다.

• 합동을 기호로 나타낼 때는 대응점의 순서를 맞추어 쓴다.

(2) 삼각형의 합동 조건

두 삼각형은 다음을 만족시킬 때 서로 합동이다.

① 세 대응변의 길이가 각각 같을 때(SSS 합동)

② 두 대응변의 길이가 각각 같고 그 끼인각의 크기가 같을 때(SAS 합동)

③ 한 대응변의 길이가 같고 그 양 끝 각의 크기가 각각 같을 때(ASA 합동)

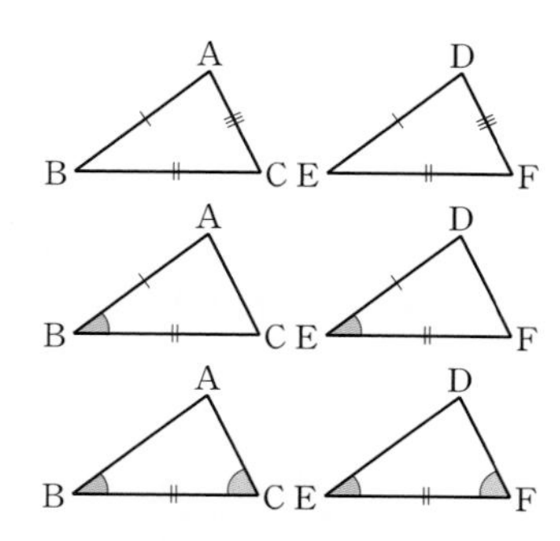

• 삼각형의 합동 조건에서 S는 side(변), A는 angle(각)의 첫 글자이다.

예제 4 다음 중 합동인 두 삼각형을 찾아 기호로 나타내고 어떤 합동 조건인지 말하시오.

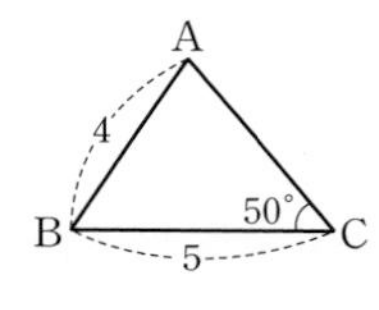

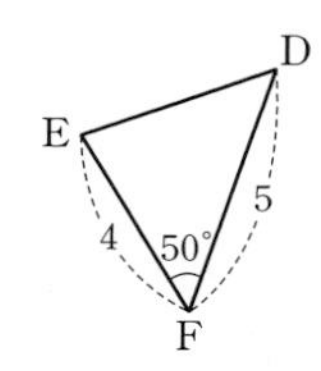

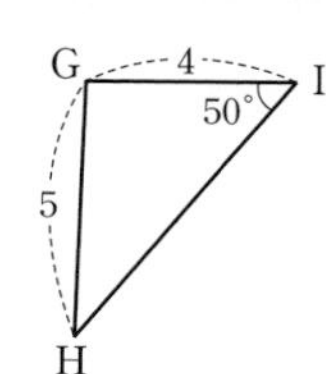

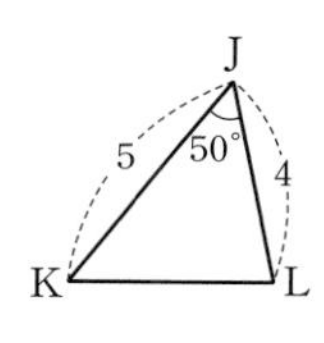

풀이

△DEF와 △KLJ의 두 변의 길이가 각각 4, 5로 같고 그 끼인각의 크기가 50°로 같으므로 SAS 합동이다.

답 △DEF≡△KLJ (SAS 합동)

정답과 풀이 39쪽

유제 5 오른쪽 그림에서 △ABC≡△FED일 때, 다음을 구하시오. 242010-0259

(1) $\overline{AB}$의 길이

(2) ∠D의 크기

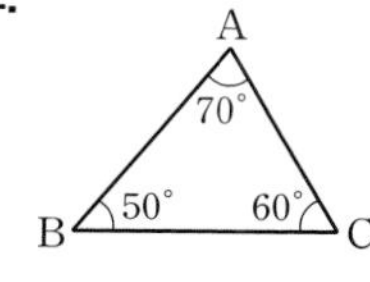

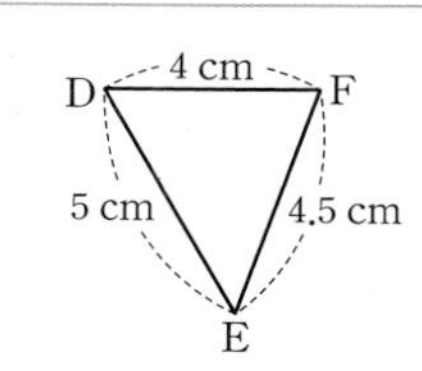

중단원 마무리

▶ 242010-0260

01 다음 중 작도에 대한 설명으로 옳지 않은 것은?

① 원을 그릴 때는 컴퍼스를 사용한다.
② 선분의 길이를 잴 때는 컴퍼스를 사용한다.
③ 반직선을 그릴 때는 눈금 없는 자를 사용한다.
④ 길이가 같은 선분을 그릴 때는 눈금 있는 자를 사용한다.
⑤ 두 점을 지나는 직선을 그릴 때는 눈금 없는 자를 사용한다.

▶ 242010-0261

02 다음은 길이가 각각 a, b인 두 선분이 주어졌을 때, 길이가 $a+b$인 선분을 작도하는 과정이다. (가), (나)에 알맞은 것을 차례로 나열하면?

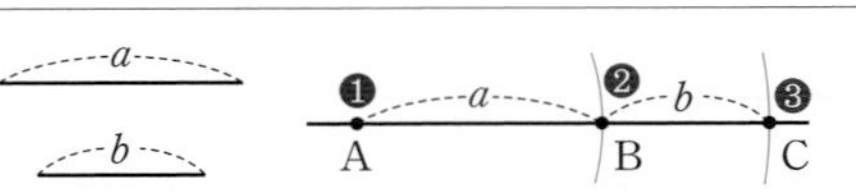

❶ 직선을 긋고 그 위에 점 A를 잡는다.
❷ 점 A를 중심으로 반지름의 길이가 a인 원을 그려 직선과의 교점을 B라고 한다.
❸ 점 (가) 를 중심으로 반지름의 길이가 (나) 인 원을 그려 직선과의 교점을 C라고 한다.

① A, b ② A, $a+b$ ③ B, a
④ B, b ⑤ B, $a+b$

▶ 242010-0262

03 오른쪽은 동위각의 성질을 이용하여 점 C를 지나고 직선 AB에 평행한 직선 CD를 작도한 것이다. 다음 중 옳지 않은 것은?

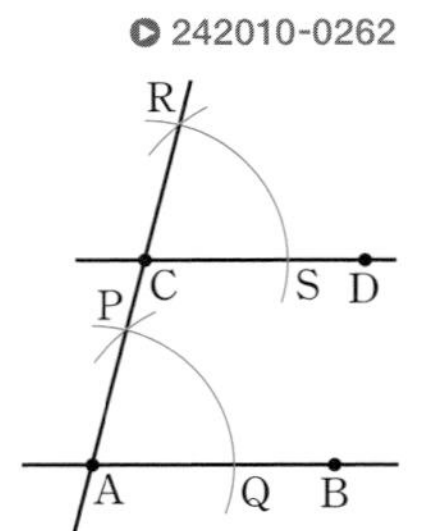

① $\angle PAQ=\angle RCS$
② $\overline{AP}=\overline{CS}$
③ $\overline{AQ}=\overline{CS}$
④ $\overline{PQ}=\overline{RS}$
⑤ $\overline{AB}=\overline{CD}$

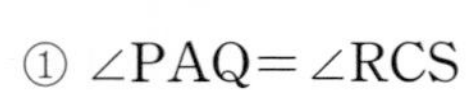

▶ 242010-0263

04 다음과 같이 작도하였을 때 각 O와 각 A의 크기가 같은 이유는 합동인 삼각형에서 대응각의 크기가 같기 때문이다. 이때 합동인 삼각형을 기호로 나타내고 그 합동 조건을 찾으시오.

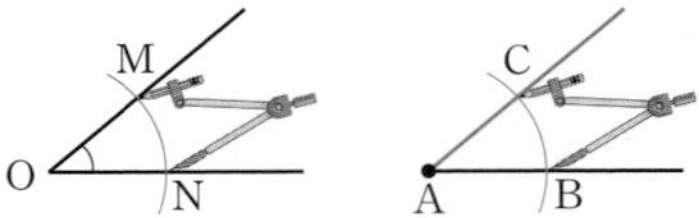

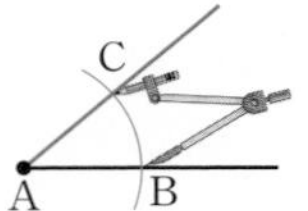

▶ 242010-0264

05 오른쪽 그림과 같은 삼각형에서 길이가 가장 긴 변과 크기가 가장 작은 각이 바르게 짝 지어진 것은?

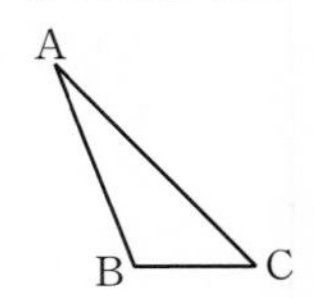

① $\angle A$의 대변, $\overline{BC}$의 대각
② $\angle A$의 대변, $\overline{CA}$의 대각
③ $\angle B$의 대변, $\overline{BC}$의 대각
④ $\angle B$의 대변, $\overline{CA}$의 대각
⑤ $\angle C$의 대변, $\overline{BC}$의 대각

▶ 242010-0265

06 길이가 2 cm, 2 cm, 3 cm, 4 cm인 선분 4개가 주어졌을 때, 이 중 세 선분을 이용하여 만들 수 있는 서로 다른 삼각형의 개수를 구하시오.

★ 중요 ▶ 242010-0266

07 삼각형의 세 변의 길이가 4, 6, x일 때, 다음 중 x의 값이 될 수 없는 것은?

① 1 ② 3 ③ 5
④ 7 ⑤ 9

★ 중요 ▶ 242010-0267

08 다음 중 삼각형 ABC를 하나로 작도할 수 없는 조건을 모두 고르면? (정답 2개)

① $\overline{AB}=2$ cm, $\overline{BC}=4$ cm, $\overline{CA}=5$ cm
② $\overline{AB}=3$ cm, $\overline{BC}=2$ cm, $\angle A=20°$
③ $\overline{AB}=3$ cm, $\overline{BC}=6$ cm, $\angle B=40°$
④ $\overline{AB}=4$ cm, $\angle A=30°$, $\angle C=50°$
⑤ $\angle A=50°$, $\angle B=70°$, $\angle C=60°$

242010-0268

09 다음은 두 변의 길이와 끼인각이 주어졌을 때 삼각형을 작도한 것이다. 작도 순서가 바르게 나열된 것은?

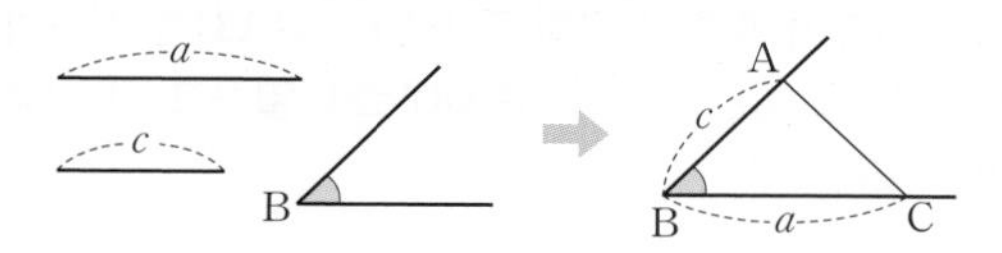

① $\overline{AB} \to \overline{CA} \to \angle B \to \overline{BC}$
② $\overline{AB} \to \angle B \to \overline{CA} \to \overline{BC}$
③ $\angle B \to \overline{AB} \to \overline{BC} \to \overline{CA}$
④ $\angle B \to \overline{AB} \to \overline{CA} \to \overline{BC}$
⑤ $\overline{BC} \to \overline{AB} \to \angle B \to \overline{CA}$

242010-0269

10 오른쪽 직사각형 ABCD의 변 AD 위의 점 E와 변 BC 위의 점 F에 대하여 사각형 ABFE와 사각형 CDEF가 합동일 때, 직사각형 ABCD의 넓이를 구하시오.

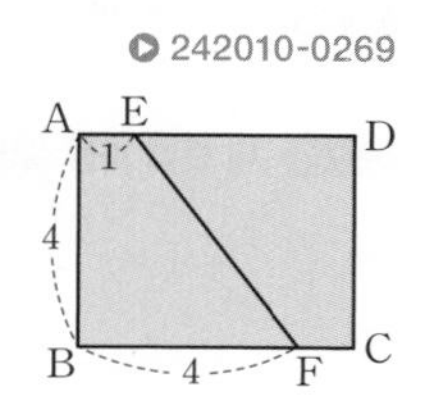

242010-0270

11 다음 도로교통표지판에서 △ABC와 △DEF가 합동인지 확인하기 위하여 추가로 측정해야 할 것이 바르게 짝 지어진 것을 모두 고르면? (정답 2개)

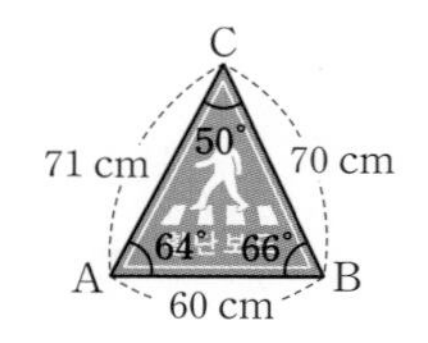

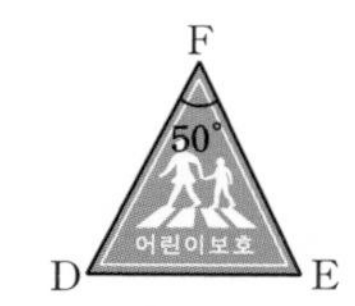

① $\angle D$, $\overline{DF}$ ② $\angle D$, $\angle E$ ③ $\overline{DE}$, $\overline{DF}$
④ $\overline{DE}$, $\overline{EF}$ ⑤ $\overline{DF}$, $\overline{EF}$

242010-0271

12 다음 중 두 도형이 합동이 아닌 것은?

① 둘레의 길이가 같은 두 정삼각형
② 둘레의 길이가 같은 두 원
③ 넓이가 같은 두 원
④ 넓이가 같은 두 직사각형
⑤ 넓이가 같은 두 정사각형

242010-0272

13 오른쪽 마름모 ABCD에서 ∠BAD의 크기는?

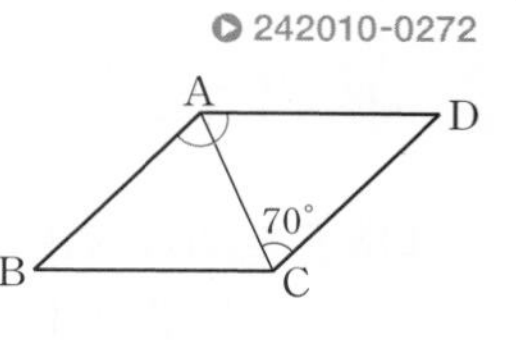

① 100° ② 110°
③ 120° ④ 130°
⑤ 140°

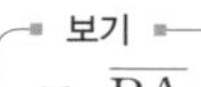
중요

242010-0273

14 서로 평행한 직선 l과 m 위에 있는 $\overline{AB}$와 $\overline{CD}$에 대하여 $\overline{AB}=\overline{CD}$이다. $\overline{AD}$와 $\overline{BC}$의 교점을 점 P라 할 때, 다음 보기 중 $\triangle PAB \equiv \triangle PDC$를 설명하기 위해 사용되는 조건을 있는 대로 고르시오.

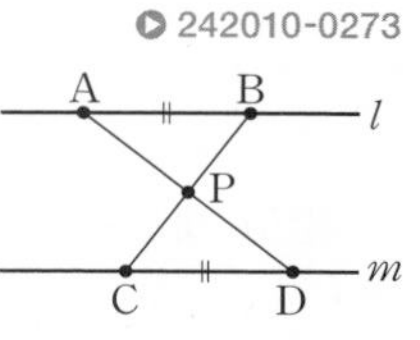

보기

ㄱ. $\overline{PA}=\overline{PD}$ ㄴ. $\overline{PB}=\overline{PC}$
ㄷ. $\overline{AB}=\overline{DC}$ ㄹ. $\angle PAB=\angle PDC$
ㅁ. $\angle PBA=\angle PCD$

242010-0274

15 오른쪽 정사각형 ABCD의 변 AD 위의 점 P와 변 CD 위의 점 Q에 대하여 $\overline{AP}=\overline{CQ}$이고 $\angle CBQ=20°$일 때, $\angle x$의 크기는?

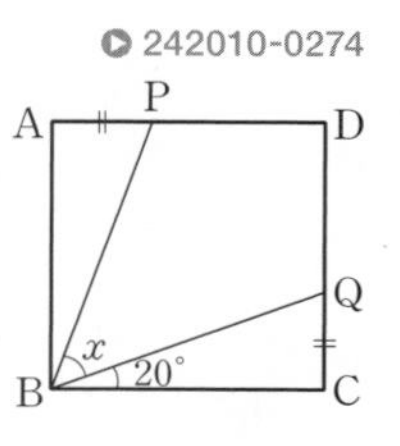

① 30° ② 40° ③ 50°
④ 60° ⑤ 70°

242010-0275

16 오른쪽 정삼각형 ABC의 각 변 위에 $\overline{AD}=\overline{BE}=\overline{CF}$인 세 점 D, E, F가 있을 때, $\angle x$의 크기는?

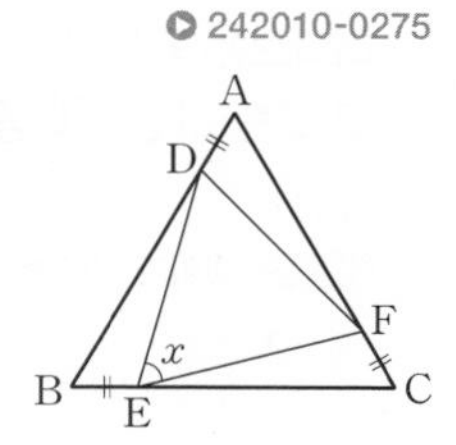

① 45° ② 50°
③ 55° ④ 60°
⑤ 65°

서술형으로 중단원 마무리

서술형 1-1

다음은 길이가 $\overline{AB}$의 두 배인 $\overline{AC}$를 작도하는 과정이다. ㉠, ㉡, ㉢을 순서대로 나열하고 각 과정을 설명하시오.

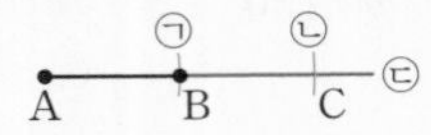

| 풀이 |

1단계 첫 번째 과정 설명하기 [30%]

□: 눈금 없는 자를 이용하여 선분을 연장한다.

2단계 두 번째 과정 설명하기 [30%]

□: □로 $\overline{AB}$의 길이를 잰다.

3단계 세 번째 과정 설명하기 [40%]

□: 점 □를 중심으로 반지름의 길이가 □인 원을 그려 연장한 선분과 의 교점을 C라고 한다.

서술형 1-2

242010-0276

다음은 크기가 주어진 각의 두 배인 ∠BAD를 작도하는 과정이다. ㉠, ㉡, ㉢, ㉣을 순서대로 나열하고 각 과정을 설명하시오.

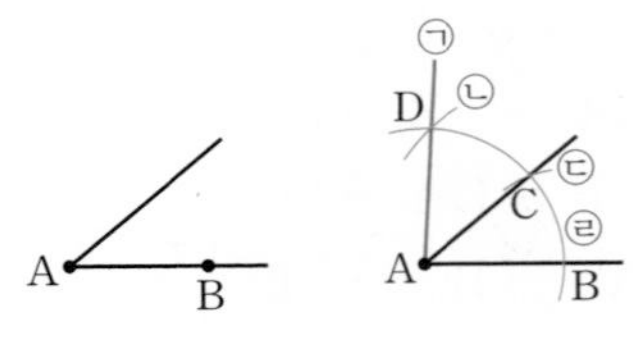

| 풀이 |

1단계 첫 번째 과정 설명하기 [30%]

2단계 두 번째, 세 번째 과정 설명하기 [40%]

3단계 네 번째 과정 설명하기 [30%]

서술형 2-1

오른쪽 그림과 같이 길이가 100 m인 트랙 AB의 중점을 찾으려고 한다. 지면에 수직으로 섰을 때 트랙의 양 끝을 내려다보는 각도가 같은 지점 D가 트랙의 중점일 때, 삼각형의 합동 조건을 이용하여 그 이유를 설명하시오.

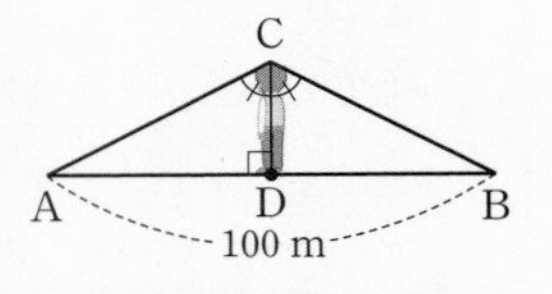

| 풀이 |

1단계 길이가 같은 변 또는 크기가 같은 각 찾기 [50%]

△ACD와 □에서

□는 공통, ∠CDA=∠CDB=□, □=□

2단계 합동임을 설명하기 [50%]

△ACD≡□(□ 합동)

따라서 $\overline{AD}=\overline{BD}$이고 점 D는 $\overline{AB}$의 중점이다.

서술형 2-2

242010-0277

강에 다리를 건설하기 위해 강의 폭을 재려고 한다. 오른쪽 그림과 같이 강 앞에 수직으로 서 강 건너를 내려다본 각도와 같은 각도로 반대편을 내려다본 지점이 D라고 할 때, 강의 폭을 구하시오.

A, B, C, D, 3.9 m, 1.5 m, 3.6 m

| 풀이 |

1단계 길이가 같은 변 또는 크기가 같은 각 찾기 [50%]

2단계 합동임을 설명하고 강의 폭 찾기 [50%]

서술형 3-1

오른쪽 그림에서 두 사각형 ABCG와 FCDE는 정사각형이고, 점 C는 $\overline{BD}$ 위의 점이다. $\angle FBC=65°$일 때, $\angle GDC$의 크기를 구하시오.

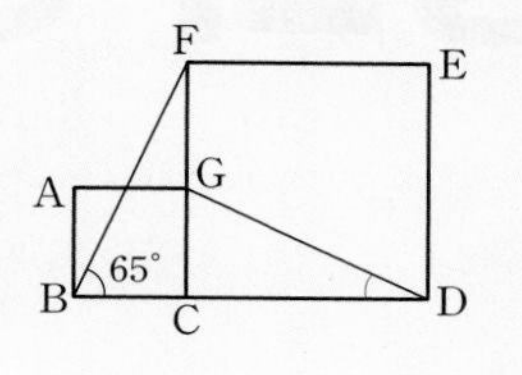

| 풀이 |

1단계 합동인 삼각형 찾기 [50%]

$\overline{BC}=$☐, $\overline{CF}=$☐, $\angle BCF=\angle GCD=90°$
이므로 $\triangle BCF\equiv$☐(SAS 합동)

2단계 대응각의 크기 구하기 [20%]

$\angle CGD=$☐

3단계 $\angle GDC$의 크기 구하기 [30%]

따라서 $\angle GDC=180°-\angle CGD-\angle GCD=$☐

서술형 3-2

242010-0278

오른쪽 그림에서 두 사각형 ABCG와 FCDE는 정사각형이고, 점 C는 $\overline{BD}$ 위의 점이다. $\overline{BC}=2$ cm, $\overline{FG}=3$ cm일 때, $\triangle CDG$의 넓이를 구하시오.

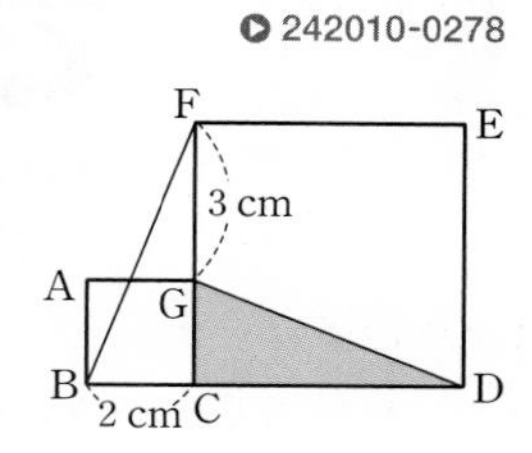

| 풀이 |

1단계 합동인 삼각형 찾기 [50%]

2단계 대응변의 길이 구하기 [20%]

3단계 $\triangle CDG$의 넓이 구하기 [30%]

서술형 4-1

오른쪽 그림에서 $\triangle ABC$와 $\triangle CDE$는 정삼각형이고 점 C는 $\overline{BD}$ 위의 점이다. $\angle EBC=25°$일 때, $\angle ADC$의 크기를 구하시오.

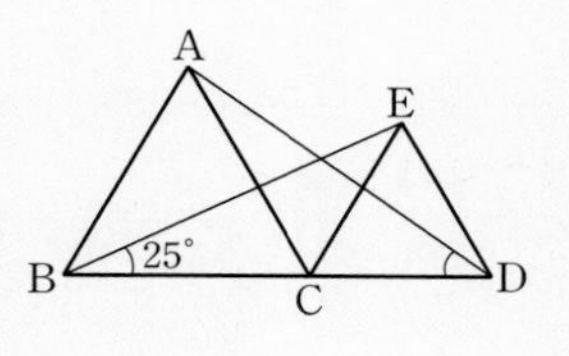

| 풀이 |

1단계 합동인 삼각형 찾기 [50%]

$\overline{AC}=\overline{BC}$, $\overline{DC}=$☐, $\angle ACD=\angle BCE=180°-$☐$=$☐
따라서 $\triangle ACD\equiv\triangle BCE$(☐ 합동)

2단계 대응각의 크기 구하기 [20%]

$\angle CAD=$☐

3단계 $\angle ADC$의 크기 구하기 [30%]

따라서 $\angle ADC=180°-\angle ACD-\angle CAD=$☐

서술형 4-2

242010-0279

오른쪽 그림에서 $\triangle ABC$와 $\triangle CDE$는 정삼각형이고 점 C는 $\overline{BD}$ 위의 점이다. $\angle CBE=20°$일 때, $\angle BFD$의 크기를 구하시오.

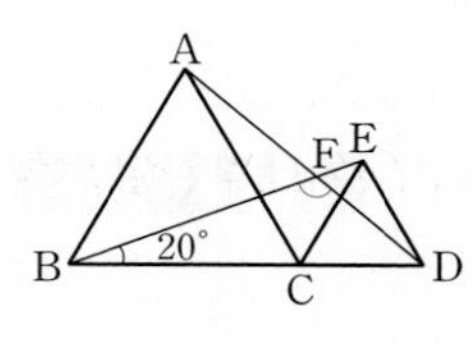

| 풀이 |

1단계 합동인 삼각형 찾기 [50%]

2단계 대응각의 크기 구하기 [20%]

3단계 $\angle BFD$의 크기 구하기 [30%]

VI 평면도형의 성질

1. 다각형의 성질

❶ 다각형
❷ 다각형의 대각선의 개수
❸ 삼각형의 내각과 외각
❹ 다각형의 내각의 크기의 합
❺ 다각형의 외각의 크기의 합
❻ 정다각형의 내각과 외각

2. 부채꼴의 성질

❶ 호, 현, 할선, 부채꼴, 중심각, 활꼴
❷ 부채꼴의 성질
❸ 원주율, 원의 둘레의 길이와 넓이
❹ 부채꼴의 호의 길이
❺ 부채꼴의 넓이
❻ 부채꼴의 호의 길이와 넓이 사이의 관계

초등과정 다시 보기

1-❶ 다각형

1. 다음 중 다각형인 것을 있는 대로 고르시오.

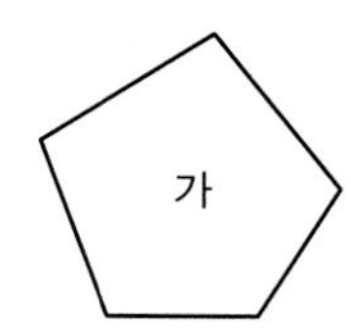

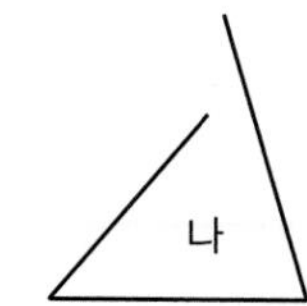

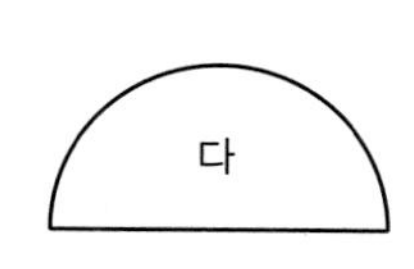

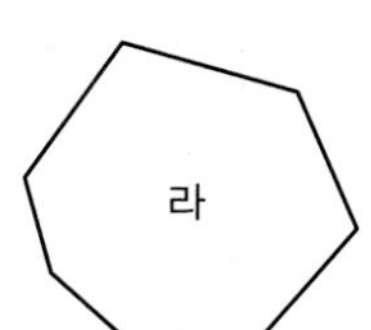

1-❷ 다각형

2. 오른쪽 다각형에 대각선을 모두 긋고 대각선의 수를 구하시오.

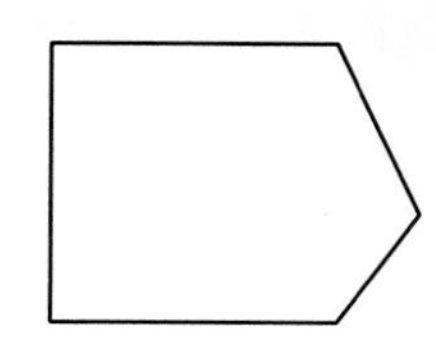

1-❹ 각의 크기

3. 다음 □ 안에 알맞은 각의 크기를 써넣으시오.

(1) 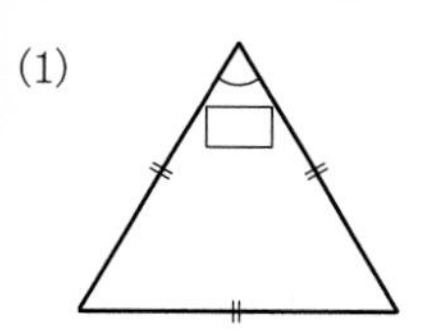

(2) 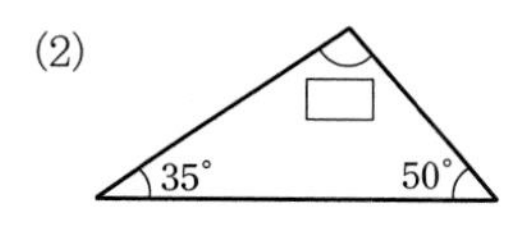

(3) 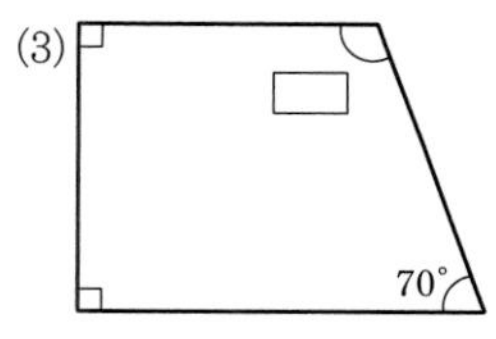

2-❸ 원

4. 오른쪽 원에서 다음을 구하시오. (원주율 3.14)

(1) 원주

(2) 원의 넓이

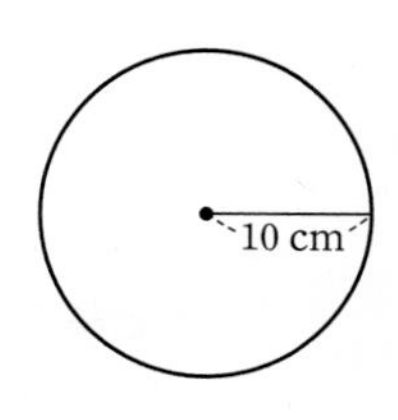

2-❸ 원

5. 원주율이 3.14이고 원주가 18.84 cm일 때, 원의 반지름의 길이를 구하시오.

답 **1.** 가, 라 **2.** 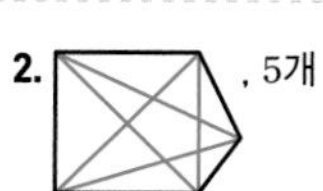, 5개 **3.** (1) 60° (2) 95° (3) 110° **4.** (1) 62.8 cm (2) 314 cm^2 **5.** 3 cm

1. 다각형의 성질

1 다각형

(1) **다각형:** 여러 개의 선분으로 둘러싸인 평면도형

예 변이 3개, 4개, …, n개인 다각형을 삼각형, 사각형, …, n각형이라고 한다.

(2) **다각형의 내각과 외각**

① 내각: 다각형에서 이웃하는 두 변이 이루는 내부의 각

② 외각: 이웃하는 두 변에서 한 변과 다른 한 변의 연장선이 이루는 각

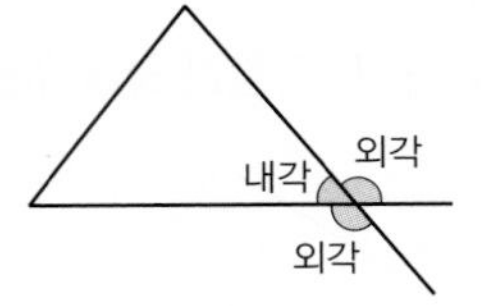

• 다각형의 한 꼭짓점에서 내각과 외각의 크기의 합은 $180°$이다.

• 다각형에서 한 내각에 대한 외각은 2개를 생각할 수 있지만 그 크기는 같으므로(맞꼭지각) 하나만 생각한다.

예제 1 오른쪽 그림의 $\triangle ABC$에서 다음을 구하시오.

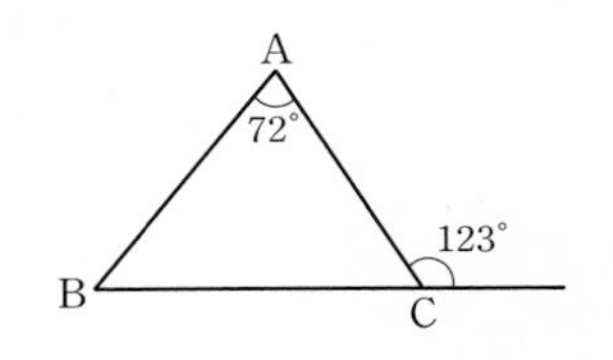

(1) $\angle A$의 외각의 크기

(2) $\angle ACB$의 크기

풀이

(1) $\angle A$의 외각의 크기는 $180° - \angle A = 180° - 72° = 108°$

(2) $\angle ACB = 180° - 123° = 57°$

답 (1) $108°$ (2) $57°$

정답과 풀이 42쪽

유제 1 오른쪽 그림의 사각형 ABCD에서 다음을 구하시오. ▶ 242010-0280

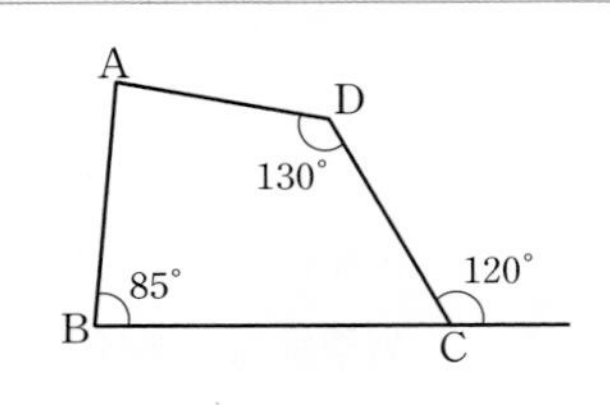

(1) $\angle B$의 외각의 크기

(2) $\angle A$의 크기

2 다음 보기 중 다각형인 것을 있는 대로 고르시오. ▶ 242010-0281

보기

ㄱ. 삼각뿔	ㄴ. 평행사변형	ㄷ. 정오각형	ㄹ. 십이각형
ㅁ. 원	ㅂ. 원뿔	ㅅ. 원기둥	ㅇ. 구

2 다각형의 대각선의 개수

(1) n각형의 한 꼭짓점에서 그을 수 있는 대각선의 개수: $(n-3)$개

예 오각형의 한 꼭짓점에서 그을 수 있는 대각선의 개수

: $5-3=2$(개)

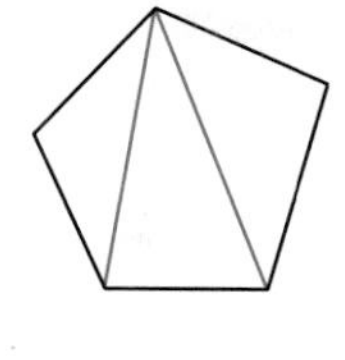

(2) n각형의 대각선의 개수: $\dfrac{n(n-3)}{2}$개

꼭짓점의 개수 → n, 한 꼭짓점에서 그을 수 있는 대각선의 개수 → $(n-3)$

한 대각선을 2번씩 중복하여 세었으므로 2로 나눈다. → 2

예 오각형의 대각선의 개수: $\dfrac{5\times(5-3)}{2}=5$(개)

• 한 꼭짓점에서 그을 수 있는 대각선의 개수는 꼭짓점 자신과 이웃한 두 꼭짓점을 제외한 $(n-3)$개이다.

• 대각선의 개수를 셀 때 $n\times(n-3)$을 하는 경우 대각선의 양쪽 꼭짓점에서 각각 한 번씩 총 두 번 중복하여 세게 된다.

예제 2 다음 다각형의 대각선의 총 개수를 구하시오.

(1) 정육각형

(2) 칠각형

풀이

(1) 정육각형의 대각선의 총 개수는 $\dfrac{6\times(6-3)}{2}=9$(개)

(2) 칠각형의 대각선의 총 개수는 $\dfrac{7\times(7-3)}{2}=14$(개)

답 (1) 9개 (2) 14개

정답과 풀이 42쪽

유제 3 다음 다각형을 구하시오. 242010-0282

(1) 대각선의 총 개수가 14개인 다각형

(2) 한 꼭짓점에서 그을 수 있는 대각선의 개수가 14개인 다각형

4 한 꼭짓점에서 그을 수 있는 대각선의 개수가 5개인 다각형의 대각선의 총 개수를 구하시오. 242010-0283

3 삼각형의 내각과 외각

(1) 삼각형의 내각

삼각형의 세 내각의 크기의 합은 180°이다.

(2) 삼각형의 외각

삼각형의 한 외각의 크기는 그와 이웃하지 않는 두 내각의 크기의 합과 같다.

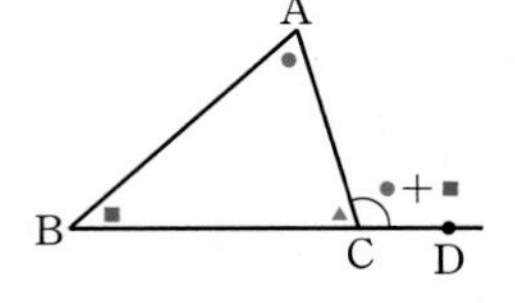

• △ABC에서 점 C를 지나면서 변 AB에 평행한 직선을 그어 엇각과 동위각을 이용해 내각의 크기의 합이 180°임을 설명할 수 있다.

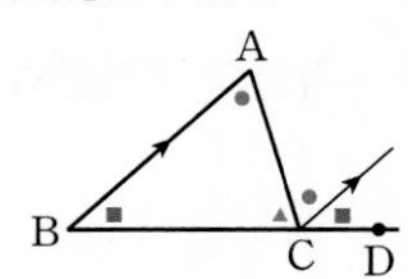

예제 3 **다음 그림에서 $\angle x$의 크기를 구하시오.**

(1)

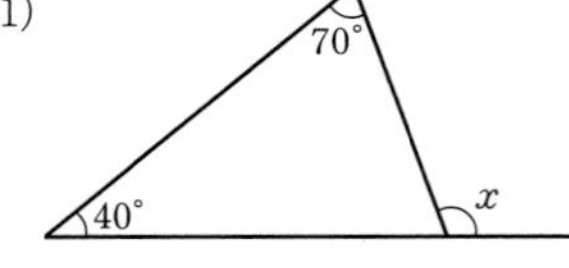

(2)

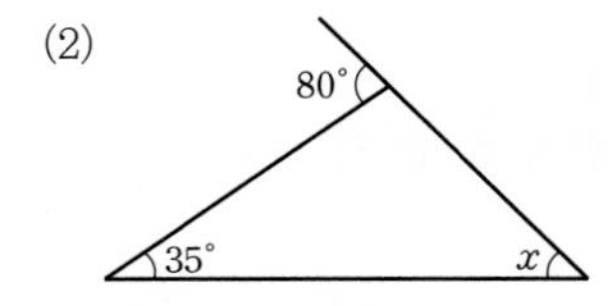

풀이

(1) $\angle x=40^\circ+70^\circ=110^\circ$

(2) $\angle x=80^\circ-35^\circ=45^\circ$

답 (1) 110° (2) 45°

정답과 풀이 43쪽

유제 5 **오른쪽 그림에서 x의 값을 구하시오.** ▶ 242010-0284

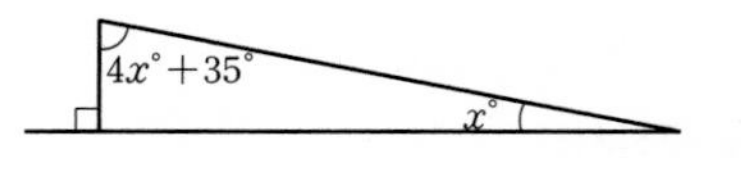

6 **오른쪽 그림에서 x의 값을 구하시오.** ▶ 242010-0285

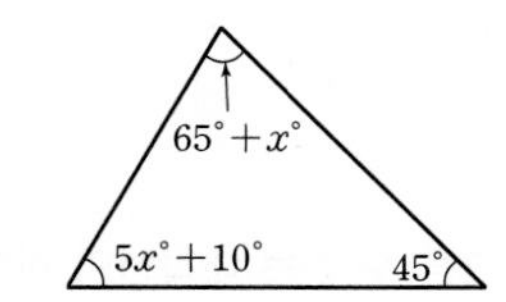

4 다각형의 내각의 크기의 합

n각형의 내각의 크기의 합은 $180° \times (n-2)$이다.

예 오각형의 내각의 크기의 합

[방법 1]

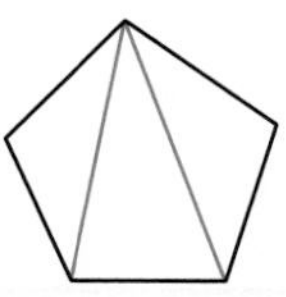

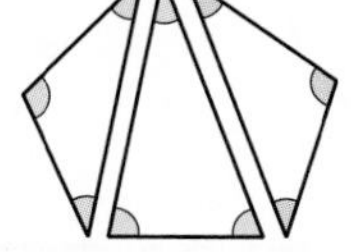

$180° \times (5-2) = 180° \times 3 = 540°$

[방법 2]

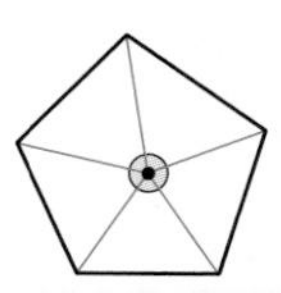

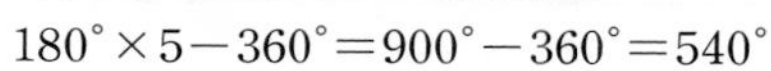

$180° \times 5 - 360° = 900° - 360° = 540°$

• 일반적으로 n각형의 한 꼭짓점에서 그을 수 있는 대각선 $(n-3)$개를 모두 그으면 n각형이 $(n-2)$개의 삼각형으로 나누어진다.

예제 4 **다음 다각형의 내각의 크기의 합을 구하시오.**

(1) 육각형

(2) 칠각형

풀이

(1) 육각형의 내각의 크기의 합은 $180° \times (6-2) = 180° \times 4 = 720°$

(2) 칠각형의 내각의 크기의 합은 $180° \times (7-2) = 180° \times 5 = 900°$

답 (1) $720°$ (2) $900°$

정답과 풀이 43쪽

유제 7 **다음 그림에서 $\angle x$의 크기를 구하시오.** ▶ 242010-0286

(1)

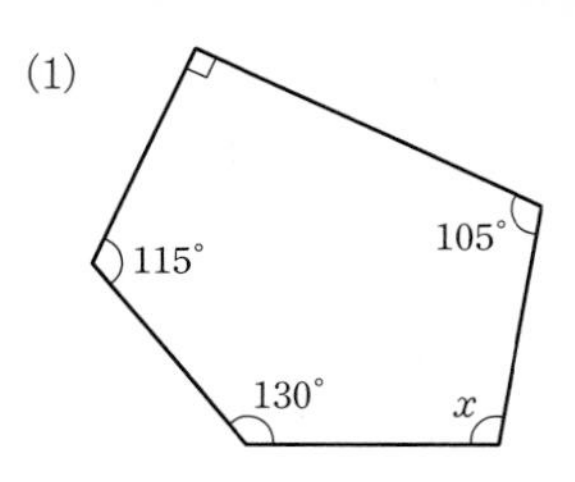

(2)

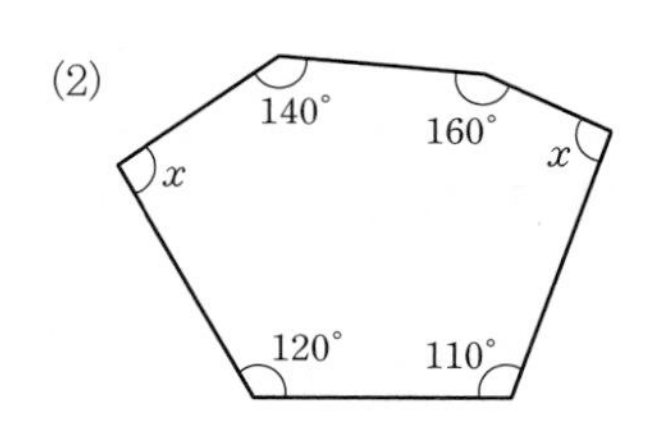

8 **내각의 크기의 합이 육각형의 내각의 크기의 합의 2배가 되는 다각형을 구하시오.** ▶ 242010-0287

5 다각형의 외각의 크기의 합

다각형에서 외각의 크기의 합은 항상 $360°$이다.

예 오각형의 외각의 크기의 합 구하기

① 한 꼭짓점에서 내각과 외각의 크기의 합: $180°$

② 모든 꼭짓점에서 내각과 외각의 크기의 합: $180° \times 5 = 900°$

③ 내각의 크기의 합: $180° \times (5-2) = 540°$

⇨ (오각형의 외각의 크기의 합)$=$②$-$③$=360°$

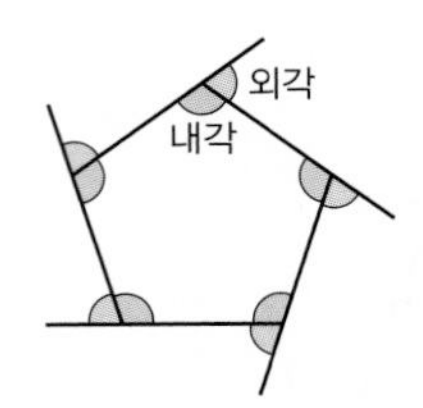

• n각형의 외각의 크기의 합 구하기

$\underbrace{180° \times n}_{②} - \underbrace{180° \times (n-2)}_{③}$
$= 180° \times 2 = 360°$

예제 5 **다음 그림에서 $\angle x$의 크기를 구하시오.**

(1)

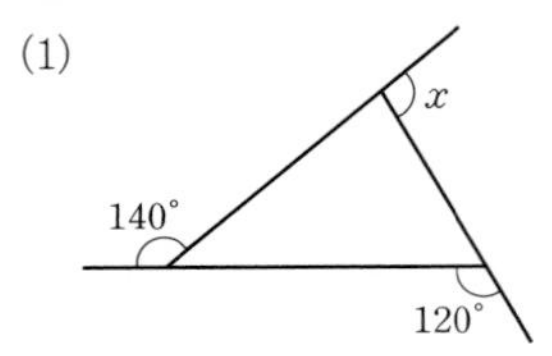

(2)

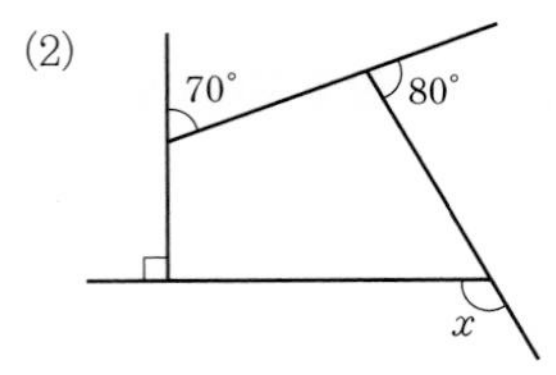

풀이

(1) $\angle x + 140° + 120° = 360°$이므로

$\angle x + 260° = 360°$, $\angle x = 100°$

(2) $\angle x + 80° + 70° + 90° = 360°$이므로

$\angle x + 240° = 360°$, $\angle x = 120°$

답 (1) $100°$ (2) $120°$

정답과 풀이 43쪽

유제 9 **오른쪽 그림에서 $\angle x$의 크기를 구하시오.** ▶ 242010-0288

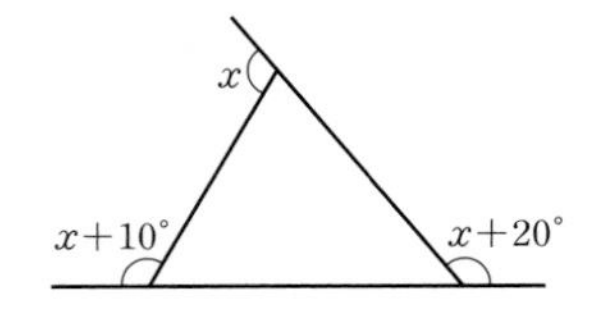

10 **내각의 크기의 합이 외각의 크기의 합의 2배인 다각형을 구하시오.** ▶ 242010-0289

6 정다각형의 내각과 외각

(1) **정n각형의 한 내각의 크기:** $\dfrac{180^\circ \times (n-2)}{n}$ → 내각의 크기의 합 / → 내각의 개수

예 정오각형의 한 내각의 크기: $\dfrac{180^\circ \times (5-2)}{5} = \dfrac{540^\circ}{5} = 108^\circ$

(2) **정n각형의 한 외각의 크기:** $\dfrac{360^\circ}{n}$ → 외각의 크기의 합 / → 외각의 개수

예 정오각형의 한 외각의 크기: $\dfrac{360^\circ}{5} = 72^\circ$

• 정다각형은 모든 내각의 크기가 같으므로 모든 외각의 크기도 같다.

예제 6 다음 표의 빈칸에 알맞은 숫자를 써 넣으시오.

	내각의 크기의 합	한 내각의 크기	한 외각의 크기
정육각형			
정칠각형			
정팔각형			

풀이

	내각의 크기의 합	한 내각의 크기	한 외각의 크기
정육각형	720°	120°	60°
정칠각형	900°	$\left(\dfrac{900}{7}\right)^\circ$	$\left(\dfrac{360}{7}\right)^\circ$
정팔각형	1080°	135°	45°

답 풀이 참조

정답과 풀이 43쪽

유제 11 한 외각의 크기가 30°인 정다각형을 구하시오. ▶ 242010-0290

12 한 내각의 크기가 140°인 정다각형을 구하시오. ▶ 242010-0291

중단원 마무리

▶ 242010-0292

01 다음 중 다각형이 아닌 것을 모두 고르면? (정답 2개)

① 반원 ② 마름모 ③ 삼각기둥
④ 둔각삼각형 ⑤ 등변사다리꼴

▶ 242010-0293

02 △ABC의 ∠A의 외각의 크기가 ∠A의 5배일 때, ∠A의 크기는?

① 24° ② 27° ③ 30°
④ 33° ⑤ 36°

▶ 242010-0294

03 한 꼭짓점에서 그을 수 있는 대각선을 모두 그었을 때, 삼각형 8개로 쪼개지는 다각형의 대각선의 총 개수는?

① 14개 ② 20개 ③ 27개
④ 35개 ⑤ 44개

중요 ▶ 242010-0295

04 다음 중 대각선의 총 개수가 한 꼭짓점에서 그을 수 있는 대각선의 개수보다 6배 많은 다각형은?

① 십일각형 ② 십이각형 ③ 십삼각형
④ 십사각형 ⑤ 십오각형

▶ 242010-0296

05 오른쪽 그림과 같이 △ABC의 ∠C의 외각 ∠ACD의 이등분선 CE를 그었을 때, 직선 AB와 직선 CE가 평행하다고 한다. ∠A의 크기는?

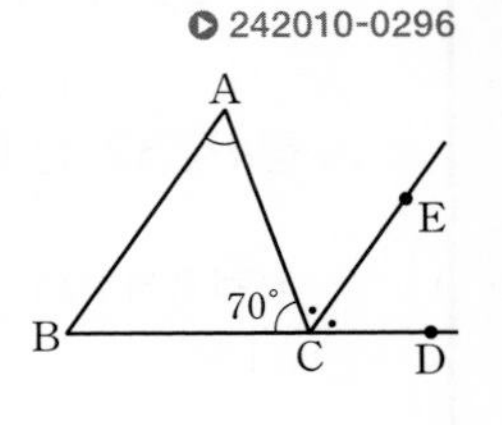

① 45° ② 50° ③ 55°
④ 60° ⑤ 65°

▶ 242010-0297

06 오른쪽 그림에서 ∠D의 크기는?

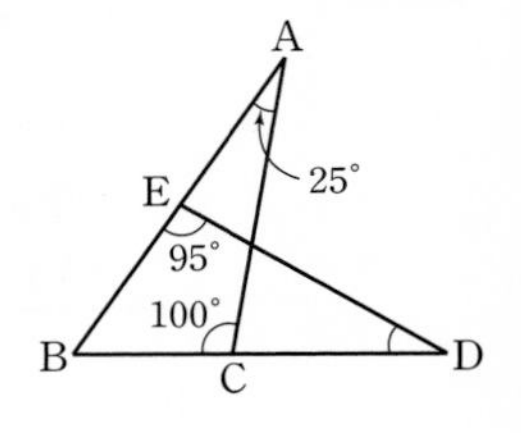

① 25° ② 30°
③ 35° ④ 40°
⑤ 45°

▶ 242010-0298

07 오른쪽 그림에서 ∠BFC의 크기는?

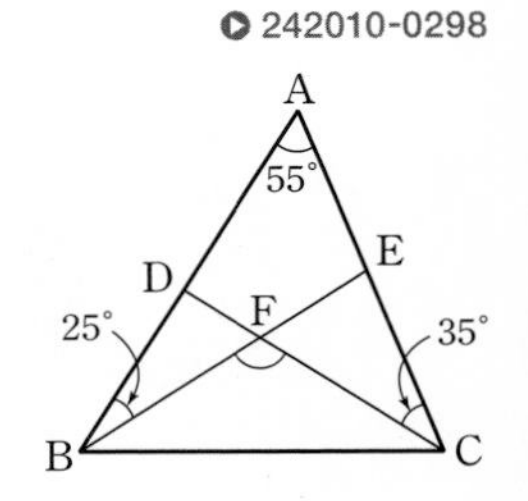

① 95° ② 100°
③ 105° ④ 110°
⑤ 115°

 중요 ▶ 242010-0299

08 오른쪽 그림에서 $\angle x$의 크기는?

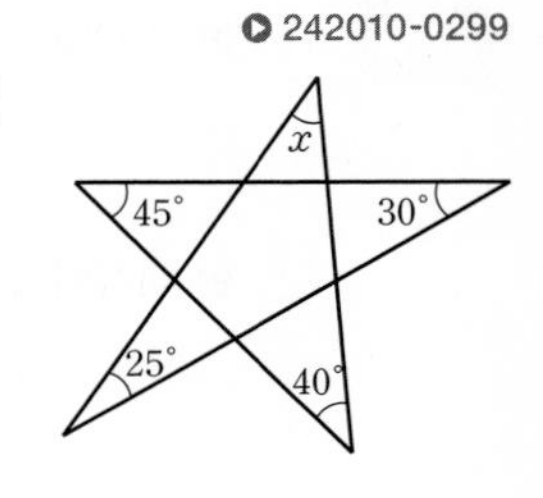

① 25° ② 30°
③ 35° ④ 40°
⑤ 45°

▶ 242010-0300

09 대각선의 총 개수가 35개인 정다각형의 한 내각의 크기는?

① 108° ② 120° ③ 135°
④ 140° ⑤ 144°

▶ 242010-0301

10 내각의 크기의 합이 1260°인 정다각형의 한 외각의 크기는?

① 36° ② 40° ③ 45°
④ 60° ⑤ 72°

▶ 242010-0302

11 어떤 카메라의 조리개는 다음 그림과 같이 합동인 7개의 부품을 이용하여 렌즈로 들어오는 빛의 양을 변화시킨다고 한다. $\angle x$의 크기를 구하시오.

▶ 242010-0303

12 오른쪽 그림에서 $\angle x$의 크기는?

① 40° ② 50°
③ 60° ④ 70°
⑤ 80°

▶ 242010-0304

13 오른쪽 정오각형에서 $\angle x$의 크기는?

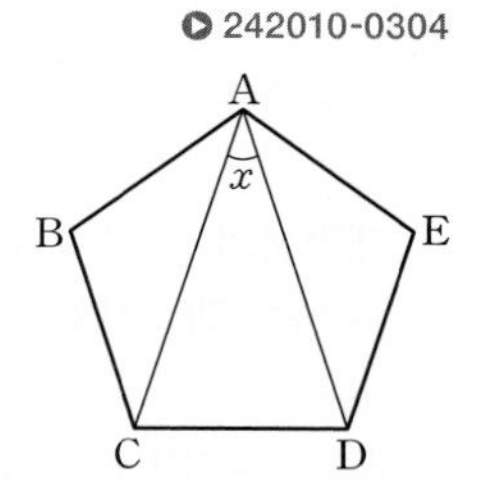

① 18° ② 24°
③ 36° ④ 42°
⑤ 54°

★ 중요

▶ 242010-0305

14 오른쪽 그림에서 $\angle a+\angle b+\angle c+\angle d+\angle e+\angle f$의 크기는?

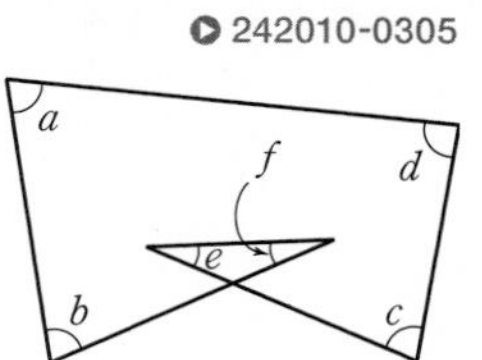

① 180° ② 270° ③ 360°
④ 450° ⑤ 450°

▶ 242010-0306

15 오른쪽 그림은 정육각형과 정사각형을 겹쳐 놓은 것이다. $\angle x$의 크기는?

① 95° ② 100°
③ 105° ④ 110°
⑤ 115°

▶ 242010-0307

16 오른쪽 그림에서 $\angle a+\angle b+\angle c+\angle d+\angle e+\angle f+\angle g$의 크기는?

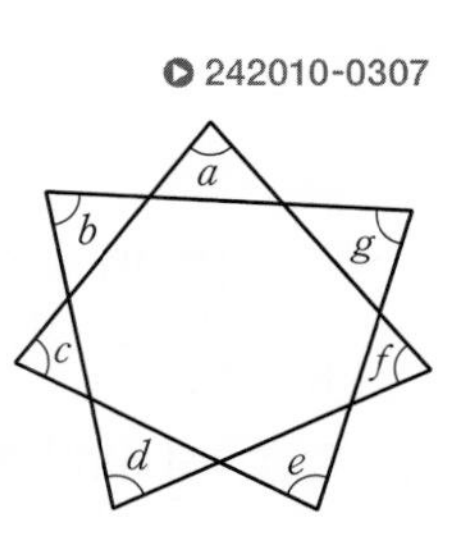

① 180° ② 360°
③ 540° ④ 720°
⑤ 900°

서술형으로 중단원 마무리

서술형 1-1

대각선의 총 개수가 90개인 다각형의 한 꼭짓점에서 그을 수 있는 대각선의 개수를 구하시오.

| 풀이 |

1단계 다각형 구하기 [60%]

주어진 다각형을 n각형이라고 하면

$\frac{n\times(\square)}{\square}=90$, $n\times(\square)=\square$

$\square\times(\square-3)=\square$이므로 주어진 다각형은 $\square$이다.

2단계 한 꼭짓점에서 그을 수 있는 대각선의 개수 구하기 [40%]

$\square$의 한 꼭짓점에서 그을 수 있는 대각선의 개수는

자기자신과 이웃한 두 점을 제외한 $\square$개이다.

서술형 1-2

242010-0308

대각선의 총 개수가 135개인 다각형의 한 꼭짓점에서 그을 수 있는 대각선의 개수를 구하시오.

| 풀이 |

1단계 다각형 구하기 [60%]

2단계 한 꼭짓점에서 그을 수 있는 대각선의 개수 구하기 [40%]

서술형 2-1

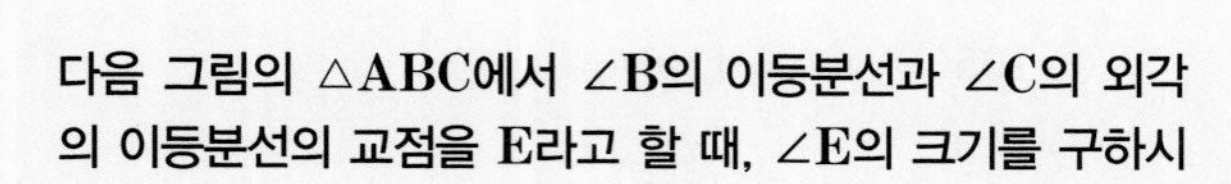

다음 그림의 $\triangle$ABC에서 $\angle$B의 이등분선과 $\angle$C의 외각의 이등분선의 교점을 E라고 할 때, $\angle$E의 크기를 구하시오.

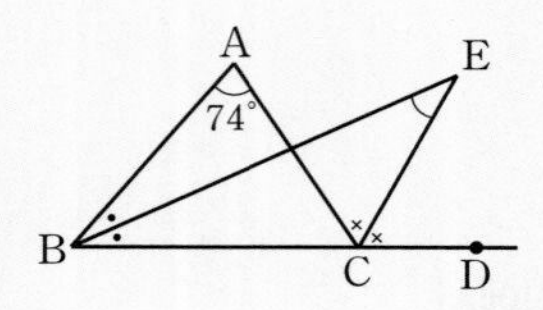

| 풀이 |

1단계 삼각형의 외각의 성질 적용하기 [50%]

$74^\circ=\angle ACD-\angle ABC$ ······ ㉠

$\angle E=\angle ECD-\square$

2단계 각의 이등분선임을 이용하여 주어진 각의 크기 구하기 [50%]

$\angle ABC=\square\angle CBE$, $\angle ACD=\square\angle ECD$이므로 ㉠에서

$\square\angle ECD-\square\angle CBE=\square$

$\angle E=\angle ECD-\angle CBE=\square$

서술형 2-2

242010-0309

다음 그림의 $\triangle$ABC에서 $\angle$B의 이등분선과 $\angle$C의 외각의 이등분선의 교점을 E라고 할 때, $\angle$A의 크기를 구하시오.

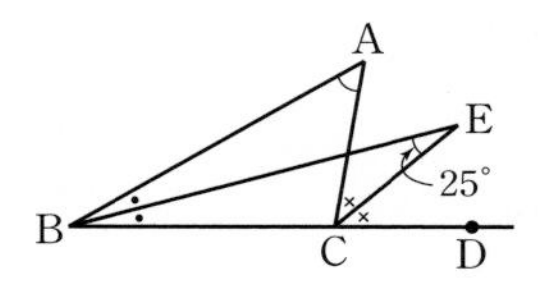

| 풀이 |

1단계 삼각형의 외각의 성질 적용하기 [50%]

2단계 각의 이등분선임을 이용하여 주어진 각의 크기 구하기 [50%]

서술형 3-1

한 내각의 크기와 한 외각의 크기의 비가 $4:1$인 정다각형을 구하시오.

| 풀이 |

1단계 한 내각의 크기와 한 외각의 크기 구하기 [50%]

한 내각과 한 외각의 크기의 합은 180°이므로

(한 내각의 크기)$=180^\circ\times\frac{\square}{4+1}=\square$

(한 외각의 크기)$=180^\circ\times\frac{\square}{4+1}=\square$

2단계 정다각형 구하기 [50%]

정n각형의 한 외각의 크기는 $\frac{\square}{n}=\square$이므로

$n=\square$, 즉 $\square$이다.

서술형 3-2

▶ 242010-0310

한 내각의 크기와 한 외각의 크기의 비가 $5:1$인 정다각형을 구하시오.

| 풀이 |

1단계 한 내각의 크기와 한 외각의 크기 구하기 [50%]

2단계 정다각형 구하기 [50%]

서술형 4-1

한 외각의 크기가 한 내각의 크기보다 90°만큼 작은 정다각형을 구하시오.

| 풀이 |

1단계 한 내각의 크기와 한 외각의 크기 구하기 [50%]

한 내각과 한 외각의 크기의 합은 180°이므로

(한 내각의 크기)$=\frac{180^\circ-\square}{2}+90^\circ=\square$

(한 외각의 크기)$=\frac{180^\circ-\square}{2}=\square$

2단계 정다각형 구하기 [50%]

정n각형의 한 외각의 크기는 $\frac{\square}{n}=\square$이므로

$n=\square$, 즉 $\square$이다.

서술형 4-2

▶ 242010-0311

한 내각의 크기가 한 외각의 크기보다 100°만큼 큰 정다각형을 구하시오.

| 풀이 |

1단계 한 내각의 크기와 한 외각의 크기 구하기 [50%]

2단계 정다각형 구하기 [50%]

2. 부채꼴의 성질

1 호, 현, 할선, 부채꼴, 중심각, 활꼴

원 O 위의 두 점 A, B에 대하여

(1) **호 AB**: 두 점 A, B를 양 끝 점으로 하는 원의 일부분
⇨ (기호) $\overset{\frown}{AB}$

(2) **현 AB**: 두 점 A, B를 이은 선분 ⇨ (기호) $\overline{AB}$

(3) **할선**: 원 위의 두 점을 지나는 직선

(4) **부채꼴 AOB**: 두 반지름 OA, OB와 호 AB로 이루어진 도형

(5) **∠AOB**: 부채꼴 AOB의 중심각 또는 호 AB에 대한 중심각

(6) **활꼴**: 현과 호로 이루어진 도형

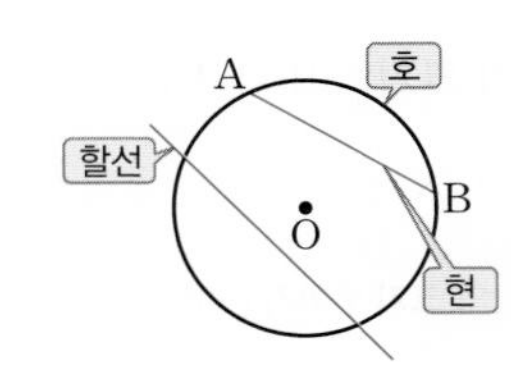

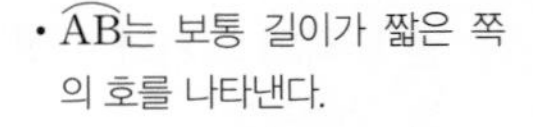

• $\overset{\frown}{AB}$는 보통 길이가 짧은 쪽의 호를 나타낸다.

• 원에서 가장 긴 현은 지름이다.

• 반원보다 큰 부채꼴과 활꼴도 있다.

예제 1 **오른쪽 원 O 위에 다음을 나타내시오.**

(1) 현 BC
(2) 호 CD에 대한 중심각
(3) $\overset{\frown}{AD}$와 $\overline{AD}$로 이루어진 활꼴

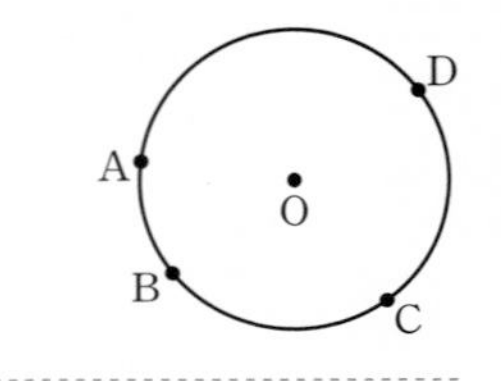

풀이

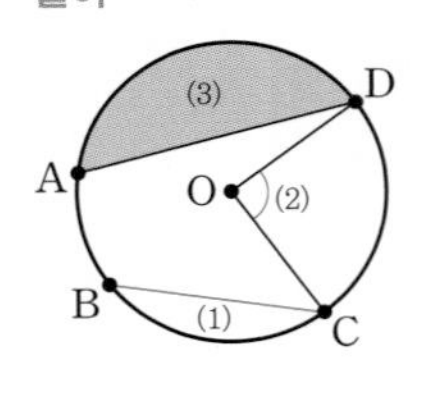

답 풀이 참조

정답과 풀이 47쪽

유제 1 **오른쪽 도형을 다음 용어를 사용하여 설명하시오.** ▶ 242010-0312

호, 현, 할선, 부채꼴, 활꼴

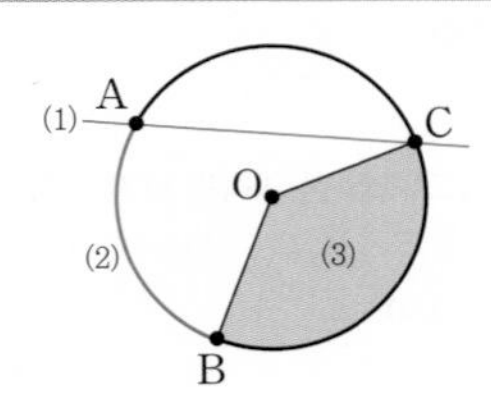

2 **다음 설명 중 옳은 것에는 ○표, 옳지 않은 것에는 ×표를 ( ) 안에 써넣으시오.** ▶ 242010-0313

(1) 호 AB는 현 AB보다 길다. ( )
(2) 원에서 가장 긴 현은 원의 중심을 지난다. ( )
(3) 활꼴이면서 부채꼴인 도형은 없다. ( )

2 부채꼴의 성질

한 원 또는 합동인 두 원에서

① 중심각의 크기가 같은 두 부채꼴의 호의 길이와 넓이는 각각 같다.

② 부채꼴의 호의 길이와 넓이는 각각 중심각의 크기와 정비례한다.

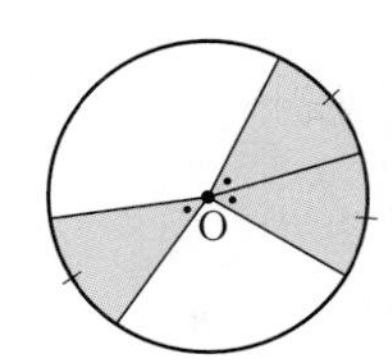

• 한 원 또는 합동인 두 원에서 중심각의 크기가 같은 두 현의 길이는 같다.

• 중심각의 크기와 현의 길이는 정비례하지 않는다.

예 $\angle AOC = 2\angle AOB$이지만 $\overline{AC} < 2\overline{AB}$

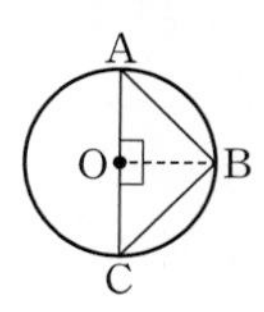

예제 2 다음 그림에서 x의 값을 구하시오.

(1)

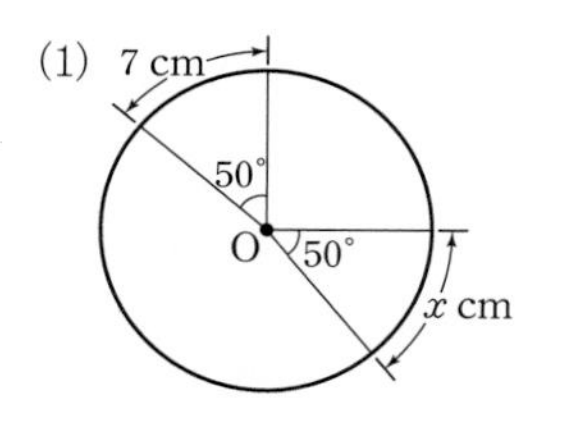

(2)

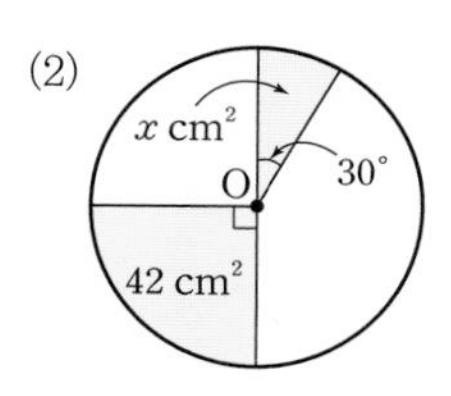

풀이

(1) 중심각의 크기가 같은 부채꼴의 호의 길이는 같으므로 $x=7$

(2) 부채꼴의 넓이와 중심각의 크기는 정비례하므로 $x : 42 = 30 : 90$, $x : 42 = 1 : 3$, $x=14$

답 (1) 7 (2) 14

정답과 풀이 47쪽

유제 3 오른쪽 그림에서 x, y의 값을 각각 구하시오. ▶ 242010-0314

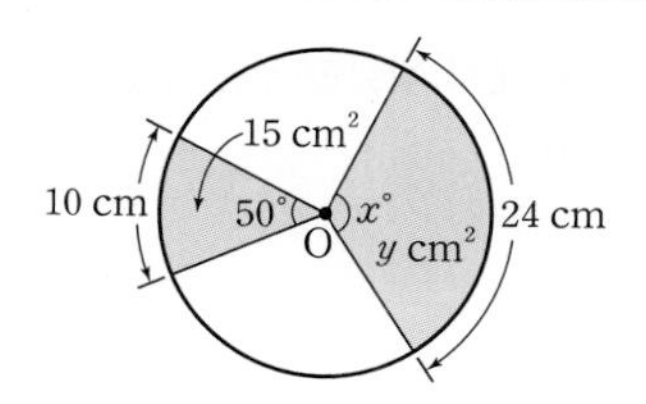

4 오른쪽 그림과 같이 시계가 2시를 가리키고 있다. 시계 전체의 넓이가 72 cm^2일 때, 색칠한 부채꼴의 넓이를 구하시오. ▶ 242010-0315

3 원주율, 원의 둘레의 길이와 넓이

(1) **원주율**: 원의 지름에 대한 원의 둘레의 길이의 비율은 일정하다.
그 값을 원주율이라고 하고, 기호로 π와 같이 나타낸다.

$$(\text{원주율})=\frac{(\text{원의 둘레의 길이})}{(\text{원의 지름의 길이})}=\pi$$

(2) **원의 둘레의 길이와 넓이**

반지름의 길이가 r인 원의 둘레의 길이 l과 넓이 S는 다음과 같다.

① $l=2\pi r$

② $S=\pi r^2$

예 반지름의 길이가 1인 원의 둘레의 길이는 $l=2\pi\times1=2\pi$, 넓이는 $S=\pi\times1^2=\pi$이다.

• 초등학교 때는 주로 3.14라고 나타냈으나 그 정확한 값은 3.14159265…와 같이 한없이 계속된다. 따라서 이를 간단히 π로 나타낸다.

예제 3 다음을 구하시오.

(1)

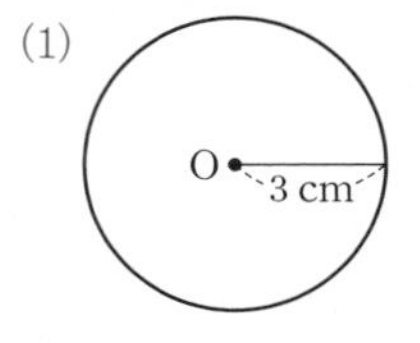

원의 둘레의 길이: ____________

(2)

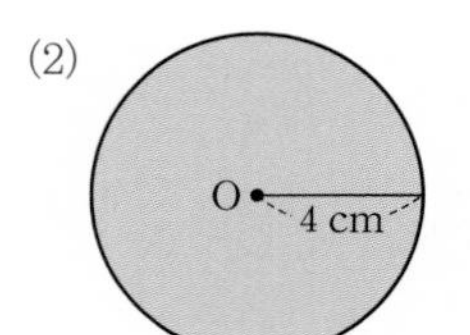

원의 넓이: ____________

풀이

(1) (원의 둘레의 길이)$=2\pi\times3=6\pi$(cm)

(2) (원의 넓이)$=\pi\times4^2=16\pi$(cm^2)

답 (1) 6π cm (2) 16π cm^2

정답과 풀이 47쪽

유제 5 오른쪽 그림에서 색칠한 부분의 둘레의 길이와 넓이를 각각 구하시오. ▶ 242010-0316

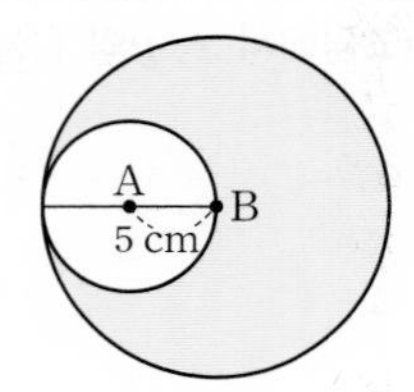

6 오른쪽 그림과 같은 원형 트랙의 가장 안쪽의 반지름의 길이가 30 m, 트랙의 폭이 20 m일 때, 트랙의 가장 바깥쪽과 가장 안쪽의 둘레의 길이의 차를 구하시오. ▶ 242010-0317

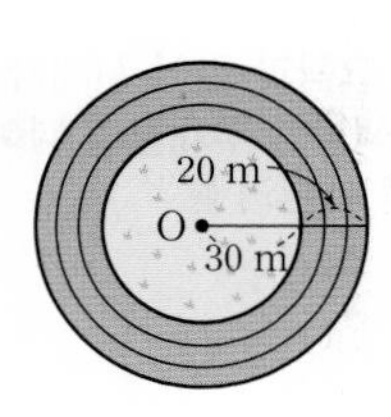

4 부채꼴의 호의 길이

반지름의 길이가 r, 중심각의 크기가 $x°$인 부채꼴의 호의 길이를 l이라고 할 때,

$l=2\pi r\times\dfrac{x}{360}$

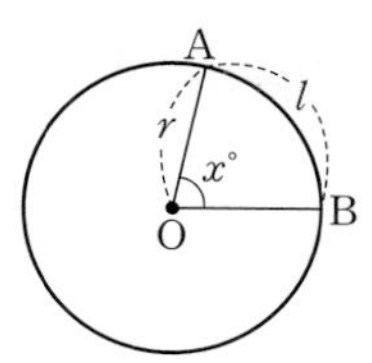

- 부채꼴의 호의 길이와 중심각의 크기는 정비례하므로 $x° : 360° = l : 2\pi r$
- 중심각의 크기가 $x°$인 부채꼴은 원의 $\dfrac{x}{360}$이므로 둘레의 길이도 원주의 $\dfrac{x}{360}$이다.

예제 4 다음 부채꼴의 호의 길이를 구하시오.

(1)

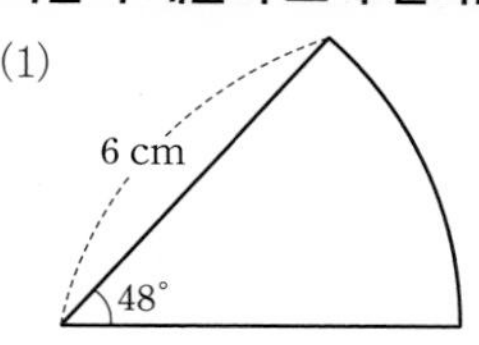

(2)

풀이

(1) (부채꼴의 호의 길이)$=2\pi\times6\times\dfrac{48}{360}=\dfrac{8}{5}\pi$(cm)

(2) (부채꼴의 호의 길이)$=2\pi\times8\times\dfrac{135}{360}=6\pi$(cm)

답 (1) $\dfrac{8}{5}\pi$ cm (2) 6π cm

정답과 풀이 47쪽

유제 7 반지름의 길이가 5이고 호의 길이가 2π인 부채꼴의 중심각의 크기를 구하시오. ▶ 242010-0318

8 오른쪽 반원의 둘레의 길이를 구하시오. ▶ 242010-0319

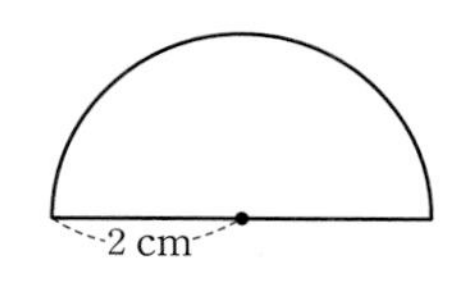

5 부채꼴의 넓이

반지름의 길이가 r, 중심각의 크기가 $x°$인 부채꼴의 넓이를 S라고 할 때,

$S=\pi r^2\times\frac{x}{360}$

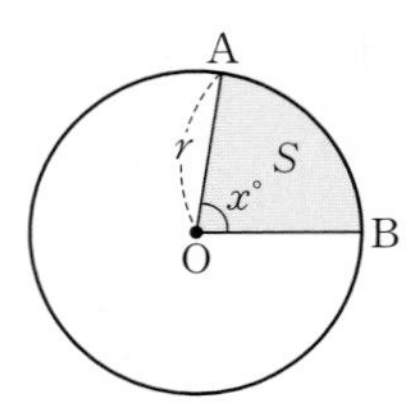

- 부채꼴의 넓이와 중심각의 크기는 정비례하므로 $x° : 360° = S : \pi r^2$
- 중심각의 크기가 $x°$인 부채꼴은 원의 $\frac{x}{360}$이므로 넓이도 원의 넓이의 $\frac{x}{360}$이다.

예제 5 다음 부채꼴의 넓이를 구하시오.

(1)

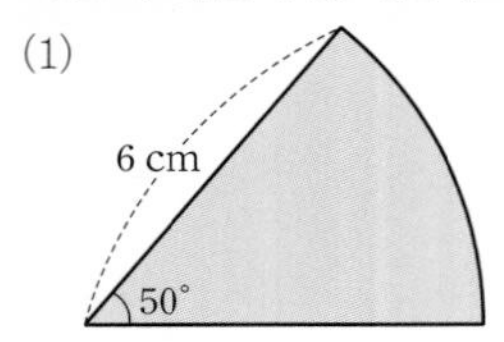

(2)

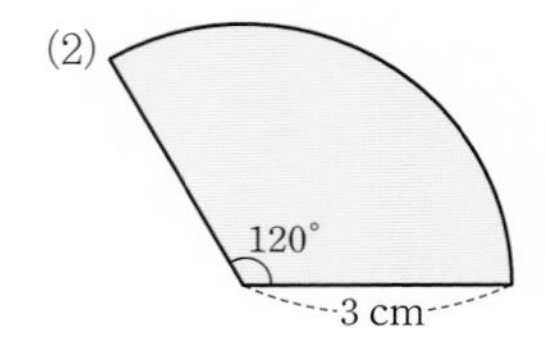

풀이

(1) (부채꼴의 넓이)$=\pi\times6^2\times\frac{50}{360}=5\pi(\mathrm{cm}^2)$

(2) (부채꼴의 넓이)$=\pi\times3^2\times\frac{120}{360}=3\pi(\mathrm{cm}^2)$

답 (1) $5\pi\ \mathrm{cm}^2$ (2) $3\pi\ \mathrm{cm}^2$

정답과 풀이 47~48쪽

유제 9 반지름의 길이가 10이고 넓이가 20π인 부채꼴의 중심각의 크기를 구하시오. ▶ 242010-0320

10 오른쪽 그림과 같이 한 변의 길이가 2 cm인 정사각형 ABCD에서 한 변을 반지름으로 하는 사분원을 그렸을 때, 색칠한 부분의 넓이를 구하시오. ▶ 242010-0321

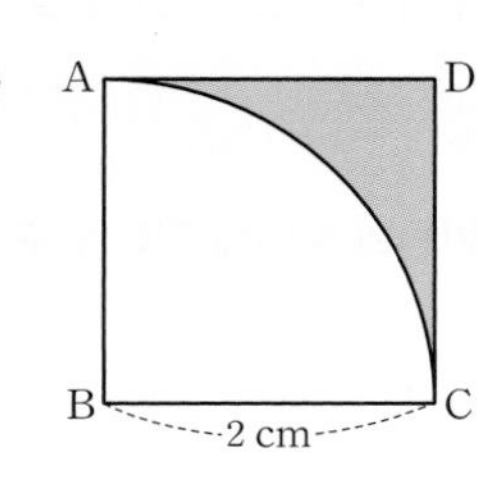

6 부채꼴의 호의 길이와 넓이 사이의 관계

부채꼴의 반지름의 길이가 r, 호의 길이가 l, 넓이가 S일 때,

$S=\frac{1}{2}lr$

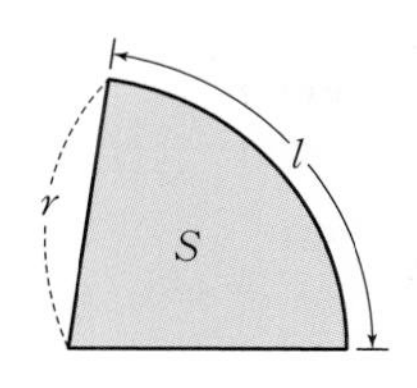

• 중심각의 크기가 $x°$일 때,

$l : S$

$=2\pi r\times\frac{x}{360} : \pi r^2\times\frac{x}{360}$

$=2 : r$

$2\times S=l\times r$이므로

$S=\frac{1}{2}lr$

예제 6 오른쪽 부채꼴의 넓이를 구하시오.

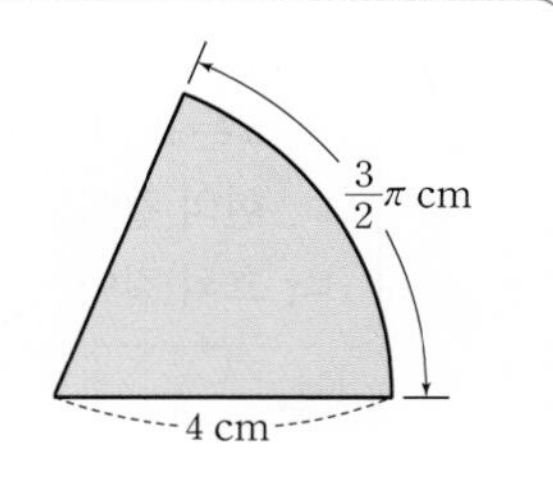

풀이

부채꼴의 넓이를 S라고 하면

$S=\frac{1}{2}\times\frac{3}{2}\pi\times4=3\pi(\text{cm}^2)$

답 $3\pi\ \text{cm}^2$

정답과 풀이 48쪽

유제 11 오른쪽 부채꼴의 호의 길이를 구하시오. 242010-0322

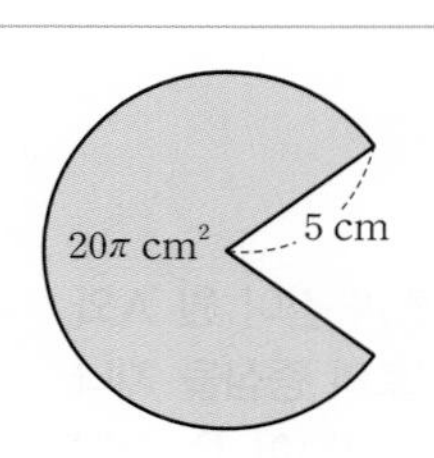

12 호의 길이가 6π이고 넓이가 15π인 부채꼴의 반지름의 길이를 구하시오. 242010-0323

중단원 마무리

▶ 242010-0324

01 가장 긴 현의 길이가 6 cm인 원의 넓이는?

① 9π cm² ② 18π cm² ③ 27π cm²
④ 36π cm² ⑤ 45π cm²

▶ 242010-0325

02 다음 보기 중 옳은 것을 있는 대로 고른 것은?

보기
ㄱ. π는 3.14보다 크다.
ㄴ. 현의 길이는 중심각의 크기에 정비례한다.
ㄷ. 호의 길이는 부채꼴의 넓이에 정비례한다.

① ㄱ ② ㄴ ③ ㄱ, ㄴ
④ ㄱ, ㄷ ⑤ ㄴ, ㄷ

★ 중요

▶ 242010-0326

03 원 위의 세 점 A, B, C에 대하여
$\overset{\frown}{AB} : \overset{\frown}{BC} : \overset{\frown}{CA} = 5 : 6 : 7$일 때, 호 AB에 대한 중심각의 크기는?

① 100° ② 110° ③ 120°
④ 130° ⑤ 140°

▶ 242010-0327

04 오른쪽 그림과 같이 원 A와 원 B가 서로의 중심을 지나고 두 원의 교점이 P, Q일 때, x의 값은?

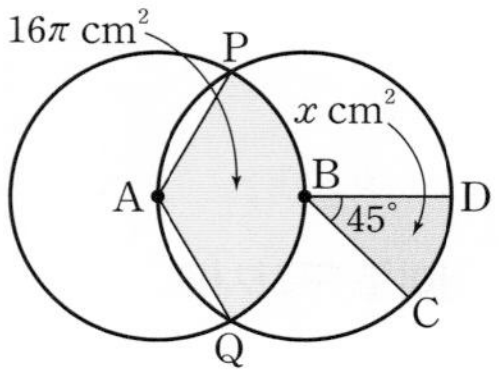

① 5π ② 6π
③ 7π ④ 8π
⑤ 9π

▶ 242010-0328

05 오른쪽 그림과 같은 반원 O에서 $\overline{AB} /\!/ \overline{CD}$이고 $\overset{\frown}{AC} = 6$ cm, $\angle COD = 100°$일 때, 호 CD의 길이는?

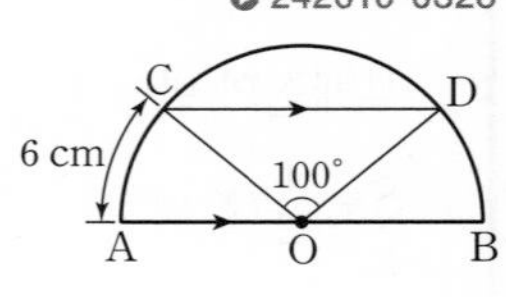

① 9 cm ② 12 cm ③ 15 cm
④ 18 cm ⑤ 21 cm

★ 중요

▶ 242010-0329

06 오른쪽 그림에서 $\overline{AB} = \overline{BC} = \overline{CD} = 2$ cm이고 $\overline{AD}$가 원의 지름일 때, 색칠한 도형의 둘레의 길이는?

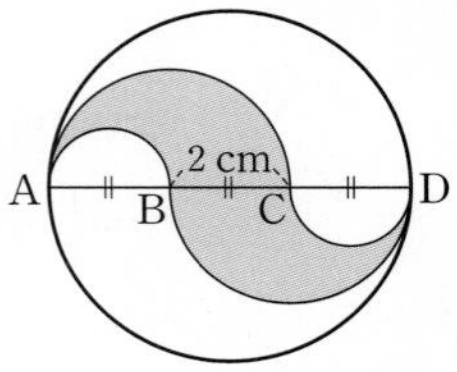

① 4π cm ② 5π cm
③ 6π cm ④ 7π cm
⑤ 8π cm

▶ 242010-0330

07 오른쪽 그림과 같이 원 O의 지름 위에 반지름의 길이가 1 cm인 원 A의 중심과 반지름의 길이가 2 cm인 원 B의 중심이 있을 때, 색칠한 부분의 넓이는?

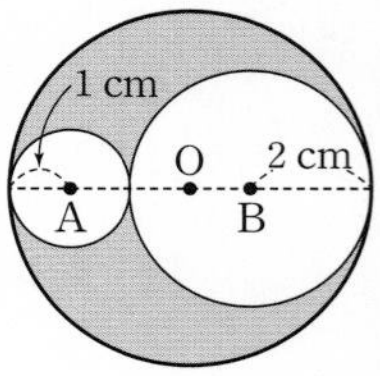

① π cm² ② 2π cm² ③ 3π cm²
④ 4π cm² ⑤ 5π cm²

242010-0331

08 오른쪽 그림과 같이 한 변의 길이가 6 cm인 정사각형 ABCD에서 네 점 P, Q, R, S가 각 변의 중점일 때, 색칠한 부분의 넓이를 구하시오.

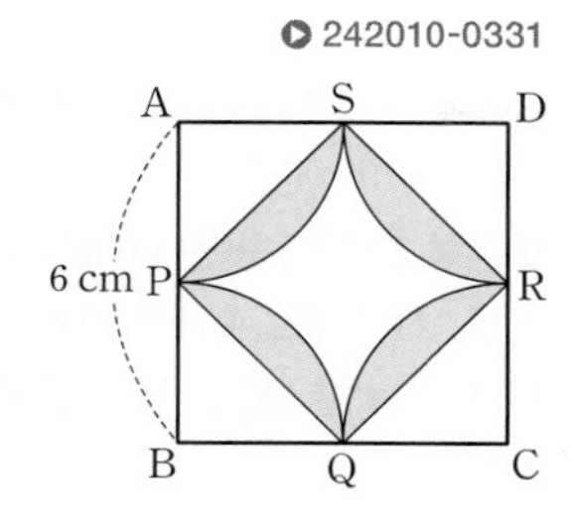

242010-0332

09 오른쪽 그림은 한 변의 길이가 10 cm인 정삼각형 ABC의 세 꼭짓점을 각각 중심으로 하고 반지름의 길이가 10 cm인 세 개의 부채꼴을 그린 것이다. 색칠한 부분의 둘레의 길이는?

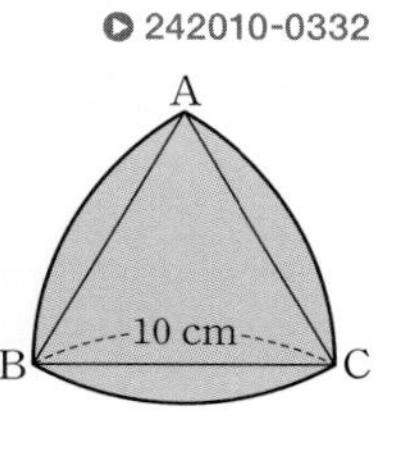

① $\frac{10}{3}\pi$ cm ② 5π cm ③ $\frac{20}{3}\pi$ cm
④ $\frac{25}{3}\pi$ cm ⑤ 10π cm

242010-0333

10 오른쪽 그림은 길이가 4 cm인 실의 한쪽 끝을 한 변의 길이가 2 cm인 정삼각형의 한 꼭짓점에 고정시키고 실을 팽팽하게 당겨 돌리면서 실 끝이 움직인 자취를 파란색 선으로 표시한 것이다. 실 끝이 지나간 부분의 길이는?

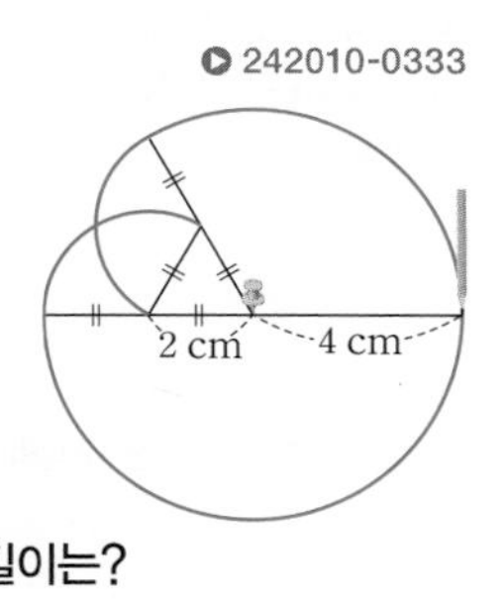

① 8π cm ② $\frac{25}{3}\pi$ cm ③ $\frac{26}{3}\pi$ cm
④ 9π cm ⑤ $\frac{28}{3}\pi$ cm

242010-0334

11 오른쪽 원그래프는 전체에 대한 각 부분의 비율을 원에서 각 부채꼴이 차지하는 면적으로 나타낸 그래프이다. 등교 방법을 조사해 나타난 원그래프에서 '자전거'를 나타내는 부채꼴의 중심각의 크기는?

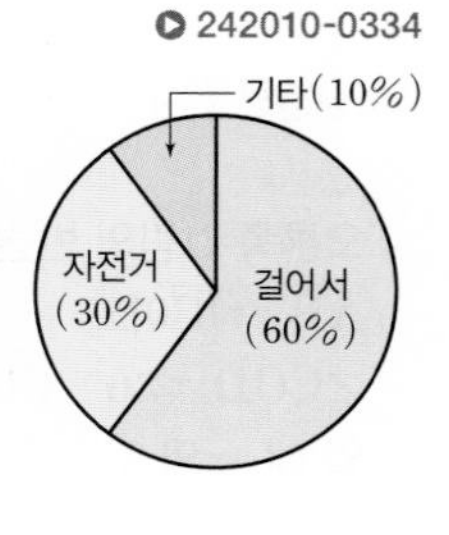

① 96° ② 102° ③ 108°
④ 114° ⑤ 120°

242010-0335

12 오른쪽 그림과 같이 $\overline{AB}$를 지름으로 하는 반원 O에서 색칠한 부분의 넓이 S_1과 부채꼴 ABC에서 색칠한 부분의 넓이 S_2가 같을 때, x의 값은?

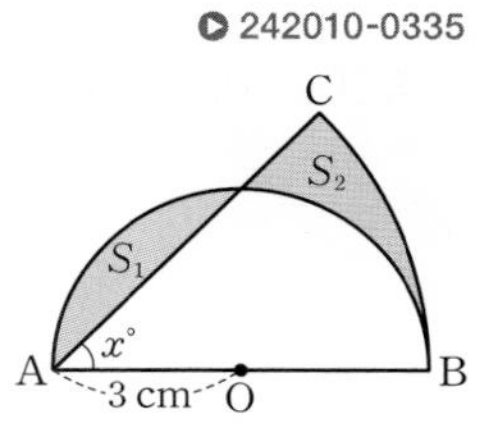

① 30 ② 35 ③ 40
④ 45 ⑤ 50

242010-0336

13 오른쪽 그림과 같이 한 변의 길이가 5 cm인 마름모 ABCD에서 $\overline{AO}=\overline{CO}=3$ cm, $\overline{BO}=\overline{DO}=4$ cm이고 $\angle ABC=72°$일 때, 두 부채꼴 ABC와 ADC의 호로 둘러싸인 부분의 넓이를 구하시오.
(단, 점 O는 마름모의 두 대각선의 교점이다.)

중요 242010-0337

14 호의 길이가 12이고 반지름의 길이가 6인 부채꼴과 호의 길이가 9이고 반지름의 길이가 r인 부채꼴의 넓이가 같을 때, r의 값은?

① 7 ② 8 ③ 9
④ 10 ⑤ 11

서술형으로 중단원 마무리

서술형 1-1 

오른쪽 그림의 반원 O에서 $\overline{AB} /\!/ \overline{OC}$이고 $\angle COD=30°$, $\overset{\frown}{CD}=\pi$ cm일 때, x의 값을 구하시오.

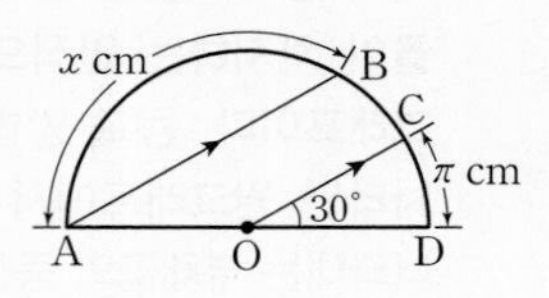

| 풀이 |

1단계 보조선 긋기 [20%]

오른쪽 그림과 같이 $\overline{OB}$를 그으면

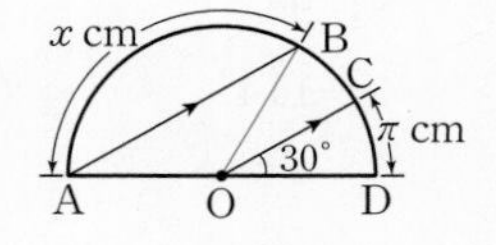

2단계 삼각형의 각의 크기 구하기 [40%]

$\angle OAB=\square$(동위각)

$\triangle OAB$는 $\overline{OA}=\overline{OB}$인 이등변삼각형이므로 $\angle OBA=\square$

따라서 $\angle AOB=\square$

3단계 x의 값 구하기 [40%]

호의 길이와 중심각의 크기는 정비례하므로

$x : \pi=\square : 30$, $x=\square$

서술형 1-2

242010-0338

오른쪽 그림의 반원 O에서 $\overline{AB} /\!/ \overline{OC}$이고 $\overset{\frown}{AB}=21\pi$, $\overset{\frown}{CD}=3\pi$일 때, x의 값을 구하시오.

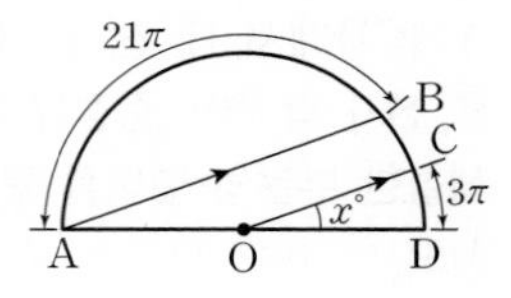

| 풀이 |

1단계 보조선 긋기 [20%]

2단계 삼각형의 각의 크기 구하기 [50%]

3단계 x의 값 구하기 [30%]

서술형 2-1

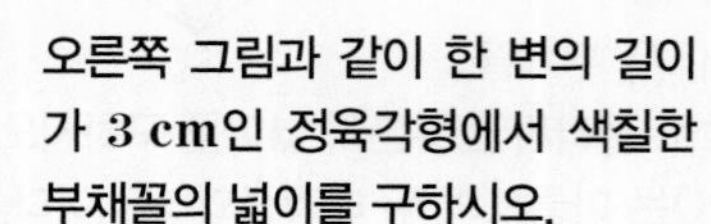

오른쪽 그림과 같이 한 변의 길이가 3 cm인 정육각형에서 색칠한 부채꼴의 넓이를 구하시오.

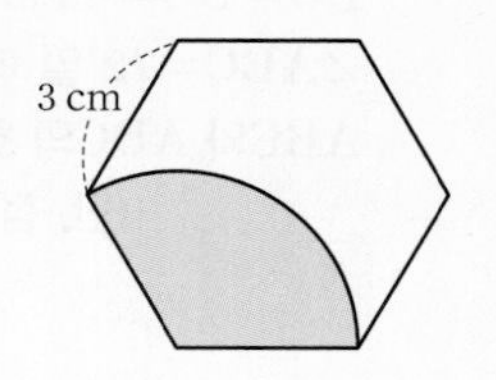

| 풀이 |

1단계 정다각형의 한 내각의 크기 구하기 [50%]

정육각형의 한 내각의 크기는

$\dfrac{\square\times(6-\square)}{6}=\square$

2단계 부채꼴의 넓이 구하기 [50%]

따라서 색칠한 부채꼴의 넓이는

$\pi\times\square^2\times\dfrac{\square}{360}=\square(\text{cm}^2)$

서술형 2-2

242010-0339

오른쪽 그림과 같이 한 변의 길이가 5 cm인 정오각형에서 색칠한 부채꼴의 넓이를 구하시오.

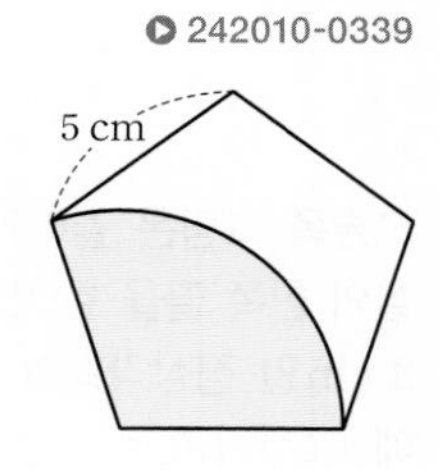

| 풀이 |

1단계 정다각형의 한 내각의 크기 구하기 [50%]

2단계 부채꼴의 넓이 구하기 [50%]

서술형 3-1

밑면의 반지름의 길이가 3 cm인 원기둥 모양의 음료수 2개를 오른쪽 그림과 같이 묶으려고 한다. 이때 필요한 끈의 최소 길이를 구하시오. (단, 끈의 두께와 매듭의 길이는 무시한다.)

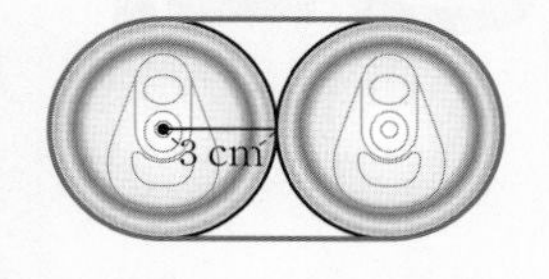

| 풀이 |

1단계 직선인 부분의 길이 구하기 [40%]

$\overline{AD}=\overline{BC}=\square$ cm

2단계 곡선인 부분의 길이 구하기 [40%]

$\widehat{AB}+\widehat{CD}=\square$ cm

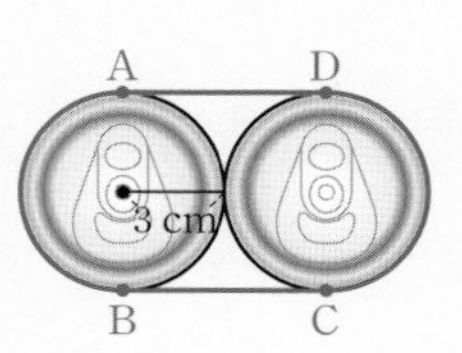

3단계 끈의 최소 길이 구하기 [20%]

따라서 끈의 최소 길이는 ($\square$) cm이다.

서술형 3-2

242010-0340

밑면의 반지름의 길이가 4 cm인 원기둥 모양의 음료수 4개를 오른쪽 그림과 같이 묶으려고 한다. 이때 필요한 끈의 최소 길이를 구하시오. (단, 끈의 두께와 매듭의 길이는 무시한다.)

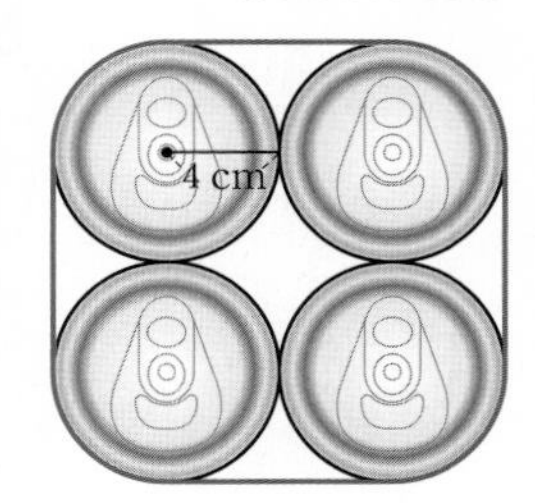

| 풀이 |

1단계 직선인 부분의 길이 구하기 [40%]

2단계 곡선인 부분의 길이 구하기 [40%]

3단계 끈의 최소 길이 구하기 [20%]

서술형 4-1

오른쪽 그림과 같이 반지름의 길이가 1 cm인 10원짜리 동전을 직사각형의 변을 따라 한 바퀴 굴렸을 때, 동전이 지나간 자리의 넓이를 구하시오.

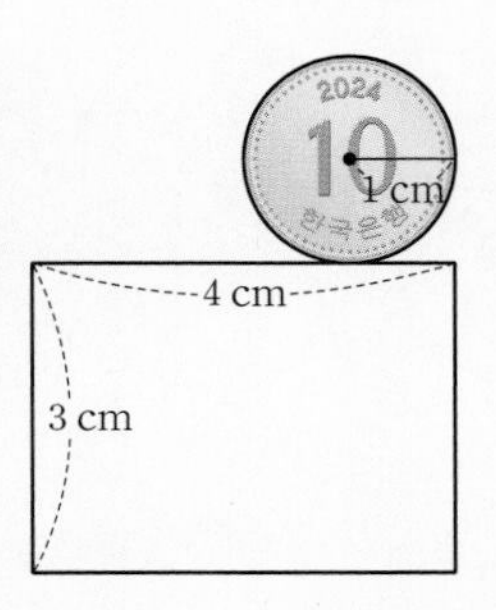

| 풀이 |

1단계 지나간 자리 중 직사각형 모양인 부분의 넓이 구하기 [40%]

동전이 지나간 자리는 오른쪽 그림의 색칠한 부분과 같다.

동전이 지나간 자리 중 직사각형 모양인 부분의 넓이는

㉠+㉢+㉤+㉦=$\square$(cm^2)

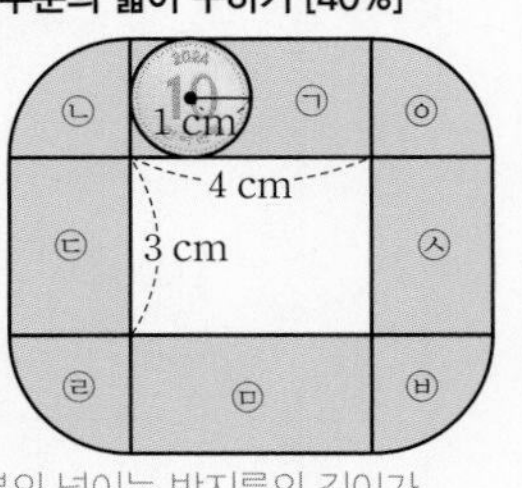

2단계 지나간 자리 중 부채꼴 모양인 부분의 넓이 구하기 [50%]

동전이 지나간 자리 중 부채꼴 모양인 부분의 넓이는 반지름의 길이가 $\square$ cm이고 중심각의 크기가 $\square$°인 부채꼴 4개의 넓이의 합이므로

㉡+㉣+㉥+㉧=$\square$(cm^2)

3단계 지나간 자리의 넓이 구하기 [10%]

따라서 동전이 지나간 자리의 넓이는 ($\square$) cm^2이다.

서술형 4-2

242010-0341

오른쪽 그림과 같이 반지름의 길이가 1 cm인 10원짜리 동전을 정삼각형의 변을 따라 한 바퀴 굴렸을 때, 동전이 지나간 자리의 넓이를 구하시오.

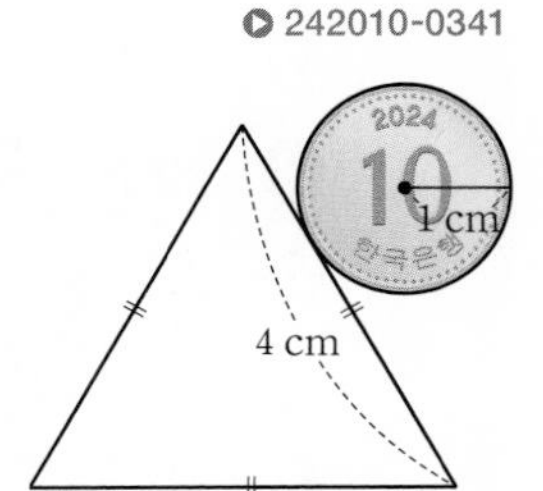

| 풀이 |

1단계 지나간 자리 중 직사각형 모양인 부분의 넓이 구하기 [40%]

2단계 지나간 자리 중 부채꼴 모양인 부분의 넓이 구하기 [50%]

3단계 지나간 자리의 넓이 구하기 [10%]

VII 입체도형의 성질

1. 다면체와 회전체

2. 입체도형의 겉넓이와 부피

초등과정 다시 보기

1-❶ 입체

1. 다음 도형을 각기둥과 각뿔로 구분하시오.

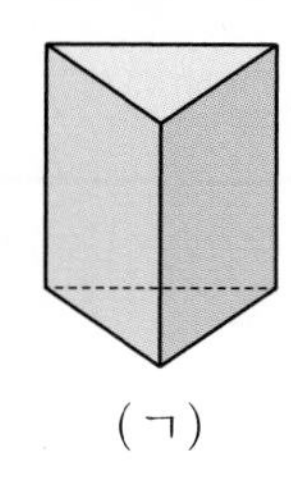
(ㄱ)

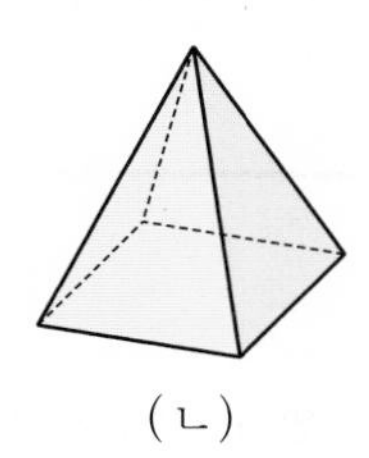
(ㄴ)

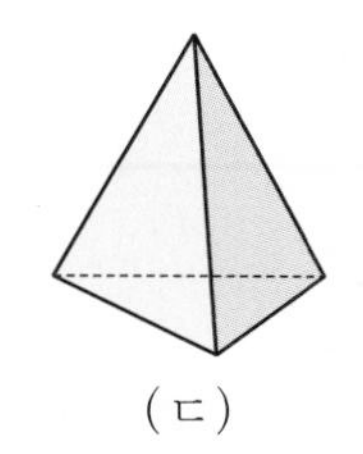
(ㄷ)

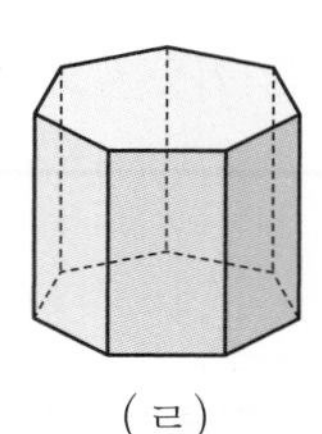
(ㄹ)

(1) 각기둥: ____________ (2) 각뿔: ____________

1-❷ 입체

2. 오른쪽 오각뿔의 높이를 구하시오.

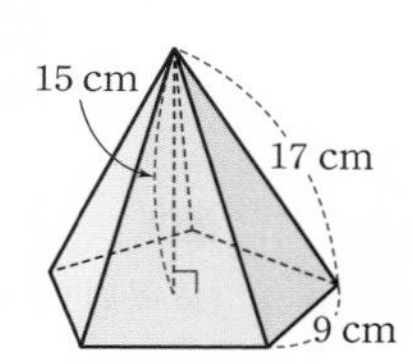

2-❶ 입체

3. 다음이 어떤 입체도형의 전개도인지 말하시오.

(1)

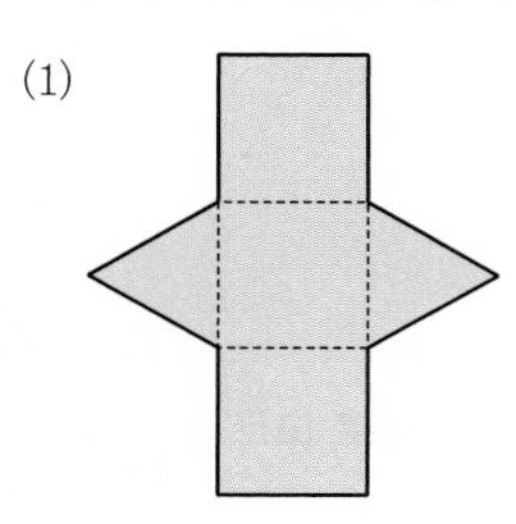

(2)

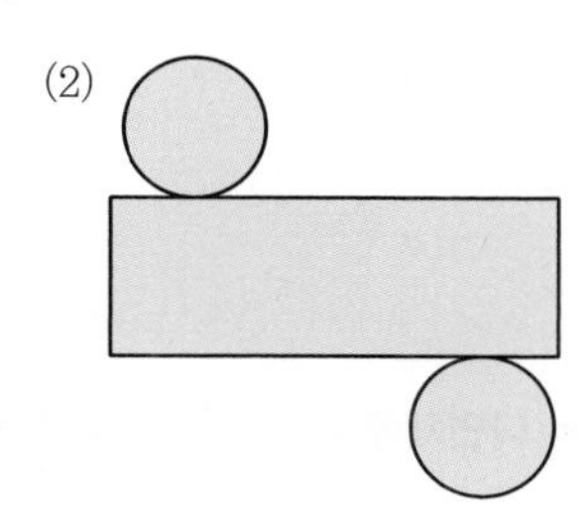

2-❷ 직육면체

4. 오른쪽 직육면체의 겉넓이와 부피를 구하시오.

(1) 겉넓이: ____________

(2) 부피: ____________

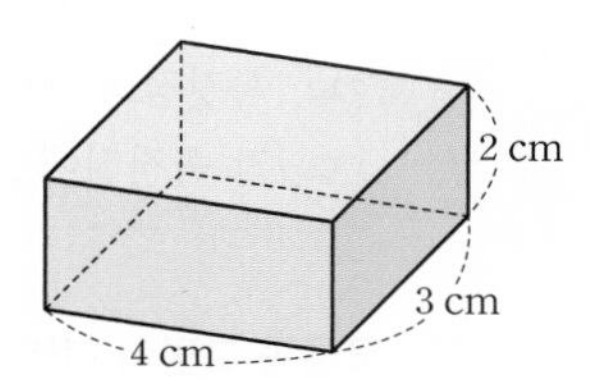

답 **1.** (1) ㄱ, ㄹ (2) ㄴ, ㄷ **2.** 15 cm **3.** (1) 삼각기둥 (2) 원기둥 **4.** (1) 52 cm^2 (2) 24 cm^3

1. 다면체와 회전체

1 다면체

(1) **다면체**: 다각형 모양의 면으로만 둘러싸인 입체도형
① 면: 다면체를 둘러싸고 있는 다각형
② 모서리: 다각형의 변
③ 꼭짓점: 다각형의 꼭짓점

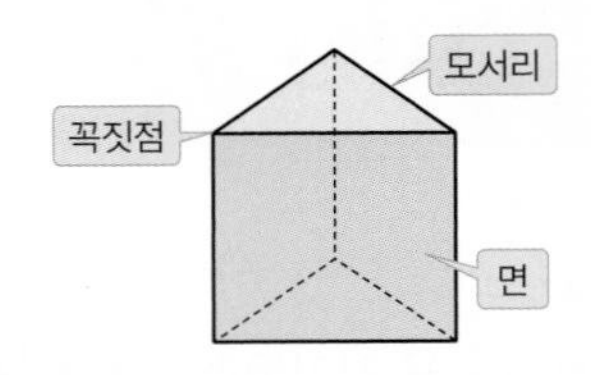

(2) 다면체는 그 면의 개수에 따라 사면체, 오면체, 육면체, …라고 한다.
예 삼각기둥은 오면체이다.

• 원기둥, 원뿔, 구는 원이나 곡면으로 둘러싸여 있으므로 다면체가 아니다.

예제 1 다음 도형 중 다면체를 고르고, 그 다면체가 몇 면체인지 말하시오.

(1) 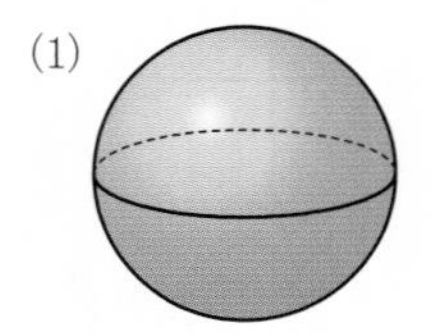
(2) 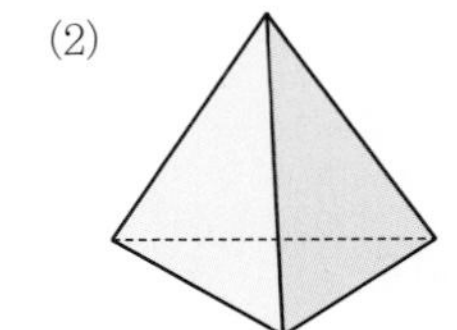
(3) 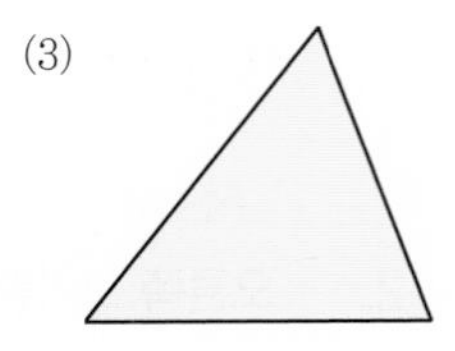

풀이
(1) 곡면으로 둘러싸여 있으므로 다면체가 아니다.
(2) 다면체이며, 4개의 면으로 둘러싸여 있는 사면체이다.
(3) 평면도형이므로 다면체가 아니다.

답 (2), 사면체

정답과 풀이 51쪽

유제 1 오른쪽 그림의 다면체에 대한 설명으로 다음 보기 중 옳은 것을 있는 대로 고르시오. 242010-0342

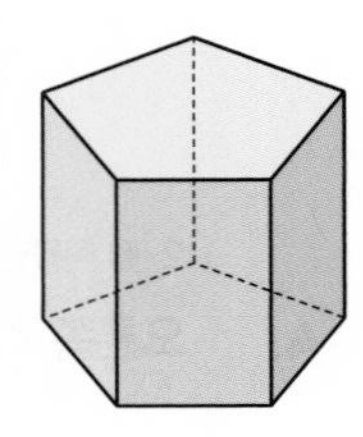

보기
ㄱ. 오면체이다.
ㄴ. 꼭짓점의 개수는 10개이다.
ㄷ. 각 꼭짓점에 모인 면의 개수는 3개이다.

2 오른쪽 그림의 다면체에서 다음을 구하시오. 242010-0343

(1) 면의 개수
(2) 모서리의 개수

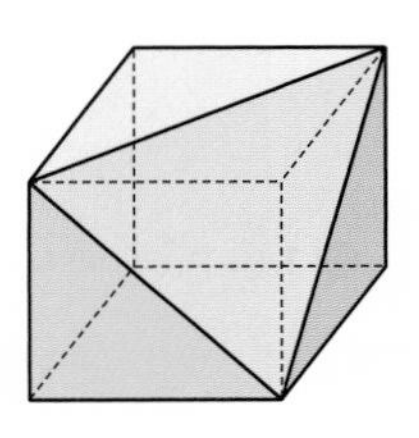

2 다면체의 종류

(1) **각기둥:** 두 밑면이 서로 평행하고 합동인 다각형이고 옆면이 모두 직사각형인 다면체

(2) **각뿔:** 밑면이 다각형이고 옆면이 모두 삼각형인 다면체

(3) **각뿔대:** 각뿔을 밑면에 평행한 평면으로 잘라서 생기는 두 입체도형 중 각뿔이 아닌 쪽

① 밑면: 서로 평행한 두 면
옆면: 밑면이 아닌 면
높이: 두 밑면에 수직인 선분의 길이

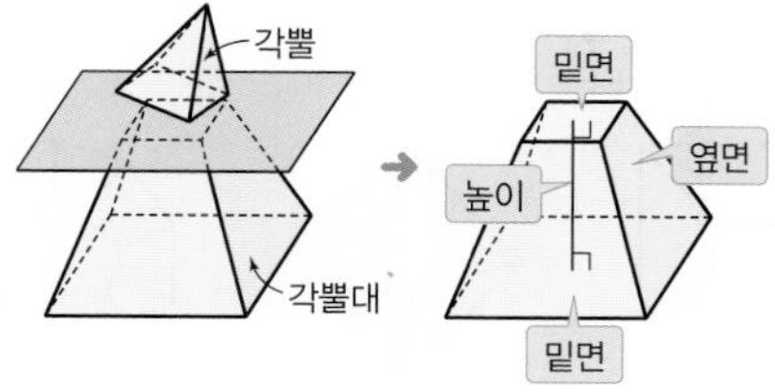

② 밑면의 모양에 따라 삼각뿔대, 사각뿔대, 오각뿔대, …라고 한다.

③ 옆면의 모양은 모두 사다리꼴이다.

• 사면체, 오면체, 육면체, …는 다면체를 그 면의 개수에 따라 분류한 것이고, 각기둥, 각뿔, 각뿔대는 다면체를 모양에 따라 분류한 것이다.

예제 2 사각뿔대는 몇 면체인지 말하고, 모서리의 개수와 꼭짓점의 개수를 각각 구하시오.

풀이

사각뿔대는 오른쪽과 그림과 같은 입체도형이다.
따라서 면의 개수는 6개로 육면체이고, 모서리의 개수는 12개, 꼭짓점의 개수는 8개이다.

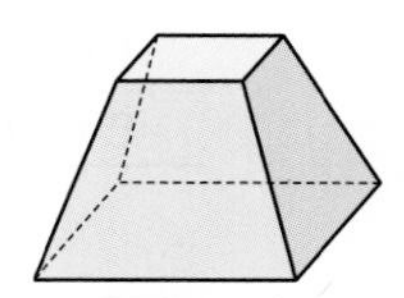

답 육면체, 모서리의 개수: 12개, 꼭짓점의 개수: 8개

정답과 풀이 51쪽

유제 3 삼각뿔대는 몇 면체인지 말하고, 모서리의 개수와 꼭짓점의 개수를 각각 구하시오. ▶ 242010-0344

4 다음 중 오른쪽 도형에 대한 설명으로 옳은 것은? ▶ 242010-0345

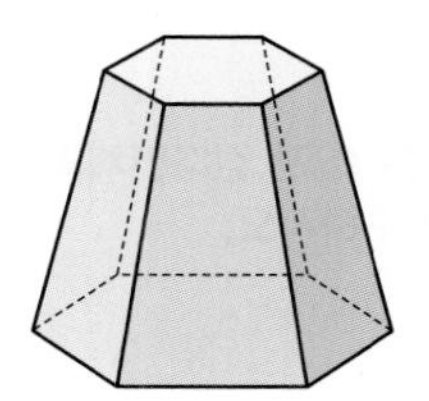

① 십면체이다.
② 면의 개수는 12개이다.
③ 옆면의 개수는 6개이다.
④ 모서리의 개수는 24개이다.
⑤ 꼭짓점의 개수는 6개이다.

3 정다면체

(1) **정다면체:** ① 각 면이 모두 합동인 정다각형이고
② 각 꼭짓점에 모인 면의 개수가 모두 같은 다면체

(2) **정다면체의 종류**
정다면체는 다음 다섯가지 뿐이다.

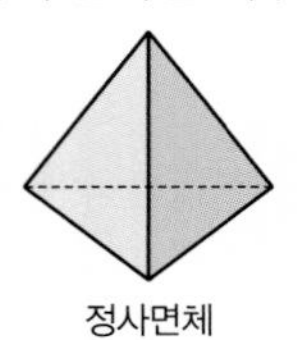
정사면체

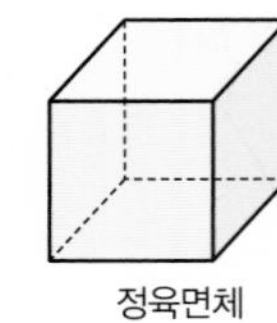
정육면체

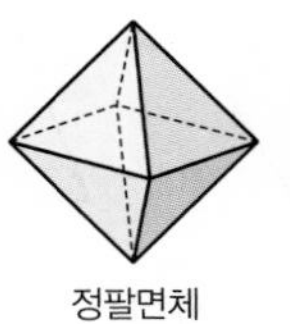
정팔면체

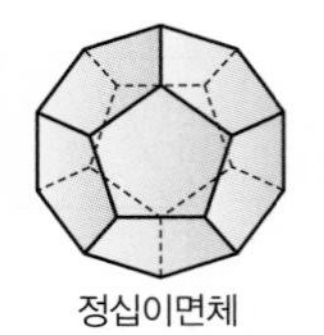
정십이면체

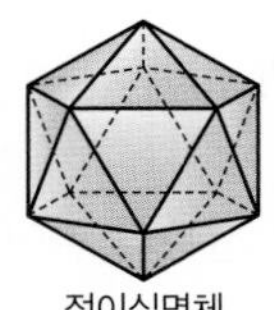
정이십면체

• 입체도형이 되려면 한 꼭짓점에 모인 면이 3개 이상이고, 한 꼭짓점에 모인 면의 내각의 크기의 합이 360°보다 작아야 한다.
따라서 정다면체는 정삼각형이 3개, 4개, 5개 모인 경우, 정사각형이 3개 모인 경우, 정오각형이 3개 모인 경우 다섯가지 뿐이다.

예제 3 **빈 칸에 알맞은 내용을 쓰시오.**

정다면체	정사면체	정육면체	정팔면체	정십이면체	정이십면체
면의 모양	정삼각형				
한 꼭짓점에 모인 면의 개수(개)	3				
면의 개수(개)	4				

풀이

정다면체	정사면체	정육면체	정팔면체	정십이면체	정이십면체
면의 모양	정삼각형	정사각형	정삼각형	정오각형	정삼각형
한 꼭짓점에 모인 면의 개수(개)	3	3	4	3	5
면의 개수(개)	4	6	8	12	20

답 풀이 참조

정답과 풀이 52쪽

유제 5 **다음 조건을 모두 만족시키는 다면체를 구하시오.** 242010-0346

(가) 모든 면이 합동인 정삼각형이다.
(나) 각 꼭짓점에 모인 면의 개수가 5개이다.

6 **오른쪽은 어떤 정다면체의 전개도의 일부이다. 이 전개도로 만들어지는 정다면체를 구하시오.** 242010-0347

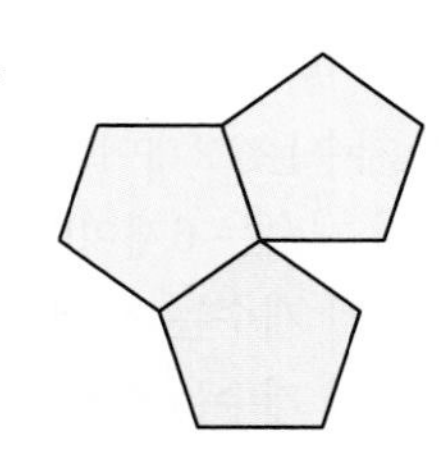

4 회전체

(1) **회전체**: 평면도형을 한 직선을 축으로 하여 1회전 시킬 때 생기는 입체도형

(2) **회전축**: 축으로 사용한 직선

예

회전체	원기둥	원뿔	구
회전시키기 전의 평면도형	직사각형	직각삼각형	반원
겨냥도			

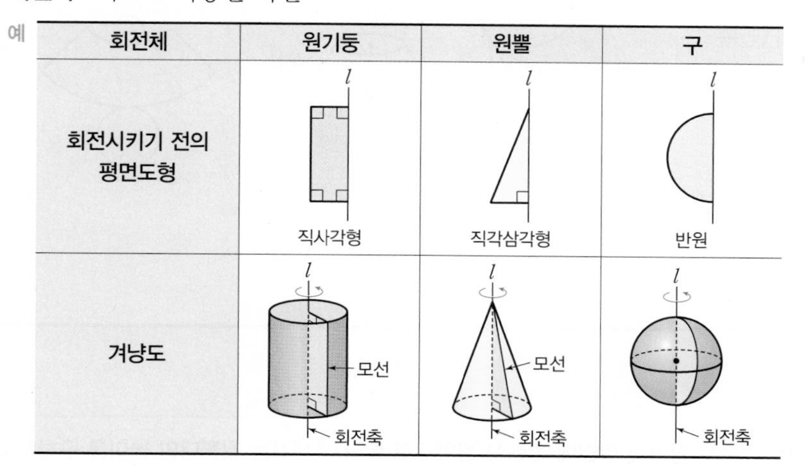

• 모선: 회전하여 옆면을 만드는 선분. 이때 구에서는 모선을 생각하지 않는다.

• 구의 회전축은 무수히 많다.

[참고]

원기둥의 전개도

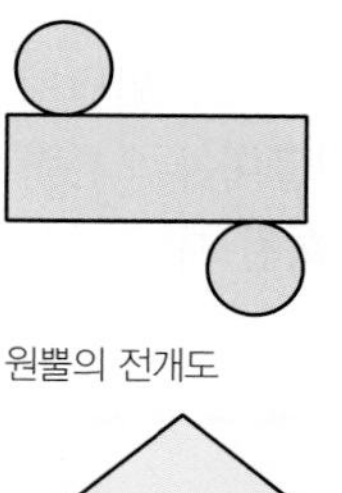

원뿔의 전개도

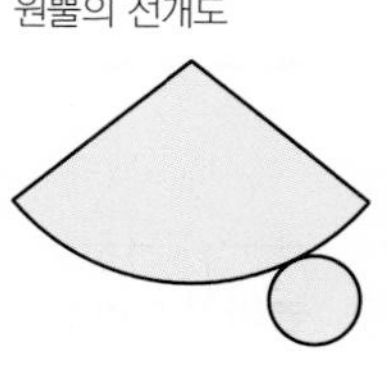

예제 4 **다음 보기 중 회전체인 것을 있는 대로 고르시오.**

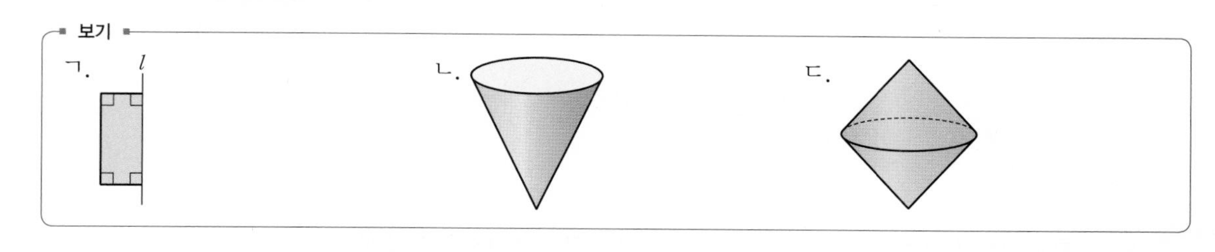

풀이

ㄱ. 회전시키기 전의 평면도형으로 회전체가 아니다.

ㄴ. 원뿔을 뒤집어놓은 도형으로 회전체이다.

ㄷ. (l) 를 회전 시킨 모양으로 회전체이다.

답 ㄴ, ㄷ

정답과 풀이 52쪽

유제 7 **오른쪽 도형을 직선 l을 회전축으로 하여 1회전 시킬 때 생기는 회전체를 그리시오.** 242010-0348

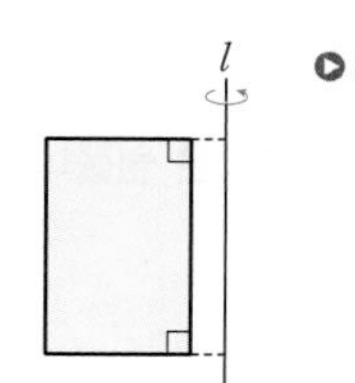

8 **오른쪽 입체도형은 어떤 평면도형을 회전축 l을 기준으로 1회전 시킬 때 나타나는 회전체이다. 회전시키기 전의 평면도형과 회전축 l을 그리시오.** 242010-0349

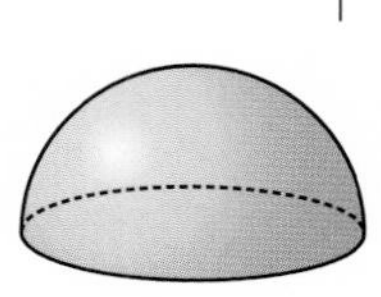

5 회전체의 종류

(1) 회전체에는 원기둥, 원뿔, 구, 원뿔대 등이 있다.

(2) **원뿔대**: 원뿔을 밑면에 평행한 평면으로 잘라서 생기는 두 입체도형 중 원뿔이 아닌 쪽

① 밑면: 서로 평행한 두 면
옆면: 밑면이 아닌 면
높이: 두 밑면에 수직인 선분의 길이

② 원뿔대는 오른쪽 그림과 같은 평면도형을 1회전 시켜 만든 회전체이다.

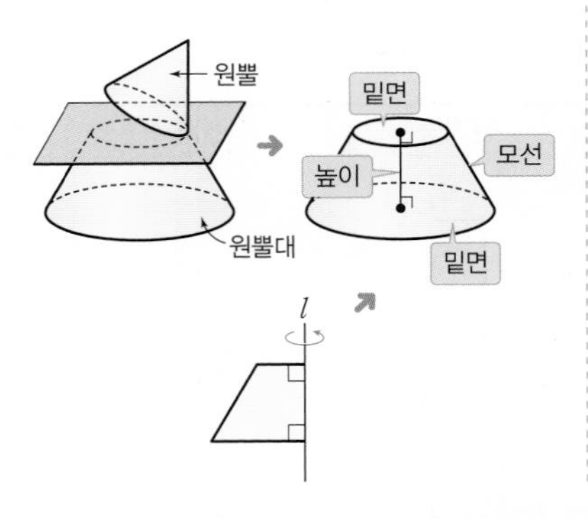

[참고]
원뿔대의 전개도

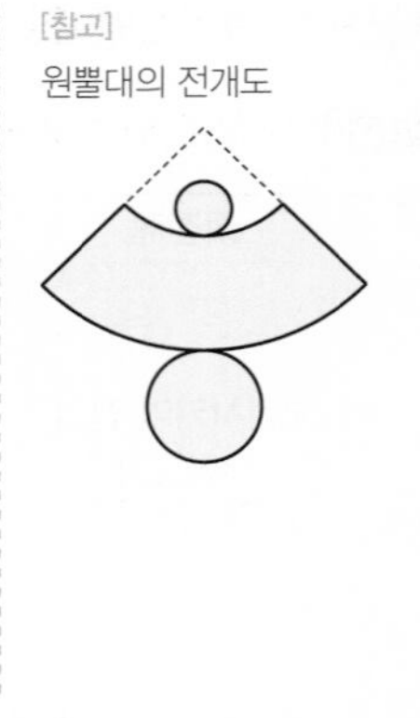

예제 5 높이가 5 cm인 원뿔을 꼭짓점에서 2 cm 떨어진 밑면에 평행한 평면으로 잘라서 생기는 원뿔대의 높이를 구하시오.

풀이
오른쪽 그림과 같은 원뿔대이므로 높이는 3 cm이다.

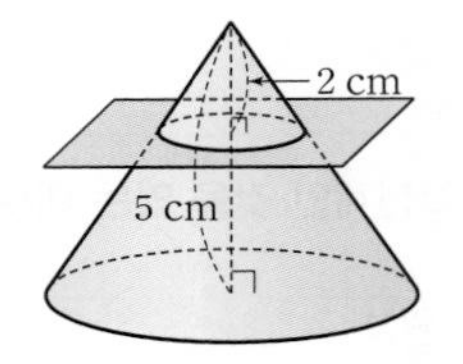

답 3 cm

정답과 풀이 52쪽

유제 9 오른쪽 그림과 같은 사다리꼴을 직선 l을 회전축으로 하여 1회전 시킬 때 생기는 회전체의 두 밑면의 넓이의 합을 구하시오.

242010-0350

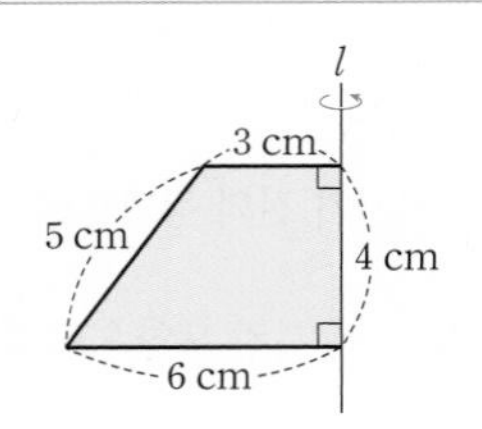

10 다음 그림은 원뿔대와 그 전개도를 그린 것이다. x, y, z의 값을 각각 구하시오.

242010-0351

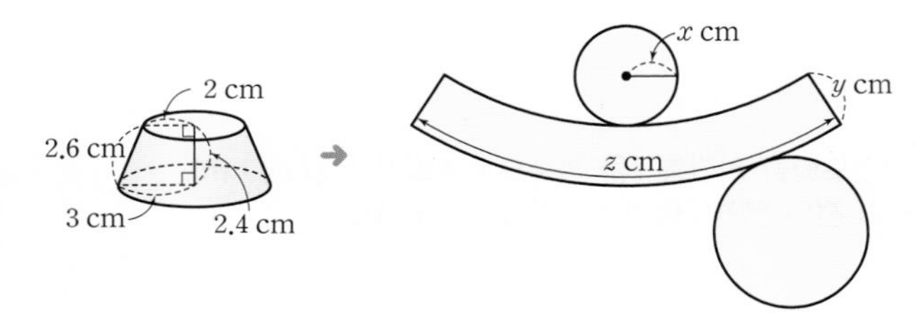

6 회전체의 성질

(1) **회전축에 수직인 평면으로 자른 단면:** 항상 원이다.

(2) **회전축을 포함하는 평면으로 자른 단면:** 모두 합동이고 회전축을 대칭축으로 하는 선대칭도형이다.

• 단면: 입체도형을 평면으로 잘랐을 때 생기는 면

• 선대칭도형: 한 직선(대칭축)을 따라 접었을 때 완전히 겹치는 도형

예

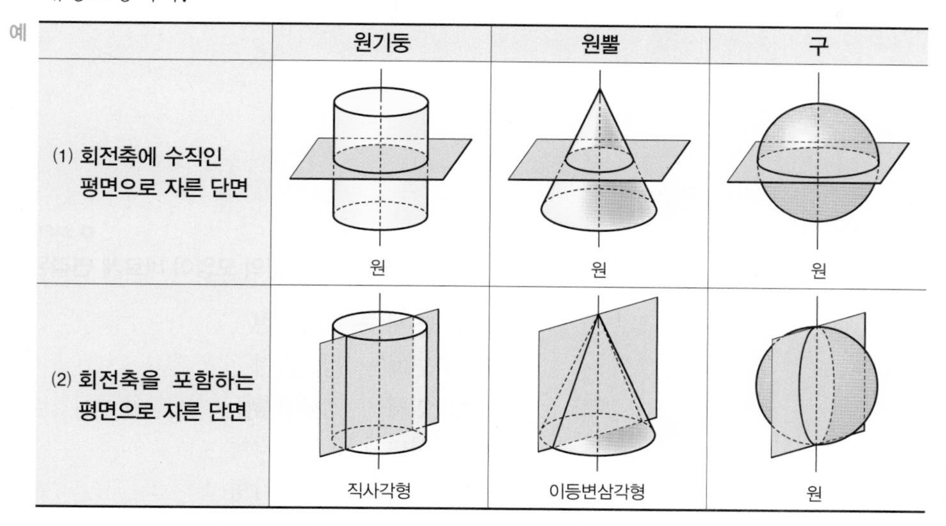

예제 6 **오른쪽 그림의 원뿔대에 대하여 다음을 그리시오.**

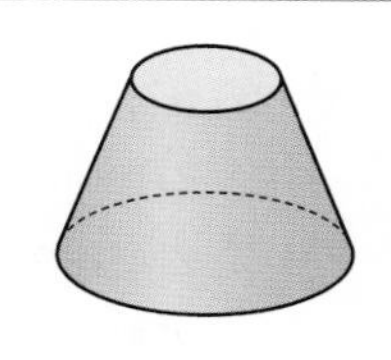

(1) 회전축에 수직인 평면으로 자른 단면

(2) 회전축을 포함하는 평면으로 자른 단면

풀이

(1) 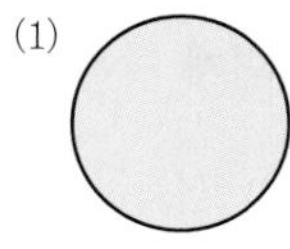 (2) 

답 풀이 참조

정답과 풀이 52쪽

유제 11 **어떤 회전체를 회전축에 수직인 평면과 회전축을 포함하는 평면으로 자른 단면이 각각 다음과 같을 때, 이 회전체를 그리시오.** 242010-0352

• 회전축에 수직인 평면으로 자른 단면

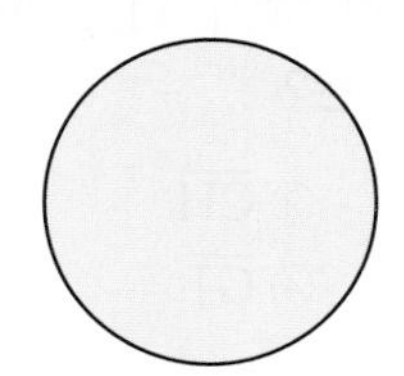

• 회전축을 포함하는 평면으로 자른 단면

중단원 마무리

▶ 242010-0353

01 다음 중 팔면체를 모두 고르면? (정답 2개)

① 육각뿔 ② 육각뿔대 ③ 칠각기둥
④ 칠각뿔 ⑤ 칠각뿔대

▶ 242010-0354

02 다음 중 모서리의 개수가 가장 많은 다면체는?

① 육각기둥 ② 칠각뿔 ③ 팔각뿔대
④ 구각뿔 ⑤ 십각뿔

▶ 242010-0355

03 다음 중 다면체에 대한 설명으로 옳은 것은?

① n각뿔은 $(n+2)$면체이다.
② n각기둥과 n각뿔대는 모두 $(n+1)$면체이다.
③ 각뿔대의 옆면은 모두 직사각형이다.
④ 각뿔대의 밑면의 개수는 각뿔보다 적다.
⑤ 각뿔의 면의 개수와 꼭짓점의 개수는 같다.

☆ 중요 ▶ 242010-0356

04 다음 조건을 모두 만족시키는 다면체의 모서리의 개수는?

(가) 두 밑면이 서로 평행하지만 합동은 아니다.
(나) 옆면의 모양은 사다리꼴이다.
(다) 십삼각뿔과 꼭짓점의 개수가 같다.

① 15개 ② 18개 ③ 21개
④ 24개 ⑤ 27개

▶ 242010-0357

05 다음 중 한 꼭짓점에 모인 면의 개수가 나머지와 다른 것은?

① 정사면체 ② 오각기둥 ③ 정육면체
④ 정팔면체 ⑤ 정십이면체

▶ 242010-0358

06 다음 중 정다면체와 그 면의 모양이 바르게 연결된 것은?

① 정사면체 — 정사각형
② 정육면체 — 정오각형
③ 정팔면체 — 정육각형
④ 정십이면체 — 정사각형
⑤ 정이십면체 — 정삼각형

▶ 242010-0359

07 정n면체의 면의 개수를 a, 한 꼭짓점에 모인 면의 수를 b라고 할 때, a가 b의 배수가 아닌 정다면체는?

① 정사면체 ② 정육면체 ③ 정팔면체
④ 정십이면체 ⑤ 정이십면체

▶ 242010-0360

08 오른쪽 그림과 같은 전개도로 만든 정다면체에서 $\overline{AB}$와 평행한 모서리는?

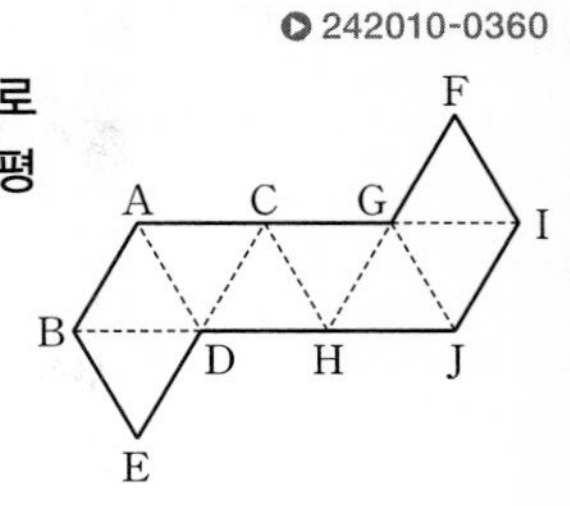

① $\overline{CD}$ ② $\overline{CH}$
③ $\overline{GH}$ ④ $\overline{GJ}$
⑤ $\overline{IJ}$

242010-0361

09 다음 중 회전체가 아닌 것은?

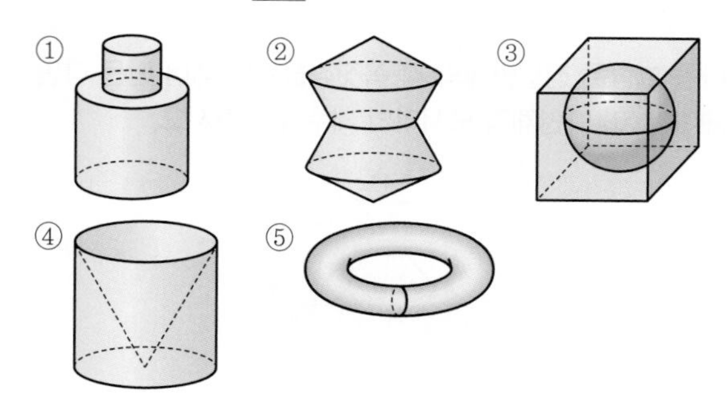

중요　242010-0362

10 다음 중 구에 대한 설명으로 옳지 않은 것은?

① 회전축이 무수히 많다.
② 회전축에 수직인 면으로 자른 단면은 모두 합동이다.
③ 구의 중심을 지나는 면으로 자른 단면은 모두 합동이다.
④ 반원을 지름을 축으로 하여 1회전 시켰을 때 생기는 회전체이다.
⑤ 원을 지름을 축으로 하여 반바퀴 회전시켰을 때 생기는 입체도형이다.

242010-0363

11 [그림 1]과 같은 종이를 여러 장 잘라 동그랗게 붙여 [그림 2]와 같은 회전체 모양인 크리스마스 트리를 만들려고 한다. 트리의 밑면 폭이 24 cm가 되도록 하려면 x의 값이 얼마가 되어야 하는지 구하시오.

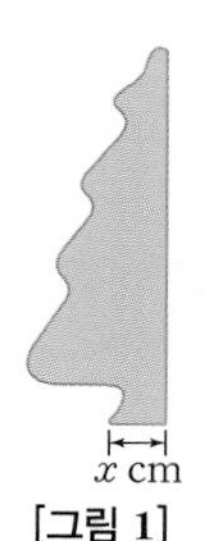

[그림 1]

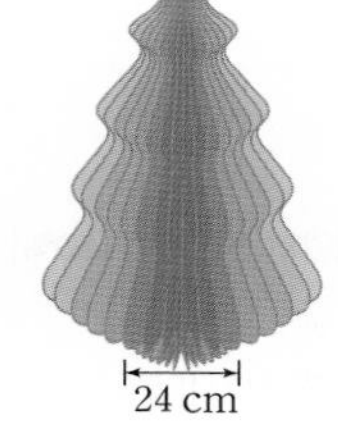

[그림 2]

242010-0364

12 원뿔을 회전축을 포함하는 평면으로 자른 단면의 모양은?

① 반구　② 원　③ 이등변삼각형
④ 직사각형　⑤ 직사각형이 아닌 사다리꼴

중요　242010-0365

13 오른쪽 그림과 같은 평면도형을 직선 l을 축으로 하여 1회전 시킨 회전체를 회전축을 포함하는 평면으로 자른 단면의 넓이를 구하시오.

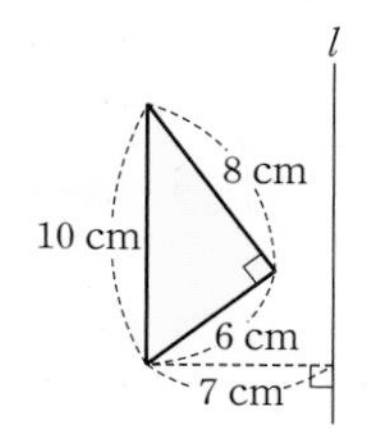

242010-0366

14 오른쪽 그림과 같은 평면도형을 직선 l을 축으로 하여 1회전 시킨 회전체를 점 A를 지나고 회전축에 수직인 단면으로 자른 단면의 넓이는?

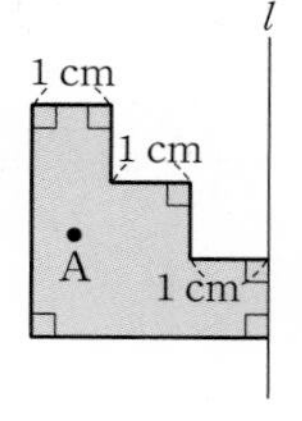

① $5\pi\text{ cm}^2$　② $6\pi\text{ cm}^2$
③ $7\pi\text{ cm}^2$　④ $8\pi\text{ cm}^2$
⑤ $9\pi\text{ cm}^2$

242010-0367

15 오른쪽 그림과 같은 평면도형을 직선 l을 축으로 하여 1회전 시킨 회전체는?

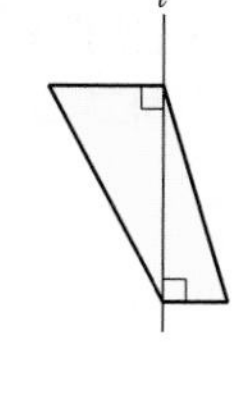

①
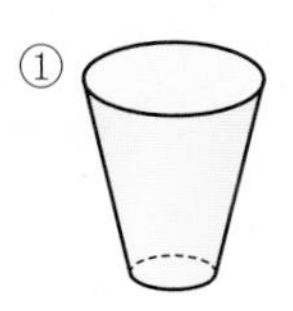
②
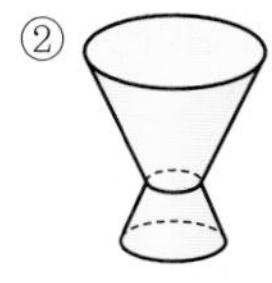
③

④
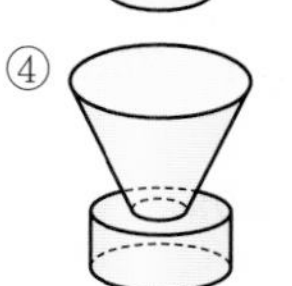
⑤

서술형으로 중단원 마무리

서술형 1-1 

다음 그림은 정육면체의 각 꼭짓점을 잘라내어 만든 다면체이다. 이 다면체의 모서리의 개수를 구하시오.

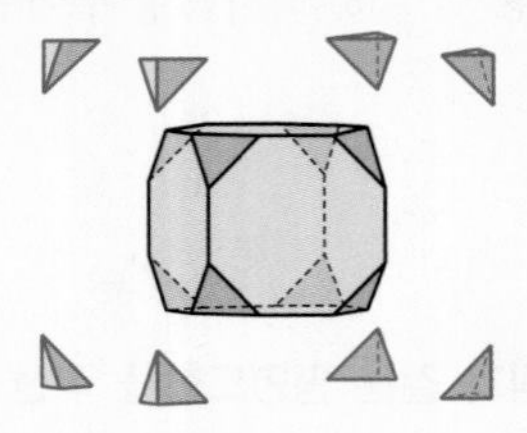

| 풀이 |

1단계 정육면체의 모서리의 개수 구하기 [40%]
정육면체의 모서리의 개수는 □개이다.

2단계 잘라냈을 때 추가되는 모서리의 개수 구하기 [40%]
꼭짓점을 잘라내면서 추가되는 모서리의 개수는 한 꼭짓점에 모여있는 면의 개수와 같으므로 꼭짓점마다 □개의 모서리가 추가된다.

3단계 다면체의 모서리의 개수 구하기 [20%]
따라서 구하는 모서리의 개수는
(정육면체의 모서리의 개수)+(추가된 모서리의 개수)
=□+8×□=□(개)

서술형 1-2

242010-0368

다음 그림은 정팔면체의 각 꼭짓점을 잘라내어 만든 다면체이다. 이 다면체의 모서리의 개수를 구하시오.

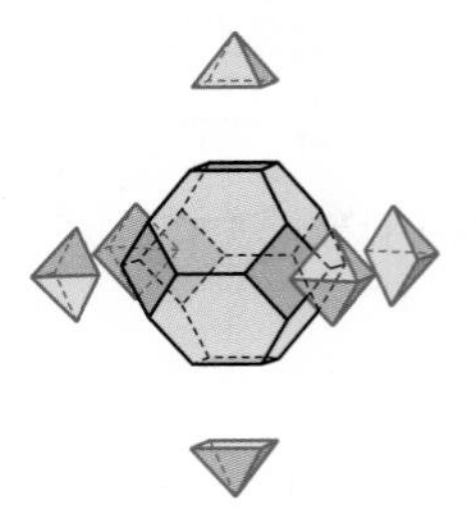

| 풀이 |

1단계 정팔면체의 모서리의 개수 구하기 [40%]

2단계 잘라냈을 때 추가되는 모서리의 개수 구하기 [40%]

3단계 다면체의 모서리의 개수 구하기 [20%]

서술형 2-1

오른쪽 그림은 축구공을 단순화한 다면체이다. 이 도형이 정다면체인지 말하고 그 이유를 설명하시오.
(단, 모든 모서리의 길이는 같다.)

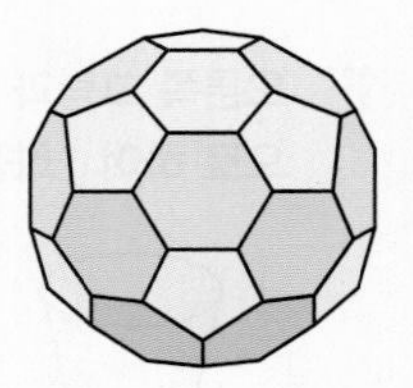

| 풀이 |

1단계 정다면체인지 판단하기 [50%]
정다면체가 □.

2단계 그 이유 설명하기 [50%]
각 면이 □이 아니기 때문이다.

서술형 2-2

242010-0369

오른쪽 그림은 정사면체 2개를 붙여 놓은 다면체이다. 이 도형이 정다면체인지 말하고 그 이유를 설명하시오.

| 풀이 |

1단계 정다면체인지 판단하기 [50%]

2단계 그 이유 설명하기 [50%]

서술형 3-1

정십이면체의 모서리의 개수를 구하시오.

| 풀이 |

1단계 한 면의 모서리의 개수 구하기 [30%]

정십이면체의 면의 모양은 ☐이므로
한 면의 모서리의 개수는 ☐개이다.

2단계 면의 개수 구하기 [30%]

정십이면체의 면의 개수는 12개이다.

3단계 정십이면체의 모서리의 개수 구하기 [40%]

한 모서리는 이웃하는 면이 두 개이므로 두 번씩 헤아려진다.
따라서 정십이면체의 모서리의 개수는

$\frac{\square \times 12}{\square} = \square$(개)

서술형 3-2

242010-0370

정십이면체의 꼭짓점의 개수를 구하시오.

| 풀이 |

1단계 한 면의 꼭짓점의 개수 구하기 [30%]

2단계 면의 개수 구하기 [30%]

3단계 정십이면체의 꼭짓점의 개수 구하기 [40%]

서술형 4-1

오른쪽 그림은 원뿔의 전개도이다.
r의 값을 구하시오.

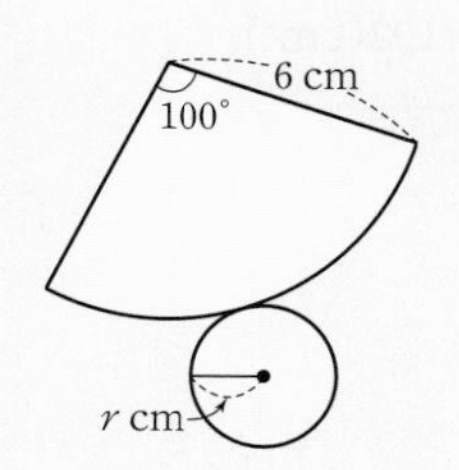

| 풀이 |

1단계 호의 길이 구하기 [50%]

옆면의 호의 길이는 ☐ cm이다.

2단계 밑면의 반지름의 길이 구하기 [50%]

옆면의 호의 길이와 밑면의 둘레의 길이는 같으므로

$2\pi \times r = \square$, $r = \square$

서술형 4-2

242010-0371

오른쪽 그림은 원뿔대의 전개도이다.
r의 값을 구하시오.

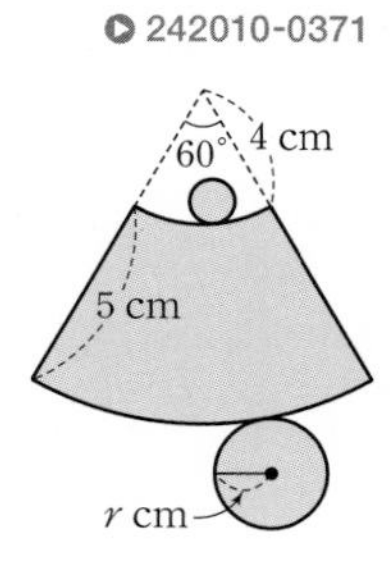

| 풀이 |

1단계 호의 길이 구하기 [50%]

2단계 밑면의 반지름의 길이 구하기 [50%]

2. 입체도형의 겉넓이와 부피

1 기둥의 겉넓이

(1) 각기둥의 겉넓이

각기둥의 전개도는 서로 합동인 두 밑면과 직사각형 모양의 옆면으로 이루어져 있으므로 각기둥의 겉넓이는 다음과 같이 구할 수 있다.

(각기둥의 겉넓이)=(밑넓이)×2+(옆넓이)

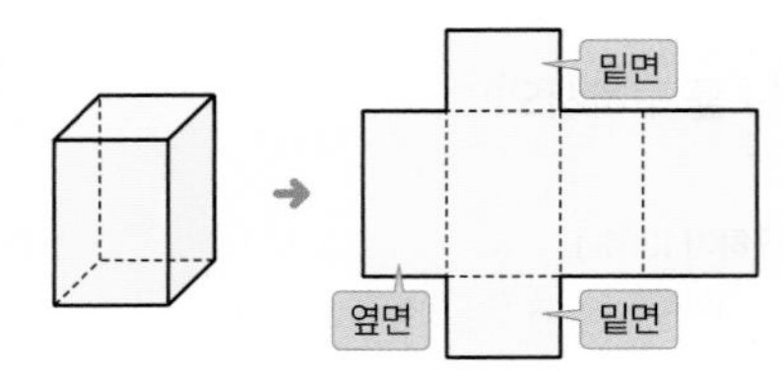

(2) 원기둥의 겉넓이

밑면인 원의 반지름의 길이가 r이고 높이가 h인 원기둥의 전개도는 오른쪽 그림과 같으므로

(원기둥의 겉넓이)=(밑넓이)×2+(옆넓이)

$=\pi r^2\times 2+2\pi r\times h$

$=2\pi r^2+2\pi rh$

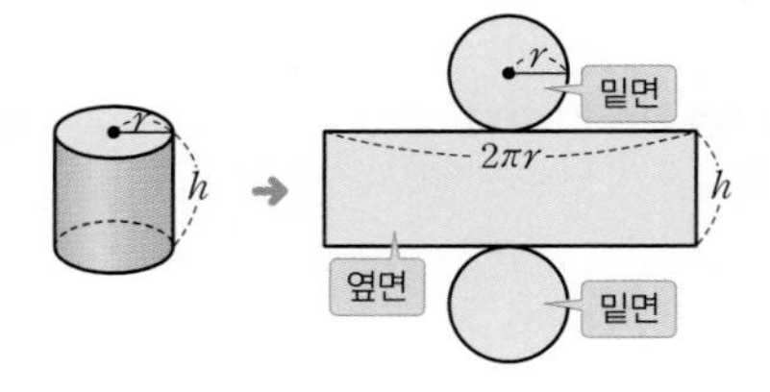

• 입체도형의 겉넓이는 그 전개도의 넓이와 같다.

• 입체도형에서 한 밑면의 넓이를 밑넓이, 옆면 전체의 넓이를 옆넓이라고 한다.

• 기둥의 전개도에서 옆면을 이루는 직사각형의 가로의 길이는 밑면의 둘레의 길이와 같다.

예제 1 **오른쪽 그림과 같은 삼각기둥에 대하여 다음을 구하시오.**

(1) 밑넓이

(2) 옆넓이

(3) 겉넓이

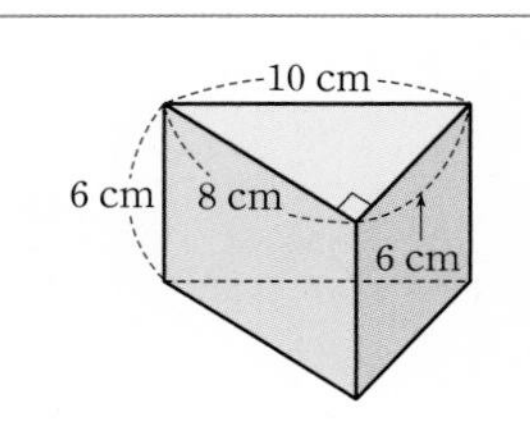

풀이

주어진 삼각기둥의 전개도는 오른쪽 그림과 같다.

(1) (밑넓이)$=\frac{1}{2}\times 8\times 6=24(\text{cm}^2)$

(2) (옆넓이)=(밑면의 둘레의 길이)×(높이)$=(10+6+8)\times 6=144(\text{cm}^2)$

(3) (겉넓이)=(밑넓이)×2+(옆넓이)$=24\times 2+144=192(\text{cm}^2)$

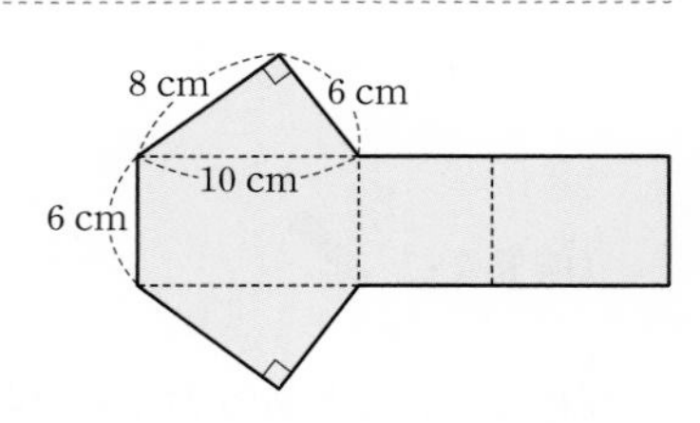

답 (1) 24 cm^2 (2) 144 cm^2 (3) 192 cm^2

정답과 풀이 55쪽

유제 1 **오른쪽 그림과 같은 원기둥에 대하여 다음을 구하시오.** ▶ 242010-0372

(1) 밑넓이

(2) 옆넓이

(3) 겉넓이

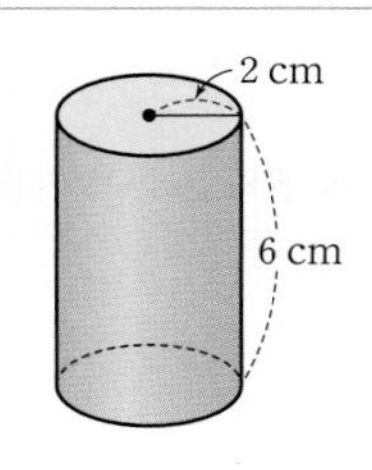

2 기둥의 부피

(1) 각기둥의 부피

일반적으로 밑면이 다각형인 각기둥은 여러 개의 삼각기둥으로 나눌 수 있으므로 각기둥의 부피는 삼각기둥의 부피의 합으로 구할 수 있다. 이때 각기둥의 밑넓이는 나누어진 삼각기둥의 밑넓이의 합과 같으므로 각기둥의 부피는 다음과 같이 구할 수 있다.

(각기둥의 부피)=(밑넓이)×(높이)

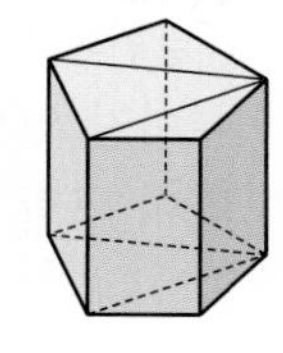

• (삼각기둥의 부피)

$=\frac{1}{2}\times$(직육면체의 부피)

$=\frac{1}{2}\times$(직육면체의 밑넓이)×(높이)

=(삼각기둥의 밑넓이)×(높이)

(2) 원기둥의 부피

밑면의 반지름의 길이가 r이고 높이가 h인 원기둥에서

(원기둥의 부피)=(밑넓이)×(높이)

$=\pi r^2\times h=\pi r^2 h$

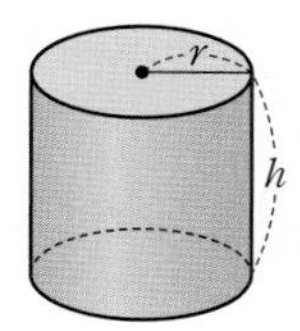

예제 2 다음 기둥의 부피를 구하시오.

(1)

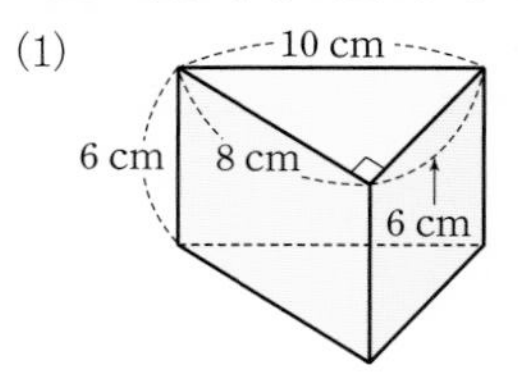

(2)

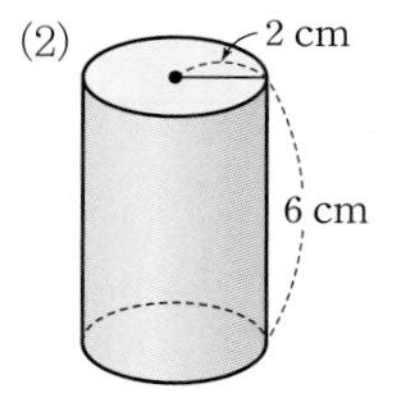

풀이

(1) (부피)=(밑넓이)×(높이)$=\left(\frac{1}{2}\times8\times6\right)\times6=144(\text{cm}^3)$

(2) (부피)=(밑넓이)×(높이)$=(\pi\times2^2)\times6=24\pi(\text{cm}^3)$

답 (1) 144 cm^3 (2) $24\pi\text{ cm}^3$

정답과 풀이 55쪽

유제 2 다음 기둥의 부피를 구하시오. 242010-0373

(1)

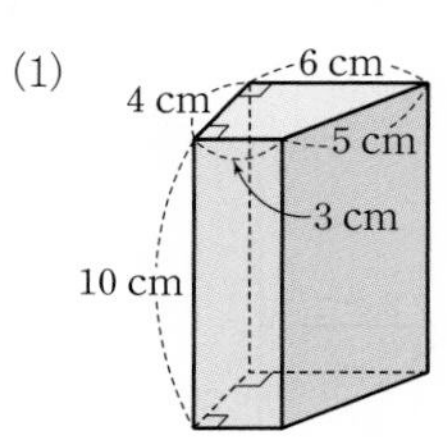

(2)

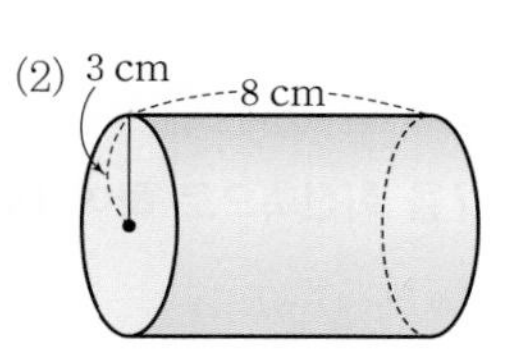

3 뿔의 겉넓이

(1) 각뿔의 겉넓이

각뿔의 전개도는 다각형인 밑면과 여러 개의 삼각형인 옆면으로 이루어져 있으므로 각뿔의 겉넓이는 다음과 같이 구할 수 있다.

(각뿔의 겉넓이)=(밑넓이)+(옆넓이)

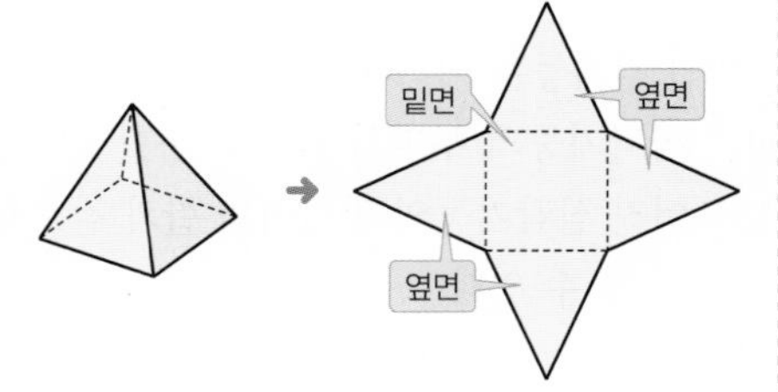

(2) 원뿔의 겉넓이

원뿔의 전개도는 원인 밑면과 부채꼴인 옆면으로 이루어져 있다.

밑면인 원의 반지름의 길이가 r이고 모선의 길이가 l인 원뿔의 겉넓이는 다음과 같다.

(원뿔의 겉넓이)=(밑넓이)+(옆넓이)

$$=\pi r^2+\frac{1}{2}\times 2\pi r\times l=\pi r^2+\pi lr$$

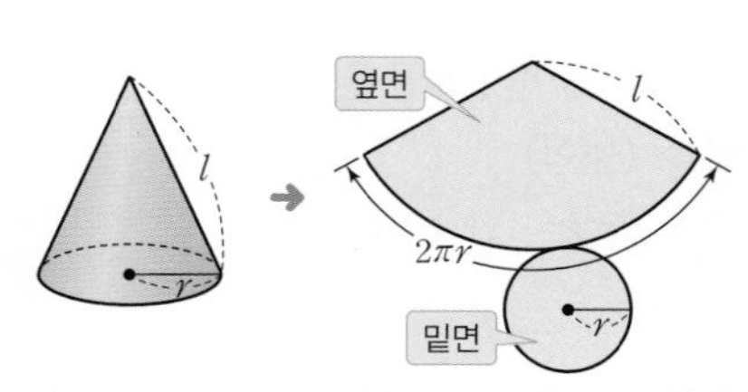

• 원뿔의 옆면인 부채꼴의 호의 길이는 밑면인 원의 둘레의 길이와 같다.

• 원뿔대의 전개도는 다음 그림과 같다.

예제 3 다음 뿔의 겉넓이를 구하시오.

(1)

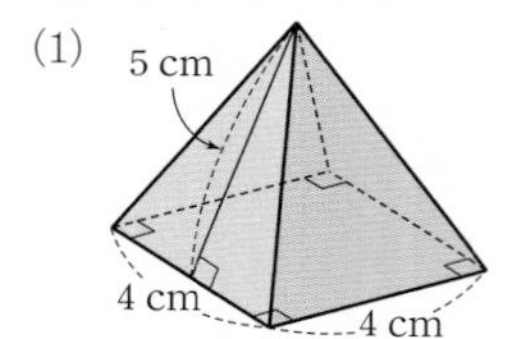

(2)

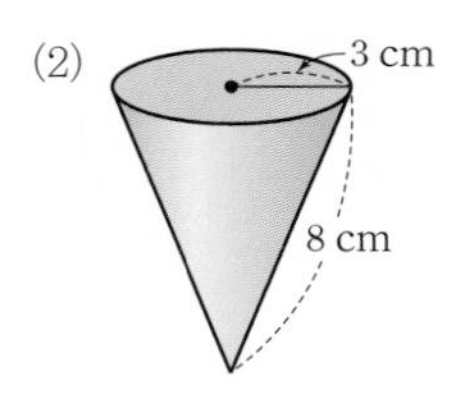

풀이

(1) 주어진 정사각뿔의 전개도는 오른쪽 그림과 같으므로

(겉넓이)

=(밑넓이)+(옆넓이)

$=4\times4+\left(\frac{1}{2}\times4\times5\right)\times4$

$=16+40=56(\text{cm}^2)$

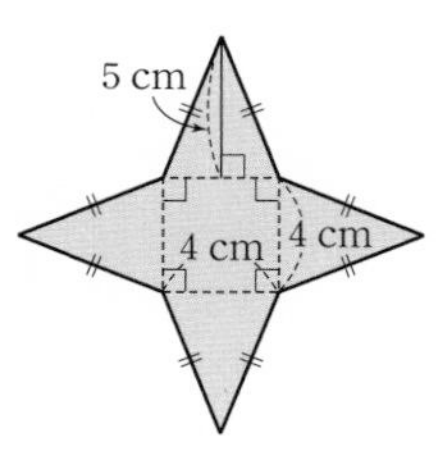

(2) 주어진 원뿔의 전개도는 오른쪽 그림과 같으므로

(겉넓이)

=(밑넓이)+(옆넓이)

$=\pi\times3^2+\frac{1}{2}\times(2\pi\times3)\times8$

$=9\pi+24\pi=33\pi(\text{cm}^2)$

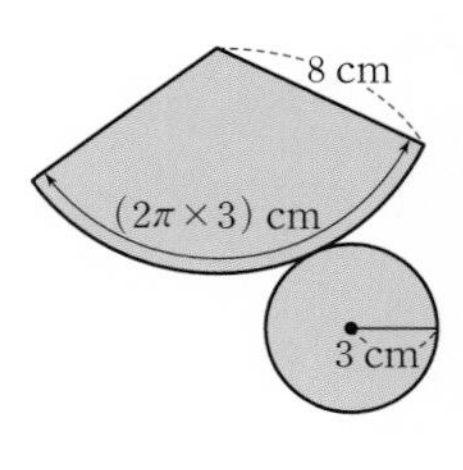

답 (1) 56 cm^2 (2) $33\pi\text{ cm}^2$

정답과 풀이 55쪽

유제 3 오른쪽 그림과 같은 도형을 직선 l을 회전축으로 하여 1회전 시킬 때 생기는 회전체의 겉넓이를 구하시오.

242010-0374

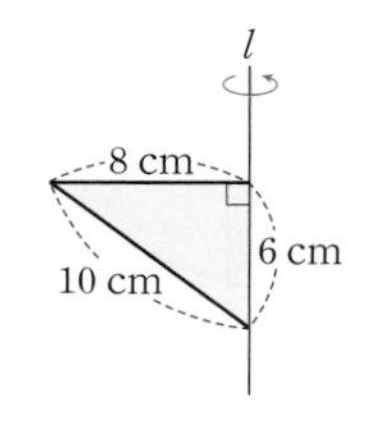

4 뿔의 부피

뿔의 부피는 밑면이 합동이고 높이가 같은 기둥의 부피의 $\frac{1}{3}$이다.

따라서 뿔의 부피는 다음과 같이 구할 수 있다.

$(\text{뿔의 부피})=\frac{1}{3}\times(\text{기둥의 부피})=\frac{1}{3}\times(\text{밑넓이})\times(\text{높이})$

(1) 각뿔의 부피

밑넓이가 S이고 높이가 h인 각뿔의 부피를 V라고 하면

$V=\frac{1}{3}Sh$

(2) 원뿔의 부피

밑면의 반지름의 길이가 r이고 높이가 h인 원뿔의 부피를 V라고 하면

$V=\frac{1}{3}\pi r^2 h$

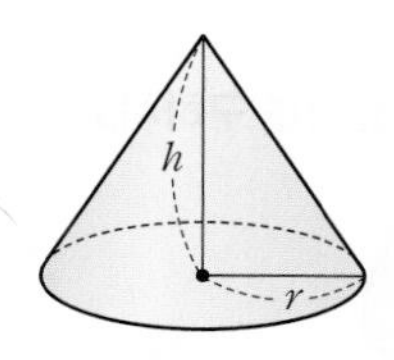

• 기둥과 뿔의 부피 사이의 관계는 다음 그림과 같다.

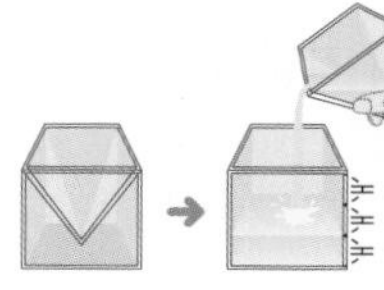

• 뿔의 높이는 뿔의 꼭짓점에서 밑면까지 수직으로 그은 선분의 길이이다.

예제 4 **다음 뿔의 부피를 구하시오.**

(1)

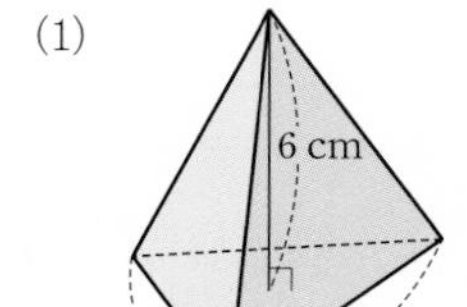

(2)

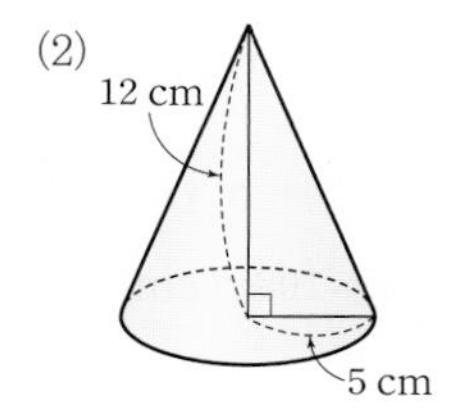

풀이

(1) $(\text{부피})=\frac{1}{3}\times(\text{밑넓이})\times(\text{높이})=\frac{1}{3}\times\left(\frac{1}{2}\times4\times5\right)\times6=20(\text{cm}^3)$

(2) $(\text{부피})=\frac{1}{3}\times(\text{밑넓이})\times(\text{높이})=\frac{1}{3}\times(\pi\times5^2)\times12=100\pi(\text{cm}^3)$

답 (1) 20 cm^3 (2) $100\pi\text{ cm}^3$

정답과 풀이 55쪽

유제 4 **오른쪽 그림과 같은 원뿔대의 부피를 구하시오.**

242010-0375

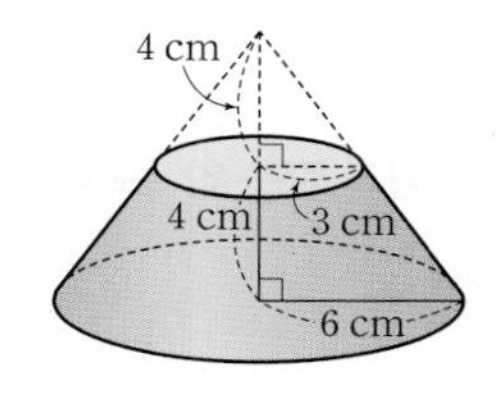

5 구의 겉넓이

반지름의 길이가 r인 구의 겉넓이는 반지름의 길이가 r인 원 4개의 넓이와 같으므로

(구의 겉넓이)$=4\times$(원의 넓이)$=4\pi r^2$

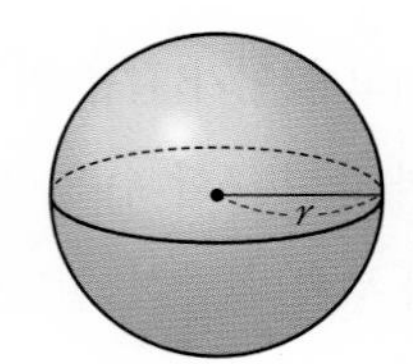

• 구의 겉면을 가는 끈으로 감고 다시 풀어 반지름의 길이가 구의 반지름의 길이와 같은 원을 만들면 4개의 원이 만들어진다.

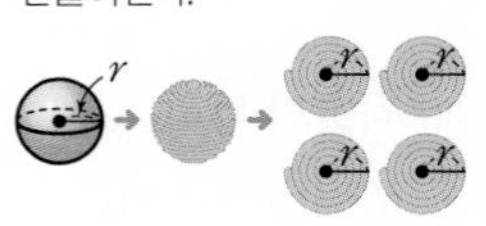

예제 5 다음 입체도형의 겉넓이를 구하시오.

(1)

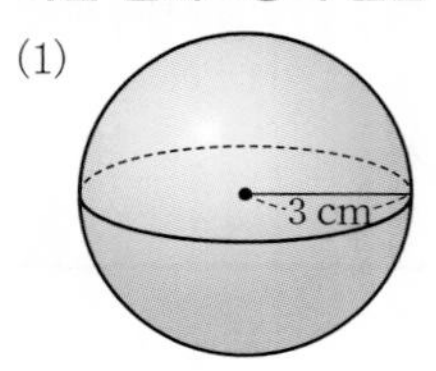

(2)

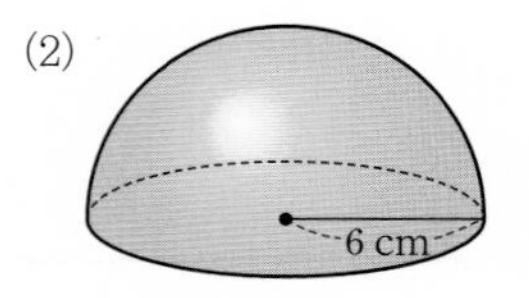

풀이

(1) (겉넓이)$=4\pi\times3^2=36\pi(\text{cm}^2)$

(2) (반구의 겉넓이)$=\frac{1}{2}\times$(구의 겉넓이)$+$(밑면의 넓이)

$=\frac{1}{2}\times(4\pi\times6^2)+\pi\times6^2$

$=72\pi+36\pi=108\pi(\text{cm}^2)$

답 (1) 36π cm² (2) 108π cm²

정답과 풀이 55쪽

유제 5 지름의 길이가 10 cm인 반구의 겉넓이를 구하시오. ▶ 242010-0376

6 오른쪽 그림과 같은 입체도형의 겉넓이를 구하시오. ▶ 242010-0377

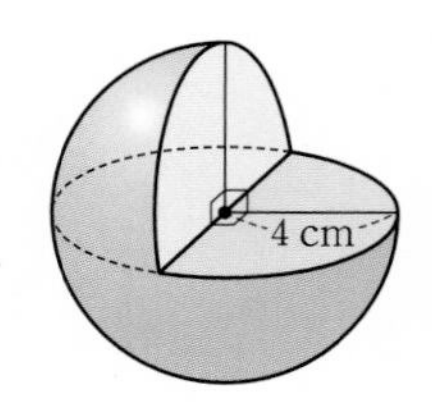

6 구의 부피

(1) 밑면의 지름의 길이와 높이가 같은 원기둥 모양의 그릇과 원기둥의 높이를 지름의 길이로 하는 반구 모양의 그릇이 있다. 반구 모양의 그릇에 물을 가득 채워 원기둥 모양의 그릇에 3번 부으면 원기둥 모양의 그릇이 가득 채워진다.

(2) 반지름의 길이가 r인 구의 부피는 밑면인 원의 반지름의 길이가 r이고 높이가 $2r$인 원기둥의 부피의 $\frac{2}{3}$이므로

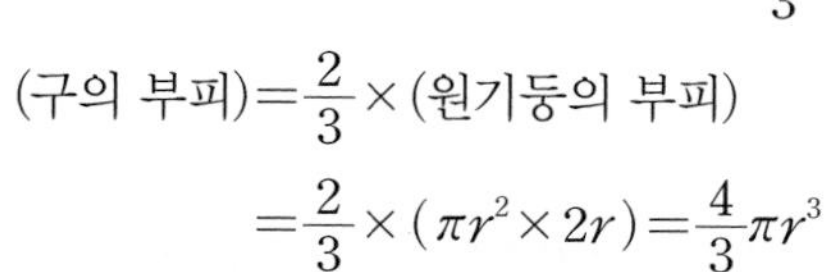

$$(\text{구의 부피})=\frac{2}{3}\times(\text{원기둥의 부피})$$
$$=\frac{2}{3}\times(\pi r^2\times 2r)=\frac{4}{3}\pi r^3$$

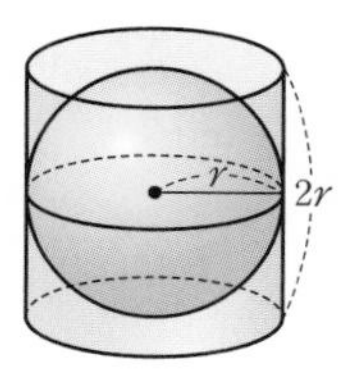

• 원기둥에 꼭 맞는 구와 원뿔의 부피의 비는 다음과 같다.
(원뿔의 부피) : (구의 부피) : (원기둥의 부피) $=1:2:3$

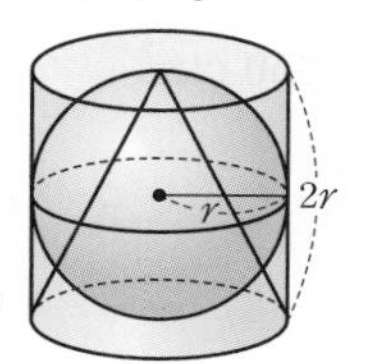

예제 6 다음 입체도형의 부피를 구하시오.

(1)

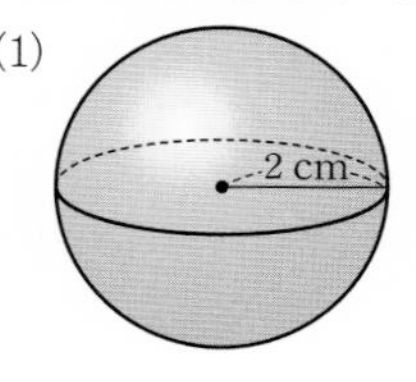

(2)

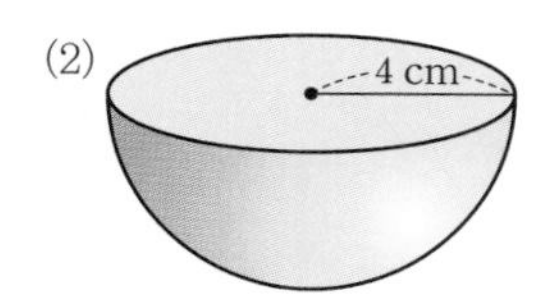

풀이

(1) $(\text{부피})=\frac{4}{3}\pi\times 2^3=\frac{32}{3}\pi(\text{cm}^3)$

(2) $(\text{반구의 부피})=\frac{1}{2}\times(\text{구의 부피})=\frac{1}{2}\times\frac{4}{3}\pi\times 4^3=\frac{128}{3}\pi(\text{cm}^3)$

답 (1) $\frac{32}{3}\pi\ \text{cm}^3$ (2) $\frac{128}{3}\pi\ \text{cm}^3$

정답과 풀이 55쪽

유제 7 지름의 길이가 $12\ \text{cm}$인 반구의 부피를 구하시오. ▶ 242010-0378

8 오른쪽 그림과 같이 원기둥에 구와 원뿔이 꼭 맞게 들어 있다. 원기둥의 밑면의 넓이가 $25\pi\ \text{cm}^2$일 때, 원기둥, 구, 원뿔의 부피의 비를 가장 간단한 자연수의 비로 나타내시오. ▶ 242010-0379

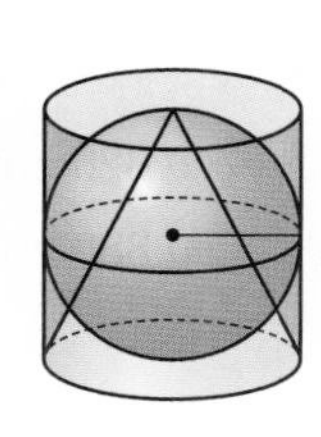

중단원 마무리

242010-0380

01 오른쪽 그림과 같은 기둥의 겉넓이는?

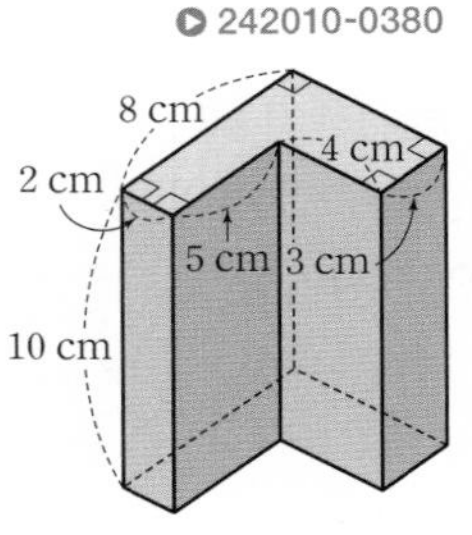

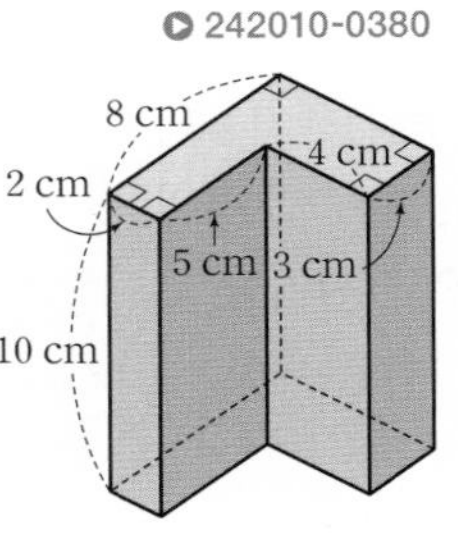

① 308 cm^2 ② 314 cm^2
③ 322 cm^2 ④ 336 cm^2
⑤ 350 cm^2

242010-0381

02 오른쪽 그림과 같은 밑면의 모양이 부채꼴인 기둥의 겉넓이를 구하시오.

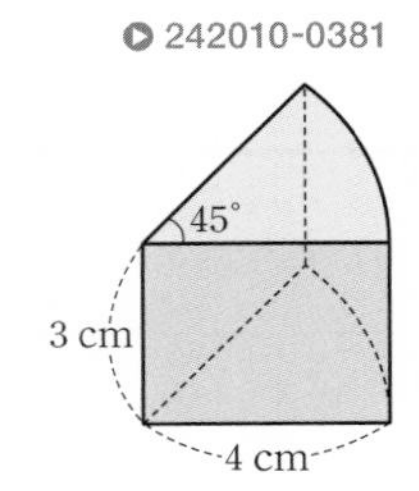

242010-0382

03 겉넓이가 54π cm^2인 원기둥의 옆넓이가 밑넓이의 4배일 때, 밑면의 반지름의 길이는?

① 3 cm ② 4 cm ③ 5 cm
④ 6 cm ⑤ 7 cm

242010-0383

04 오른쪽 그림은 모서리의 길이가 10 cm인 정육면체를 밑면에 수직인 면으로 잘라낸 것이다. 이 입체도형의 부피는?

① 600 cm^3 ② 620 cm^3
③ 760 cm^3 ④ 880 cm^3
⑤ 940 cm^3

242010-0384

05 오른쪽 그림과 같은 삼각기둥의 부피가 120 cm^3일 때, 삼각기둥의 높이는?

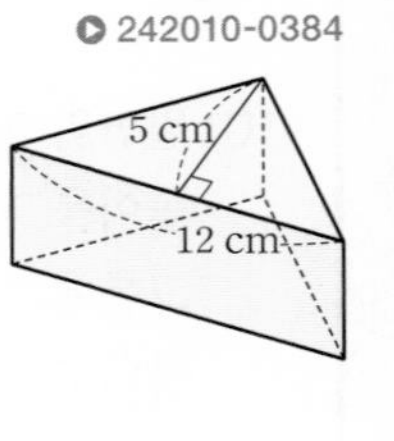

① 3 cm ② 4 cm
③ 5 cm ④ 6 cm
⑤ 7 cm

242010-0385

06 오른쪽 그림과 같은 도형을 직선 l을 회전축으로 하여 1회전 시킬 때 생기는 회전체의 부피를 구하시오.

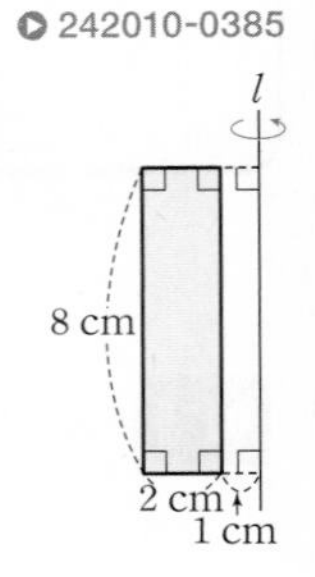

242010-0386

07 오른쪽 그림과 같이 밑면은 한 변의 길이가 9 cm인 정사각형이고, 옆면이 모두 합동인 사각뿔의 겉넓이가 171 cm^2일 때, x의 값은?

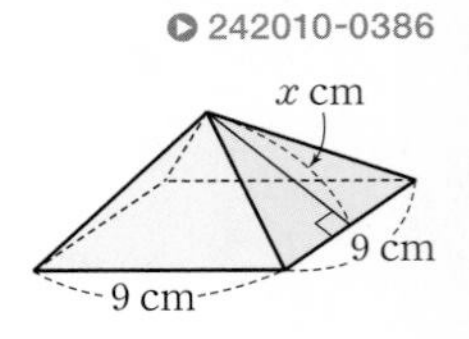

① 2 ② 3 ③ 4
④ 5 ⑤ 6

☆ 중요

242010-0387

08 오른쪽 그림과 같은 전개도로 만들 수 있는 입체도형의 겉넓이를 구하시오.

▶ 242010-0388

09 오른쪽 그림과 같은 원뿔대에 대하여 다음 물음에 답하시오.

(1) 옆면의 전개도를 그리시오.

(2) 겉넓이를 구하시오.

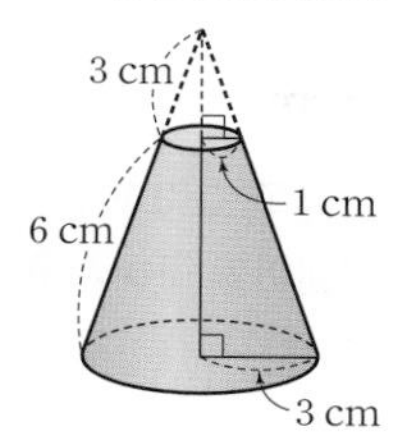

★ 중요 ▶ 242010-0389

10 오른쪽 그림과 같이 사각형 ABCD는 한 변의 길이가 12 cm인 정사각형이고, $\overline{AB}$, $\overline{BC}$의 중점을 각각 M, N이라고 한다. $\overline{DM}$, $\overline{MN}$, $\overline{DN}$을 접는 선으로 하여 접었을 때 생기는 입체도형의 부피를 구하시오.

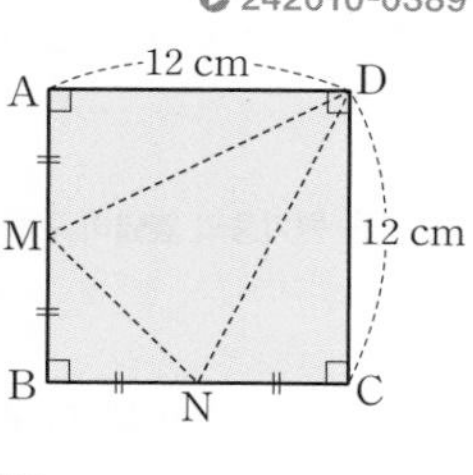

▶ 242010-0390

11 다음 그림과 같은 작은 원뿔 모양의 그릇 (나)에 모래를 가득 담아 큰 원뿔 모양의 그릇 (가)에 모래를 가득 채우려고 한다. 넘치지 않게 가득 채우려면 모래를 몇 번 부어야 하는지 구하시오.

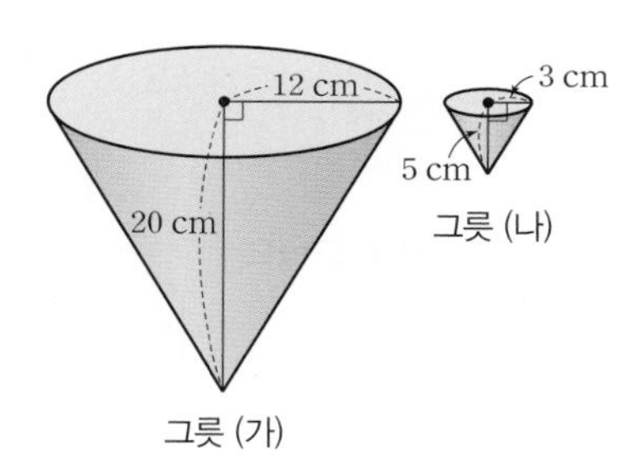

▶ 242010-0391

12 오른쪽 그림과 같은 사각뿔대의 부피는?

① 76 cm^3 ② 78 cm^3
③ 80 cm^3 ④ 82 cm^3
⑤ 84 cm^3

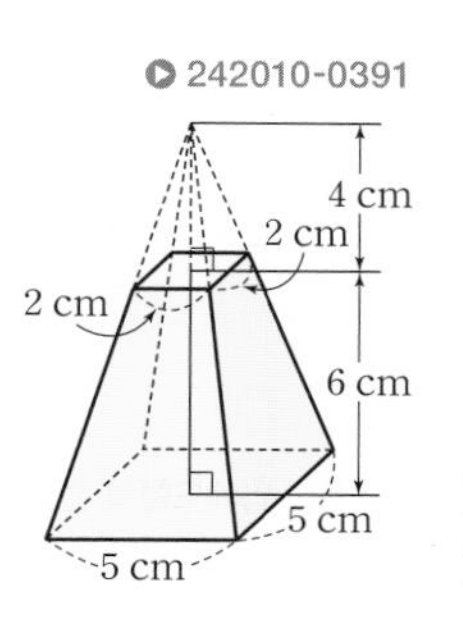

▶ 242010-0392

13 오른쪽 그림과 같은 반원 두 개로 이루어진 도형을 직선 l을 회전축으로 하여 1회전 시킬 때 생기는 회전체의 겉넓이와 부피를 차례로 구하면?

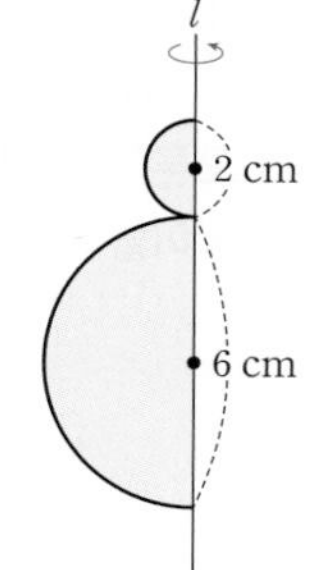

① $40\pi\text{ cm}^2$, $\frac{112}{3}\pi\text{ cm}^3$

② $40\pi\text{ cm}^2$, $112\pi\text{ cm}^3$

③ $80\pi\text{ cm}^2$, $\frac{112}{3}\pi\text{ cm}^3$

④ $160\pi\text{ cm}^2$, $\frac{112}{3}\pi\text{ cm}^3$

⑤ $160\pi\text{ cm}^2$, $112\pi\text{ cm}^3$

★ 중요 ▶ 242010-0393

14 다음 그림과 같은 구 모양의 초콜릿 1개를 녹여서 원뿔 모양의 초콜릿을 만들 때, 원뿔 모양의 초콜릿을 몇 개 만들 수 있는지 구하시오.

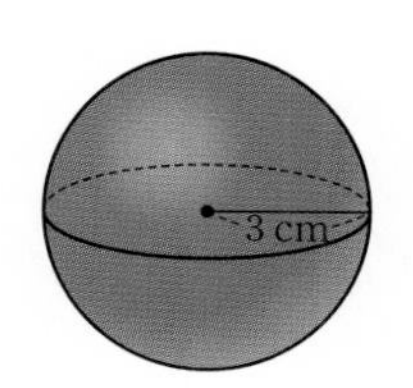

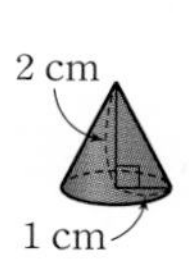

▶ 242010-0394

15 오른쪽 그림과 같은 입체도형의 겉넓이는?

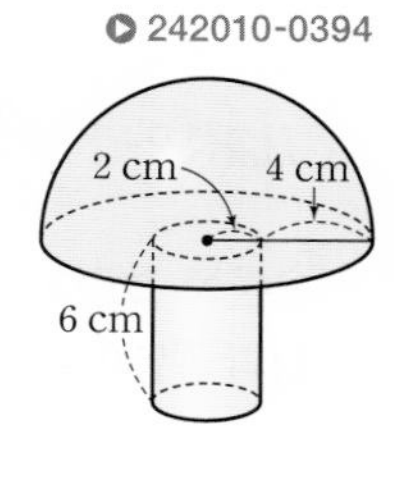

① $128\pi\text{ cm}^2$ ② $130\pi\text{ cm}^2$
③ $132\pi\text{ cm}^2$ ④ $134\pi\text{ cm}^2$
⑤ $136\pi\text{ cm}^2$

▶ 242010-0395

16 다음 그림과 같이 원뿔, 원기둥, 반구 모양의 와인잔이 있다. 세 와인잔의 부피의 비를 가장 간단한 자연수의 비로 나타내시오. (단, 와인잔의 두께 및 손잡이의 부피는 생각하지 않는다.)

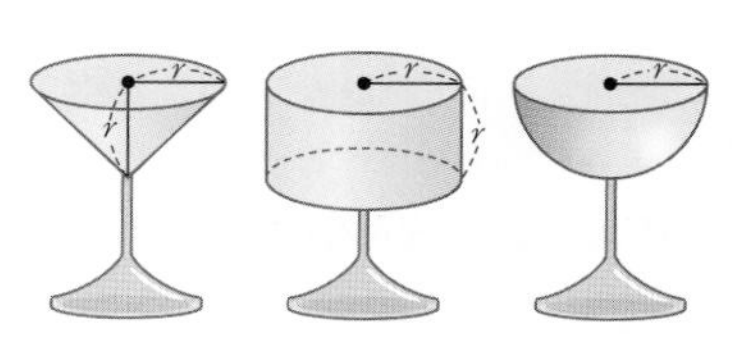

서술형으로 중단원 마무리

서술형 1-1 

오른쪽 그림과 같은 입체도형의 겉넓이를 구하시오.

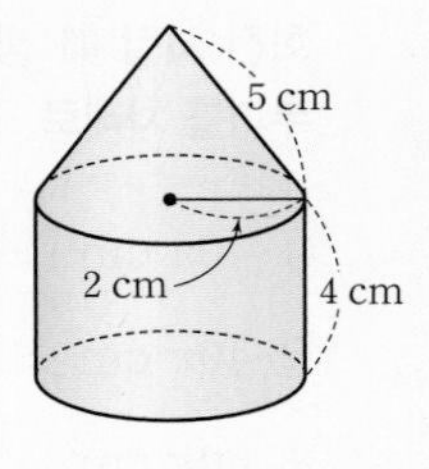

| 풀이 |

1단계 원뿔의 옆넓이 구하기 [30%]

(원뿔의 옆넓이)$=\frac{1}{2}\times\square\times\square=\square(\text{cm}^2)$

2단계 원기둥의 밑넓이 구하기 [20%]

원기둥의 밑면은 반지름의 길이가 $\square$ cm이므로

(밑넓이)$=\square(\text{cm}^2)$

3단계 원기둥의 옆넓이 구하기 [30%]

(원기둥의 옆넓이)$=\square\times4=\square(\text{cm}^2)$

4단계 입체도형의 겉넓이 구하기 [20%]

따라서 (입체도형의 겉넓이)$=\square(\text{cm}^2)$

서술형 1-2

242010-0396

오른쪽 그림과 같은 입체도형의 겉넓이를 구하시오.

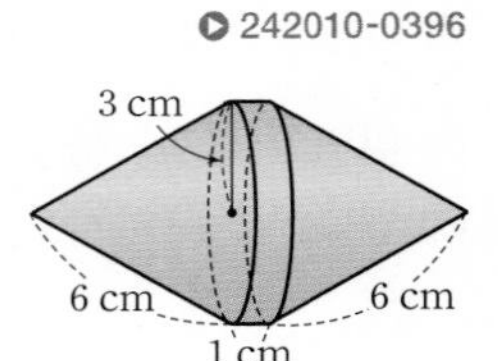

| 풀이 |

1단계 원뿔의 옆넓이 구하기 [40%]

2단계 원기둥의 옆넓이 구하기 [30%]

3단계 입체도형의 겉넓이 구하기 [30%]

서술형 2-1

오른쪽 그림과 같은 입체도형의 겉넓이를 구하시오.

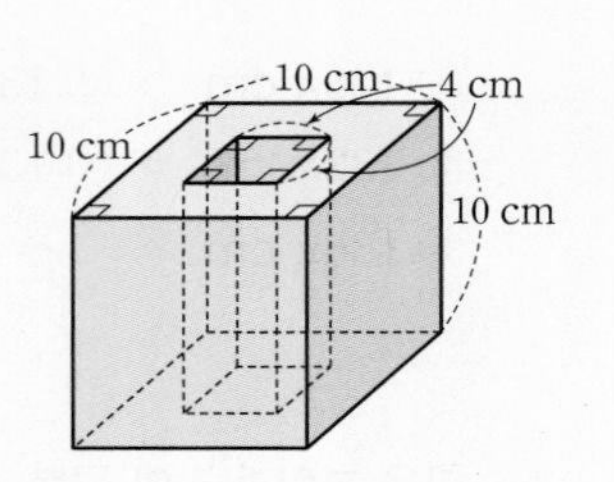

| 풀이 |

1단계 입체도형의 밑넓이 구하기 [30%]

(밑넓이)$=10\times10-\square\times\square=\square(\text{cm}^2)$

2단계 입체도형의 옆넓이 구하기 [40%]

(옆넓이)

$=$(큰 사각기둥의 옆넓이)$\square$(작은 사각기둥의 옆넓이)

$=10\times(40+\square)=\square(\text{cm}^2)$

3단계 입체도형의 겉넓이 구하기 [30%]

따라서 (입체도형의 겉넓이)$=\square(\text{cm}^2)$

서술형 2-2

242010-0397

오른쪽 그림과 같은 입체도형의 겉넓이를 구하시오.

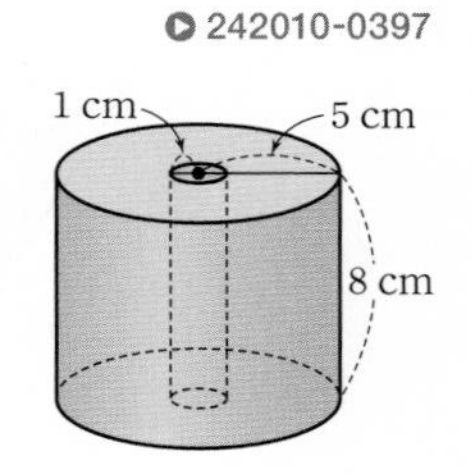

| 풀이 |

1단계 입체도형의 밑넓이 구하기 [30%]

2단계 입체도형의 옆넓이 구하기 [40%]

3단계 입체도형의 겉넓이 구하기 [30%]

서술형 3-1

오른쪽 그림과 같은 평면도형을 직선 l을 회전축으로 하여 1회전 시킬 때 생기는 입체도형의 부피를 구하시오.

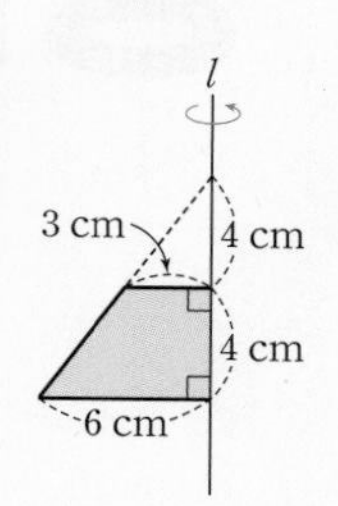

| 풀이 |

1단계 입체도형의 이름 구하기 [20%]

직선 l을 회전축으로 하여 1회전 시켜 생기는 입체도형은 오른쪽 그림과 같은 ☐이다.

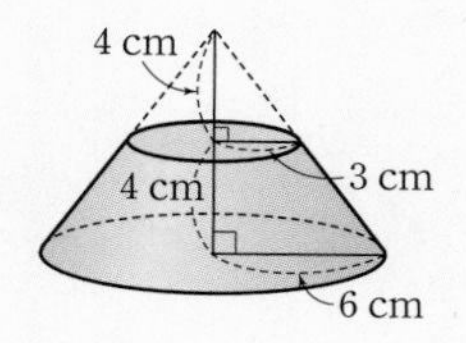

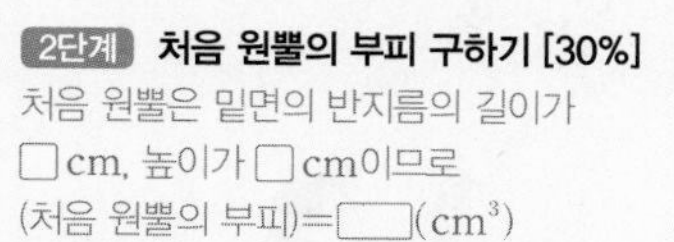

2단계 처음 원뿔의 부피 구하기 [30%]

처음 원뿔은 밑면의 반지름의 길이가 ☐ cm, 높이가 ☐ cm이므로

(처음 원뿔의 부피)=☐(cm^3)

3단계 잘린 원뿔의 부피 구하기 [30%]

잘린 원뿔은 밑면의 반지름의 길이가 ☐ cm, 높이가 ☐ cm이므로

(잘린 원뿔의 부피)=☐(cm^3)

4단계 입체도형의 부피 구하기 [20%]

따라서 (원뿔대의 부피)=☐(cm^3)

서술형 3-2

242010-0398

오른쪽 그림과 같은 평면도형을 직선 l을 회전축으로 하여 1회전 시킬 때 생기는 입체도형의 부피를 구하시오.

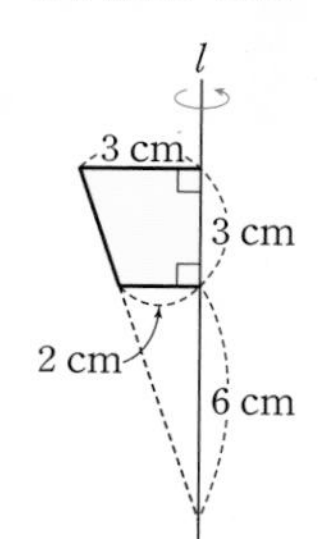

| 풀이 |

1단계 입체도형의 이름 구하기 [20%]

2단계 처음 원뿔의 부피 구하기 [30%]

3단계 잘린 원뿔의 부피 구하기 [30%]

4단계 입체도형의 부피 구하기 [20%]

서술형 4-1

겉넓이가 16π cm^2인 구의 부피를 구하시오.

| 풀이 |

1단계 구의 반지름의 길이 구하기 [50%]

구의 반지름의 길이를 r cm라고 하면

(구의 겉넓이)$=16\pi=$☐(cm^2)

$r^2=$☐

즉, 구의 반지름의 길이는 ☐ cm이다.

2단계 구의 부피 구하기 [50%]

따라서 (구의 부피)$=\frac{4}{3}\pi\times$☐$=$☐(cm^3)

서술형 4-2

242010-0399

겉넓이가 144π cm^2인 구의 부피를 구하시오.

| 풀이 |

1단계 구의 반지름의 길이 구하기 [50%]

2단계 구의 부피 구하기 [50%]

VIII 자료의 정리와 해석

초등과정 다시 보기

1-❸ 평균

1. **다음은 학생 5명의 일주일 동안 독서 시간을 조사한 것이다. 독서 시간의 평균을 구하시오.**

(단위: 시간)

15　30　5　12　18

2-❹ 막대그래프

2. **오른쪽은 진수네 반 학생들의 혈액형을 조사하여 나타낸 막대그래프이다. 다음 물음에 답하시오.**

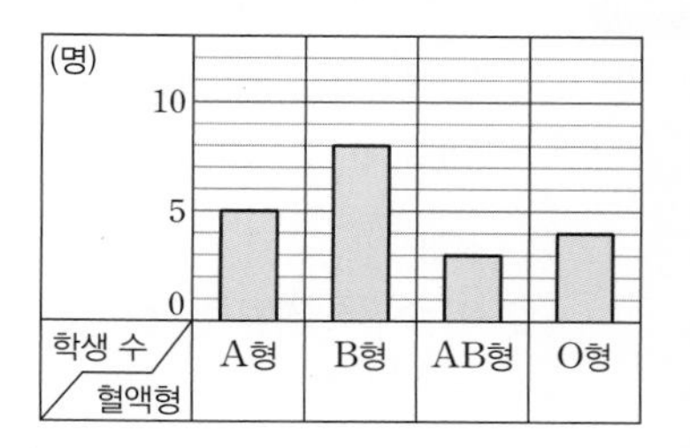

(1) 진수네 반 학생 수를 구하시오.
(2) O형인 학생은 몇 명인지 구하시오.
(3) 가장 적은 학생 수의 혈액형을 구하시오.

2-❺ 꺾은선그래프

3. **오른쪽은 이현이의 시간별 체온 변화를 나타낸 꺾은선그래프이다. 다음 물음에 답하시오.**

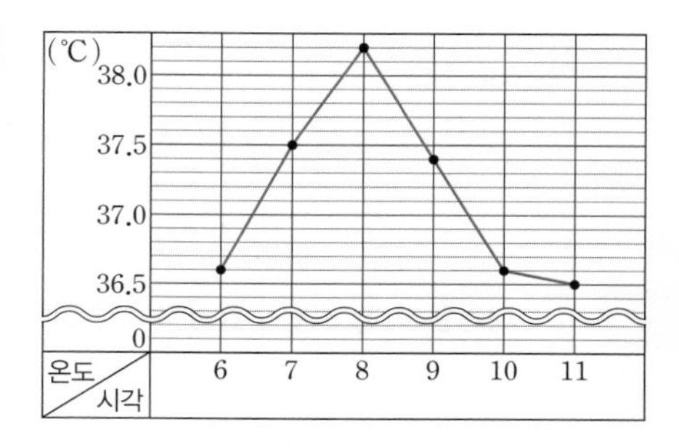

(1) 체온이 가장 높은 시각을 구하시오.
(2) 11시의 이현이의 체온을 구하시오.
(3) 체온 변화가 가장 큰 시각은 몇 시부터 몇 시 사이인지 구하시오.

답 **1.** 16시간　**2.** (1) 20명 (2) 4명 (3) AB형　**3.** (1) 8시 (2) 36.5 °C (3) 6시에서 7시 사이

1. 대푯값

1 중앙값

(1) **중앙값:** 자료의 변량을 작은 값부터 크기순으로 나열하였을 때, 한가운데에 있는 값

(2) **중앙값 구하기**

① 변량의 개수가 홀수일 때, 한가운데 있는 값이 중앙값이다.

예 9, 8, 10, 2, 50을 작은 값부터 크기순으로 나열하면 2, 8, 9, 10, 50이다.
이때 변량의 개수가 홀수이므로 중앙값은 9이다.

② 변량의 개수가 짝수일 때, 한가운데 있는 두 값의 평균이 중앙값이다.

예 1, 7, 3, 15를 작은 값부터 크기순으로 나열하면 1, 3, 7, 15이다.
이때 변량의 개수가 짝수이므로 중앙값은 $\frac{3+7}{2}=5$이다.

- 자료를 수로 나타낸 것을 변량이라고 한다.
- 중앙값은 영어로 median이라고 한다.
- 중앙값을 구할 때, 자료의 변량을 큰 값부터 크기순으로 나열하여 구해도 그 값은 같다.

예제 1 다음 자료의 중앙값을 구하시오.

(1) 82, 75, 80, 92, 100, 88, 13

(2) 3, 9, 7, 10, 52, 1

풀이

(1) 주어진 자료를 작은 값부터 크기순으로 나열하면 13, 75, 80, 82, 88, 92, 100이므로 중앙값은 한가운데 있는 값인 82이다.

(2) 주어진 자료를 작은 값부터 크기순으로 나열하면 1, 3, 7, 9, 10, 52이므로 중앙값은 한 가운데 있는 두 값의 평균인 $\frac{7+9}{2}=8$

답 (1) 82 (2) 8

정답과 풀이 59쪽

유제 1 다음은 학생 8명의 팔굽혀펴기 횟수를 조사한 자료이다. 중앙값을 구하시오. ▶ 242010-0400

(단위: 회)

12	20	32	25	8	10	30	22

2 오른쪽은 학생 15명의 통학 시간을 조사한 자료이다. 이 자료의 중앙값을 구하시오. ▶ 242010-0401

(단위: 분)

35	2	5	10	13
12	20	17	17	8
5	12	15	19	21

2 최빈값

최빈값: 자료의 변량 중에서 가장 많이 나타난 값

참고 자료에 따라 최빈값은 두 개 이상일 수도 있다.

참고 일반적으로 신발의 크기와 같이 규격화된 자료나 등급화된 자료의 대푯값으로 최빈값이 적절하다.

예 자료 3, 3, 2, 3, 2, 7의 최빈값은 3이다.

예 자료 3, 3, 2, 3, 2, 2, 5의 최빈값은 2, 3이다.

• 최빈값은 영어로 mode라고 한다.

예제 2 다음 자료의 최빈값을 구하시오.

(1) 32, 30, 31, 32, 32, 30, 38, 36

(2) 240, 260, 275, 260, 255, 240, 260, 240, 255, 245

풀이

(1) 32가 가장 많이 나타나므로 최빈값은 32이다.

(2) 240과 260이 각각 세 번씩 가장 많이 나타나므로 최빈값은 240과 260이다.

답 (1) 32 (2) 240, 260

정답과 풀이 59쪽

유제 3 다음은 어느 옷가게에서 일주일 동안 판매한 바지 치수를 조사한 자료이다. 최빈값을 구하시오. 242010-0402

(단위: 인치(inch))

24	34	27	27	25	30	28	34	32	27
34	26	30	38	36	27	36	34	24	30

4 오른쪽 표는 하린이네 반 학생들 27명이 좋아하는 음식을 조사한 것이다. 이 자료에 대한 최빈값을 구하시오. 242010-0403

음식	학생 수(명)
라면	3
치킨	5
햄버거	8
돈까스	4
매운 떡볶이	7

3 대푯값

(1) **대푯값:** 자료 전체의 중심적인 경향이나 특징을 대표적인 하나의 수로 나타낸 값

(2) **대푯값의 종류:** 평균, 중앙값, 최빈값 등이 있다.

참고 평균: 전체 변량의 총합을 변량의 개수로 나눈 값

⇨ $(\text{평균})=\dfrac{(\text{변량의 총합})}{(\text{변량의 개수})}$

예 3, 6, 5, 10의 평균은 $\dfrac{3+6+5+10}{4}=6$

(3) **자료의 특성에 따른 대푯값의 선택**

- 평균: 자료의 분포가 대체로 고르고 자료의 모든 값을 사용하여 정확한 대푯값을 정해야 하는 경우
- 중앙값: 자료에 매우 크거나 매우 작은 극단적인 값이 있는 경우
- 최빈값: 반장 선거 개표 결과, 좋아하는 노래 등과 같이 자료의 값이 수가 아닌 경우 또는 규격화된 자료나 등급화된 자료가 주어진 경우

• 대푯값은 여러 가지가 있으나 일반적으로 평균을 가장 많이 사용한다.

예제 3 **오른쪽은 학생 5명의 하루 동안 SNS 사용 시간을 조사한 자료이다. 물음에 답하시오.**

(단위: 분)

250	55	30	43	30

(1) 자료의 평균, 중앙값, 최빈값을 각각 구하시오.

(2) 자료의 대푯값으로 가장 적절한 것을 구하고, 그 이유를 설명하시오.

풀이

(1) $(\text{평균})=\dfrac{(\text{변량의 총합})}{(\text{변량의 개수})}=\dfrac{250+55+30+43+30}{5}=81.6(\text{분})$

주어진 자료를 작은 값부터 크기순으로 나타내면 30, 30, 43, 55, 250이므로 중앙값은 43분이다.

30이 가장 많이 나타나므로 최빈값은 30분이다.

(2) 자료에 매우 크거나 매우 작은 극단적인 값이 있는 경우에는 중앙값이 대푯값으로 적절하다.

답 (1) 평균 81.6분, 중앙값 43분, 최빈값 30분 (2) 풀이 참조

정답과 풀이 59쪽

유제 5 **오른쪽은 작년 3월 한 달 동안 판매된 실내화의 크기를 조사한 자료이다. 올해 3월 실내화를 판매하기 위해 가게에서 가장 많이 준비해야 할 실내화의 크기를 정하려고 할 때, 이 자료의 대푯값으로 적절한 것을 찾고, 그 값을 구하시오.**

▶ 242010-0404

실내화 크기(mm)	판매 개수(켤레)
230	10
240	20
250	3
260	15
270	20
280	2

중단원 마무리

정답과 풀이 59~60쪽

▶ 242010-0405

01 다음 보기 중 옳은 것을 있는 대로 고른 것은?

보기

ㄱ. 중앙값은 자료 중 극단적인 값에 영향을 받는다.
ㄴ. 중앙값은 여러 개일 때도 있다.
ㄷ. 최빈값은 없을 수도 있다.
ㄹ. 자료 전체의 중심적인 경향이나 특징을 하나의 수로 나타낸 것을 대푯값이라고 한다.

① ㄱ, ㄴ ② ㄱ, ㄷ ③ ㄴ, ㄷ
④ ㄴ, ㄹ ⑤ ㄷ, ㄹ

★ 중요 ▶ 242010-0406

02 다음 자료의 중앙값과 최빈값을 차례대로 구하면?

30	80	85	100	45
80	60	80	75	75

① 75, 80 ② 77.5, 80 ③ 80, 80
④ 75, 75 ⑤ 77.5, 75

▶ 242010-0407

03 다음 막대그래프는 운동회 때 입을 반 티셔츠를 맞추기 위해 학생들의 옷 사이즈를 조사한 것이다. 이 자료에 대한 최빈값을 구하시오.

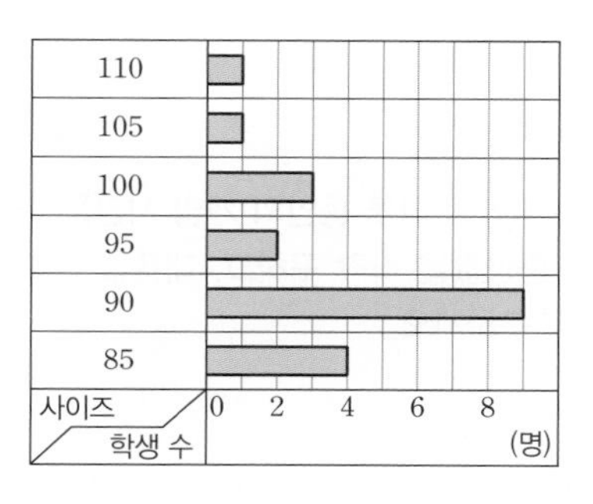

▶ 242010-0408

04 다음은 운동 선수 5명의 몸무게에 대한 설명이다. 중앙값을 구하시오.

- 선수 중 한 사람의 몸무게는 80 kg이다.
- 몸무게가 가장 많이 나가는 선수는 100 kg이다.
- 최빈값은 65 kg이다.
- 선수 5명의 평균 몸무게는 76 kg이다.

▶ 242010-0409

05 다음은 자료를 작은 값부터 크기순으로 나타낸 것이다. 평균, 중앙값, 최빈값이 같을 때, $y-x$의 값은?

2 x 7 y 8 10 12

① 2 ② 3 ③ 4
④ 5 ⑤ 6

▶ 242010-0410

06 다음 표는 3월부터 8월 사이의 강수일수를 나타낸 자료이다. 평균이 12일일 때, 중앙값과 최빈값의 합을 구하시오.

월	3	4	5	6	7	8
강수일수(일)	12	10	8	a	18	14

▶ 242010-0411

07 다음 [자료 1]의 중앙값은 6, [자료 2]의 중앙값은 5일 때, [자료 1]과 [자료 2]를 합친 자료의 중앙값을 구하시오.

[자료 1]

9 8 4 3 a

[자료 2]

a b 1 4 10

★ 중요 ▶ 242010-0412

08 다음은 이안이네 모둠 학생들의 올해 받은 세뱃돈을 조사한 자료이다. 이 자료의 대푯값을 구하려고 할 때, 평균, 중앙값, 최빈값 중 가장 적절한 대푯값을 구하면?

(단위: 만 원)

12 9 13 20 10 80

① 평균, 24만 원 ② 평균, 12.5만 원
③ 중앙값, 10만 원 ④ 중앙값, 12.5만 원
⑤ 최빈값, 10만 원

서술형으로 중단원 마무리

정답과 풀이 60~61쪽

서술형 1-1

다음은 수학 쪽지시험에서 학생 6명의 정답을 맞힌 개수를 나타낸 자료이다. 평균이 10개일 때, 중앙값을 구하시오.

(단위: 개)

5　8　15　6　14　a

| 풀이 |

1단계 평균을 이용하여 a의 값 구하기 [50%]

(평균)$=\dfrac{5+8+15+6+14+a}{\square}=\square$이므로

$48+a=\square$, $a=\square$

2단계 중앙값 구하기 [50%]

주어진 자료를 작은 값부터 크기순으로 나열하면 5, 6, 8, 12, 14, 15이므로

중앙값은 $\dfrac{\square+\square}{2}=\square$(개)

서술형 1-2

242010-0413

다음은 학생 7명의 한 달 동안 지각한 횟수를 나타낸 자료이다. 평균이 4회일 때, 중앙값을 구하시오.

(단위: 회)

1　2　15　1　4　3　a

| 풀이 |

1단계 평균을 이용하여 a의 값 구하기 [50%]

2단계 중앙값 구하기 [50%]

서술형 2-1

다음은 주아의 중간고사 과목별 점수를 나타낸 표이다. 평균과 중앙값을 각각 구하고, 대푯값으로 적절한 것이 무엇인지 구하시오.

과목	국어	수학	영어	과학	사회
점수(점)	80	72	15	83	75

| 풀이 |

1단계 평균 구하기 [40%]

(평균)$=\dfrac{80+72+\square+83+75}{\square}=\square$(점)

2단계 중앙값 구하기 [40%]

주어진 자료를 작은 값부터 크기순으로 나열하면 15, 72, 75, 80, 83이므로 중앙값은 $\square$점이다.

3단계 적절한 대푯값 구하기 [20%]

자료에 극단적인 값이 포함되어 있으므로 $\square$이 적절한 대푯값이다.

서술형 2-2

242010-0414

다음은 학생 6명의 하루 동안의 게임 시간을 나타낸 표이다. 평균과 중앙값을 각각 구하고, 대푯값으로 적절한 것이 무엇인지 구하시오.

(단위: 분)

130　60　100　70　400　65

| 풀이 |

1단계 평균 구하기 [40%]

2단계 중앙값 구하기 [40%]

3단계 적절한 대푯값 구하기 [20%]

2. 자료의 정리와 해석

1 줄기와 잎 그림

줄기와 잎 그림 그리기

① 변량을 줄기와 잎으로 구분한다.

참고 변량을 자릿수를 기준으로 두 부분으로 나누어 큰 자리의 숫자를 줄기로, 나머지 자리의 숫자를 잎으로 정하는 것이 일반적이다.

② 세로선을 긋고, 세로선의 왼쪽에 줄기를 작은 수부터 세로로 나열한다.

③ 세로선의 오른쪽에 각 줄기에 해당되는 잎을 일정한 간격을 두고 가로로 나열한다.

예 줄넘기 횟수

[자료]

(단위: 회)

40	32	35	51
35	34	41	46

[줄기와 잎 그림]

(3|2는 32회)

줄기	잎
3	2 4 5 5
4	0 1 6
5	1

• 줄기와 잎 그림에서 잎은 작은 수부터 나열하지 않을 수도 있다.

• 줄기의 잎 그림에서 (3|2는 32회)를 표시하여 3은 십의 자리, 2는 일의 자리임을 나타내는 것이 일반적이다.

• 중복된 자료의 값은 중복된 횟수만큼 나열한다.

예제 1 **오른쪽은 이진이네 반 학생들의 1년간 봉사 활동 시간을 조사하여 나타낸 줄기와 잎 그림이다. 다음 물음에 답하시오.**

(1) 조사한 학생 수를 구하시오.

(2) 잎이 가장 적은 줄기를 구하시오.

(3) 봉사 활동 시간이 30시간 이상인 학생에게 봉사상을 수여하려고 할 때, 봉사상을 받는 학생 수를 구하시오.

봉사 활동 시간 (0|3은 3시간)

줄기	잎
0	3 5 5 6
1	0 0 2 3 4 5
2	1 3 7
3	0 1 1 2

풀이

(1) 학생 수는 잎의 개수와 같으므로 $4+6+3+4=17$(명)

(2) 잎이 가장 적은 줄기는 2이다.

(3) 30시간, 31시간, 31시간, 32시간의 봉사 활동을 한 학생 4명이 봉사상을 받는다.

답 (1) 17명 (2) 2 (3) 4명

정답과 풀이 61쪽

유제 1 **오른쪽은 어느 지하철역의 열차 시간표이다. 다음 물음에 답하시오.**

(1) 잎이 가장 많은 줄기를 구하시오.

(2) 아영이가 8시 30분에 역에 도착하였을 때, 탈 수 있는 가장 빠른 열차 시각을 구하시오.

○○역 열차 시간표 (7|05는 7시5분) ▶ 242010-0415

줄기	잎
7	05 10 15 20 25 30 35 40 45 50 55
8	00 05 10 16 22 29 36 43 50 57
9	04 11 18 25 32 39 46 53

2 도수분포표

(1) **계급:** 변량을 일정한 간격으로 나눈 구간

(2) **계급의 크기:** 계급을 나눈 구간의 너비

(3) **계급의 개수:** 변량을 나눈 구간의 수

(4) **도수:** 각 계급에 속하는 자료의 수

(5) **도수분포표:** 자료를 정리하여 계급과 도수로 나타낸 표

예 줄넘기 횟수

횟수(회)	학생 수(명)
30이상~40미만	4
40 ~50	3
50 ~60	1
합계	8

(1) 계급: 30회 이상 40회 미만, 40회 이상 50회 미만, 50회 이상 60회 미만
(2) 계급의 크기: 10회
(3) 계급의 개수: 3개
(4) 30회 이상 40회 미만인 계급의 도수: 4명

• 도수분포표에서 각 계급의 가운데 값을 그 계급의 계급값이라고 한다.
⇨ (계급값) $=\frac{(\text{계급의 양 끝 값의 합})}{2}$

예제 2 **오른쪽은 어느 반 학생들의 키를 조사하여 나타낸 도수분포표이다. 다음 물음에 답하시오.**

학생들의 키

키(cm)	학생 수(명)
140이상~145미만	1
145 ~150	3
150 ~155	5
155 ~160	A
160 ~165	8
165 ~170	3
합계	24

(1) 계급의 크기를 구하시오.
(2) A의 값을 구하시오.
(3) 도수가 가장 작은 계급을 구하시오.
(4) 키가 160 cm 이상인 학생 수를 구하시오.

풀이
(1) 계급의 크기는 $145-140=5$(cm)
(2) 도수의 총합이 24이므로 $A=24-(1+3+5+8+3)=4$
(3) 140 cm 이상 145 cm 미만인 계급의 도수는 1로 가장 작다.
(4) 키가 160 cm 이상인 학생 수는 160 cm 이상 165 cm 미만, 165 cm 이상 170 cm 미만인 계급의 도수의 합과 같으므로 $8+3=11$(명)

답 (1) 5 cm (2) 4 (3) 140 cm 이상 145 cm 미만 (4) 11명

정답과 풀이 61쪽

유제 2 **오른쪽은 2023년 규모별 지진 현황을 나타낸 도수분포표이다. 다음 물음에 답하시오.**

2023년 규모별 지진 현황 ▶ 242010-0416

규모	지진 발생 횟수(회)
2.0이상~3.0미만	90
3.0 ~4.0	14
4.0 ~5.0	2
합계	106

(1) 도수가 가장 큰 계급을 구하시오.
(2) 계급의 개수를 구하시오.
(3) 규모 3.0 이상의 지진은 실내에서 일부 사람이 느낄 수 있는 정도라고 한다. 규모 3.0 이상의 지진 발생 횟수를 구하시오.

3 도수분포표 만들기

① 주어진 변량의 가장 작은 값과 가장 큰 값을 찾는다.
② 계급의 개수가 5개에서 15개 정도가 되도록 계급의 크기를 정한다.
③ 각 계급에 속하는 도수를 세어 써넣는다.

• 개수를 헤아릴 때 /, //, ///, ////, ~~////~~이나 一, T, 下, 正, 正으로 나타내면 편리하다.

• 계급의 크기가 너무 크면 계급의 개수가 적어지므로 자료에 대한 분포의 특징을 알아보기 어렵다.

예제 3 **오른쪽은 배드민턴 동아리 회원들의 몸무게를 조사하여 나타낸 자료이다. 도수분포표를 완성하시오.**

배드민턴 동아리 회원들의 몸무게

(단위: kg)

60	65	56	52	63
51	57	68	72	55
78	58	76	66	67
70	54	69	68	71

배드민턴 동아리 회원들의 몸무게

몸무게(kg)	학생 수(명)
50이상 ~ 55미만	
합계	

풀이

① 가장 작은 값: 51, 가장 큰 값: 78
② 계급의 크기를 5 kg으로 하여 계급을 6개로 나눈다.
③ 각 계급에 속하는 변량의 개수를 세어 도수분포표에 써넣는다.

답 풀이 참조

배드민턴 동아리 회원들의 몸무게

몸무게(kg)	학생 수(명)
50이상 ~ 55미만	3
55 ~ 60	4
60 ~ 65	2
65 ~ 70	6
70 ~ 75	3
75 ~ 80	2
합계	20

정답과 풀이 61쪽

유제 3 **오른쪽은 수학 수행평가 점수를 조사하여 나타낸 자료이다. 0점부터 시작하여 계급의 크기를 5점으로 하는 도수분포표를 완성하시오.**

242010-0417

수학 수행평가 점수

(단위: 점)

5	12	14	7
19	10	8	3
20	23	18	21
20	24	16	23

수학 수행평가 점수

점수(점)	학생 수(명)
이상 ~ 미만	
합계	

4 히스토그램

(1) **히스토그램:** 도수분포표의 각 계급을 가로로, 그 계급의 도수를 세로로 표시하여 직사각형으로 나타낸 그래프

(2) **히스토그램 그리기**

① 가로축에 각 계급의 양 끝 값을 차례로 표시한다.

② 세로축에 도수를 차례로 표시한다.

③ 각 계급의 크기를 가로로, 도수를 세로로 하는 직사각형을 차례로 그린다.

(3) **히스토그램의 특징**

① 도수분포표보다 자료의 전체적인 분포 상태를 한눈에 알아보기 쉽다.

② (직사각형의 넓이)=(각 계급의 크기)×(그 계급의 도수)

③ 각 직사각형에서 가로의 길이인 계급의 크기는 모두 같으므로 각 직사각형의 넓이는 세로의 길이인 계급의 도수에 정비례한다.

- 히스토그램(Histogram)은 '역사(History)'와 '그림(Diagram)'의 합성어이다.
- 막대그래프와 달리 히스토그램은 변량이 연속하는 값을 갖는다.
- 히스토그램에서
  (직사각형의 세로의 길이)
  =(계급의 도수)
  (직사각형의 가로의 길이)
  =(계급의 크기)
  (직사각형의 개수)
  =(계급의 개수)

예제 4 **오른쪽은 지난 8월에 나타난 열대야 횟수를 지역별로 조사하여 나타낸 히스토그램이다. 다음 물음에 답하시오.**

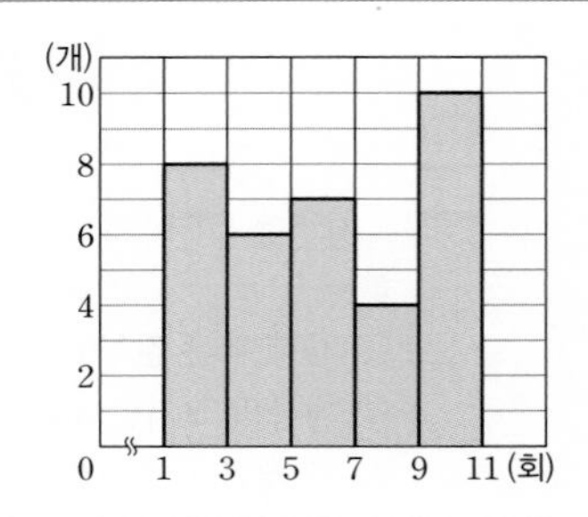

(1) 조사한 전체 지역 수를 구하시오.

(2) 도수가 가장 큰 계급의 직사각형의 넓이를 구하시오.

(3) 열대야 횟수가 7번 이상 나타난 지역의 수를 구하시오.

풀이

(1) 조사한 전체 지역 수는 $8+6+7+4+10=35$(개)

(2) 도수가 가장 큰 계급은 9회 이상 11회 미만이므로 직사각형의 넓이는 $2\times10=20$

(3) 열대야 횟수가 7번 이상 나타난 지역의 수는 7회 이상 9회 미만, 9회 이상 11회 미만인 계급의 도수의 합과 같으므로 $4+10=14$(개)

답 (1) 35개 (2) 20 (3) 14개

정답과 풀이 61쪽

유제 4 **오른쪽은 도영이네 반 학생들의 하루 전화통화 횟수를 나타낸 히스토그램이다. 다음 물음에 답하시오.**

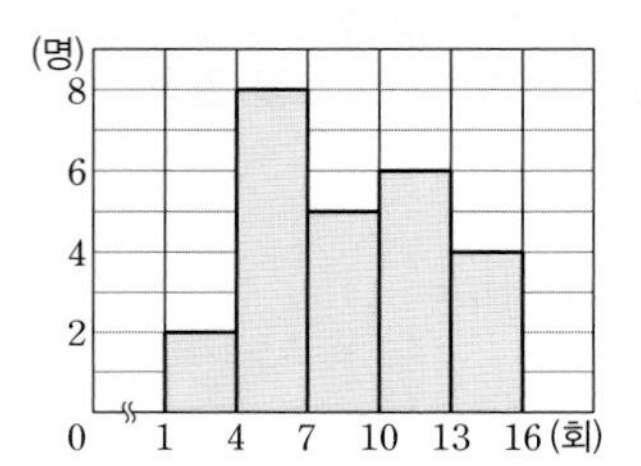

242010-0418

(1) 도영이네 반 학생 수를 구하시오.

(2) 도수가 가장 작은 계급을 구하시오.

(3) 하루 전화 통화 횟수가 7회 미만인 학생 수를 구하시오.

5 도수분포다각형

(1) **도수분포다각형:** 히스토그램에서 각 직사각형의 윗변의 중점과 양 끝에 도수가 0인 계급을 하나씩 추가하여 찍은 중점을 차례로 선분으로 연결하여 그린 다각형 모양의 그래프

• 도수분포다각형은 히스토그램을 그리지 않고 도수분포표에서 직접 그릴 수도 있다.

(2) **도수분포다각형 그리기**

① 히스토그램에서 각 직사각형의 윗변의 중앙에 점을 찍는다.

② 히스토그램의 양 끝에 도수가 0인 계급이 하나씩 더 있는 것으로 생각하고 그 중앙에 점을 찍는다.

③ 위에서 찍은 점을 선분으로 연결한다.

• 도수분포다각형에서 점의 좌표는 (계급값, 도수)이다.

(3) **도수분포다각형의 특징**

① 도수분포다각형은 두 개 이상의 자료에 대한 분포를 함께 나타낼 수 있어 자료에 대한 분포의 특징을 비교할 때 히스토그램보다 편리하다. 특히, 도수의 합이 같은 두 자료의 분포 상태를 비교할 때 편리하다.

② 도수분포다각형과 가로축으로 둘러싸인 도형의 넓이는 히스토그램의 직사각형의 넓이의 합과 같다.

예제 5 **오른쪽은 사람들이 놀이기구를 타기 위해 기다린 시간을 나타낸 도수분포다각형이다. 다음 물음에 답하시오.**

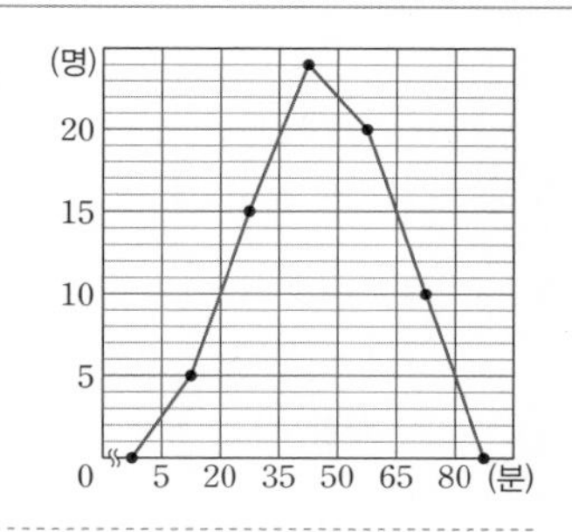

(1) 도수가 가장 큰 계급을 구하시오.

(2) 50분 이상 기다린 사람은 몇 명인지 구하시오.

풀이

(1) 도수가 가장 큰 계급은 도수가 24인 35분 이상 50분 미만이다.

(2) 50분 이상 기다린 사람 수는 50분 이상 65분 미만, 65분 이상 80분 미만인 계급의 도수의 합인 $20+10=30$(명)이다.

답 (1) 35분 이상 50분 미만 (2) 30명

정답과 풀이 62쪽

유제 5 **오른쪽은 하준이네 반 학생들 중 1번 이상 결석한 학생들의 1년간 결석한 횟수를 나타낸 도수분포다각형이다. 다음 물음에 답하시오.**

▶ 242010-0419

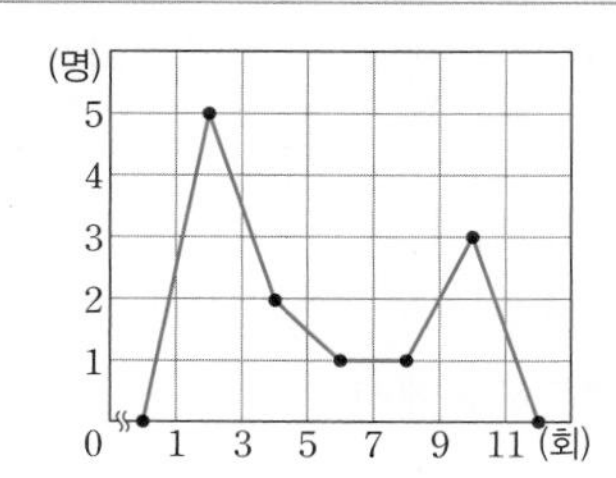

(1) 결석한 횟수가 9회 이상인 학생들은 결석한 학생 전체의 몇 %인지 구하시오.

(2) 하준이네 반 전체 학생 수는 25명일 때, 한 번도 결석하지 않은 학생은 몇 명인지 구하시오.

6 상대도수

(1) **상대도수:** 도수분포표에서 전체 도수에 대한 각 계급의 도수의 비율

$$(\text{어떤 계급의 상대도수})=\frac{(\text{그 계급의 도수})}{(\text{도수의 총합})}$$

(2) **상대도수의 분포표:** 도수분포표에서 각 계급의 상대도수를 나타낸 표

(3) **상대도수의 특징**

① 상대도수의 총합은 항상 1이다.

② 각 계급의 상대도수는 그 계급의 도수에 정비례한다.

③ (어떤 계급의 도수)=(그 계급의 상대도수)×(도수의 총합)

$$(\text{도수의 총합})=\frac{(\text{그 계급의 도수})}{(\text{어떤 계급의 상대 도수})}$$

• 상대도수는 0 이상이고 1 이하인 수이다.

• (상대도수의 총합)

$$=\frac{(\text{각 계급의 도수의 합})}{(\text{도수의 총합})}$$

$$=\frac{(\text{도수의 총합})}{(\text{도수의 총합})}=1$$

예제 6 **오른쪽은 뮤지컬 관람객의 연령대를 조사하여 나타낸 상대도수의 분포표이다. $A\sim E$에 알맞은 수를 구하시오.**

뮤지컬 관람객의 연령대

연령(세)	관람객 수(명)	상대도수
10이상 ~ 20미만	5	0.2
20 ~ 30	A	0.16
30 ~ 40	5	B
40 ~ 50	3	C
50 ~ 60	D	0.32
합계	E	1

풀이

$(\text{도수의 총합})=\frac{(\text{그 계급의 도수})}{(\text{어떤 계급의 상대도수})}=\frac{5}{0.2}=25(\text{명})$이므로 $E=25$

$A=0.16\times25=4$, $B=\frac{5}{25}=0.2$, $C=\frac{3}{25}=0.12$, $D=0.32\times25=8$

답 풀이 참조

정답과 풀이 62쪽

유제 6 **다음 설명 중 옳은 것에는 ○표, 옳지 않은 것에는 ×표를 ( ) 안에 써넣으시오.** 242010-0420

(1) 상대도수의 총합은 항상 1이다. ( )

(2) 도수의 총합이 50인 도수분포표에서 어떤 계급의 도수가 35일 때 이 계급의 상대도수는 0.35이다. ( )

(3) 상대도수는 도수와 반비례한다. ( )

(4) 도수분포표에서 어떤 계급의 도수와 그 계급의 상대도수를 알면 도수의 총합을 구할 수 있다. ( )

7 상대도수의 분포를 나타내는 그래프

(1) **상대도수의 분포를 나타내는 그래프:** 상대도수의 분포표를 히스토그램이나 도수분포다각형 모양으로 나타낸 그래프

(2) **상대도수의 분포를 나타내는 그래프 그리기**

① 가로축에 각 계급의 양 끝 값을, 세로축에 상대도수를 차례로 표시한다.

② 히스토그램이나 도수분포다각형 모양으로 그린다.

예

횟수(회)	도수(명)	상대도수
30이상 ~ 40미만	4	$\frac{4}{8}=0.5$
40 ~ 50	3	$\frac{3}{8}=0.375$
50 ~ 60	1	$\frac{1}{8}=0.125$
합계	8	1

➡

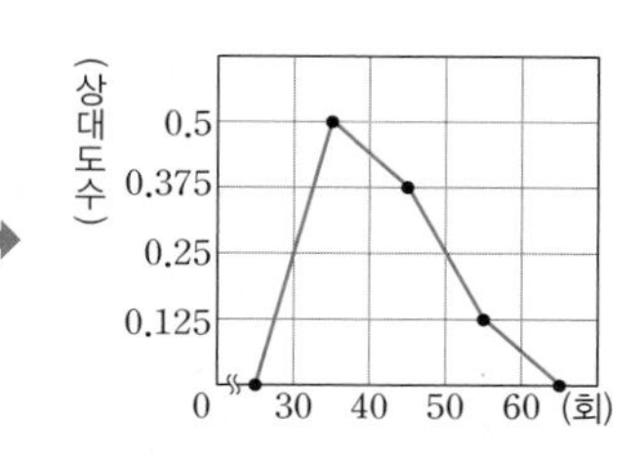

• 도수분포표와 마찬가지로 상대도수의 분포표도 그래프로 나타내면 전체적인 자료의 분포 상태를 한눈에 쉽게 알아볼 수 있다.

• 상대도수의 분포를 나타내는 그래프는 일반적으로 도수분포다각형 모양으로 나타낸다.

예제 7 **오른쪽은 어느 반 학생들의 신발 사이즈를 조사하여 나타낸 상대도수의 분포표이다. 이 표를 도수분포다각형 모양의 그래프로 나타내시오.**

신발 사이즈

신발 사이즈(mm)	상대도수
230이상 ~ 240미만	0.2
240 ~ 250	0.3
250 ~ 260	0.1
260 ~ 270	0.15
270 ~ 280	0.2
280 ~ 290	0.05
합계	1

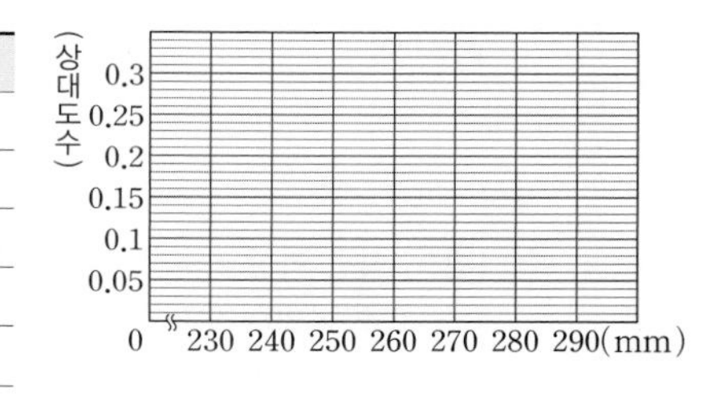

풀이

계급의 중앙에 상대도수를 찍고, 양 끝에 상대도수가 0인 계급이 있다고 생각하고 점을 찍어서 선분으로 연결하면 오른쪽과 같은 그래프로 나타낼 수 있다.

답 풀이 참조

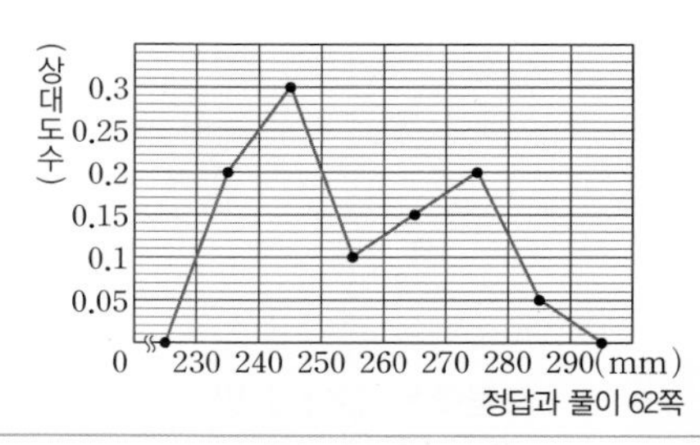

정답과 풀이 62쪽

유제 7 **오른쪽은 어느 반 학생들의 상담프로그램 만족도를 조사하여 상대도수의 분포를 그래프로 나타낸 것이다. 만족도 점수가 0점 이상 4점 미만인 학생 수가 1명일 때, 만족도 점수가 12점 이상인 학생 수를 구하시오.**

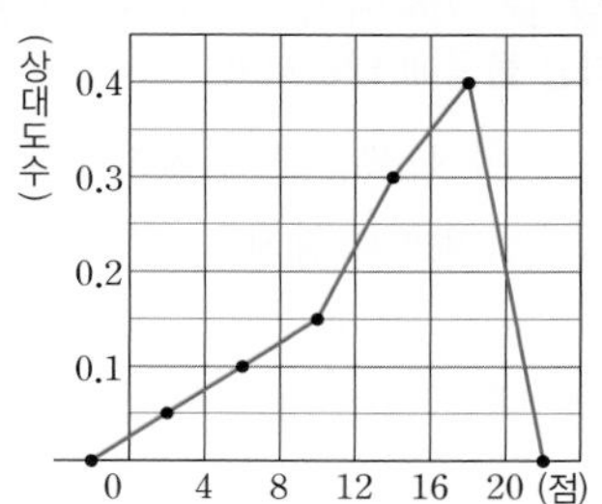

242010-0421

8 도수의 총합이 다른 두 집단의 분포 비교

도수의 총합이 다른 두 자료를 비교할 때는 각 계급의 도수를 그대로 비교하지 않고 상대도수를 구하여 각 계급별로 비교한다.

예

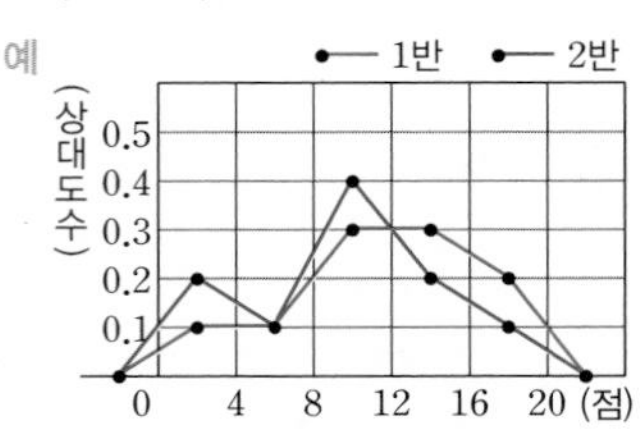

• 두 자료에 대한 상대도수의 분포를 도수분포다각형 모양의 그래프로 함께 나타내면 두 자료의 분포 상태를 한눈에 쉽게 비교할 수 있다.

예제 8 **오른쪽은 1반 학생 20명과 2반 학생 30명의 일주일 동안의 운동 시간에 대한 상대도수의 분포를 그래프로 나타낸 것이다. 다음 물음에 답하시오.**

(1) 1반과 2반에서 운동 시간이 3시간 이상인 학생 수는 각각 몇 명인지 구하시오.

(2) 2반 학생의 상대도수가 1반 학생의 상대도수보다 더 큰 계급을 모두 구하시오.

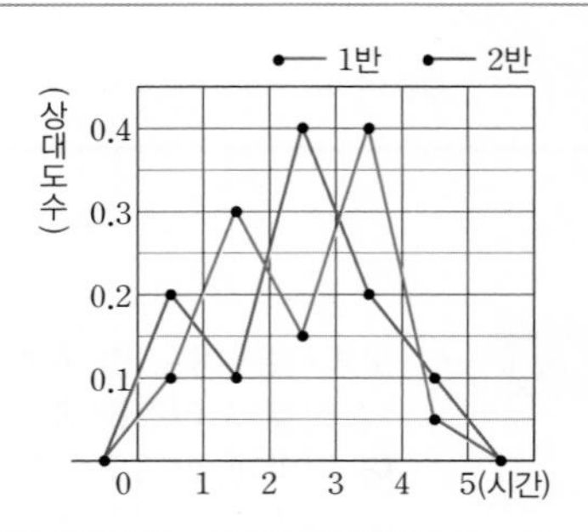

풀이

(1) 1반: 3시간 이상 4시간 미만의 상대도수와 4시간 이상 5시간 미만의 상대도수의 합은 $0.4+0.05=0.45$이므로 $0.45\times20=9$(명)

2반: 3시간 이상 4시간 미만의 상대도수와 4시간 이상 5시간 미만의 상대도수의 합은 $0.2+0.1=0.3$이므로 $0.3\times30=9$(명)

(2) 주어진 그래프에서 2반의 그래프가 1반의 그래프보다 위에 있는 계급을 구하면 된다.
즉, 0시간 이상 1시간 미만, 2시간 이상 3시간 미만, 4시간 이상 5시간 미만이다.

답 (1) 9명, 9명 (2) 0시간 이상 1시간 미만, 2시간 이상 3시간 미만, 4시간 이상 5시간 미만

정답과 풀이 62쪽

유제 8 **오른쪽은 진아네 반 학생 10명과 수연이네 반의 학생 20명의 50 m 달리기 기록에 대한 상대도수의 분포를 그래프로 나타낸 것이다. 다음 물음에 답하시오.**

242010-0422

(1) 진아네 반 학생들과 수연이네 반 학생들의 50 m 달리기 기록에서 8초 이상 9초 미만으로 뛴 학생 수를 각각 구하시오.

(2) 수연이네 반 도수가 진아네 반 도수의 2배가 되는 계급을 구하시오.

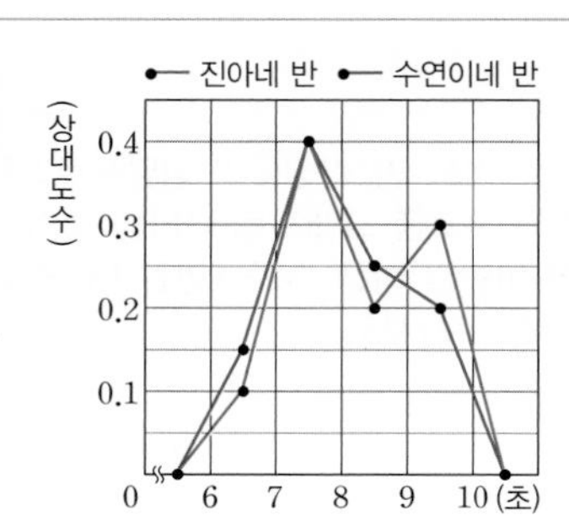

중단원 마무리

정답과 풀이 62쪽

[01~04] 다음은 도시농부반 학생들이 학교 텃밭에서 수확한 방울토마토의 개수를 조사하여 나타낸 줄기와 잎 그림이다. 물음에 답하시오.

방울토마토의 개수 (2|1은 21개)

줄기	잎
2	1 5 7 9
3	0 0 1 5 5 8
4	0 2 8
5	2 2 3 6 7 8 9

242010-0423

01 방울토마토를 수확한 도시농부반 학생 수는?

① 10명 ② 15명 ③ 20명
④ 25명 ⑤ 30명

242010-0424

02 방울토마토를 가장 많이 수확한 학생의 기록과 가장 적게 수확한 학생의 기록의 차는?

① 8개 ② 18개 ③ 28개
④ 38개 ⑤ 48개

242010-0425

03 방울토마토를 32개보다 적게 수확한 학생은 전체의 몇 %인가?

① 20 % ② 25 % ③ 30 %
④ 35 % ⑤ 40 %

☆ 중요 242010-0426

04 방울토마토를 3번째로 많이 수확한 학생의 기록은?

① 59개 ② 57개 ③ 52개
④ 48개 ⑤ 38개

[05~07] 다음은 어느 과일 가게에서 파는 사과 40개의 무게를 조사하여 나타낸 도수분포표이다. 물음에 답하시오.

사과의 무게

무게(g)	사과의 수(개)
280이상 ~ 290미만	9
290 ~ 300	16
300 ~ 310	A
310 ~ 320	5
320 ~ 330	3
합계	40

242010-0427

05 무게가 4번째로 무거운 사과가 속한 계급은?

① 280 g 이상 290 g 미만
② 290 g 이상 300 g 미만
③ 300 g 이상 310 g 미만
④ 310 g 이상 320 g 미만
⑤ 320 g 이상 330 g 미만

242010-0428

06 A의 값은?

① 7 ② 8 ③ 9
④ 10 ⑤ 11

☆ 중요 242010-0429

07 다음 중 도수분포표에 대한 설명으로 옳지 않은 것은?

① 계급은 5개이다.
② 계급의 크기는 10 g이다.
③ 가장 무거운 사과는 330 g이다.
④ 무게가 300 g 미만인 사과는 전체의 62.5 %이다.
⑤ 도수가 가장 큰 계급은 290 g 이상 300 g 미만이다.

[08~09] 다음은 한 달간 어느 TV 프로그램의 평균시청률을 조사하여 나타낸 히스토그램이다. 물음에 답하시오.

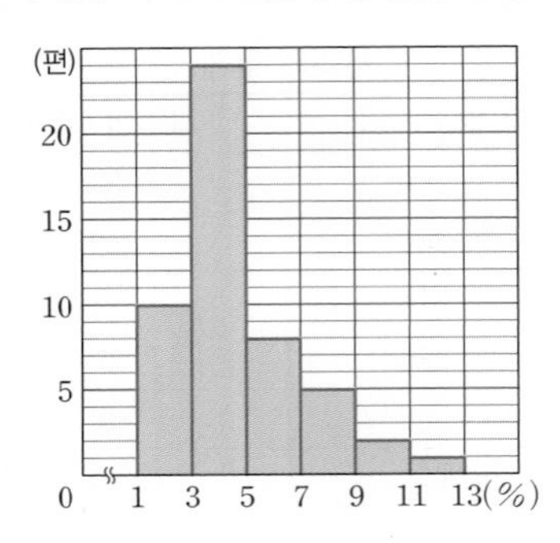

▶ 242010-0430

08 평균 시청률이 7 % 이상인 TV 프로그램은 전체의 몇 %인지 구하시오.

▶ 242010-0431

09 다음 중 옳은 것은?

① 도수의 총합은 30편이다.
② 계급의 개수는 7개이다.
③ 도수가 가장 작은 계급은 0 % 이상 1 % 미만이다.
④ 평균 시청률이 9 % 이상인 TV 프로그램은 2편이다.
⑤ 평균 시청률이 가장 잘 나오는 프로그램이 속하는 계급은 11 % 이상 13 % 미만이다.

▶ 242010-0432

10 오른쪽은 유안이의 반 학생들의 중간고사 평균 점수를 조사하여 나타낸 도수분포다각형이다. 중간고사 평균 점수가 5번째로 높은 학생이 속한 계급을 구하시오.

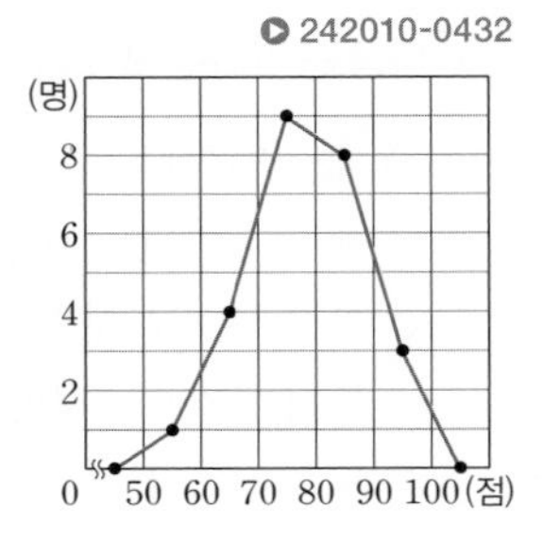

▶ 242010-0433

11 다음은 학교 도서관에서 한달 간 도서 대여 횟수를 조사하여 나타낸 표이다. $A+B+C$의 값을 구하시오.

도서 대여 횟수

대여 횟수(회)	학생 수(명)	상대도수
1이상 ~ 4미만	17	0.34
4 ~ 7	A	0.4
7 ~ 10		
10 ~ 13	4	B
13 ~ 16		
합계		C

▶ 242010-0434

12 다음은 시현이네 반 학생들의 한달 간 학교 홈페이지 방문 횟수를 조사하여 나타낸 도수분포다각형이다. 도수가 2번째로 큰 계급의 상대도수를 구하시오.

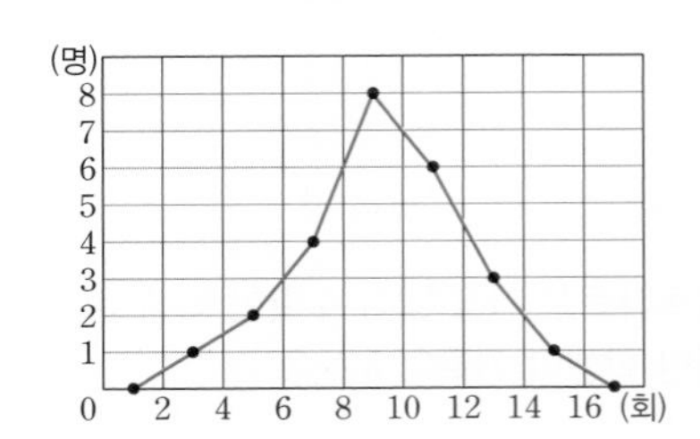

▶ 242010-0435

13 오른쪽은 어느 중학교 여학생과 남학생의 학용품 개수에 대한 상대도수의 분포를 그래프로 나타낸 것이다. 다음 중 옳지 않은 것은?

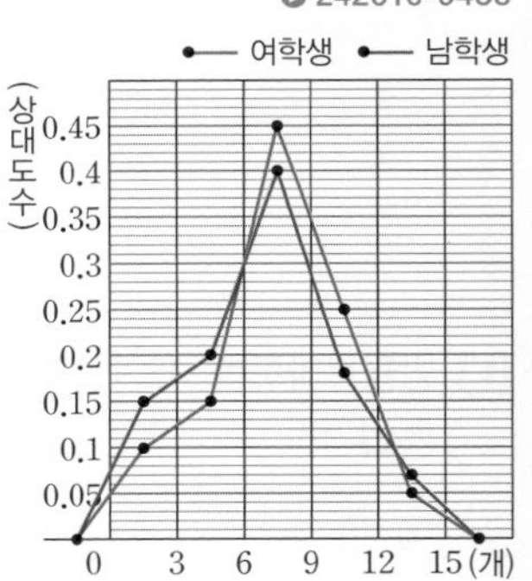

① 여학생 수와 남학생 수는 같다.
② 여학생의 기록 중 도수가 가장 큰 계급의 상대도수는 0.45이다.
③ 12개 이상 학용품을 가지고 있는 남학생은 전체 남학생의 7 %이다.
④ 남학생이 100명일 때, 학용품을 3개 미만으로 가지고 있는 남학생은 15명이다.
⑤ 학용품의 개수가 6개 이상 9개 미만인 계급의 여학생의 상대도수가 남학생의 상대도수보다 크다.

서술형으로 중단원 마무리

정답과 풀이 63~64쪽

서술형 1-1 

다음은 학교 급식을 먹는 데 걸리는 시간을 조사하여 나타낸 도수분포표이다.

식사 시간(분)	학생 수(명)
$8^{이상} \sim 12^{미만}$	A
$12 \sim 16$	36
$16 \sim 20$	B
$20 \sim 24$	6
$24 \sim 28$	3
합계	100

식사 시간이 16분 미만인 학생 수가 전체의 46 %일 때, 식사 시간이 16분 이상 24분 미만인 학생 수를 구하시오.

| 풀이 |

1단계 A의 값 구하기 [40%]

식사 시간이 16분 미만인 학생 수는 $(A+36)$명이므로

$\frac{\square}{100}=0.46$, 즉 $A=\square$

2단계 B의 값 구하기 [40%]

전체 학생 수가 100명이므로

$10+36+B+6+3=100$, $B=\square$

3단계 식사 시간이 16분 이상 24분 미만인 학생 수 구하기 [20%]

따라서 식사 시간이 16분 이상 24분 미만인 학생 수는

$B+\square=\square$(명)

서술형 1-2

▶ 242010-0436

다음은 어느 학교 학생들의 한 달 동안의 외식 횟수를 조사하여 나타낸 도수분포표이다.

외식 횟수(회)	학생 수(명)
$0^{이상} \sim 2^{미만}$	A
$2 \sim 4$	14
$4 \sim 6$	B
$6 \sim 8$	7
합계	40

한 달 동안의 외식 횟수가 4회 이상인 학생 수가 전체의 $\frac{1}{4}$일 때, 외식 횟수가 2회 미만인 학생 수를 구하시오.

| 풀이 |

1단계 B의 값 구하기 [40%]

2단계 A의 값 구하기 [40%]

3단계 외식 횟수가 2회 미만인 학생 수 구하기 [20%]

서술형 2-1

오른쪽은 어느 회사 직원 50명의 나이를 조사하여 나타낸 히스토그램의 일부가 찢어진 것이다. 40세 미만인 직원은 전체의 몇 %인지 구하시오.

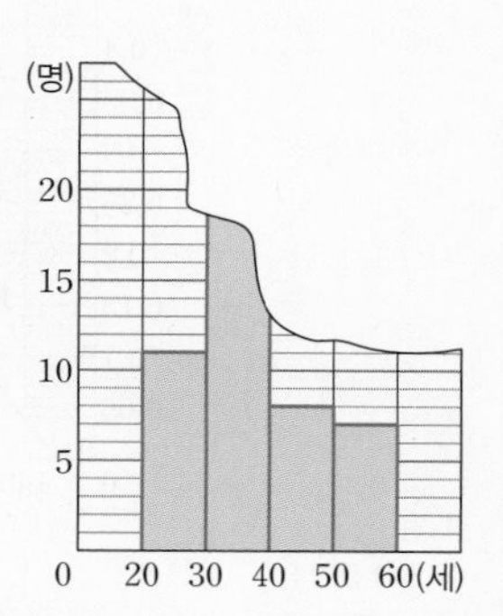

| 풀이 |

1단계 찢어진 부분의 도수 구하기 [40%]

도수의 총합이 $\square$명이므로

(찢어진 부분의 도수)$=\square-(11+8+7)=\square$(명)

2단계 40세 미만인 직원의 비율 구하기 [60%]

(40세 미만인 직원의 수)$=11+\square=\square$(명)

따라서 40세 미만인 직원의 비율은

$\frac{\square}{\square}\times 100=\square$(%)

서술형 2-2

▶ 242010-0437

오른쪽은 기욱이네 반 학생 20명의 줄넘기 이단 뛰기 기록을 조사하여 나타낸 도수분포다각형의 일부가 찢어진 것이다. 줄넘기 이단 뛰기를 20회 미만으로 한 학생은 전체의 몇 %인지 구하시오.

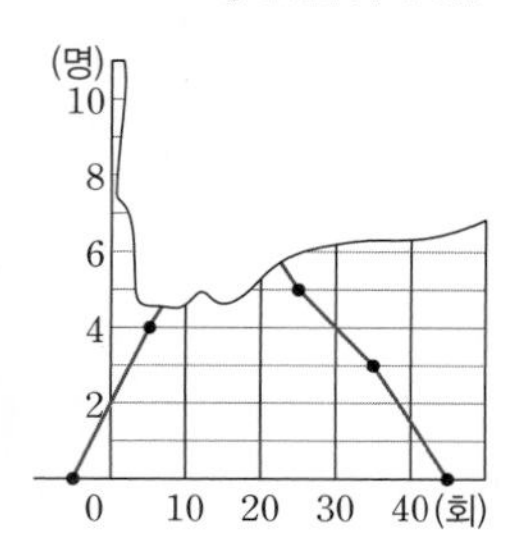

| 풀이 |

1단계 찢어진 부분의 도수 구하기 [40%]

2단계 줄넘기 이단 뛰기를 20회 미만으로 한 학생의 비율 구하기 [60%]

서술형 3-1

다음은 유정이네 반 학생들의 시력을 조사하여 나타낸 상대도수의 분포표의 일부를 나타낸 것이다. 시력이 1.5 이상인 학생 수를 구하시오.

시력	도수(명)	상대도수
0이상 ~ 0.5미만		
0.5 ~ 1.0	11	0.55
1.0 ~ 1.5		
1.5 ~ 2.0		0.2
합계		

| 풀이 |

1단계 도수의 총합 구하기 [50%]

도수가 11일 때, 상대도수가 0.55이므로 $\frac{\square}{(\text{도수의 총합})}=0.55$

(도수의 총합)=□(명)

2단계 시력이 1.5 이상인 학생 수 구하기 [50%]

시력이 1.5 이상인 계급의 상대도수가 0.2이므로

(도수)=□×0.2=□(명)

서술형 3-2

242010-0438

다음은 어느 회사 직원들의 하루 통화 횟수를 조사하여 나타낸 상대도수의 분포표의 일부를 나타낸 것이다. 하루 통화 횟수가 10회 이상 15회 미만인 직원 수를 구하시오.

통화 횟수(회)	도수(명)	상대도수
0이상 ~ 5미만	8	0.2
5 ~ 10	16	0.4
10 ~ 15		0.25
15 ~ 20		
20 ~ 25		
합계		

| 풀이 |

1단계 도수의 총합 구하기 [50%]

2단계 하루 통화 횟수가 10회 이상 15회 미만인 직원 수 구하기 [50%]

서술형 4-1

다음은 어느 중학교 여학생 100명과 남학생 200명의 사회 점수에 대한 상대도수의 분포를 그래프로 나타낸 것이다. 사회 점수가 80점 이상인 학생 수를 구하시오.

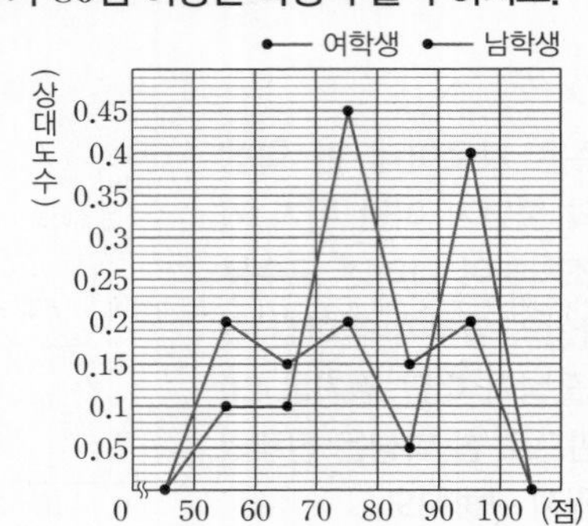

| 풀이 |

1단계 사회 점수가 80점 이상인 여학생 수 구하기 [40%]

사회 점수가 80점 이상인 여학생 수는 100×(□+□)=□(명)

2단계 사회 점수가 80점 이상인 남학생 수 구하기 [40%]

사회 점수가 80점 이상인 남학생 수는 200×(□+□)=□(명)

3단계 사회 점수가 80점 이상인 학생 수 구하기 [20%]

따라서 사회 점수가 80점 이상인 학생 수는

(남학생 수)+(여학생 수)=□(명)

서술형 4-2

242010-0439

다음은 어느 중학교 1반 학생 20명과 2반 학생 25명의 키에 대한 상대도수의 분포를 그래프로 나타낸 것이다. 키가 160 cm 미만인 학생 수를 구하시오.

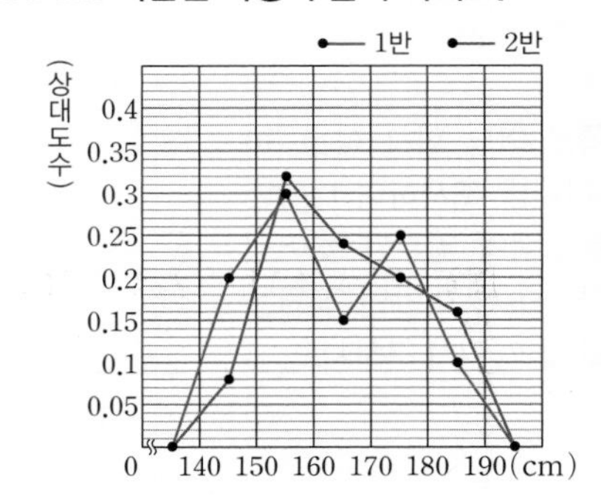

| 풀이 |

1단계 키가 160 cm 미만인 1반 학생 수 구하기 [40%]

2단계 키가 160 cm 미만인 2반 학생 수 구하기 [40%]

3단계 키가 160 cm 미만인 학생 수 구하기 [20%]

EBS

중 | 학 | 도 | 역 | 시 EBS

2022 개정 교육과정 적용

2025년 중1 적용

예비 중1을 위한 내신 대비서

중학 신입생 예비과정

정답과 풀이

수학

중학 신입생 예비과정

수학

정답과 풀이

Ⅰ 소인수분해

1. 소인수분해

본문 8~11쪽

유제

1 (1) 4 (2) 3 (3) 5 (4) 3
2 (1) × (2) × (3) ○
3 (1) 2, 소수 (2) 4, 합성수 (3) 2, 소수
(4) 6, 합성수 (5) 4, 합성수 (6) 2, 소수
4 (1) ○ (2) × (3) ○
5 (1) $2^2\times3$ (2) $2^2\times5$ (3) $2^2\times3\times5$
6 (1) 2, 7 (2) 2, 3 (3) 2, 3, 7
7 (1) 약수: 1, 2, 2^2, 2^3, 2^4 (또는 1, 2, 4, 8, 16)
약수의 개수: 5개
(2) 약수: 1, 2, 3, 4, 6, 9, 12, 18, 36
약수의 개수: 9개
8 (1) ○ (2) ○ (3) ○ (4) ×

유제 1

(1) 7을 곱한 횟수가 4이므로 거듭제곱의 지수는 4이다.
⇨ $7\times7\times7\times7=7^{\boxed{4}}$
(2) 2를 곱한 횟수가 3이므로 2^3이고 3을 곱한 횟수가 2이므로 3^2이다.
⇨ $2\times2\times2\times3\times3=2^{\boxed{3}}\times3^2$
(3) $2\times2\times2\times2\times2=32$이므로 2를 다섯 번 곱하면 32이다.
⇨ $2^{\boxed{5}}=32$
(4) $10\times10\times10=1000$이므로 10을 세 번 곱하면 1000이다.
⇨ $10^{\boxed{3}}=1000$

유제 2

(1) $3\times3\times3\times3=3^4$ (×)
(2) $11+11+11=11\times3$ (×)
(3) $\frac{2}{5}\times\frac{2}{5}\times\frac{2}{5}=\frac{2\times2\times2}{5\times5\times5}=\frac{2^3}{5^3}$ (○)

유제 3

(1) 13의 약수는 1, 13으로 약수의 개수는 2개이다.
따라서 소수이다.
(2) 15의 약수는 1, 3, 5, 15로 약수의 개수는 4개이다.
따라서 합성수이다.
(3) 17의 약수는 1, 17로 약수의 개수는 2개이다.
따라서 소수이다.
(4) 18의 약수는 1, 2, 3, 6, 9, 18로 약수의 개수는 6개이다.
따라서 합성수이다.
(5) 21의 약수는 1, 3, 7, 21로 약수의 개수는 4개이다.
따라서 합성수이다.
(6) 23의 약수는 1, 23으로 약수의 개수는 2개이다.
따라서 소수이다.

유제 4

(1) 소수는 약수가 2개인 자연수이다.
(2) 1은 소수도 합성수도 아니다.
(3) 2는 짝수 중에서 유일한 소수이다.

유제 5

(1) $12=2\times6=2\times2\times3=2^2\times3$
(2) $20=2\times10=2\times2\times5=2^2\times5$
(3) $60=2\times30=2\times2\times15$
$=2\times2\times3\times5$
$=2^2\times3\times5$

유제 6

(1) $4\times7=2^2\times7$이므로 소인수는 2, 7이다.
(2) $18=2\times3^2$이므로 소인수는 2, 3이다.
(3) $42=2\times3\times7$이므로 소인수는 2, 3, 7이다.

유제 7

(1) $16=2^4$이므로 약수는 1, 2, $2^2(=4)$, $2^3(=8)$, $2^4(=16)$으로 5개이다.
(2)

×	1	3	3^2
1	$1\times1=1$	$1\times3=3$	$1\times3^2=9$
2	$2\times1=2$	$2\times3=6$	$2\times3^2=18$
2^2	$2^2\times1=4$	$2^2\times3=12$	$2^2\times3^2=36$

위의 표에서 $2^2\times3^2$의 약수는 1, 2, 3, 4, 6, 9, 12, 18, 36으로 9개이다.

유제 8

$5^3\times7^2$의 약수는 5^3의 약수(1, 5, 5^2, 5^3)와 7^2의 약수(1, 7, 7^2)를 각각 곱한 수이다.
따라서 5×7, 5^2, $5^3\times7$은 $5^3\times7^2$의 약수이고 7^3은 약수가 아니다.

중단원 마무리

본문 12~13쪽

01 ③	02 ⑤	03 ②	04 ④	05 ⑤	06 ②
07 ⑤	08 ④	09 ④	10 ③	11 ①	12 ②
13 ②	14 ④, ⑤	15 ③	16 ①		

01
밑이 다른 것이 있는 경우에는 밑이 같은 것끼리만 거듭제곱으로 나타낸다.

$2\times2=2^2$, $5\times5\times5=5^3$, $7\times7=7^2$이므로

$2\times2\times5\times5\times5\times7\times7=2^2\times5^3\times7^2$이다.

02
① $5^3=5\times5\times5$

② $4^4=4\times4\times4\times4$

③ $2^3\times3^2=8\times9=72$

④ $2\times3\times7\times7=2\times3\times7^2$

⑤ $\frac{1}{3}\times\frac{1}{3}\times\frac{1}{3}=\frac{1\times1\times1}{3\times3\times3}=\frac{1}{3^3}$

따라서 옳은 것은 ⑤이다.

03
① 1은 소수도 합성수도 아니다.

② 11의 약수는 1과 11로 두 개이므로 소수이다.

③, ④, ⑤ 약수가 3개 이상인 합성수이다.

04
③ 3의 배수 중 소수는 3뿐이다.

④ 20의 약수 중 소수는 2와 5로 두 개이다.

⑤ 21의 약수 1, 3, 7, 21 중 합성수는 21뿐이다.

따라서 옳지 않은 것은 ④이다.

05
$2^8=2\times2\times2\times2\times2\times2\times2\times2=256$이므로

$a=256$

$3^5=3\times3\times3\times3\times3=243$이므로

$b=243$

$6^3=6\times6\times6=216$이므로

$c=216$

따라서 $c<b<a$

06
$10=2\times5$, $20=2\times2\times5$, $30=2\times3\times5$이므로

$10\times20\times30=(2\times5)\times(2\times2\times5)\times(2\times3\times5)$

$=2^4\times3\times5^3$

따라서 $a=4$, $b=1$, $c=3$이므로

$a+b+c=8$

07
- 짝수 중에서 소수는 2뿐이다.
  ⇨ (가)$=2$
- 10보다 작은 합성수는 4, 6, 8, 9로 4개이다.
  ⇨ (나)$=4$
- 한 자리 자연수 중 가장 큰 합성수는 9이다.
  ⇨ (다)$=9$
- 20보다 큰 자연수 중 가장 작은 소수는 23이다.
  ⇨ (라)$=23$
- 일의 자리가 7인 두 자리 자연수 중 합성수는 27, 57, 77, 87로 4개이다.
  ⇨ (마)$=4$

08
330을 소인수분해 하면 $330=2\times3\times5\times11$이므로 330의 소인수는 2, 3, 5, 11이다.

09
120을 소인수분해 하면

$120=2\times60=2\times2\times30$

$=2\times2\times2\times15$

$=2\times2\times2\times3\times5$

$=2^3\times3\times5$

10
① $150=2\times75=2\times3\times25$

$=2\times3\times5\times5$

$=2\times3\times5^2$

② $180=2\times90=2\times2\times45$

$=2\times2\times3\times15$

$=2\times2\times3\times3\times5$

$=2^2\times3^2\times5$

③ $220=2\times110=2\times2\times55$

$=2\times2\times5\times11$

$=2^2\times5\times11$

④ $350=2\times175=2\times5\times35$
$=2\times5\times5\times7$
$=2\times5^2\times7$

⑤ $400=2\times200=2\times2\times100=2\times2\times2\times50$
$=2\times2\times2\times2\times25$
$=2\times2\times2\times2\times5\times5$
$=2^4\times5^2$

11

순서에 따라 수를 지워나가면 5단계가 끝난 후 남은 수는 다음과 같다.

~~1~~	2	3	~~4~~	5	~~6~~	7	~~8~~	~~9~~	~~10~~
11	~~12~~	13	~~14~~	~~15~~	~~16~~	17	~~18~~	19	~~20~~
~~21~~	~~22~~	23	~~24~~	~~25~~	~~26~~	~~27~~	~~28~~	29	~~30~~
31	~~32~~	~~33~~	~~34~~	~~35~~	~~36~~	37	~~38~~	~~39~~	~~40~~
41	~~42~~	43	~~44~~	~~45~~	~~46~~	47	~~48~~	~~49~~	~~50~~

남은 수는 2, 3, 5, 7, 11, 13, 17, 19, 23, 29, 31, 37, 41, 43, 47로 50 이하의 소수이고, 그 개수는 15개이다.

12

$54\times a$가 어떤 자연수의 제곱이 되려면 $54\times a$를 소인수분해 하였을 때 각 소인수들의 지수가 모두 짝수가 되어야 한다.
$54\times a=2\times3^3\times a$이므로 a가 될 수 있는 한 자리 자연수는
$2\times3=6$
또한 $54\times a=54\times6=324=18^2$이므로
$b=18$
따라서 $a+b=6+18=24$

13

각각의 약수의 개수는 다음과 같다.
① $11+1=12$(개)
② $(4+1)\times(1+1)=10$(개)
③ $(2+1)\times(3+1)=12$(개)
④ $(3+1)\times(2+1)=12$(개)
⑤ $(3+1)\times(2+1)=12$(개)
따라서 약수의 개수가 다른 하나는 ②이다.

14

$5^2\times7^4$이 $3\times5^3\times7^{\square}$의 약수이려면 $5^2\times7^4$의 모든 소인수의 지수가 $3\times5^3\times7^{\square}$의 지수보다 각각 작거나 같아야 한다.
따라서 □는 4 이상의 수이어야 하므로 □ 안에 들어갈 수 있는 수는 ④ 4, ⑤ 5이다.

15

360을 소인수분해 하면 $360=2^3\times3^2\times5$이므로 360의 약수는 (2^3의 약수)$\times$(3^2의 약수)$\times$(5의 약수)의 꼴이다.
③ $3^3\times5$에서 3^3은 3^2의 약수가 아니므로 $3^3\times5$는 360의 약수가 될 수 없다.

16

$144=2\times2\times2\times2\times3\times3=2^4\times3^2$이므로 144의 소인수는 2와 3이고, 144의 약수의 개수는
$(4+1)\times(2+1)=15$(개)
따라서 (가)$=4$, (나)$=2$, (다)$=3$, (라)$=15$이므로 모두 더한 값은
$4+2+3+15=24$

서술형으로 중단원 마무리

본문 14쪽

서술형 1-1 15 **서술형 1-2** 32
서술형 2-1 10, 250 **서술형 2-2** 15, 60, 135, 540
서술형 3-1 7, 21, 63, 189, 567
서술형 3-2 11, 22, 44, 121, 242, 484

서술형 1-1 **답** 15

63을 소인수분해 하면 $63=\boxed{3}^2\times7$이므로 63의 소인수는 $\boxed{3}$, 7이다.
따라서 $a=3+7=\boxed{10}$ … 1단계
72를 소인수분해 하면 $72=\boxed{2}^3\times3^2$이므로 72의 소인수는 $\boxed{2}$, 3이다.
따라서 $b=2+3=\boxed{5}$ … 2단계
$a+b=10+5=\boxed{15}$ … 3단계

단계	채점 기준	비율
1	a의 값을 구한 경우	40 %
2	b의 값을 구한 경우	40 %
3	$a+b$의 값을 구한 경우	20 %

서술형 1-2 **답** 32

70을 소인수분해 하면 $70=2\times5\times7$이므로 70의 소인수는 2, 5, 7이다.

따라서 $a=2+5+7=14$ … 1단계

110을 소인수분해 하면 $110=2\times5\times11$이므로 110의 소인수는 2, 5, 11이다.

따라서 $b=2+5+11=18$ … 2단계

$a+b=14+18=32$ … 3단계

단계	채점 기준	비율
1	a의 값을 구한 경우	40 %
2	b의 값을 구한 경우	40 %
3	$a+b$의 값을 구한 경우	20 %

서술형 2-1 **답** 10, 250

250을 소인수분해 하면

$250=\boxed{2\times5^3}$ … 1단계

250을 자연수 a로 나누었을 때 어떤 자연수의 제곱이 되려면

$\frac{250}{a}=\frac{\boxed{2\times5^3}}{a}$의 소인수의 지수가 모두 $\boxed{짝수}$이거나 $\frac{250}{a}=1$

이어야 한다.

따라서 a가 될 수 있는 수는 $2\times5=\boxed{10}$, $2\times5^3=\boxed{250}$이다.

… 2단계

단계	채점 기준	비율
1	250을 소인수분해 한 경우	50 %
2	a로 가능한 수를 모두 구한 경우	50 %

서술형 2-2 **답** 15, 60, 135, 540

540을 소인수분해 하면

$540=2^2\times3^3\times5$ … 1단계

540을 자연수 a로 나누었을 때 어떤 자연수의 제곱이 되려면

$\frac{540}{a}=\frac{2^2\times3^3\times5}{a}$의 소인수의 지수가 모두 짝수이거나 $\frac{540}{a}=1$

이어야 한다.

따라서 a가 될 수 있는 수는 $3\times5=15$, $2^2\times3\times5=60$, $3^3\times5=135$, $2^2\times3^3\times5=540$이다. … 2단계

단계	채점 기준	비율
1	540을 소인수분해 한 경우	50 %
2	a로 가능한 수를 모두 구한 경우	50 %

서술형 3-1 **답** 7, 21, 63, 189, 567

567을 소인수분해 하면 $567=\boxed{3^4\times7}$ … 1단계

7의 배수인 수는 반드시 $\boxed{7}$을 약수로 갖는다.

따라서 $3^4\times7$의 약수이면서 $\boxed{7}$의 배수인 수는

7, 3×7, $3^2\times7$, $3^3\times7$, $3^4\times7$, 즉

$\boxed{7,\ 21,\ 63,\ 189,\ 567}$이다. … 2단계

단계	채점 기준	비율
1	567을 소인수분해 한 경우	50 %
2	약수 중 7의 배수를 구한 경우	50 %

서술형 3-2 **답** 11, 22, 44, 121, 242, 484

484를 소인수분해 하면

$484=2^2\times11^2$ … 1단계

11의 배수인 수는 반드시 11을 약수로 갖는다.

따라서 $2^2\times11^2$의 약수이면서 11의 배수인 수는

11, 2×11, $2^2\times11$, 11^2, 2×11^2, $2^2\times11^2$, 즉

$\boxed{11,\ 22,\ 44,\ 121,\ 242,\ 484}$이다. … 2단계

단계	채점 기준	비율
1	484를 소인수분해 한 경우	50 %
2	약수 중 11의 배수를 구한 경우	50 %

2. 최대공약수와 최소공배수

본문 15~18쪽

유제

1 (1) 1, 2, 4, 5, 10, 20 (2) 1, 3, 5, 9, 15, 25, 45, 75, 225
2 (1) ○ (2) ○ (3) × (4) ×
3 (1) 8 (2) 20
4 (1) 15 (2) 18
5 (1) 3×5, $3^2\times5^2$, $2\times3^2\times5$ (2) $2^2\times3^3$, $2^3\times3^2$
6 (1) $2^2\times3\times5\times7(=420)$ (2) $2\times3\times5^2\times7(=1050)$
7 (1) $2^5\times3^2\times7(=2016)$ (2) $2^2\times3^2\times5^2\times7(=6300)$

유제 1

(1) 두 자연수의 공약수는 두 수의 최대공약수의 약수이므로 20의 약수인 1, 2, 4, 5, 10, 20이다.

(2) 두 자연수의 공약수는 두 수의 최대공약수의 약수이므로 $3^2\times5^2$의 약수인 1, 3, 5, 9, 15, 25, 45, 75, 225이다.

×	1	5	5^2
1	$1\times1=1$	$1\times5=5$	$1\times5^2=25$
3	$3\times1=3$	$3\times5=15$	$3\times5^2=75$
3^2	$3^2\times1=9$	$3^2\times5=45$	$3^2\times5^2=225$

유제 2

(1) 두 수의 최대공약수는 1이므로 두 수는 서로소이다.
(2) 두 수의 최대공약수는 1이므로 두 수는 서로소이다.
(3) 두 수의 최대공약수는 3이므로 두 수는 서로소가 아니다.
(4) 두 수의 최대공약수는 5이므로 두 수는 서로소가 아니다.

유제 3

(1) 두 수를 소인수분해 하면
$16=2^4$, $40=2^3\times5$
최대공약수는 각 수의 밑이 같은 거듭제곱 중에서 지수가 같거나 작은 것을 택하여 곱하므로
$2^3=8$

(2) 최대공약수는 각 수의 밑이 같은 거듭제곱 중에서 지수가 같거나 작은 것을 택하여 곱하므로
$2^2\times5=20$

유제 4

(1) 세 수를 소인수분해 하면
$30=2\times3\times5$
$75=3\times5^2$
$150=2\times3\times5^2$
최대공약수는 각 수의 밑이 같은 거듭제곱 중에서 지수가 같거나 작은 것을 택하여 곱하므로
$3\times5=15$

(2) 최대공약수는 각 수의 밑이 같은 거듭제곱 중에서 지수가 같거나 작은 것을 택하여 곱하므로
$2\times3^2=18$

유제 5

(1) 두 자연수의 공배수는 두 수의 최소공배수의 배수이므로 보기에서 $15=3\times5$의 배수를 고르면
3×5, $3^2\times5^2$, $2\times3^2\times5$

(2) 두 자연수의 공배수는 두 수의 최소공배수의 배수이므로 보기에서 $2^2\times3^2$의 배수를 고르면
$2^2\times3^3$, $2^3\times3^2$

유제 6

(1) 두 수를 소인수분해 하면
$28=2^2\times7$, $30=2\times3\times5$
최소공배수는 공통인 소인수의 거듭제곱 중에서 지수가 같거나 큰 것을 택하고, 공통이 아닌 소인수도 모두 택하여 곱하므로
$2^2\times3\times5\times7=420$

(2) 최소공배수는 공통인 소인수의 거듭제곱 중에서 지수가 같거나 큰 것을 택하고, 공통이 아닌 소인수도 모두 택하여 곱하므로
$2\times3\times5^2\times7=1050$

유제 7

(1) 세 수를 소인수분해 하면
$24=2^3\times3$
$32=2^5$
$63=3^2\times7$
최소공배수는 공통인 소인수의 거듭제곱 중에서 지수가 같거나 큰 것을 택하고, 공통이 아닌 소인수도 모두 택하여 곱하므로
$2^5\times3^2\times7=2016$

(2) 최소공배수는 공통인 소인수의 거듭제곱 중에서 지수가 같거나 큰 것을 택하고, 공통이 아닌 소인수도 모두 택하여 곱하므로
$2^2\times3^2\times5^2\times7=6300$

중단원 마무리

본문 19~20쪽

01 ③	02 ①	03 ②	04 ③	05 ①, ③	06 ⑤
07 ②	08 ②	09 ①	10 ⑤	11 ④	12 ⑤
13 ④	14 ⑤	15 ②	16 ③		

01

두 자연수의 공약수는 최대공약수인 15의 약수이므로

1, 3, 5, 15

따라서 주어진 두 수의 공약수의 개수는 4개이다.

[다른 풀이]

두 자연수의 공약수의 개수는 최대공약수 15의 약수의 개수와 같다.

$15=3\times5$이므로 공약수의 개수는

$(1+1)\times(1+1)=4$(개)

02

① 두 수의 최대공약수는 1이므로 두 수는 서로소이다.

② 두 수의 최대공약수는 9이므로 두 수는 서로소가 아니다.

③ 두 수의 최대공약수는 7이므로 두 수는 서로소가 아니다.

④ 두 수의 최대공약수는 11이므로 두 수는 서로소가 아니다.

⑤ 두 수의 최대공약수는 23이므로 두 수는 서로소가 아니다.

03

② 예를 들어, 9와 15는 둘 다 홀수이지만 최대공약수가 3이므로 서로소가 아니다.

04

최대공약수는 각 수의 밑이 같은 거듭제곱 중에서 지수가 같거나 작은 것을 택하여 곱하므로 $3^5\times13$, $3^3\times7\times13^2$의 최대공약수는 $3^3\times13$이다.

05

① 3×7과 $3^3\times7^2$의 최대공약수는 3×7이다.

③ $3^2\times7^2$과 $3^3\times7^2$의 최대공약수는 $3^2\times7^2$이다.

06

$80=2^4\times5$와 $2^2\times5^2$의 최대공약수는 $2^2\times5$이다.

따라서 $2^2\times5$의 약수가 아닌 것은 ⑤ 5^2이다.

07

② $3^2\times5$와 $2^2\times5$의 최대공약수는 5이므로 두 수는 서로소가 아니다.

08

두 자연수의 공약수가 9개이므로 두 수의 최대공약수의 약수도 9개이다.

두 수 $5^3\times7^3$, $5^2\times7^a$의 최대공약수를 $5^2\times7^{\square}$이라고 하면 약수의 개수는 $(2+1)\times(\square+1)=9$이므로 $\square=2$이다.

따라서 $a=2$

09

세 수의 밑이 5인 거듭제곱 중에서 지수가 같거나 작은 것을 택하면 5이므로 $c=5$

세 수의 밑이 2인 거듭제곱 중에서 지수가 같거나 작은 것을 택한 것이 2^2이므로 $b=2$

세 수의 밑이 3인 거듭제곱 중에서 지수가 같거나 작은 것을 택한 것이 $3(=3^1)$이므로 $a=1$

따라서 $a+b+c=1+2+5=8$

10

최소공배수는 공통인 소인수의 거듭제곱 중에서 지수가 같거나 큰 것을 택하고, 공통이 아닌 소인수도 모두 택하여 곱하므로 $2^3\times5^2\times13$, $2^2\times5\times7^2$의 최소공배수는 $2^3\times5^2\times7^2\times13$이다.

11

$3^2\times5^3$과 3×5^4의 최대공약수는 3×5^3이다.

3×5^3의 약수 1, 3, 5, 3×5, 5^2, 3×5^2, 5^3, 3×5^3 중 200에 가장 가까운 수는

$5^3=125$

12

$24=2^3\times3$, $3^2\times5$의 공배수는 최소공배수인 $2^3\times3^2\times5$의 배수이므로 ⑤ $2^3\times3^2\times5^2$이다.

13

$225=3^2\times5^2$, $3^{\square}\times5^{\triangle}\times7$의 최대공약수가 3×5이므로

$\square=1$, $\triangle=1$

$225=3^2\times5^2$, $3\times5\times7$의 최소공배수는

$3^2\times5^2\times7$

14

$25=5^2$, $2^3\times3\times7$, $2\times5\times7^2$의 최소공배수는

$2^3\times3\times5^2\times7^2$

15

두 자연수의 공배수는 최소공배수 30의 배수이므로 30의 배수

중 두 자리 자연수는 30, 60, 90의 3개이다.

16

$16=2^4$, $2^2\times3$, 2×3^2의 공배수는 최소공배수인 $2^4\times3^2$의 배수이다.

③ □$=40$이면 자연수 □$\times3^3=2^3\times3^3\times5$는 $2^4\times3^2$의 배수가 아니므로 공배수가 아니다.

서술형으로 중단원 마무리

본문 21쪽

서술형 1-1 1, 5, 7, 11, 13, 17, 19
서술형 1-2 1, 3, 7, 9, 11, 13, 17, 19
서술형 2-1 45, 135 **서술형 2-2** 12, 24, 48
서술형 3-1 22, 66 **서술형 3-2** 24, 72

서술형 1-1 **답** 1, 5, 7, 11, 13, 17, 19

$2^2\times3^2$과 서로소인 자연수는 [2]와 [3]을 약수로 갖지 않는다.
1부터 20까지의 자연수 중 [2]의 배수도 아니고 [3]의 배수도 아닌 수를 찾으면 된다. … 1단계
따라서 조건을 만족시키는 수는
[1, 5, 7, 11, 13, 17, 19]이다. … 2단계

단계	채점 기준	비율
1	$2^2\times3^2$과 서로소일 조건을 구한 경우	50 %
2	조건을 만족시키는 자연수를 모두 구한 경우	50 %

서술형 1-2 **답** 1, 3, 7, 9, 11, 13, 17, 19

$2^2\times5$와 서로소인 자연수는 2와 5를 약수로 갖지 않는다.
1부터 20까지의 자연수 중 2의 배수도 아니고 5의 배수도 아닌 수를 찾으면 된다. … 1단계
따라서 조건을 만족시키는 수는 1, 3, 7, 9, 11, 13, 17, 19이다. … 2단계

단계	채점 기준	비율
1	$2^2\times5$와 서로소일 조건을 구한 경우	50 %
2	조건을 만족시키는 자연수를 모두 구한 경우	50 %

서술형 2-1 **답** 45, 135

$3^3\times5^2\times7$과 $2\times3^4\times5$의 최대공약수는 [$3^3\times5$] … 1단계
3^2과 3×5의 최소공배수는 [$3^2\times5$] … 2단계
A는 [$3^3\times5$]의 약수이며 동시에 [$3^2\times5$]의 배수이어야 하므로 자연수 A로 가능한 수는
$3^2\times5=$[45], $3^3\times5=$[135] … 3단계

단계	채점 기준	비율
1	$3^3\times5^2\times7$과 $2\times3^4\times5$의 최대공약수를 구한 경우	30 %
2	3^2과 3×5의 최소공배수를 구한 경우	30 %
3	A로 가능한 수를 모두 구한 경우	40 %

서술형 2-2 **답** 12, 24, 48

$2^4\times3^2\times5$와 $2^4\times3$의 최대공약수는 $2^4\times3$ … 1단계
2^2과 $2^2\times3$의 최소공배수는 $2^2\times3$ … 2단계
A는 $2^4\times3$의 약수이며 동시에 $2^2\times3$의 배수이어야 하므로 자연수 A로 가능한 수는
$2^2\times3=12$, $2^3\times3=24$, $2^4\times3=48$ … 3단계

단계	채점 기준	비율
1	$2^4\times3^2\times5$와 $2^4\times3$의 최대공약수를 구한 경우	30 %
2	2^2과 $2^2\times3$의 최소공배수를 구한 경우	30 %
3	A로 가능한 수를 모두 구한 경우	40 %

서술형 3-1 **답** 22, 66

조건 (가)에서 A와 $2^2\times11^3$의 최대공약수가 2×11이므로 $A=2\times11\times b$ (b는 [2], [11]과 서로소)의 꼴이어야 한다.
$b=1, 3, 5, 7, 9, 13, \cdots$ … 1단계
조건 (나)에서 A는 두 자리 자연수이므로 A를 모두 구하면
$2\times11\times1=$[22], $2\times11\times3=$[66]이다. … 2단계

단계	채점 기준	비율
1	A를 소인수분해 꼴로 표현한 경우	50 %
2	A로 가능한 수를 모두 구한 경우	50 %

서술형 3-2 **답** 24, 72

조건 (가)에서 두 수 A와 $2^2\times3^3$의 최소공배수가 $2^3\times3^3$이므로 A는 2^3을 반드시 약수로 갖고 $A=2^3\times b$ (b는 1, 3, 3^2, 3^3)의 꼴이어야 한다. … 1단계
조건 (나)에서 A는 두 자리 자연수이므로 A를 모두 구하면
$2^3\times3=24$, $2^3\times3^2=72$이다. … 2단계

단계	채점 기준	비율
1	A의 약수를 찾고 소인수분해 꼴로 표현한 경우	50 %
2	A로 가능한 수를 모두 구한 경우	50 %

Ⅱ 정수와 유리수

1. 정수와 유리수

본문 24~27쪽

유제

1 (1) $+\frac{11}{3}$, $\frac{6}{5}$, $+5$ (2) -1, $-\frac{2}{7}$, -10
(3) $+5$ (4) -1, -10

2 (1) ㉠ $+10$ ℃, ㉡ -10 ℃
(2) ㉠ $+200$ m, ㉡ -200 m

3 (1) $+6$, $+\frac{15}{5}$, $\frac{3}{2}$ (2) $-\frac{12}{4}$, -8, -3.4 (3) -3.4, $\frac{3}{2}$

4 풀이 참조

5 (1) 2.3 (2) 7 (3) 0 (4) 6.5 (5) 3.9

6 (1) 0 (2) $+5$, -5 (3) $+1$, -1 (4) $+4$, -4

7 (1) ○ (2) ○ (3) × (4) ×

8 -5, $-\frac{10}{3}$, -3, 0, $\frac{2}{3}$, 4

유제 1

(1) 양수는 양의 부호 +를 붙인 수(양의 부호 +는 생략할 수 있음)이므로
$+\frac{11}{3}$, $\frac{6}{5}$, $+5$

(2) 음수는 음의 부호 −를 붙인 수이므로
-1, $-\frac{2}{7}$, -10

(3) 양의 정수는 자연수에 양의 부호 +를 붙인 수이므로 $+5$

(4) 음의 정수는 자연수에 음의 부호 −를 붙인 수이므로
-1, -10

유제 2

(1) 영상 10 ℃는 $+10$ ℃
영하 10 ℃는 -10 ℃

(2) 해발 200 m는 $+200$ m
해저 200 m는 -200 m

유제 3

(1) 양의 유리수는 분자와 분모가 자연수인 분수에 양의 부호 +를 붙인 수(양의 부호 +는 생략할 수 있음)이므로
$+6$, $+\frac{15}{5}$, $\frac{3}{2}$

(2) 음의 유리수는 분자와 분모가 자연수인 분수에 음의 부호 −를 붙인 수이므로
$-\frac{12}{4}$, -8, -3.4

(3) $-\frac{12}{4}(=-3)$, $+\frac{15}{5}(=+3)$, 0은 정수이므로 정수가 아닌 유리수는
-3.4, $\frac{3}{2}$

유제 4

(1) $-\frac{1}{3}$, (2) $+\frac{13}{4}$, (3) -5.5를 수직선 위에 나타내면 다음 그림과 같다.

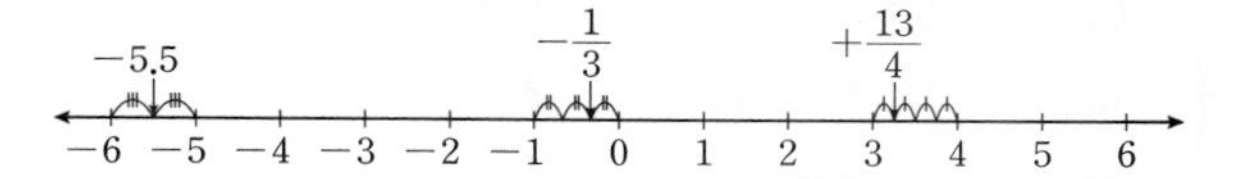

유제 5

(1) 원점과 $+2.3$을 나타내는 점 사이의 거리는 2.3이므로 $+2.3$의 절댓값은 2.3

(2) 원점과 -7을 나타내는 점 사이의 거리는 7이므로 -7의 절댓값은 7

(3) 원점과 원점 사이의 거리는 0이므로 $|0|=0$

(4) $|+6.5|$는 원점과 $+6.5$를 나타내는 점 사이의 거리를 뜻하므로 6.5

(5) $|-3.9|$는 원점과 -3.9를 나타내는 점 사이의 거리를 뜻하므로 3.9

유제 6

(1) 절댓값이 0인 수는 0

(2) 절댓값이 5인 수는 $+5$, -5

(3) 절댓값이 $|+1|=1$인 수는 $+1$, -1

(4) 절댓값이 $|-4|=4$인 수는 $+4$, -4

유제 7

(1), (2) 양수는 0보다 크고, 음수는 0보다 작다. 따라서 양수는 음수보다 크다.

(3) 양수끼리는 절댓값이 큰 수가 크다.

(4) 음수끼리는 절댓값이 큰 수가 작다.

유제 8

음수끼리는 절댓값이 큰 수가 작으므로 $-5<-\frac{10}{3}<-3$

또 양수끼리는 절댓값이 큰 수가 크므로 $\frac{2}{3}<4$

(음수)$<0<$(양수)이므로 주어진 수를 작은 것부터 차례로 나열하면

$-5,\ -\frac{10}{3},\ -3,\ 0,\ \frac{2}{3},\ 4$

중단원 마무리

본문 28~29쪽

01 ④	02 ①	03 ①	04 ⑤	05 ②	06 ①
07 ④	08 ④	09 ③	10 ⑤	11 ⑤	12 ④
13 ②	14 ①	15 ③	16 ⑤		

01

① 3 kg 감소 ⇨ -3 kg
② 14 m 상승 ⇨ $+14$ m
③ 영하 13 ℃ ⇨ -13 ℃
④ 해저 100 m ⇨ -100 m
⑤ 5000원 이익 ⇨ $+5000$원
따라서 옳은 것은 ④이다.

02

서로 반대되는 성질을 가지는 수량은 어떤 기준을 중심으로 한 쪽은 '$+$(양의 부호)', 다른 쪽은 '$-$(음의 부호)'를 사용하여 나타낼 수 있다.
따라서 1시간 전을 -1시간으로 나타내면 2시간 후는 $+2$시간으로, 동쪽으로 3 m를 $+3$ m로 나타내면 서쪽으로 3 m는 -3 m로, 지하 5층을 -5층으로 나타내면 지상 2층은 $+2$층으로 나타낸다.

03

① 정수는 $0,\ +\frac{4}{2}(=+2),\ -11,\ 7$로 4개이다.
② 양수는 $+\frac{4}{2},\ +3.14,\ 7$로 3개이다.
③ 자연수(양의 정수)는 $+\frac{4}{2}(=+2),\ 7$로 2개이다.
④ 음의 정수는 -11뿐이다.
⑤ 음수가 아닌 수는 0과 양수이므로 4개이다.
따라서 옳은 것은 ①이다.

04

⑤ 양의 정수, 0, 음의 정수를 통틀어 정수라고 한다.
따라서 양의 정수가 아닌 정수는 0 또는 음의 정수이다.

05

정수는 $-\frac{14}{7}(=-2),\ 0,\ -5,\ +3,\ +\frac{12}{12}(=+1)$로 5개이므로 $a=5$

정수가 아닌 유리수는 $+\frac{10}{3},\ -1.6,\ -\frac{1}{2}$로 3개이므로 $b=3$

따라서 $a-b=5-3=2$

06

ㄱ. 유리수는 정수와 정수가 아닌 유리수로 이루어져 있으므로 모든 정수는 유리수이다.
ㄴ. 유리수는 양의 유리수, 0, 음의 유리수로 이루어져 있다.
ㄷ. -1과 1 사이에는 무수히 많은 유리수가 존재한다.
예 0.1, 0.2, 0.21, 0.342, …
따라서 옳은 것은 ㄱ이다.

07

다섯 개의 점 A, B, C, D, E가 나타내는 수는 다음과 같다.
A: $-\frac{11}{3}$, B: $-\frac{3}{2}$, C: -1, D: $+\frac{1}{2}$, E: $+2$
③ 양의 유리수는 $+\frac{1}{2},\ +2$로 2개이다.
④ 정수가 아닌 유리수는 $-\frac{11}{3},\ -\frac{3}{2},\ +\frac{1}{2}$로 3개이다.
⑤ 음수는 $-\frac{11}{3},\ -\frac{3}{2},\ -1$로 3개이다.
따라서 옳은 것은 ④이다.

08

원점과 -9를 나타내는 점 사이의 거리는 9이므로 -9의 절댓값은 9이다.
그러므로 $a=9$
절댓값이 3인 수는 $+3$과 -3이고, 이 중 양수는 $+3$이므로 $b=3$
따라서 $a+b=9+3=12$

09

① 절댓값은 항상 0보다 크거나 같다.
② 음수의 절댓값은 그 수의 부호 $-$를 떼어낸 수이다.
예 $|-3|=3$

③ 절댓값은 원점과 어떤 수를 나타내는 점까지의 거리이므로 원점에서 멀어질수록 절댓값이 크다.
④ 절댓값이 가장 작은 정수는 0이다. $|0|=0$
⑤ 원점으로부터 거리가 10인 두 수는 -10과 $+10$이다.
따라서 옳은 것은 ③이다.

10
(i) 절댓값이 0인 정수는 0
(ii) 절댓값이 1인 정수는 -1, $+1$
(iii) 절댓값이 2인 정수는 -2, $+2$
(iv) 절댓값이 3인 정수는 -3, $+3$
따라서 절댓값이 3 이하인 정수의 개수는 7개이다.

11
(i) $+3>+1.3$(양수끼리는 절댓값이 작은 수가 작다.)이므로 $+1.3$이 있는 쪽으로 간다.
(ii) $0>-\frac{1}{2}$(음수는 0보다 작다.)이므로 $-\frac{1}{2}$이 있는 쪽으로 간다.
(iii) $-\frac{7}{2}(=-3.5)>-4.3$(음수끼리는 절댓값이 큰 수가 작다.)이므로 -4.3이 있는 쪽으로 가면 도착하는 곳은 은행이다.

12
$-\frac{9}{5}$ $-\frac{8}{5}$ $-\frac{7}{5}$ $-\frac{6}{5}$
$-2\left(=-\frac{10}{5}\right)$ $-1\left(=-\frac{5}{5}\right)$ 0

$-\frac{7}{5}$에 가까운 수 중에서 분모가 5인 수는

$-\frac{10}{5}$, $-\frac{9}{5}$, $-\frac{8}{5}$, $-\frac{7}{5}$, $-\frac{6}{5}$, $-\frac{5}{5}$이므로 $-\frac{7}{5}$에 가장 가까운 정수는 $a=-\frac{5}{5}=-1$

$+\frac{6}{5}$ $+\frac{7}{5}$ $+\frac{8}{5}$ $+\frac{9}{5}$
0 $1\left(=+\frac{5}{5}\right)$ $2\left(=+\frac{10}{5}\right)$

$+\frac{7}{5}$에 가까운 수 중에서 분모가 5인 수는

$+\frac{5}{5}$, $+\frac{6}{5}$, $+\frac{7}{5}$, $+\frac{8}{5}$, $+\frac{9}{5}$, $+\frac{10}{5}$이므로 $+\frac{7}{5}$에 가장 가까운 정수는 $b=+\frac{5}{5}=+1$

13
① a는 3보다 작거나 같다. ⇨ $a\le 3$
② a는 -2 초과 0 이하이다. ⇨ $-2<a\le 0$
③ a는 -2보다 크거나 같다. ⇨ $a\ge -2$
④ a는 -1 이상 5 미만이다. ⇨ $-1\le a<5$
⑤ a는 -7보다 크거나 같고 -4보다 작다. ⇨ $-7\le a<-4$

14
$-3<-\frac{11}{4}<-2$, $+3<+\frac{10}{3}<+4$이므로 두 유리수 $-\frac{11}{4}$, $+\frac{10}{3}$ 사이에 있는 정수는 -2, -1, 0, 1, 2, 3의 6개이다.

15
음수끼리는 절댓값이 큰 수가 작다.
$-\frac{9}{2}$의 절댓값 $\frac{9}{2}\left(=\frac{27}{6}\right)$가 $-\frac{13}{3}$의 절댓값 $\frac{13}{3}\left(=\frac{26}{6}\right)$보다 크므로 $-\frac{13}{3}>-\frac{9}{2}$
따라서 □ 안에 들어갈 수 없는 것은 ③ $-\frac{9}{2}$이다.

16
수직선 위에 나타낼 때 왼쪽에 있는 수일수록 작은 수이므로 다섯 개의 수 중 가장 작은 수를 찾으면 된다.
(i) 음수끼리는 절댓값이 클수록 작아지므로 음수끼리의 크기를 비교하면 다음과 같다.
$-\frac{8}{5}$의 절댓값 $\frac{8}{5}\left(=\frac{32}{20}\right)$이 $-\frac{5}{4}$의 절댓값 $\frac{5}{4}\left(=\frac{25}{20}\right)$보다 크므로 $-\frac{8}{5}<-\frac{5}{4}$
$-\frac{5}{4}$의 절댓값 $\frac{5}{4}\left(=\frac{15}{12}\right)$가 $-\frac{2}{3}$의 절댓값 $\frac{2}{3}\left(=\frac{8}{12}\right)$보다 크므로 $-\frac{5}{4}<-\frac{2}{3}$
(ii) 양수끼리는 절댓값이 클수록 커지므로 양수끼리의 크기를 비교하면 다음과 같다.
$+\frac{9}{2}$의 절댓값 $\frac{9}{2}(=4.5)$가 $+4$의 절댓값 4보다 크므로 $+4<+\frac{9}{2}$
(iii) (양수)>(음수)이므로 주어진 수의 크기를 비교하면
$-\frac{8}{5}<-\frac{5}{4}<-\frac{2}{3}<+4<+\frac{9}{2}$
따라서 수직선 위에 나타낼 때, 가장 왼쪽에 있는 수는 $-\frac{8}{5}$이다.

서술형으로 중단원 마무리

본문 30쪽

서술형 1-1 33개　　**서술형 1-2** 43개
서술형 2-1 8　　**서술형 2-2** 6

서술형 1-1 **답** 33개

$-\frac{4}{3}=-\frac{\boxed{16}}{12}$, $\frac{7}{4}=\frac{\boxed{21}}{12}$이므로 … 1단계

두 수 사이에 있는 분모가 12인 유리수는

$-\frac{15}{12}, -\frac{14}{12}, -\frac{13}{12}, -\frac{12}{12}, \cdots, \frac{18}{12}, \frac{19}{12}, \frac{20}{12}$ … 2단계

이 중 정수인 $\boxed{-\frac{12}{12}=-1, \frac{0}{12}=0, \frac{12}{12}=1}$을 제외하면 정수가 아닌 유리수의 개수는 $\boxed{33}$개이다. … 3단계

단계	채점 기준	비율
1	두 유리수를 통분한 경우	30 %
2	두 유리수 사이에 있는 유리수를 구한 경우	30 %
3	정수가 아닌 유리수의 개수를 구한 경우	40 %

서술형 1-2 **답** 43개

$-\frac{12}{5}=-\frac{24}{10}$, $\frac{5}{2}=\frac{25}{10}$이므로 … 1단계

두 수 사이에 있는 분모가 10인 유리수는

$-\frac{23}{10}, -\frac{22}{10}, -\frac{21}{10}, -\frac{20}{10}, \cdots, \frac{22}{10}, \frac{23}{10}, \frac{24}{10}$ … 2단계

이 중 정수인 $-\frac{20}{10}=-2$, $-\frac{10}{10}=-1$, $\frac{0}{10}=0$, $\frac{10}{10}=1$, $\frac{20}{10}=2$를 제외하면 정수가 아닌 유리수의 개수는 43개이다.

… 3단계

단계	채점 기준	비율
1	두 유리수를 통분한 경우	30 %
2	두 유리수 사이에 있는 유리수를 구한 경우	30 %
3	정수가 아닌 유리수의 개수를 구한 경우	40 %

서술형 2-1 **답** 8

수직선의 원점에서 오른쪽으로 4만큼 떨어져 있는 수는 $\boxed{+4}$이므로

$a=\boxed{+4}$ … 1단계

a와 b는 절댓값이 같은 서로 다른 두 정수이므로

$b=\boxed{-4}$ … 2단계

수직선 위에서 두 수 $+4$, -4를 나타내는 두 점 사이의 거리는 $\boxed{8}$이다. … 3단계

단계	채점 기준	비율
1	정수 a를 구한 경우	40 %
2	정수 b를 구한 경우	40 %
3	두 정수를 나타내는 두 점 사이의 거리를 구한 경우	20 %

서술형 2-2 **답** 6

수직선에서 -2를 나타내는 점으로부터 오른쪽으로 5만큼 떨어져 있는 수는 $+3$이므로

$a=+3$ … 1단계

a와 b는 절댓값이 같은 서로 다른 두 정수이므로

$b=-3$ … 2단계

수직선 위에서 두 수 $+3$, -3을 나타내는 두 점 사이의 거리는 6이다. … 3단계

단계	채점 기준	비율
1	정수 a를 구한 경우	40 %
2	정수 b를 구한 경우	40 %
3	두 정수를 나타내는 두 점 사이의 거리를 구한 경우	20 %

2. 정수와 유리수의 계산

본문 31~36쪽

유제

1 (1) -5 (2) -13 (3) -2 (4) -7

2 (1) -5 (2) $+2$

3 (1) $+10$ (2) -5 (3) $+3$ (4) -1 (5) $+3$ (6) 0

4 (1) $+2$ (2) -4

5 (1) $+30$ (2) $-\frac{2}{3}$ (3) $+9$ (4) -27 (5) $+30$ (6) -10

6 (1) $+3$ (2) $-\frac{1}{4}$ (3) $-\frac{5}{2}$ (4) $-\frac{5}{6}$

7 (1) $+3$ (2) -3 (3) $+3$ (4) $-\frac{3}{2}$ (5) $+18$ (6) $+\frac{1}{3}$

8 (1) -6 (2) -20 (3) $+15$ (4) -6

9 (1) -12 (2) -2

10 (1) -15 (2) $+4$

11 (1) 700 (2) -11

유제 1

(1) $(+2)+(-7)=-(7-2)=-5$

(2) $(-5)+(-8)=-(5+8)=-13$

(3) $\left(-\frac{7}{3}\right)+\left(+\frac{1}{3}\right)=-\left(\frac{7}{3}-\frac{1}{3}\right)=-\frac{6}{3}=-2$

(4) $0+(-7)=-7$

유제 2

(1) $(-2.3)+(+1)+(-3.7)$
$=(-2.3)+(-3.7)+(+1)$
$=\{(-2.3)+(-3.7)\}+(+1)$
$=(-6)+(+1)$
$=-(6-1)=-5$

(2) $(-4)+(+3.2)+(+2.8)$
$=(-4)+\{(+3.2)+(+2.8)\}$
$=(-4)+(+6)$
$=+(6-4)=+2$

유제 3

(1) $(+1)-(-9)=(+1)+(+9)=+(1+9)=+10$

(2) $(-3)-(+2)=(-3)+(-2)=-(3+2)=-5$

(3) $0-(-3)=0+(+3)=+3$

(4) $\left(-\frac{2}{5}\right)-\left(+\frac{3}{5}\right)=\left(-\frac{2}{5}\right)+\left(-\frac{3}{5}\right)$
$=-\left(\frac{2}{5}+\frac{3}{5}\right)=-1$

(5) $\left(+\frac{3}{2}\right)-\left(-\frac{3}{2}\right)=\left(+\frac{3}{2}\right)+\left(+\frac{3}{2}\right)$
$=+\left(\frac{3}{2}+\frac{3}{2}\right)=+3$

(6) $\left(-\frac{1}{4}\right)-\left(-\frac{1}{4}\right)=\left(-\frac{1}{4}\right)+\left(+\frac{1}{4}\right)=0$

유제 4

(1) $1-5+6=(+1)-(+5)+(+6)$
$=(+1)+(-5)+(+6)=+2$

(2) $-3-5+4=(-3)-(+5)+(+4)$
$=(-3)+(-5)+(+4)=-4$

유제 5

(1) $(-6)\times(-5)=+(6\times5)=+30$

(2) $\left(-\frac{3}{2}\right)\times\left(+\frac{4}{9}\right)=-\left(\frac{3}{2}\times\frac{4}{9}\right)=-\frac{2}{3}$

(3) $(-3)^2=(-3)\times(-3)$
$=+(3\times3)=+9$

(4) $(-3)^3=(-3)\times(-3)\times(-3)$
$=-(3\times3\times3)=-27$

(5) $(+2)\times(-5)\times(-3)=+(2\times5\times3)=+30$

(6) $(-5)\times\left(-\frac{3}{2}\right)\times\left(-\frac{4}{3}\right)=-\left(5\times\frac{3}{2}\times\frac{4}{3}\right)=-10$

유제 6

(1) $\left(+\frac{1}{3}\right)\times(+3)=1$이므로 $+\frac{1}{3}$의 역수는 $+3$

(2) $(-4)\times\left(-\frac{1}{4}\right)=1$이므로 -4의 역수는 $-\frac{1}{4}$

(3) $\left(-\frac{2}{5}\right)\times\left(-\frac{5}{2}\right)=1$이므로 $-\frac{2}{5}$의 역수는 $-\frac{5}{2}$

(4) $-1.2=-\frac{6}{5}$이고 $\left(-\frac{6}{5}\right)\times\left(-\frac{5}{6}\right)=1$이므로
-1.2의 역수는 $-\frac{5}{6}$

유제 7

(1) $(+9)\div(+3)=+(9\div3)=+3$

(2) $(+9)\div(-3)=-(9\div3)=-3$

(3) $(-9)\div(-3)=+(9\div3)=+3$

(4) $(+5)\div\left(-\frac{10}{3}\right)=(+5)\times\left(-\frac{3}{10}\right)=-\frac{3}{2}$

(5) $(-6)\div\left(-\frac{1}{3}\right)=(-6)\times(-3)=+18$

(6) $\left(+\frac{2}{3}\right)\div(+2)=\left(+\frac{2}{3}\right)\times\left(+\frac{1}{2}\right)=+\frac{1}{3}$

유제 8

(1) $(+6)\times(-2)\div(+2)=(+6)\times(-2)\times\left(+\frac{1}{2}\right)$

$=-\left(6\times2\times\frac{1}{2}\right)=-6$

(2) $\left(+\frac{2}{5}\right)\div\left(-\frac{1}{5}\right)\times(+10)$

$=\left(+\frac{2}{5}\right)\times(-5)\times(+10)$

$=-\left(\frac{2}{5}\times5\times10\right)=-20$

(3) $\left(-\frac{15}{7}\right)\div(+3)\times(-14)\div\left(+\frac{2}{3}\right)$

$=\left(-\frac{15}{7}\right)\times\left(+\frac{1}{3}\right)\times(-14)\times\left(+\frac{3}{2}\right)$

$=+\left(\frac{15}{7}\times\frac{1}{3}\times14\times\frac{3}{2}\right)=+15$

(4) $(-3)\times\left(-\frac{5}{6}\right)\div\left(+\frac{10}{3}\right)\times(-8)$

$=(-3)\times\left(-\frac{5}{6}\right)\times\left(+\frac{3}{10}\right)\times(-8)$

$=-\left(3\times\frac{5}{6}\times\frac{3}{10}\times8\right)=-6$

유제 9

(1) $(+16)\div(-2)^2\times(-3)$

$=(+16)\div(+4)\times(-3)$

$=(+4)\times(-3)=-12$

(2) $\left(+\frac{2}{5}\right)\times\left(-\frac{1}{2}\right)^2\div\left(-\frac{1}{20}\right)$

$=\left(+\frac{2}{5}\right)\times\left(+\frac{1}{4}\right)\div\left(-\frac{1}{20}\right)$

$=\left(+\frac{2}{5}\right)\times\left(+\frac{1}{4}\right)\times(-20)$

$=-\left(\frac{2}{5}\times\frac{1}{4}\times20\right)=-2$

유제 10

(1) $3\times(-3)+6\div(-1)^3$

$=3\times(-3)+6\div(-1)$

$=(-9)+(-6)$

$=-15$

(2) $[4-\{(-2)^2+8\}]\div(-2)$

$=[4-\{(+4)+8\}]\div(-2)$

$=\{4-(+12)\}\div(-2)$

$=(-8)\div(-2)$

$=+4$

유제 11

(1) 분배법칙을 이용하면

$7\times145-7\times45=7\times(145-45)=700$

(2) 분배법칙을 이용하면

$11\times(-1.3)+11\times0.3=11\times(-1.3+0.3)=-11$

중단원 마무리

본문 37~38쪽

01 ①	**02** ③, ④	**03** ③	**04** ④	**05** $-\frac{23}{6}$	**06** ⑤
07 ④	**08** ②	**09** ②	**10** $\frac{1}{6}$	**11** ③	**12** ①
13 ⑤	**14** ①	**15** ㉣-㉢-㉡-㉤-㉠			**16** ②

01

① $(-1)+(+3)=+(3-1)=+2$

② $(+3)+(-4)=-(4-3)=-1$

③ $(-3)+(+3)=0$

④ $\left(-\frac{1}{3}\right)+\left(-\frac{2}{3}\right)=-\left(\frac{1}{3}+\frac{2}{3}\right)=-1$

⑤ $\left(-\frac{3}{5}\right)+\left(+\frac{2}{5}\right)=-\left(\frac{3}{5}-\frac{2}{5}\right)=-\frac{1}{5}$

따라서 계산 결과가 양수인 것은 ①이다.

02

① $(-1)-\left(+\frac{3}{4}\right)=(-1)+\left(-\frac{3}{4}\right)=-\frac{7}{4}$

② $(+3)-(-4)=(+3)+(+4)=7$

③ $(+5)-\left(+\frac{1}{2}\right)=(+5)+\left(-\frac{1}{2}\right)=\frac{9}{2}$

④ $\left(-\frac{1}{3}\right)-\left(-\frac{2}{3}\right)=\left(-\frac{1}{3}\right)+\left(+\frac{2}{3}\right)=\frac{1}{3}$

⑤ $\left(+\frac{2}{5}\right)-(-3)=\left(+\frac{2}{5}\right)+(+3)=\frac{17}{5}$

따라서 계산 결과가 옳은 것은 ③, ④이다.

03

덧셈의 결합법칙을 이용하면

$(-1)+(+2)+(-3)+(+4)+(-5)+(+6)$

$=\{(-1)+(+2)\}+\{(-3)+(+4)\}+\{(-5)+(+6)\}$

$=(+1)+(+1)+(+1)=3$

04

① $(-2)-(-4)+(+5)=(-2)+(+4)+(+5)$
$=(+2)+(+5)=+7$

② $(+6)+(-2)-(-3)=(+6)+(-2)+(+3)$
$=(+4)+(+3)=+7$

③ $(-1)+(+1)-(-7)=(-1)+(+1)+(+7)$
$=0+(+7)=+7$

④ $(+5)-(+1)+(-3)=(+5)+(-1)+(-3)$
$=(+4)+(-3)=+1$

⑤ $(+9)+(-1)-(+1)=(+9)+(-1)+(-1)$
$=(+8)+(-1)=+7$

따라서 계산 결과가 나머지 넷과 다른 하나는 ④이다.

05

생략된 양의 부호 $+$와 괄호를 넣은 후 덧셈의 교환법칙과 결합법칙을 이용하면

$-5-\frac{1}{3}+2-\frac{1}{2}$
$=(-5)-\left(+\frac{1}{3}\right)+(+2)-\left(+\frac{1}{2}\right)$
$=(-5)+\left(-\frac{1}{3}\right)+(+2)+\left(-\frac{1}{2}\right)$
$=(-5)+(+2)+\left(-\frac{1}{3}\right)+\left(-\frac{1}{2}\right)$
$=\{(-5)+(+2)\}+\left\{\left(-\frac{1}{3}\right)+\left(-\frac{1}{2}\right)\right\}$
$=(-3)+\left(-\frac{5}{6}\right)=-\frac{23}{6}$

06

① 4^4은 양수이므로 -4^4은 음수

② $(+3)^3=(+3)\times(+3)\times(+3)$은 양수,
$(-2)^3=(-2)\times(-2)\times(-2)$는 음수이므로
$(+3)^3\times(-2)^3$은 (양수)×(음수)=(음수)

③ $(+2)^2=(+2)\times(+2)$는 양수이므로
$(+2)^2\times(-8)$은 (양수)×(음수)=(음수)

④ $(+3)^2=(+3)\times(+3)$은 양수이므로
$(+3)^2\times(-8)\times(+2)$는
(양수)×(음수)×(양수)=(음수)

⑤ $(-1)^2=(-1)\times(-1)$은 양수이므로
$(-1)\times(-2)\times(-1)^2$은
(음수)×(음수)×(양수)=(양수)

따라서 계산한 값의 부호가 나머지 넷과 다른 하나는 ⑤이다.

07

부호가 같은 두 수의 나눗셈은 양의 부호 $+$, 부호가 다른 두 수의 나눗셈은 음의 부호 $-$를 붙인다.

① $(-100)\div(+25)=-4$

② $(+88)\div\left(-\frac{11}{2}\right)=(+88)\times\left(-\frac{2}{11}\right)=-16$

③ $(-10)\div\left(+\frac{1}{2}\right)=(-10)\times(+2)=-20$

④ $\left(+\frac{3}{4}\right)\div\left(+\frac{9}{16}\right)=\left(+\frac{3}{4}\right)\times\left(+\frac{16}{9}\right)=\frac{4}{3}$

⑤ $\left(+\frac{10}{7}\right)\div(-5)=\left(+\frac{10}{7}\right)\times\left(-\frac{1}{5}\right)=-\frac{2}{7}$

따라서 계산 결과가 옳은 것은 ④이다.

08

① $\left(+\frac{4}{3}\right)^2\times\left(-\frac{3}{2}\right)=\left(+\frac{16}{9}\right)\times\left(-\frac{3}{2}\right)=-\frac{8}{3}$

② $\left(-\frac{8}{9}\right)\times(+2)\times(+3)=-\left(\frac{8}{9}\times2\times3\right)=-\frac{16}{3}$

③ $\left(-\frac{2}{9}\right)\times(-8)\times\left(-\frac{3}{2}\right)=-\left(\frac{2}{9}\times8\times\frac{3}{2}\right)=-\frac{8}{3}$

④ $\left(+\frac{3}{5}\right)\times\left(+\frac{10}{9}\right)\times(-4)=-\left(\frac{3}{5}\times\frac{10}{9}\times4\right)=-\frac{8}{3}$

⑤ $\left(-\frac{14}{3}\right)\times\left(+\frac{8}{7}\right)\times\left(+\frac{1}{2}\right)=-\left(\frac{14}{3}\times\frac{8}{7}\times\frac{1}{2}\right)=-\frac{8}{3}$

따라서 계산 결과가 나머지 넷과 다른 하나는 ②이다.

09

㉠ 더하는 두 수의 순서를 바꾸어도 그 계산 결과는 같다는 계산 법칙 ⇨ 덧셈의 교환법칙

㉡ 세 수의 덧셈에서 앞의 두 수 또는 뒤의 두 수를 먼저 더한 후 나머지 수를 더해도 그 계산 결과는 같다는 계산 법칙
⇨ 덧셈의 결합법칙

10

$\left(+\frac{1}{2}\right)\div\left(-\frac{3}{2}\right)\div\left(+\frac{4}{3}\right)\div\left(-\frac{5}{4}\right)\div\left(+\frac{6}{5}\right)$
$=\left(+\frac{1}{2}\right)\times\left(-\frac{2}{3}\right)\times\left(+\frac{3}{4}\right)\times\left(-\frac{4}{5}\right)\times\left(+\frac{5}{6}\right)$
$=+\left(\frac{1}{2}\times\frac{2}{3}\times\frac{3}{4}\times\frac{4}{5}\times\frac{5}{6}\right)$
$=\frac{1}{6}$

11

다섯 개 도시의 일교차는 다음과 같다.

도시 A: $0-(-1.9)=+1.9$(℃)

도시 B: $(+2.5)-(-0.3)=+2.8(℃)$
도시 C: $(+7)-(+2.1)=+4.9(℃)$
도시 D: $(-1.3)-(-3)=+1.7(℃)$
도시 E: $(-6)-(-9.7)=+3.7(℃)$
따라서 일교차가 가장 큰 도시는 C이다.

12

두 수의 곱이 -9이고 절댓값이 같은 두 정수는 -3과 $+3$이다.
따라서 두 수의 합은 $(-3)+(+3)=0$이고 두 수의 차는
$(+3)-(-3)=6$

13

$$A=\left(-\frac{4}{5}\right)\div\left(+\frac{11}{10}\right)\times\left(-\frac{3}{16}\right)$$
$$=\left(-\frac{4}{5}\right)\times\left(+\frac{10}{11}\right)\times\left(-\frac{3}{16}\right)$$
$$=+\left(\frac{4}{5}\times\frac{10}{11}\times\frac{3}{16}\right)$$
$$=+\frac{3}{22}$$
$$B=\left(+\frac{3}{2}\right)\times\left(-\frac{22}{7}\right)\div\left(+\frac{3}{14}\right)$$
$$=\left(+\frac{3}{2}\right)\times\left(-\frac{22}{7}\right)\times\left(+\frac{14}{3}\right)$$
$$=-\left(\frac{3}{2}\times\frac{22}{7}\times\frac{14}{3}\right)$$
$$=-22$$
따라서 $A\times B=\left(+\frac{3}{22}\right)\times(-22)=-3$

14

분배법칙을 이용하면
$(+4)\times(-1.7)+(+4)\times(-2.3)$
$=(+4)\times\{(-1.7)+(-2.3)\}$
$=(+4)\times(-4)$
$=-16$
따라서 (가)에 들어갈 수는 -4, (나)에 들어갈 수는 -16이다.

15

(i) 가장 먼저 거듭제곱을 계산한다. (㉣)
(ii) 괄호가 있으므로 괄호 안을 먼저 계산한다. 곱셈(㉢)을 먼저 계산하고 덧셈(㉡)을 나중에 계산한다.
(iii) 나눗셈(㉤)을 계산하고 마지막으로 뺄셈(㉠)을 계산한다.
따라서 계산 순서를 차례로 나열하면
㉣-㉢-㉡-㉤-㉠

16

$$(-3)\times2-\left\{1-(-2)^2\div\frac{2}{3}\right\}-1$$
$$=(-3)\times2-\left\{1-(+4)\div\frac{2}{3}\right\}-1$$
$$=(-3)\times2-\left\{1-(+4)\times\frac{3}{2}\right\}-1$$
$$=(-3)\times2-\{1-(+6)\}-1$$
$$=(-3)\times2-(-5)-1$$
$$=(-6)-(-5)-1$$
$$=(-6)+(+5)-1$$
$$=(-1)-1=-2$$

서술형으로 중단원 마무리

본문 39쪽

서술형 1-1 -1　　**서술형 1-2** -9
서술형 2-1 $-\frac{1}{4}$　　**서술형 2-2** $-\frac{14}{25}$

서술형 1-1 　　**답** -1

서로 다른 세 수를 뽑아 곱한 값이 가장 크려면
A는 (양수)×(음수)×(음수)의 꼴이어야 한다.
이때 두 음수는 세 음수 -6, $-\frac{11}{4}$, $-\frac{1}{3}$ 중 절댓값이 큰 두 수이어야 하므로 $\boxed{-6}$, $\boxed{-\frac{11}{4}}$이다.
그러므로
$$A=\frac{3}{11}\times(-6)\times\left(-\frac{11}{4}\right)$$
$$=+\left(\frac{3}{11}\times6\times\frac{11}{4}\right)$$
$$=\boxed{+\frac{9}{2}}$$ … 1단계

서로 다른 세 수를 뽑아 곱한 값이 가장 작으려면
B는 (음수)×(음수)×(음수)의 꼴이어야 한다.
그러므로
$$B=(-6)\times\left(-\frac{11}{4}\right)\times\left(-\frac{1}{3}\right)$$
$$=-\left(6\times\frac{11}{4}\times\frac{1}{3}\right)$$
$$=\boxed{-\frac{11}{2}}$$ … 2단계

따라서

$A+B=\left(+\frac{9}{2}\right)+\left(-\frac{11}{2}\right)$

$=-\frac{2}{2}=\boxed{-1}$ … 3단계

단계	채점 기준	비율
1	가장 큰 수 A를 구한 경우	40 %
2	가장 작은 수 B를 구한 경우	40 %
3	$A+B$의 값을 구한 경우	20 %

서술형 1-2 **답** -9

서로 다른 세 수를 뽑아 곱한 값이 가장 크려면
A는 (양수)×(음수)×(음수)의 꼴이어야 한다.

이때 양수는 두 양수 $\frac{4}{5}$, 5 중 절댓값이 큰 수이어야 하므로 5이다.

그러므로

$A=5\times\left(-\frac{9}{2}\right)\times\left(-\frac{2}{5}\right)$

$=+\left(5\times\frac{9}{2}\times\frac{2}{5}\right)=+9$ … 1단계

서로 다른 세 수를 뽑아 곱한 값이 가장 작으려면
B는 (양수)×(양수)×(음수)의 꼴이어야 한다.

이때 음수는 두 음수 $-\frac{9}{2}$, $-\frac{2}{5}$ 중 절댓값이 큰 수이어야 하므로 $-\frac{9}{2}$이다.

그러므로

$B=\frac{4}{5}\times5\times\left(-\frac{9}{2}\right)$

$=-\left(\frac{4}{5}\times5\times\frac{9}{2}\right)=-18$ … 2단계

따라서

$A+B=(+9)+(-18)=-9$ … 3단계

단계	채점 기준	비율
1	가장 큰 수 A를 구한 경우	40 %
2	가장 작은 수 B를 구한 경우	40 %
3	$A+B$의 값을 구한 경우	20 %

서술형 2-1 **답** $-\frac{1}{4}$

a의 역수가 $3.2=\frac{16}{5}$이므로

$a\times\frac{16}{5}=1$, $a=\boxed{\frac{5}{16}}$ … 1단계

$-0.8=-\frac{4}{5}$의 역수가 b이므로

$\left(-\frac{4}{5}\right)\times b=1$, $b=\boxed{-\frac{5}{4}}$ … 2단계

따라서

$a\div b=\frac{5}{16}\div\left(-\frac{5}{4}\right)$

$=\frac{5}{16}\times\left(-\frac{4}{5}\right)$

$=\boxed{-\frac{1}{4}}$ … 3단계

단계	채점 기준	비율
1	a의 값을 구한 경우	40 %
2	b의 값을 구한 경우	40 %
3	$a\div b$의 값을 구한 경우	20 %

서술형 2-2 **답** $-\frac{14}{25}$

a의 역수가 $-2.5=-\frac{5}{2}$이므로

$a\times\left(-\frac{5}{2}\right)=1$, $a=-\frac{2}{5}$ … 1단계

$1.4=\frac{7}{5}$의 역수가 b이므로

$\frac{7}{5}\times b=1$, $b=\frac{5}{7}$ … 2단계

따라서

$a\div b=\left(-\frac{2}{5}\right)\div\frac{5}{7}$

$=\left(-\frac{2}{5}\right)\times\frac{7}{5}$

$=-\frac{14}{25}$ … 3단계

단계	채점 기준	비율
1	a의 값을 구한 경우	40 %
2	b의 값을 구한 경우	40 %
3	$a\div b$의 값을 구한 경우	20 %

Ⅲ 문자와 식

1. 문자의 사용과 식의 계산

본문 42~47쪽

유제

1 (1) $(700\times x)$원 (2) $(x\times y)$ cm^2 (3) $(b-1000\times a)$원

2 (1) × (2) ○ (3) ×

3 (1) $-\frac{3a}{b}$ (2) $\frac{5}{x-4y}$ (3) $-\frac{a-3b+c}{2}$ (4) $\frac{x}{4}+\frac{y}{3}$

4 (1) $3x^2y-\frac{4}{x}$ (2) $\frac{ac}{a-b}$

(3) $-(x+y)+\frac{x-y-z}{2}$ (4) $\frac{ac}{b}-3xy$

5 (1) 3 (2) $-\frac{3}{2}$ (3) -6 (4) 8

6 (1) $3xy$ cm^3 (2) 24 cm^3

7 (1) 3 (2) 1 (3) -4 (4) 2

8 (1) ○ (2) ○ (3) × (4) ○ (5) ×

9 (1) $-16a$ (2) $-5b$ (3) $-6c$ (4) $2x+2$

(5) $5y-2$ (6) $2z+6$

10 (1) ○ (2) × (3) ○ (4) ○

11 ㄴ, ㄹ, ㅁ

12 (1) $8x$ (2) $-\frac{2}{3}x+1$ (3) $8x-1$ (4) $11x+6$

(5) $5x$ (6) $\frac{13}{12}x+\frac{1}{2}$

유제 1

(1) 1개에 700원인 각도기 x개의 가격은 $(700\times x)$원이다.

(2) (직사각형의 넓이)=(가로의 길이)×(세로의 길이)이므로 직사각형의 넓이는 $(x\times y)$ cm^2이다.

(3) (거스름돈)=(지불한 금액)−(물건의 가격)이고 1개에 1000원인 아이스크림 a개의 가격은 $(1000\times a)$원이므로 받은 거스름돈은 $(b-1000\times a)$원이다.

유제 2

(1) 정가 b원의 20 %는 $b\times\frac{20}{100}$이므로 20 % 할인하여 산 금액은 $\left(b-b\times\frac{20}{100}\right)$원이다.

(2) 사탕 a개의 무게는 $(50\times a)$ g, 초콜릿 b개의 무게는 $(80\times b)$ g이므로 전체 무게는 $(50\times a+80\times b)$ g이다.

(3) (거리)=(속력)×(시간)이므로 (거리)=$(x\times 5)$ km이다.

유제 3

(1) $(-3a)\div b=-\frac{3a}{b}$

(2) $5\div(x-4y)=\frac{5}{x-4y}$

(3) $(a-3b+c)\div(-2)=\frac{a-3b+c}{-2}=-\frac{a-3b+c}{2}$

(4) $x\div 4+y\div 3=\frac{x}{4}+\frac{y}{3}$

유제 4

(1) $x\times 3\times x\times y-4\div x=3\times x\times x\times y-4\div x$

$=3x^2y-\frac{4}{x}$

(2) $a\times c\div(a-b)=ac\div(a-b)=\frac{ac}{a-b}$

(3) $(x+y)\times(-1)+(x-y-z)\div 2$

$=(-1)\times(x+y)+(x-y-z)\div 2$

$=-(x+y)+\frac{x-y-z}{2}$

(4) $a\div b\times c+x\times(-3)\times y$

$=\frac{a}{b}\times c+(-3)\times x\times y$

$=\frac{ac}{b}-3xy$

유제 5

(1) $3x+3y=3\times(-1)+3\times 2=-3+6=3$

(2) $\frac{-x+y}{xy}=\frac{-(-1)+2}{(-1)\times 2}=-\frac{3}{2}$

(3) $2x-y^2=2\times(-1)-2^2=-2-4=-6$

(4) $x^2y^3=(-1)^2\times 2^3=1\times 8=8$

유제 6

(1) (직육면체의 부피)

=(가로의 길이)×(세로의 길이)×(높이)

$=x\times y\times 3=3xy(\text{cm}^3)$

(2) $3xy$에 $x=4$, $y=2$를 대입하면

(직육면체의 부피)$=3\times 4\times 2=24(\text{cm}^3)$

유제 7

(1) 다항식 $-4x^2+x+3$의 항은 $-4x^2$, x, 3이고 이 중 수로만 이루어진 항은 3이므로 상수항은 3이다.

(2) 항 x에서 문자 x에 곱해진 수는 1이므로 x의 계수는 1이다.

(3) 항 $-4x^2$에서 문자 x^2에 곱해진 수는 -4이므로 x^2의 계수는 -4이다.

(4) 차수가 가장 큰 항 $-4x^2$의 차수가 2이므로 다항식 $-4x^2+x+3$의 차수는 2이다.

유제 8

(1) $5-x$에서 차수가 가장 큰 항이 $-x$이고 차수가 1이므로 일차식이다.

(2) $-\frac{x}{2}+3$에서 차수가 가장 큰 항이 $-\frac{x}{2}$이고 차수가 1이므로 일차식이다.

(3) x^2+3x+1에서 차수가 가장 큰 항이 x^2이고 x^2의 차수는 2이므로 일차식이 아니다.

(4) $0.3x+0.5$에서 차수가 가장 큰 항이 $0.3x$이고 차수가 1이므로 일차식이다.

(5) $\frac{1}{x}$은 다항식이 아니므로 일차식이 아니다.

유제 9

(1) $20a\times\left(-\frac{4}{5}\right)=20\times\left(-\frac{4}{5}\right)\times a=-16a$

(2) $10b\div(-2)=10b\times\left(-\frac{1}{2}\right)$
$=10\times\left(-\frac{1}{2}\right)\times b$
$=-5b$

(3) $(-8c)\div\frac{4}{3}=(-8c)\times\frac{3}{4}$
$=(-8)\times\frac{3}{4}\times c$
$=-6c$

(4) $(x+1)\times 2=x\times 2+1\times 2=2x+2$

(5) $5\left(y-\frac{2}{5}\right)=5\times y-5\times\frac{2}{5}$
$=5y-2$

(6) $(3z+9)\div\frac{3}{2}=(3z+9)\times\frac{2}{3}$
$=3z\times\frac{2}{3}+9\times\frac{2}{3}$
$=2z+6$

유제 10

(1) $(2x+1)\times 3=2x\times 3+1\times 3=6x+3$ (○)

(2) $-\frac{2}{3}(6x-6)=\left(-\frac{2}{3}\right)\times 6x-\left(-\frac{2}{3}\right)\times 6$
$=-4x+4$ (×)

(3) $(-5y-15)\div 5=(-5y-15)\times\frac{1}{5}$
$=(-5y)\times\frac{1}{5}-15\times\frac{1}{5}$
$=-y-3$ (○)

(4) $(4y-1)\div\left(-\frac{1}{2}\right)=(4y-1)\times(-2)$
$=4y\times(-2)-1\times(-2)$
$=-8y+2$ (○)

유제 11

ㄱ. 차수가 다르므로 동류항이 아니다.
ㄴ. 상수항끼리는 모두 동류항이다.
ㄷ. 문자가 다르므로 동류항이 아니다.
ㄹ. 문자와 차수가 같으므로 동류항이다.
ㅁ. 문자와 차수가 같으므로 동류항이다.
ㅂ. 문자와 차수가 다르므로 동류항이 아니다.
따라서 동류항끼리 짝 지어진 것은 ㄴ, ㄹ, ㅁ이다.

유제 12

(1) $6x-x+3x=(6-1+3)x=8x$

(2) $-\frac{4}{3}x+2+\frac{2}{3}x-1=-\frac{4}{3}x+\frac{2}{3}x+2-1$
$=\left(-\frac{4}{3}+\frac{2}{3}\right)x+(2-1)$
$=-\frac{2}{3}x+1$

(3) $(9x+1)-(x+2)=9x+1-x-2$
$=9x-x+1-2$
$=(9-1)x+(1-2)$
$=8x-1$

(4) $3(3x+2)+2x=9x+6+2x$
$=9x+2x+6$
$=(9+2)x+6$
$=11x+6$

(5) $\frac{1}{2}(6x+1)+2\left(x-\frac{1}{4}\right)=3x+\frac{1}{2}+2x-\frac{1}{2}$
$=3x+2x+\frac{1}{2}-\frac{1}{2}$
$=5x$

(6) $\frac{x}{3}+\frac{3x+2}{4}=\frac{1}{3}x+\frac{3}{4}x+\frac{1}{2}$
$=\left(\frac{4}{12}+\frac{9}{12}\right)x+\frac{1}{2}$
$=\frac{13}{12}x+\frac{1}{2}$

중단원 마무리

본문 48~49쪽

01 ②	02 ⑤	03 ②, ④	04 ⑤	05 ②	06 ④
07 ③	08 ②	09 ②	10 ①	11 ③	12 ①, ⑤
13 ④	14 ①	15 ②	16 ①		

01

하나에 500 g인 사과 a개의 무게는 $(0.5\times a)$ kg이고 박스의 무게는 5 kg이므로

(사과 박스 전체의 무게)=(박스 무게)+(사과 무게)

$=5+0.5\times a$(kg)

02

① $b\times(-1)=(-1)\times b=-b$

② $a-b\div 5=a-\dfrac{b}{5}$

③ $x\div 3\times y=\dfrac{x}{3}\times y=\dfrac{xy}{3}$

④ $a\div(b\div c)=a\div\dfrac{b}{c}=a\times\dfrac{c}{b}=\dfrac{ac}{b}$

⑤ $x\times x-x\times 0.1\times y=x\times x-0.1\times x\times y$

$=x^2-0.1xy$

03

$4a=4\times a$이므로 ② $a\div\dfrac{1}{4}=a\times 4=4a$, ④ $a\times 4=4a$와 같은 식이다.

[참고]

③ $a\div 4=\dfrac{a}{4}$

⑤ $a\times a\times a\times a=a^4$

04

① 점수가 각각 a점, b점인 두 과목의 평균 점수는

$(a+b)\div 2=\dfrac{a+b}{2}$(점)

② 한 모서리의 길이가 x cm인 정육면체의 겉넓이는

(한 면의 넓이)$\times 6=(x\times x)\times 6=6x^2(\text{cm}^2)$

③ 10개에 x원이면 1개는 $\dfrac{x}{10}$원이다.

④ 어떤 수 x의 4배보다 4만큼 큰 수는 $x\times 4+4=4x+4$이다.

⑤ 백의 자리의 숫자가 x, 십의 자리의 숫자가 2, 일의 자리의 숫자가 y인 세 자리 자연수는

$x\times 100+2\times 10+y\times 1=100x+20+y$이다.

05

각 식에 $x=-3$을 대입하면

① $-\dfrac{1}{x}=(-1)\div x=(-1)\div(-3)$

$=(-1)\times\left(-\dfrac{1}{3}\right)=\dfrac{1}{3}$

② $(-x)^2=\{-(-3)\}^2=3^2=9$

③ $-\dfrac{1}{9}x^3=\left(-\dfrac{1}{9}\right)\times(-3)^3=\left(-\dfrac{1}{9}\right)\times(-27)=3$

④ $2x-x^2=2\times(-3)-(-3)^2=(-6)-9=-15$

⑤ $5-x=5-(-3)=5+3=8$

따라서 그 값이 가장 큰 것은 ②이다.

[다른 풀이]

① $-\dfrac{1}{x}=-\left(-\dfrac{1}{3}\right)=\dfrac{1}{3}$

06

$5ab^2-\dfrac{2b}{a}$에 $a=\dfrac{1}{2}$, $b=-2$를 대입하면

$5ab^2-\dfrac{2b}{a}=5\times a\times b^2-2\times b\div a$

$=5\times\dfrac{1}{2}\times(-2)^2-2\times(-2)\div\dfrac{1}{2}$

$=5\times\dfrac{1}{2}\times 4-2\times(-2)\times 2$

$=10-(-8)=18$

07

③ 항은 수 또는 문자의 곱으로 이루어진 식으로 $3xy=3\times x\times y$는 하나의 항이다.

08

① 1은 상수항이므로 일차식이 아니다.

② $2-\dfrac{x}{3}$에서 차수가 가장 큰 항은 $-\dfrac{x}{3}$이고 $-\dfrac{x}{3}$의 차수가 1이므로 일차식이다.

③ $0.1x+x^2$에서 차수가 가장 큰 항은 x^2이고 x^2의 차수가 2이므로 일차식이 아니다.

④ $-\dfrac{1}{x}$은 다항식이 아니므로 일차식도 아니다.

⑤ $\dfrac{1}{2}x^2+1$에서 차수가 가장 큰 항은 $\dfrac{1}{2}x^2$이고 $\dfrac{1}{2}x^2$의 차수가 2이므로 일차식이 아니다.

09

$A=4\times\left(-\dfrac{1}{2}a\right)=4\times\left(-\dfrac{1}{2}\right)\times a=-2a$

$B=6b\div\left(-\frac{1}{6}\right)=6b\times(-6)$

$=6\times(-6)\times b=-36b$

10

① $(6x-2)\div(-2)=(6x-2)\times\left(-\frac{1}{2}\right)$

$=6x\times\left(-\frac{1}{2}\right)-2\times\left(-\frac{1}{2}\right)$

$=-3x+1$

② $\frac{1}{2}\times(-12x+4)=\frac{1}{2}\times(-12x)+\frac{1}{2}\times4$

$=-6x+2$

③ $-2(3x-1)=(-2)\times3x-(-2)\times1$

$=-6x+2$

④ $(9x-3)\div\left(-\frac{3}{2}\right)=(9x-3)\times\left(-\frac{2}{3}\right)$

$=9x\times\left(-\frac{2}{3}\right)-3\times\left(-\frac{2}{3}\right)$

$=-6x+2$

⑤ $(-3x+1)\div\frac{1}{2}=(-3x+1)\times2$

$=(-3x)\times2+1\times2$

$=-6x+2$

따라서 계산 결과가 다른 하나는 ①이다.

11

$4800+1300(x-1.6)$에 $x=2.4$를 대입하면

$4800+1300(x-1.6)=4800+1300\times(2.4-1.6)$

$=4800+1300\times0.8$

$=5840$

이므로 지불해야 할 택시비는 5840원이다.

12

① $xy+2xy=(1+2)xy=3xy$

② $5x+4y$에서 $5x$와 $4y$는 동류항이 아니므로 더 이상 간단히 할 수 없다.

③ $x-3x+2x=(1-3+2)x=0\times x=0$

④ $3+5y+1+4y=3+1+5y+4y$

$=(3+1)+(5+4)y$

$=4+9y$

⑤ $-2y+1+4y+2=-2y+4y+1+2$

$=(-2+4)y+(1+2)$

$=2y+3$

13

a kg의 10 %는 $a\times\frac{10}{100}=\frac{a}{10}$이므로 현재 민서의 몸무게는

$a-\frac{a}{10}=\left(1-\frac{1}{10}\right)a=\frac{9a}{10}$(kg)

또한, b kg의 5 %는 $b\times\frac{5}{100}=\frac{b}{20}$이므로 현재 은수의 몸무게는

$b-\frac{b}{20}=\left(1-\frac{1}{20}\right)b=\frac{19b}{20}$(kg)

따라서 현재 둘의 몸무게의 합은 $\left(\frac{9a}{10}+\frac{19b}{20}\right)$ kg이다.

14

$\frac{3}{2}(4x-1)+(2-8x)\div(-4)$

$=\frac{3}{2}(4x-1)+(2-8x)\times\left(-\frac{1}{4}\right)$

$=\frac{3}{2}\times4x-\frac{3}{2}\times1+2\times\left(-\frac{1}{4}\right)-8x\times\left(-\frac{1}{4}\right)$

$=6x-\frac{3}{2}-\frac{1}{2}+2x$

$=6x+2x-\frac{3}{2}-\frac{1}{2}$

$=(6+2)x+\left(-\frac{3}{2}-\frac{1}{2}\right)$

$=8x-2$

15

$\frac{3x+1}{2}-\frac{2x-5}{3}$

$=\frac{1}{2}(3x+1)-\frac{1}{3}(2x-5)$

$=\frac{1}{2}\times3x+\frac{1}{2}\times1-\frac{1}{3}\times2x-\frac{1}{3}\times(-5)$

$=\frac{3}{2}x+\frac{1}{2}-\frac{2}{3}x+\frac{5}{3}$

$=\frac{3}{2}x-\frac{2}{3}x+\frac{1}{2}+\frac{5}{3}$

$=\left(\frac{9}{6}-\frac{4}{6}\right)x+\left(\frac{3}{6}+\frac{10}{6}\right)$

$=\frac{5}{6}x+\frac{13}{6}$

이므로 $a=\frac{5}{6}$, $b=\frac{13}{6}$

따라서

$3(a-b)=3\times\left(\frac{5}{6}-\frac{13}{6}\right)$

$=3\times\left(-\frac{4}{3}\right)=-4$

16

$A=(4x-5)-(-x+3)$
$\quad=4x-5+x-3=5x-8$
$B=A+(3x-1)$
$\quad=(5x-8)+(3x-1)=8x-9$
따라서
$2A-B=2(5x-8)-(8x-9)$
$\quad=10x-16-8x+9=2x-7$

서술형으로 중단원 마무리

본문 50쪽

서술형 1-1 45경기, 10경기 **서술형 1-2** 20 m
서술형 2-1 75 **서술형 2-2** 42

서술형 1-1 **답** 45경기, 10경기

$\frac{n(n-1)}{2}$에 $n=\boxed{10}$을 대입하면

$\frac{\boxed{10}\times(\boxed{10}-1)}{2}=\frac{10\times9}{2}=\boxed{45}$(경기) … 1단계

$\frac{n(n-1)}{2}$에 $n=\boxed{5}$를 대입하면

$\frac{\boxed{5}\times(\boxed{5}-1)}{2}=\frac{5\times4}{2}=\boxed{10}$(경기) … 2단계

단계	채점 기준	비율
1	10개 팀이 출전할 때 필요한 경기 수를 구한 경우	50 %
2	5개 팀이 출전할 때 필요한 경기 수를 구한 경우	50 %

서술형 1-2 **답** 20 m

$40t-5t^2$에 $t=2$를 대입하면
$40\times2-5\times2^2=80-20=60(\text{m})$ … 1단계
$40t-5t^2$에 $t=4$를 대입하면
$40\times4-5\times4^2=160-80=80(\text{m})$ … 2단계
따라서 공의 높이의 차는
$80-60=20(\text{m})$ … 3단계

단계	채점 기준	비율
1	2초 후의 공의 높이를 구한 경우	40 %
2	4초 후의 공의 높이를 구한 경우	40 %
3	공의 높이의 차를 구한 경우	20 %

서술형 2-1 **답** 75

(삼각형의 넓이)$=\frac{1}{2}\times$(밑변의 길이)$\times$(높이)
$=\frac{1}{2}\times(2x+3)\times10$
$=5(2x+3)$
$=\boxed{10x+15}$ … 1단계
(사각형의 넓이)=(밑변의 길이)$\times$(높이)
$=(4x+1)\times10$
$=\boxed{40x+10}$ … 2단계
(두 도형의 넓이의 합)$=(10x+15)+(40x+10)$
$=\boxed{50x+25}$ … 3단계
따라서 $a=\boxed{50}$, $b=\boxed{25}$이므로
$a+b=\boxed{75}$ … 4단계

단계	채점 기준	비율
1	삼각형의 넓이를 나타낸 경우	25 %
2	사각형의 넓이를 나타낸 경우	25 %
3	두 도형의 넓이의 합을 나타낸 경우	25 %
4	$a+b$의 값을 구한 경우	25 %

서술형 2-2 **답** 42

(평행사변형의 넓이)=(밑변의 길이)$\times$(높이)
$=3x\times6=18x$ … 1단계
(사다리꼴의 넓이)
$=\frac{1}{2}\times\{$(아랫변의 길이)+(윗변의 길이)$\}\times$(높이)
$=\frac{1}{2}\times\{3x+(x+4)\}\times6$
$=\frac{1}{2}\times(4x+4)\times6$
$=3(4x+4)$
$=12x+12$ … 2단계
(두 도형의 넓이의 합)$=18x+(12x+12)$
$=30x+12$ … 3단계
따라서 $a=30$, $b=12$이므로
$a+b=42$ … 4단계

단계	채점 기준	비율
1	평행사변형의 넓이를 나타낸 경우	25 %
2	사다리꼴의 넓이를 나타낸 경우	25 %
3	두 도형의 넓이의 합을 나타낸 경우	25 %
4	$a+b$의 값을 구한 경우	25 %

2. 일차방정식

본문 51~56쪽

유제

1 (1) 등식: ㄴ, ㄷ, ㅁ, ㅂ (2) 항등식: ㄷ, ㅂ

2 (1) $x=-2$ (2) $x=0$ (3) $x=-3$

3 (1) $b+1$ (2) $\frac{b}{2}$ (3) $-3b+1$ (4) $5(b-2)$

4 (1) -5 (2) -5 (3) -6 (4) -6 (5) -18

5 (1) $4x-2x=10$ (2) $-x-3x=4-8$
(3) $2x+x=-4-5$

6 (1) ○ (2) × (3) ○ (4) ○

7 (1) $x=-2$ (2) $x=-2$ (3) $x=-5$ (4) $x=0$

8 (1) $x=1$ (2) $x=-2$

9 (1) $x=2$ (2) $x=-3$ (3) $x=4$ (4) $x=3$

10 (1) $x=4$ (2) $x=-27$ (3) $x=33$ (4) $x=1$

11 (1) 갈 때 걸린 시간: $\frac{x}{40}$시간, 올 때 걸린 시간: $\frac{x}{80}$시간
(2) $\frac{x}{40}+\frac{x}{80}=6$ (3) 160 km

유제 1

(1) 등식은 등호=를 사용하여 나타낸 식이므로 ㄴ, ㄷ, ㅁ, ㅂ이다.

(2) 항등식은 미지수에 어떤 수를 대입하여도 항상 참인 등식으로, 좌변과 우변을 정리하였을 때 양변이 같은 식을 찾으면 된다.
ㄷ. 좌변과 우변을 정리하면 $-5x$로 서로 같으므로 항등식이다.
ㅂ. 좌변을 정리하면 $x-2$로 우변과 같으므로 항등식이다.
따라서 항등식인 것은 ㄷ, ㅂ이다.

유제 2

(1) 방정식 $x-2=2x$에
$x=-3$을 대입하면 $-3-2\neq2\times(-3)$
$x=-2$를 대입하면 $-2-2=2\times(-2)$
$x=-1$을 대입하면 $-1-2\neq2\times(-1)$
$x=0$을 대입하면 $0-2\neq2\times0$
따라서 방정식 $x-2=2x$의 해는
$x=-2$

(2) 방정식 $-2(x+3)=-6$에
$x=-3$을 대입하면 $-2(-3+3)\neq-6$
$x=-2$를 대입하면 $-2(-2+3)\neq-6$
$x=-1$을 대입하면 $-2(-1+3)\neq-6$
$x=0$을 대입하면 $-2(0+3)=-6$
따라서 방정식 $-2(x+3)=-6$의 해는
$x=0$

(3) 방정식 $\frac{1}{3}x-9=2(x-2)$에
$x=-3$을 대입하면 $\frac{1}{3}\times(-3)-9=2(-3-2)$
$x=-2$를 대입하면 $\frac{1}{3}\times(-2)-9\neq2(-2-2)$
$x=-1$을 대입하면 $\frac{1}{3}\times(-1)-9\neq2(-1-2)$
$x=0$을 대입하면 $\frac{1}{3}\times0-9\neq2(0-2)$
따라서 방정식 $\frac{1}{3}x-9=2(x-2)$의 해는
$x=-3$

유제 3

(1) $a=b$의 양변에 1을 더하면 $a+1=b+1$

(2) $a=b$의 양변을 2로 나누면 $\frac{a}{2}=\frac{b}{2}$

(3) $a=b$의 양변에 -3을 곱하면 $-3a=-3b$
이 식의 양변에 1을 더하면 $-3a+1=-3b+1$

(4) $a=b$의 양변에서 2를 빼면 $a-2=b-2$
이 식의 양변에 5를 곱하면 $5(a-2)=5(b-2)$

유제 4

$5-\frac{1}{6}x=8$

$5-\frac{1}{6}x+(\boxed{-5})=8+(\boxed{-5})$

$-\frac{1}{6}x=3$

$-\frac{1}{6}x\times(\boxed{-6})=3\times(\boxed{-6})$

따라서 $x=\boxed{-18}$

유제 5

(1) $4x=\underline{2x}+10$의 $2x$를 좌변으로 옮기면
$4x-2x=10$

(2) $\underline{8}-x=\underline{3x}+4$의 8과 $3x$를 각각 우변과 좌변으로 옮기면
$-x-3x=4-8$

(3) $2x\underline{+5}=\underline{-x}-4$의 $+5$와 $-x$를 각각 우변과 좌변으로 옮기면
$2x+x=-4-5$

유제 6

괄호가 있는 것은 괄호를 푼 후 우변에 있는 모든 항을 좌변으로 이항하여 정리하였을 때, $ax+b=0\,(a\neq 0)$의 꼴이면 일차방정식이다.

(1) $2(x+3)+x=2x-1$, 즉 $x+7=0$이므로 일차방정식이다.

(2) $4x+1=4x^2$, 즉 $-4x^2+4x+1=0$이므로 일차방정식이 아니다.

(3) $x+2=2-x$, 즉 $2x=0$이므로 일차방정식이다.

(4) $2x^2+1=2(5x+x^2)$, 즉 $-10x+1=0$이므로 일차방정식이다.

유제 7

(1) $+18$을 이항하면 $9x=-18$
양변을 x의 계수 9로 나누면
$\frac{9x}{9}=\frac{-18}{9}$, $x=-2$

(2) 4, $-x$를 각각 이항하면 $x=2-4$, $x=-2$

(3) 15, $-2x$를 각각 이항하면
$x+2x=-15$, $3x=-15$
양변을 x의 계수 3으로 나누면 $x=-5$

(4) $+8$, $-x$를 각각 이항하면
$x+x=8-8$, $2x=0$
양변을 x의 계수 2로 나누면 $x=0$

유제 8

(1) 괄호를 풀고 동류항끼리 계산하면 $2x-2=0$
-2를 이항하면 $2x=2$
양변을 x의 계수 2로 나누면
$\frac{2}{2}x=\frac{2}{2}$, $x=1$

(2) 괄호를 풀고 동류항끼리 계산하면 $4x+14=-4x-2$
$+14$, $-4x$를 각각 이항하면
$4x+4x=-2-14$, $8x=-16$
양변을 x의 계수 8로 나누면
$\frac{8}{8}x=\frac{-16}{8}$, $x=-2$

유제 9

(1) 양변에 10을 곱하면 $5x=-2x+14$
$-2x$를 이항하면
$5x+2x=14$, $7x=14$
양변을 7로 나누면 $x=2$

(2) 양변에 10을 곱하면 $-8+2x=10x+16$
-8, $10x$를 각각 이항하면
$2x-10x=16+8$, $-8x=24$
양변을 -8로 나누면 $x=-3$

(3) 양변에 100을 곱하면 $25x+10=10x+70$
$+10$, $10x$를 각각 이항하면
$25x-10x=70-10$, $15x=60$
양변을 15로 나누면 $x=4$

(4) 양변에 100을 곱하면 $-5x+2=15x-58$
$+2$, $15x$를 각각 이항하면
$-5x-15x=-58-2$, $-20x=-60$
양변을 -20으로 나누면 $x=3$

유제 10

(1) 양변에 6, 9의 최소공배수 18을 곱하면
$3x-4=8$
-4를 이항하면
$3x=8+4$, $3x=12$
양변을 3으로 나누면 $\frac{3x}{3}=\frac{12}{3}$, $x=4$

(2) 양변에 3, 4의 최소공배수 12를 곱하면
$8x=9x+27$
$-9x$를 이항하면
$8x-9x=27$, $-x=27$
양변을 -1로 나누면 $x=-27$

(3) 양변에 3, 4의 최소공배수 12를 곱하면
$4x-3(x+3)=24$, $x-9=24$
-9를 이항하면 $x=33$

(4) 양변에 3, 6의 최소공배수 6을 곱하면
$-5x=2(2-x)-7$, $-5x=-2x-3$
$-2x$를 이항하면
$-5x+2x=-3$, $-3x=-3$
양변을 -3으로 나누면 $x=1$

유제 11

(1) $(\text{시간})=\frac{(\text{거리})}{(\text{속력})}$이므로 갈 때 걸린 시간은 $\frac{x}{40}$시간, 올 때 걸린 시간은 $\frac{x}{80}$시간이다.

(2) 왕복하는데 걸린 총 시간이 6시간이므로
$\frac{x}{40}+\frac{x}{80}=6$

(3) $\frac{x}{40}+\frac{x}{80}=6$의 양변에 80을 곱하면

$2x+x=480$

$3x=480$

양변을 3으로 나누면 $x=160$

따라서 두 지점 A, B 사이의 거리는 160 km이다.

중단원 마무리

본문 57~58쪽

01 ②, ④	02 ②	03 ③	04 ③	05 ⑤	06 ②
07 ①	08 ⑤	09 ③	10 ④	11 ③	12 ①
13 ①	14 ②	15 ⑤	16 ②		

01

① x와 4의 합

⇨ $x+4$이므로 등식이 아니다.

② 5와 3의 차는 1이다.

⇨ $5-3=1$로 등호를 사용해 나타낸 등식이다.

③ x는 9보다 작거나 같다.

⇨ $x\le 9$이므로 등식이 아니다.

④ y의 2배는 x보다 1만큼 크다.

⇨ $2y=x+1$은 등식이다.

⑤ 35를 5로 나눈 몫

⇨ $35\div 5$이므로 등식이 아니다.

02

①, ③, ⑤ 좌변과 우변이 같지 않으므로 항등식이 아니다.

② 좌변을 정리하면 $-3x+2$로 좌변과 우변이 같으므로 항등식이다.

④ 좌변의 괄호를 풀면 $2x+2$로 좌변과 우변이 같지 않으므로 항등식이 아니다.

03

① $2x-4=0$에 $x=1$을 대입하면

$2\times 1-4\neq 0$

② $x-3=3$에 $x=0$을 대입하면

$0-3\neq 3$

③ $4-x=1$에 $x=3$을 대입하면 $4-3=1$이므로

$x=3$은 주어진 방정식의 해이다.

④ $3(2-x)=6$에 $x=2$를 대입하면

$3(2-2)\neq 6$

⑤ $-x+2=x$에 $x=-2$를 대입하면

$-(-2)+2\neq -2$

04

① $3x=3y$의 양변을 3으로 나누면 $x=y$

② $x=\frac{y}{4}$의 양변에 4를 곱하면 $4x=y$

③ $x=y+2$의 양변을 2로 나누면 $\frac{x}{2}=\frac{y+2}{2}$, $\frac{x}{2}=\frac{y}{2}+1$

④ $a+1=b+2$의 양변에서 1을 빼면 $a=b+1$

⑤ $a=b$의 양변에 -1을 곱하면 $-a=-b$

이 식의 양변에 1을 더하면 $-a+1=-b+1$

따라서 옳지 않은 것은 ③이다.

05

① $a=2b$의 양변을 2로 나누면 $\frac{a}{2}=b$

② $a=2b$의 양변에서 5를 빼면 $a-5=2b-5$

③ $a=2b$의 양변에 8을 곱하면 $8a=16b$

④ $a=2b$의 양변에 2를 더하면

$a+2=2b+2$, $a+2=2(b+1)$

⑤ $a=2b$의 양변에 -1을 곱하면 $-a=-2b$

이 식의 양변에 2를 더하면 $2-a=2-2b$

따라서 옳은 것은 ⑤이다.

06

$5x-5=2x-3$의 양변에서 x를 빼면

$5x-5-x=2x-3-x$, $4x-5=x-3$

양변에 6을 더하면

$4x-5+6=x-3+6$, $4x+1=x+3$

따라서 $a=4$, $b=1$이므로

$ab=4$

07

8, $-x$를 각각 우변과 좌변으로 이항하면

$-3x+x=2-8$

이를 정리하면

$-2x=-6$

08

괄호가 있는 것은 괄호를 푼 후 우변에 있는 모든 항을 좌변으로 이항하여 정리하였을 때, $ax+b=0\,(a\neq0)$의 꼴이면 일차방정식이다.

① 일차방정식이 아니고 일차식이다.

② $x^2-x+2=0$이므로 일차방정식이 아니다.

③ $-8=0$이므로 일차방정식이 아니다.

④ $-6=0$이므로 일차방정식이 아니다.

⑤ $-3x-5=0$이므로 일차방정식이다.

09

$-2x-7=3x+13$에서 -7, $3x$를 각각 이항하면

$-2x-3x=13+7$, $-5x=20$

양변을 x의 계수 -5로 나누면

$\frac{-5x}{-5}=\frac{20}{-5}$, $x=-4$

10

① 괄호를 풀면 $3x+12=-3$

$+12$를 이항하면 $3x=-3-12$, $3x=-15$

양변을 x의 계수 3으로 나누면 $x=-5$

② 괄호를 풀어 정리하면 $-3x-4=11$

-4를 이항하면 $-3x=11+4$, $-3x=15$

양변을 x의 계수 -3으로 나누면 $x=-5$

③ 괄호를 풀면 $x+5=-2x-10$

$+5$, $-2x$를 각각 우변, 좌변으로 이항하면

$x+2x=-10-5$, $3x=-15$

양변을 x의 계수 3으로 나누면 $x=-5$

④ -7, $-x$를 각각 우변, 좌변으로 이항하면

$-2x+x=8+7$, $-x=15$

양변을 -1로 나누면 $x=-15$

⑤ 괄호를 풀면 $2x+14=-x-1$

$+14$, $-x$를 각각 우변, 좌변으로 이항하면

$2x+x=-1-14$, $3x=-15$

양변을 x의 계수 3으로 나누면 $x=-5$

따라서 해가 나머지 넷과 다른 하나는 ④이다.

11

공책을 5권씩 나누어 주면 15권이 부족하고 3권씩 나누어 주면 31권이 남는다.

학생 수를 x명이라고 하고 x에 대한 방정식을 세우면

$5x-15=3x+31$, $2x=46$, $x=23$이므로 (나)$=23$

공책의 수는 $5x-15=5\times23-15=100$(권)이므로

(가)$=100$

공책 100권을 23명에게 4권씩 나누어 주면

$100-23\times4=8$(권)이 남으므로 (다)$=8$

따라서 (가)+(나)+(다)$=100+23+8=131$

12

$3(-x+5)=-2(x+3)$의 괄호를 풀면

$-3x+15=-2x-6$

$+15$, $-2x$를 각각 이항하면

$-3x+2x=-6-15$, $-x=-21$

양변을 -1로 나누면 $x=21$

따라서 $a=21$

$b(x-2)+3=3b-x$에 $x=3$을 대입하면

$b(3-2)+3=3b-3$, $b+3=3b-3$

$+3$, $3b$를 각각 이항하면

$b-3b=-3-3$, $-2b=-6$

양변을 -2로 나누면 $b=3$

따라서 $a-b=21-3=18$

13

$\frac{2-x}{3}-1=\frac{2x+1}{5}-x$의 양변에 3, 5의 최소공배수인 15를 곱하면

$5(2-x)-15=3(2x+1)-15x$

괄호를 풀고 양변을 정리하면

$-5x-5=-9x+3$

-5, $-9x$를 각각 이항하면

$-5x+9x=3+5$, $4x=8$

양변을 4로 나누면 $x=2$

14

$0.4(x-4)=2-0.8(2x-3)$의 양변에 10을 곱하면

$4(x-4)=20-8(2x-3)$

괄호를 풀고 양변을 정리하면

$4x-16=-16x+44$

-16, $-16x$를 각각 이항하면

$4x+16x=44+16$, $20x=60$

양변을 20으로 나누면 $x=3$이므로 $a=3$

$0.5x-0.3=0.1(x-a)$에 $a=3$을 대입하면

$0.5x-0.3=0.1(x-3)$

양변에 10을 곱하면 $5x-3=x-3$

-3, x를 각각 이항하면

$5x-x=-3+3$, $4x=0$

양변을 4로 나누면 $x=0$

15

동생이 구매한 스티커의 개수를 x개라고 하면 형이 구매한 스티커의 개수는 $2x$개이다. 형이 스티커 5개를 동생에게 나누어 주면 형의 스티커 개수는 $(2x-5)$개, 동생이 가진 스티커 개수는 $(x+5)$개가 되므로 방정식을 세우면

$2x-5=x+5$

방정식을 풀면

$2x-x=5+5$, $x=10$

따라서 동생이 구매한 스티커는 10개이다.

16

연속하는 세 정수를 각각 $x-1$, x, $x+1$이라고 하자.

문제의 조건에 맞게 방정식을 세우면

$3(x+1)=(x-1)+x+22$

방정식을 풀면

$3x+3=2x+21$, $x=18$

따라서 연속하는 세 정수는 17, 18, 19이고

그 합은 $17+18+19=54$

서술형으로 중단원 마무리

본문 59쪽

서술형 1-1 $a=-4$, $b=-3$ **서술형 1-2** -8
서술형 2-1 4 km, 6분 **서술형 2-2** 5 km, 12분

서술형 1-1 **답** $a=-4$, $b=-3$

$3x+1=-2x+a$에 $x=\boxed{-1}$을 대입하면

$3\times(-1)+1=-2\times(-1)+a$, $-2=2+a$

-2, $+a$를 각각 이항하면

$-a=2+2$, $-a=4$

양변을 -1로 나누면 $a=\boxed{-4}$ … 1단계

$-4(x-b)=-4x-12$의 좌변을 정리하면

$-4x+4b=-4x-12$

식의 좌변과 우변이 같아야 하므로 $4b=\boxed{-12}$

양변을 4로 나누면 $b=\boxed{-3}$ … 2단계

단계	채점 기준	비율
1	a의 값을 구한 경우	50 %
2	b의 값을 구한 경우	50 %

서술형 1-2 **답** -8

$2(x-3)+a=-5(x+3)$에 $x=0$을 대입하면

$2\times(0-3)+a=-5\times(0+3)$

$-6+a=-15$

-6을 이항하면 $a=-9$ … 1단계

$3(-x+b)+1=-2(x-2b)-x$의 좌변과 우변을 정리하면

$-3x+3b+1=-2x+4b-x$

$-3x+3b+1=-3x+4b$

식의 좌변과 우변이 같아야 하므로 $3b+1=4b$

$+1$, $4b$를 각각 이항하면

$3b-4b=-1$, $-b=-1$

양변을 -1로 나누면 $b=1$ … 2단계

따라서 $a+b=-9+1=-8$ … 3단계

단계	채점 기준	비율
1	a의 값을 구한 경우	40 %
2	b의 값을 구한 경우	40 %
3	$a+b$의 값을 구한 경우	20 %

서술형 2-1 **답** 4 km, 6분

집에서 마트까지의 거리를 x km라고 하자.

$(\text{시간})=\dfrac{(\text{거리})}{(\text{속력})}$이므로 걸어갈 때 걸리는 시간은 $\dfrac{x}{\boxed{3}}$시간,

뛰어갈 때 걸리는 시간은 $\dfrac{x}{\boxed{6}}$시간이다.

또한 40분은 $\dfrac{2}{3}$시간이므로

$\dfrac{x}{\boxed{3}}=\dfrac{x}{\boxed{6}}+\dfrac{2}{3}$ … 1단계

$\dfrac{x}{3}=\dfrac{x}{6}+\dfrac{2}{3}$의 양변에 6을 곱하면 $2x=x+\boxed{4}$

x를 좌변으로 이항하면 $x=\boxed{4}$

집에서 마트까지의 거리는 $\boxed{4}$ km이다. … 2단계

자동차를 타고 시속 40 km로 갈 때 걸리는 시간은

$\dfrac{\boxed{4}}{40}=\dfrac{1}{10}$(시간), 즉 $\boxed{6}$분이 걸린다. … 3단계

단계	채점 기준	비율
1	거리, 속력, 시간 사이의 관계를 이용하여 방정식을 세운 경우	40 %
2	집에서 마트까지의 거리를 구한 경우	30 %
3	시속 40 km로 갈 때 걸리는 시간을 구한 경우	30 %

서술형 2-2 **답** 5 km, 12분

두 지점 A, B 사이의 거리를 x km라고 하자.

시속 4 km로 걸어갈 때 걸리는 시간은 $\frac{2x}{4}=\frac{x}{2}$(시간), 시속 5 km로 걸어갈 때 걸리는 시간은 걸리는 시간은 $\frac{2x}{5}$시간이다.

또한 30분은 $\frac{1}{2}$시간이므로

$\frac{x}{2}=\frac{2x}{5}+\frac{1}{2}$ … 1단계

$\frac{x}{2}=\frac{2x}{5}+\frac{1}{2}$의 양변에 10을 곱하면 $5x=4x+5$, $x=5$

두 지점 A, B 사이의 거리는 5 km이다. … 2단계

차를 타고 시속 50 km로 왕복할 때 걸리는 시간은

$\frac{2\times5}{50}=\frac{1}{5}$(시간), 즉 12분이 걸린다. … 3단계

단계	채점 기준	비율
1	거리, 속력, 시간 사이의 관계를 이용하여 방정식을 세운 경우	40 %
2	두 지점 A, B 사이의 거리를 구한 경우	30 %
3	시속 50 km로 왕복할 때 걸리는 시간을 구한 경우	30 %

Ⅳ 좌표평면과 그래프

1. 좌표와 그래프

본문 62~65쪽

유제

1 (1) $A(-5)$, $B\left(-\frac{3}{2}\right)$, $C\left(\frac{10}{3}\right)$, $O(0)$ (2) $D(6)$

2 7 **3** 풀이 참조

4 (1) 점 A, 점 I (2) 점 B, 점 D, 점 E

5 (1) 제4사분면 (2) 제4사분면 (3) 제3사분면

6 풀이 참조 **7** (1) × (2) ○ (3) ×

유제 1

(1) 점 A의 좌표는 -5, 점 B의 좌표는 $-1\frac{1}{2}=-\frac{3}{2}$, 점 C의 좌표는 $3\frac{1}{3}=\frac{10}{3}$, 점 O의 좌표는 0이므로 각각 기호로 나타내면 $A(-5)$, $B\left(-\frac{3}{2}\right)$, $C\left(\frac{10}{3}\right)$, $O(0)$이다.

(2) 점 $O(0)$에서 오른쪽으로 6만큼 떨어진 점 D의 좌표는 6이므로 $D(6)$이다.

유제 2

수직선 위에 점 P와 점 Q를 나타내면 다음과 같으므로 두 점 P, Q 사이의 거리는 7이다.

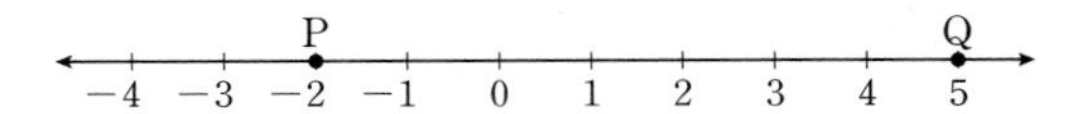

유제 3

점 A의 x좌표는 -4, y좌표는 2이고, 점 D의 x좌표는 3, y좌표는 -4이다.

점 B는 y좌표가 0이므로 x축 위의 점이고, 점 C는 x좌표가 0이므로 y축 위의 점이다.

따라서 좌표평면 위에 나타내면 다음 그림과 같다.

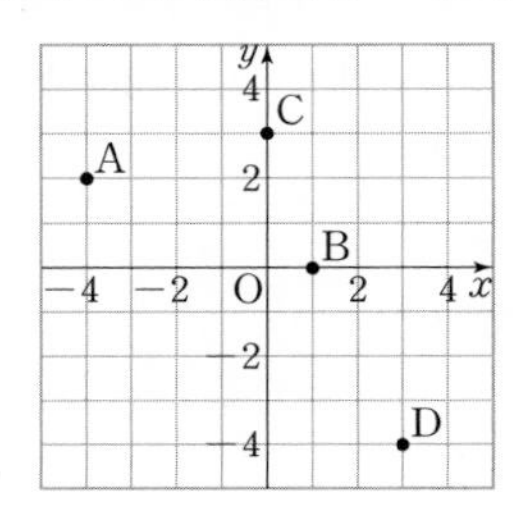

유제 4

(1) 제3사분면 위의 점은 (x좌표)<0, (y좌표)<0이므로 점 A, 점 I이다.

(2) 어느 사분면에도 속하지 않는 점은 축 위의 점 또는 원점이므로 점 B, 점 D, 점 E이다.

유제 5

점 (a, b)가 제2사분면 위의 점이므로 $a<0$, $b>0$

(1) $-a>0$, $-b<0$이므로 점 P는 제4사분면 위의 점이다.

(2) $b>0$, $a<0$이므로 점 Q는 제4사분면 위의 점이다.

(3) $ab<0$, $a<0$이므로 점 R은 제3사분면 위의 점이다.

유제 6

컵의 폭이 위로 갈수록 넓어지므로 물의 높이가 처음에는 빠르게 증가하다가 점점 느리게 증가한다. 따라서 경과 시간 x에 따른 물의 높이 y의 변화를 그래프로 나타내면 오른쪽 그림과 같다.

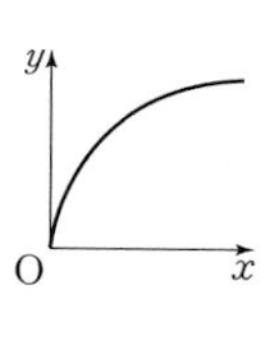

유제 7

(1) 선아는 20분부터 25분까지 멈춰 있었으므로 5분 동안 휴식을 취하였다.

(2) 선아는 휴식을 취하기 전에는 20분 동안 2 km를, 휴식을 취한 후에는 15분 동안 1 km를 갔으므로 휴식을 취한 후에 휴식을 취하기 전보다 더 천천히 걸었다.

(3) 선아는 처음 20분 동안 2 km를 걸었다.

중단원 마무리

본문 66~67쪽

01 ⑤	02 ③	03 ④	04 ②	05 ③	06 ⑤
07 ①	08 ②	09 ②	10 ④	11 ③	12 ②
13 20분	14 ③	15 ①			

01

⑤ -2와 -1의 한가운데 수는 $\frac{-2+(-1)}{2}=-\frac{3}{2}$이므로 $\mathrm{E}\left(-\frac{3}{2}\right)$이다.

02

-2와 4의 한가운데 수는 $\frac{-2+4}{2}=1$이므로 $\mathrm{P}(1)$이다.

[다른 풀이]

두 점 A와 B는 6칸 떨어져 있고, 한가운데 위치한 점 P는 점 A로부터 오른쪽으로 3칸 떨어져 있으므로 $-2+3=1$

03

두 순서쌍이 서로 같으므로 x좌표는 x좌표끼리, y좌표는 y좌표끼리 값이 같다.

즉, $-2a+3=5$에서 $-2a=2$, $a=-1$

$4=2b$에서 $b=2$

따라서 $a+b=-1+2=1$

04

② 점 B의 x좌표는 4, y좌표는 -2이므로 $\mathrm{B}(4, -2)$이다.

05

ㄴ. 점 $(-1, 3)$의 x좌표는 -1, y좌표는 3이다.

ㄷ. 점 $(0, -1)$에서 x좌표는 0, y좌표는 -1이므로 x좌표와 y좌표의 곱은 0이다.

ㄹ. 점 $(4, -2)$와 점 $(3, -2)$의 y좌표는 모두 -2로 같다.

따라서 옳은 것은 ㄱ, ㄹ이다.

06

네 점 A, B, C, D를 좌표평면 위에 나타내면 오른쪽 그림과 같다.

따라서 사각형 ABCD의 넓이는

$\{1-(-4)\}\times\{4-(-1)\}$

$=5\times5=25$

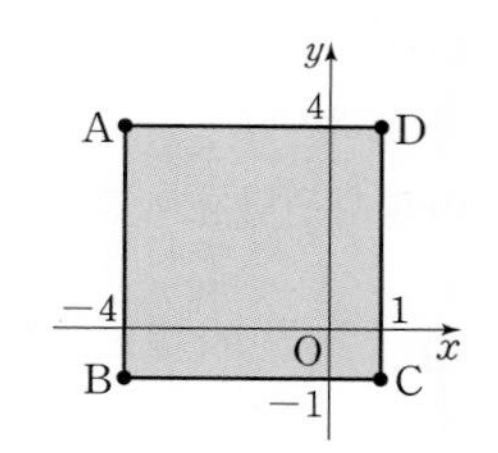

07

세 점 A, B, C를 좌표평면 위에 나타내면 오른쪽 그림과 같다.

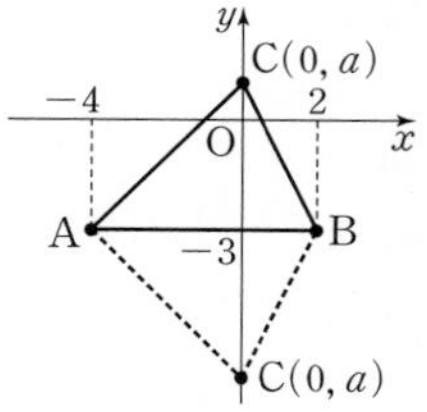

삼각형 ABC의 넓이가 12이므로 변 AB가 밑변일 때

$12=\frac{1}{2}\times6\times(\text{높이})$, $(\text{높이})=4$

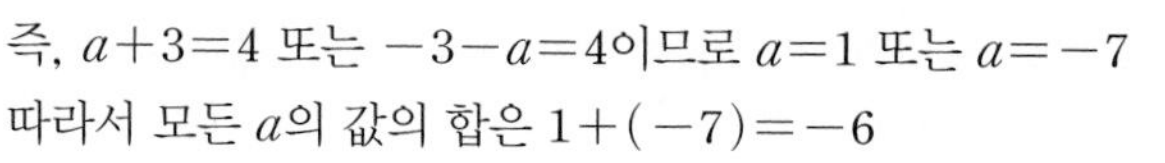

즉, $a+3=4$ 또는 $-3-a=4$이므로 $a=1$ 또는 $a=-7$

따라서 모든 a의 값의 합은 $1+(-7)=-6$

08

y축 위의 점의 x좌표는 0, x축 위의 점의 y좌표는 0이므로

$a+1=0$에서 $a=-1$, $b-3=0$에서 $b=3$

따라서 $a-b=(-1)-3=-4$

09

제4사분면 위의 점은

$(x$좌표$)>0$, $(y$좌표$)<0$

① A$(1, 4)$ ⇨ 제1사분면

② B$(3, -2)$ ⇨ 제4사분면

③ C$(2, 0)$ ⇨ x축 위의 점이므로 어느 사분면에도 속하지 않는다.

④ D$(-5, -1)$ ⇨ 제3사분면

⑤ E$(-6, 1)$ ⇨ 제2사분면

10

점 (a, b)가 제2사분면 위의 점이므로 $a<0$, $b>0$

따라서 $b-a>0$, $ab<0$이므로 점 $(b-a, ab)$는 제4사분면 위의 점이다.

11

$xy>0$이고 $x+y<0$이므로 $x<0$, $y<0$

따라서 $-x>0$, $-y>0$, $-x-y>0$, $-xy<0$이고 제1사분면 위의 점의 $(x$좌표$)>0$, $(y$좌표$)>0$이므로

③ 점 $(-y, -x)$는 제1사분면 위의 점이다.

12

대관람차는 같은 속도로 반복해서 회전하므로 반복되는 그래프가 그려진다.

이때 대관람차가 한 바퀴 도는 데 걸리는 시간은 14분이다.

13

하린이와 서윤이가 만나는 점의 좌표가 $(20, 4)$이므로 출발한 지 20분 만에 학교로부터 4 km 떨어진 지점에서 처음으로 만났다.

14

③ 하린이와 서윤이 모두 30분 만에 도서관에 도착하였다. 즉, 하린이와 서윤이는 학교에서부터 도서관까지 가는 데 걸린 시간이 같다.

④ 서윤이는 도서관까지 가는 길에 10분부터 25분까지 15분 동안 멈춰 있었다.

15

폭이 일정하므로 물의 높이가 일정하게 증가하고, 아래쪽 부분보다 위쪽 부분이 밑넓이가 작아 물의 높이가 더 빠르게 올라간다. 따라서 그래프로 옳게 나타낸 것은 ①이다.

서술형으로 중단원 마무리

본문 68쪽

서술형 1-1 1	**서술형 1-2** 2
서술형 2-1 15	**서술형 2-2** 12
서술형 3-1 제4사분면	**서술형 3-2** 제3사분면

서술형 1-1

답 1

점 A는 x축 위에 있으므로 $(y$좌표$)=\boxed{0}$

즉, $a-3=\boxed{0}$이므로 $a=\boxed{3}$ … 1단계

점 B는 y축 위에 있으므로 $(x$좌표$)=\boxed{0}$

즉, $3b-1=\boxed{0}$이므로 $3b=1$, $b=\boxed{\frac{1}{3}}$ … 2단계

따라서 $ab=3\times\frac{1}{3}=\boxed{1}$ … 3단계

단계	채점 기준	비율
1	a의 값을 구한 경우	40 %
2	b의 값을 구한 경우	40 %
3	ab의 값을 구한 경우	20 %

서술형 1-2

답 2

점 A는 y축 위에 있으므로 $(x$좌표$)=0$

즉, $a+1=0$이므로 $a=-1$ … 1단계

점 B는 x축 위에 있으므로 $(y$좌표$)=0$

즉, $3b-9=0$이므로 $b=3$ … 2단계

따라서 $a+b=(-1)+3=2$ … 3단계

단계	채점 기준	비율
1	a의 값을 구한 경우	40 %
2	b의 값을 구한 경우	40 %
3	$a+b$의 값을 구한 경우	20 %

서술형 2-1

답 15

세 점 A, B, C를 좌표평면 위에 나타내면 오른쪽 그림과 같다.

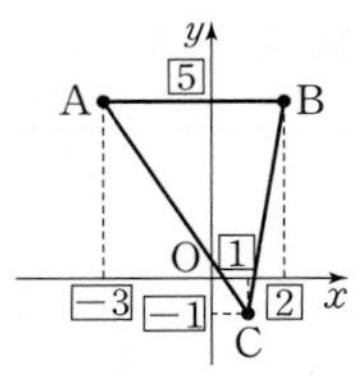

… 1단계

$\overline{AB}$를 밑변으로 보면 $\triangle ABC=\frac{1}{2}\times\boxed{5}\times\boxed{6}=\boxed{15}$ … 2단계

단계	채점 기준	비율
1	좌표평면 위에 세 점 A, B, C를 나타낸 경우	50 %
2	삼각형 ABC의 넓이를 구한 경우	50 %

서술형 2-2 답 12

세 점 A, B, C를 좌표평면 위에 나타내면 오른쪽 그림과 같다.

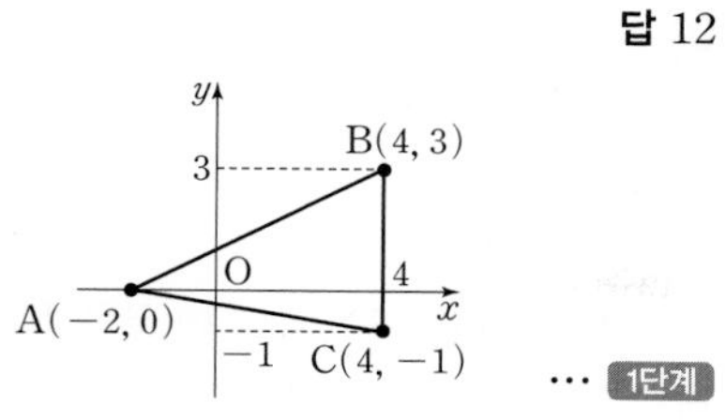

··· 1단계

$\overline{BC}$를 밑변으로 보면 $\triangle ABC=\frac{1}{2}\times4\times6=12$ ··· 2단계

단계	채점 기준	비율
1	좌표평면 위에 세 점 A, B, C를 나타낸 경우	50 %
2	삼각형 ABC의 넓이를 구한 경우	50 %

서술형 3-1 답 제4사분면

점 $A(a+b,\ ab)$가 제2사분면 위의 점이므로

$a+b\boxed{<}0,\ ab\boxed{>}0$

$a,\ b$의 부호가 같고 $a+b\boxed{<}0$이므로

$a\boxed{<}0,\ b\boxed{<}0$ ··· 1단계

점 B의 (x좌표)$=-a\boxed{>}0$, (y좌표)$=-\frac{a}{b}\boxed{<}0$이므로 ··· 2단계

점 $B\left(-a,\ -\frac{a}{b}\right)$는 제$\boxed{4}$사분면 위의 점이다. ··· 3단계

단계	채점 기준	비율
1	$a,\ b$의 부호를 각각 구한 경우	40 %
2	점 B의 x좌표, y좌표의 부호를 각각 구한 경우	30 %
3	점 B가 제 몇 사분면 위의 점인지 구한 경우	30 %

서술형 3-2 답 제3사분면

$ab<0$에서 $a,\ b$의 부호가 다르고 $a<b$이므로

$a<0,\ b>0$ ··· 1단계

점 P의 (x좌표)$=a-b<0$, (y좌표)$=\frac{b}{a}+a<0$이므로 ··· 2단계

점 $P\left(a-b,\ \frac{b}{a}+a\right)$는 제3사분면 위의 점이다. ··· 3단계

단계	채점 기준	비율
1	$a,\ b$의 부호를 각각 구한 경우	40 %
2	점 P의 x좌표, y좌표의 부호를 각각 구한 경우	30 %
3	점 P가 제 몇 사분면 위의 점인지 구한 경우	30 %

2. 정비례와 반비례

본문 69~72쪽

유제

1 (1) 풀이 참조 (2) $y=80x$ (3) 5시간
2 $y=5x$
3 ②
4 3
5 (1) $y=\frac{60}{x}$ (2) 5 cm
6 $y=-\frac{45}{x}$
7 ③
8 -6

유제 1

(1)

x	1	2	3	4	…
y	80	160	240	320	…

(2) 자동차는 1시간에 80 km를 달리므로 x시간 동안 $80x$ km를 간다.
따라서 x와 y 사이의 관계식은 $y=80x$이다.

(3) $y=400$일 때, $400=80x,\ x=5$
따라서 자동차가 400 km 가는 데 5시간이 걸린다.

유제 2

y가 x에 정비례하므로 x와 y 사이의 관계를 $y=ax$로 나타낼 수 있다.
$x=4$일 때, $y=20$이므로 $20=4a,\ a=5$
따라서 구하는 식은 $y=5x$이다.

유제 3

② a의 절댓값이 클수록 y축에 가까워진다.

유제 4

$y=ax$의 그래프가 점 $(4,\ 12)$를 지나므로
$x=4,\ y=12$를 $y=ax$에 대입하면
$12=4a,\ a=3$

유제 5

(1) (가로의 길이)×(세로의 길이)=(직사각형의 넓이)이므로
$xy=60$, 즉 $y=\frac{60}{x}$

(2) $y=12$일 때, $12=\frac{60}{x},\ x=5$
따라서 가로의 길이는 5 cm이다.

유제 6

y가 x에 반비례하므로 x와 y 사이의 관계를 $y=\frac{a}{x}$로 나타낼 수 있다.

$x=3$일 때, $y=-15$이므로 $-15=\frac{a}{3}$, $a=-45$

따라서 구하는 식은 $y=-\frac{45}{x}$이다.

유제 7

③ 점 $(1, a)$를 지나는 한 쌍의 매끄러운 곡선이다.

유제 8

$y=\frac{a}{x}$의 그래프가 점 $(-3, 2)$를 지나므로

$2=\frac{a}{-3}$, $a=-6$

중단원 마무리

본문 73~74쪽

01 ③	**02** ①	**03** ②	**04** ⑤	**05** ②	**06** ①
07 24	**08** $xy=300$ 또는 $y=\frac{300}{x}$		**09** ④	**10** ⑤	
11 ④	**12** ③	**13** ①	**14** ②	**15** 10개	

01

y가 x에 정비례하면 x와 y 사이에 다음과 같은 관계식이 성립한다.

$y=ax$ 또는 $\frac{y}{x}=a$ (단, $a\neq0$)

따라서 ③ $xy=8$, 즉 $y=\frac{8}{x}$이므로 정비례 관계가 아니다.

02

ㄱ. $y=1200x$　　ㄴ. $y=60x$

ㄷ. $y=\frac{8}{x}$　　ㄹ. $10=xy$

따라서 정비례 관계는 ㄱ, ㄴ이다.

03

x의 값이 2배, 3배, 4배, …가 될 때, y의 값도 2배, 3배, 4배, …가 되는 x와 y는 정비례 관계이다. 즉, $y=ax$가 성립한다.

$x=3$일 때, $y=-15$이므로 $-15=3a$, $a=-5$

따라서 $20=-5x$이므로 $x=-4$

04

y가 x에 정비례하므로 $y=ax$이고, $x=2$일 때 $y=8$이므로

$8=2a$, $a=4$

따라서 $x=1$일 때의 $y=4\times1=4$이므로 $A=4$

$x=6$일 때의 $y=4\times6=24$이므로 $B=24$

따라서 $A+B=4+24=28$

05

$y=-\frac{1}{3}x$의 그래프는 원점과 점 $(-3, 1)$을 지나는 직선이므로 ②이다.

06

① $y=-\frac{2}{5}x$의 그래프는 $x=2$일 때, $y=-\frac{4}{5}$이므로

점 $\left(2, -\frac{4}{5}\right)$를 지난다.

07

점 A의 y좌표가 6이므로 $y=-x$에 $y=6$을 대입하면

$x=-6$, 즉 $A(-6, 6)$

점 B의 y좌표가 6이므로 $y=3x$에 $y=6$을 대입하면

$x=2$, 즉 $B(2, 6)$

따라서 삼각형 AOB의 넓이는

$\frac{1}{2}\times\{2-(-6)\}\times6=24$

08

하루에 x개씩 풀면 y일 후에 300개를 모두 풀 수 있으므로

$xy=300$, 즉 $y=\frac{300}{x}$

09

주어진 $y=\frac{a}{x}$의 그래프는 점 $(1, 4)$를 지나므로

$y=\frac{a}{x}$에 $x=1$, $y=4$를 대입하면

$4=\frac{a}{1}$, $a=4$

10

① 점 $\left(3a, \frac{1}{3}\right)$을 지난다.

② 원점에 대하여 대칭인 한 쌍의 매끄러운 곡선이다.

③ x와 y는 반비례 관계이다.

④ a의 절댓값이 작을수록 원점에 가까워진다.

따라서 옳은 것은 ⑤이다.

11

정비례 관계 $y=ax$의 그래프에서 $a<0$이면 제2사분면을 지난다.

반비례 관계 $y=\frac{a}{x}$의 그래프에서 $a<0$이면 제2사분면을 지난다.

따라서 제2사분면을 지나는 그래프는 ㄱ, ㄷ, ㄹ이다.

12

$y=ax$의 그래프가 점 $(2, 4)$를 지나므로

$4=2a$, $a=2$

$y=\frac{2}{x}$의 그래프가 두 점 $(-2, b)$, $\left(c, \frac{1}{2}\right)$을 지나므로

$b=\frac{2}{-2}$, $b=-1$

$\frac{1}{2}=\frac{2}{c}$, $c=4$

따라서 $a+b+c=2+(-1)+4=5$

13

y가 x에 반비례하므로 xy의 값이 일정하다.

$x=2$일 때, $y=-12$이므로 $xy=-24$

따라서 $A\times6=-24$, $A=-4$

$1\times B=-24$, $B=-24$

$6\times C=-24$, $C=-4$

따라서 $A-B+C=(-4)-(-24)+(-4)=16$

14

$y=\frac{a}{x}$의 그래프가 점 $(-3, -2)$를 지나므로

$-2=\frac{a}{-3}$, $a=6$

점 P의 x좌표를 t라고 하면 $y=\frac{6}{t}$

따라서 사각형 AOBP의 넓이는

$t\times\frac{6}{t}=6$

15

제1사분면 위의 반비례 관계 $y=\frac{16}{x}$의 그래프는 오른쪽 그림과 같다.

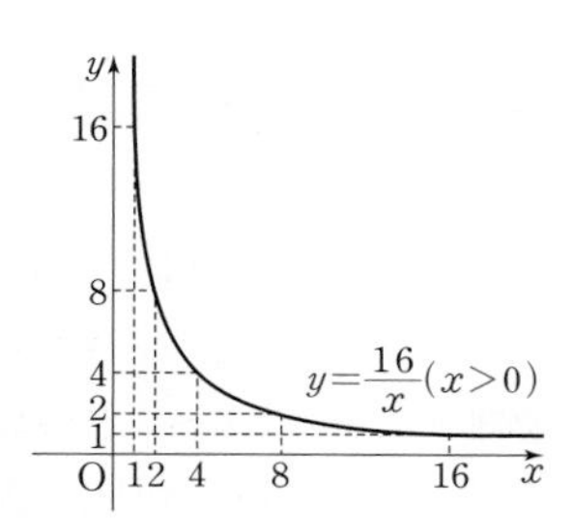

즉, x좌표와 y좌표가 모두 정수인 점은 $(1, 16)$, $(2, 8)$, $(4, 4)$, $(8, 2)$, $(16, 1)$이다.

마찬가지로 제3사분면 위에도 x좌표와 y좌표가 모두 정수인 점이 5개가 있다.

따라서 x좌표와 y좌표가 모두 정수인 점은 모두 10개이다.

서술형으로 중단원 마무리

본문 75쪽

서술형 1-1 81 kcal
서술형 1-2 $\frac{40}{3}$분
서술형 2-1 2
서술형 2-2 -24
서술형 3-1 $\frac{3}{2}$
서술형 3-2 -5

서술형 1-1

답 81 kcal

80 mL의 열량이 144 kcal이므로 1 mL의 열량은 [1.8] kcal이다.

즉, x mL의 열량은 [$1.8x$] kcal이므로 $y=$[$1.8x$] … 1단계

$x=45$일 때의 $y=$[81]이므로 45 mL를 먹었을 때의 열량은 [81] kcal이다. … 2단계

단계	채점 기준	비율
1	x와 y 사이의 관계식을 구한 경우	60 %
2	열량을 구한 경우	40 %

서술형 1-2

답 $\frac{40}{3}$분

(속력)$\times$(시간)$=$(거리)이므로 $xy=1600$ … 1단계

$x=120$일 때의 $y=\frac{40}{3}$이므로 분속 120 m로 걸어갈 때 걸리는 시간은 $\frac{40}{3}$분이다. … 2단계

단계	채점 기준	비율
1	x와 y 사이의 관계식을 구한 경우	60 %
2	걸리는 시간을 구한 경우	40 %

서술형 2-1

답 2

$y=ax$의 그래프가 점 $(3, 9)$를 지나므로

[9]$=3a$, $a=$[3] … 1단계

$a=$[3]이므로 $b=\frac{[3]}{-3}=$[-1] … 2단계

따라서 $a+b=3+(-1)=$[2] … 3단계

단계	채점 기준	비율
1	a의 값을 구한 경우	40 %
2	b의 값을 구한 경우	40 %
3	$a+b$의 값을 구한 경우	20 %

서술형 2-2 답 -24

$y=\frac{a}{x}$의 그래프는 점 $(-4,\ -3)$을 지나므로

$-3=\frac{a}{-4}$, $a=12$ … 1단계

$a=12$이므로 $-6=12b$, $b=-\frac{1}{2}$ … 2단계

따라서 $a\div b=12\div\left(-\frac{1}{2}\right)=-24$ … 3단계

단계	채점 기준	비율
1	a의 값을 구한 경우	40 %
2	b의 값을 구한 경우	40 %
3	$a\div b$의 값을 구한 경우	20 %

서술형 3-1 답 $\frac{3}{2}$

점 A는 $y=\frac{6}{x}$의 그래프 위의 점이므로

$y=\frac{6}{x}$에 $x=\boxed{2}$를 대입하면 $y=\boxed{3}$ … 1단계

점 A$(2,\ \boxed{3})$이 $y=ax$의 그래프 위의 점이므로

$y=ax$에 $x=2$, $y=\boxed{3}$을 대입하면 $3=2a$, $a=\boxed{\frac{3}{2}}$ … 2단계

단계	채점 기준	비율
1	점 A의 y좌표를 구한 경우	50 %
2	a의 값을 구한 경우	50 %

서술형 3-2 답 -5

점 P는 $y=-5x$의 그래프 위의 점이므로

$y=-5x$에 $y=-5$를 대입하면 $-5=-5x$, $x=1$ … 1단계

점 P$(1,\ -5)$가 $y=\frac{a}{x}$의 그래프 위의 점이므로

$y=\frac{a}{x}$에 $x=1$, $y=-5$를 대입하면 $a=-5$ … 2단계

단계	채점 기준	비율
1	점 P의 x좌표를 구한 경우	50 %
2	a의 값을 구한 경우	50 %

V 기본 도형

1. 기본 도형

본문 78~85쪽

유제

1 (1) 5개 (2) 8개
2 (1) ○ (2) × (3) ×
3 ⑤
4 8 cm
5 (1) 137° (2) 47°
6 18
7 21
8 (1) 5 cm (2) 90°
9 (1) $\angle b$ (2) $\angle c$
10 (1) 115° (2) 135°
11 $\angle x=115°$, $\angle y=105°$
12 102°
13 (1) 4개 (2) 1개 (3) 3개
14 (1) × (2) × (3) ○
15 3
16 ㄴ, ㄷ

유제 1

(1) 입체도형에서 두 모서리의 교점은 꼭짓점이므로 교점의 개수는 5개이다.

(2) 입체도형에서 두 면의 교선은 모서리이므로 교선의 개수는 8개이다.

유제 2

(2) 원기둥과 평면의 교선은 직선이 아니다. (×)

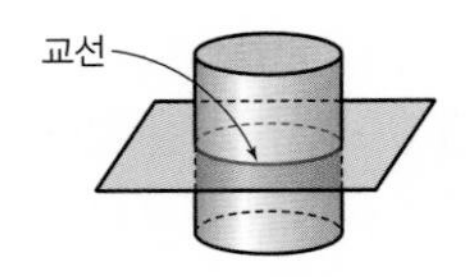

(3) 점이 움직인 자리는 곡선이 되기도 한다. (×)

유제 3

⑤ $\overrightarrow{CA}$는 [그림 1]과 같고 $\overrightarrow{DA}$는 [그림 2]와 같다.

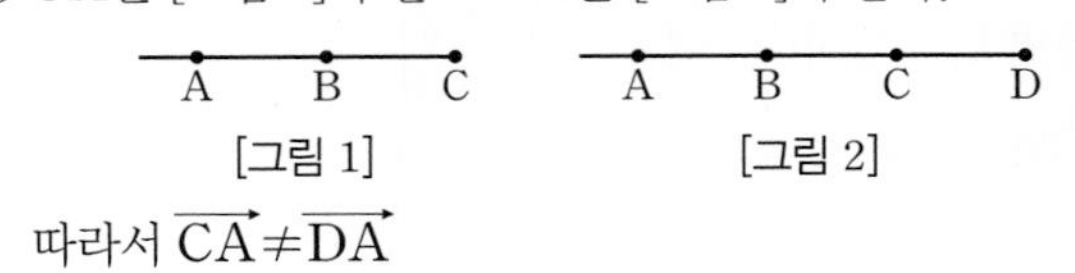

[그림 1] [그림 2]

따라서 $\overrightarrow{CA}\neq\overrightarrow{DA}$

유제 4

$\overline{AN}=\overline{MN}=2$ cm이므로 $\overline{AM}=4$ cm

따라서 $\overline{AM}=\overline{BM}=4$ cm이므로

$\overline{AB}=8$ cm

유제 5

(1) $\angle BOD=180^\circ-43^\circ=137^\circ$

(2) $\angle COD=180^\circ-43^\circ-90^\circ=47^\circ$

유제 6

$x^\circ+90^\circ+4x^\circ=180^\circ$이므로

$5x^\circ+90^\circ=180^\circ$

$5x^\circ=90^\circ$, $x^\circ=18^\circ$

따라서 $x=18$

유제 7

$x^\circ+10^\circ=73^\circ-2x^\circ$이므로

$3x^\circ=63^\circ$, $x^\circ=21^\circ$

따라서 $x=21$

유제 8

(1) $\overline{AO}=\overline{BO}=\frac{1}{2}\overline{AB}=5(\text{cm})$

(2) 직선 PO는 선분 AB에 수직이므로

$\angle POA=90^\circ$

유제 9

(1) $\angle x$와 같은 위치에 있는 각은 $\angle b$이다.

(2) $\angle x$와 엇갈린 위치에 있는 각은 $\angle c$이다.

유제 10

(1) $\angle x$의 동위각은 $\angle y$이고 그 크기는

$\angle y=180^\circ-65^\circ=115^\circ$

(2) $\angle y$의 엇각은 오른쪽 그림과 같고 그 크기는

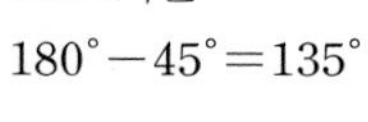

$180^\circ-45^\circ=135^\circ$

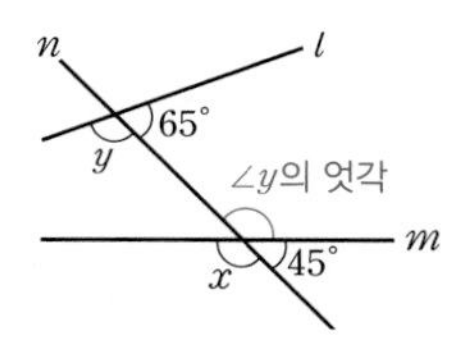

유제 11

$l /\!/ m$이므로 엇각의 크기는 같다.

따라서 $\angle x=115^\circ$

$l /\!/ m$이므로 동위각의 크기는 같다.

따라서 $\angle y=105^\circ$

유제 12

평각은 180°임을 이용하면 [그림 1]과 같다.

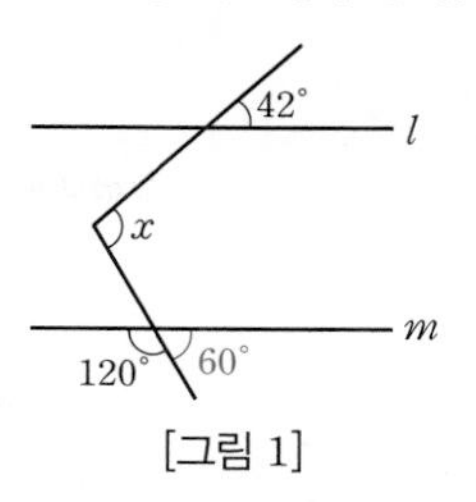

[그림 1]

[그림 2]와 같이 $\angle x$의 꼭짓점을 지나고 $l /\!/ m /\!/ n$인 직선 n을 그으면 두 직선이 평행할 때 동위각의 크기가 서로 같으므로

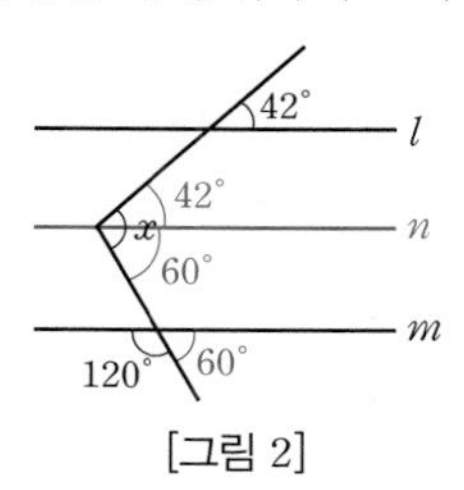

[그림 2]

$\angle x=42^\circ+60^\circ=102^\circ$

유제 13

(1) 모서리 AB와 한 점에서 만나는 모서리는

모서리 AC, 모서리 AD, 모서리 BC, 모서리 BE의 4개

(2) 모서리 AB와 평행한 모서리는

모서리 DE의 1개

(3) 모서리 AB와 꼬인 위치에 있는 모서리는

모서리 CF, 모서리 DF, 모서리 EF의 3개

유제 14

(1) 직선 EF는 점 A를 지나지 않으므로 점 A는 직선 EF 위에 있지 않다. (×)

(2) 모서리 EF와 평행한 모서리는 모서리 AB, 모서리 CD, 모서리 GH의 3개이다. (×)

(3) 모서리 AE와 모서리 BC는 꼬인 위치에 있다. (○)

유제 15

모서리 BE를 포함하는 면은 면 ABED, 면 BCFE의 2개이므로 $a=2$

모서리 AC에 수직인 면은 면 ABED의 1개이므로 $b=1$

따라서 $a+b=2+1=3$

유제 16

ㄱ. 사각뿔의 다섯 면 모두 $\overline{AH}$와 만나므로 사각뿔의 각 면 중 $\overline{AH}$와 만나는 면은 5개이다.

ㄴ. 사각뿔의 다섯 면 모두 $\overline{AH}$와 한 점에서 만나므로 사각뿔의 각 면 중 $\overline{AH}$를 포함하는 면은 없다.
ㄷ. $\overline{AH}$는 밑면과 수직이므로 점 H를 지나면서 밑면에 포함된 $\overline{CH}$와도 수직이다. 즉, $\overline{AH}\perp\overline{CH}$
따라서 옳은 것은 ㄴ, ㄷ이다.

중단원 마무리

본문 86~87쪽

01 ④	02 ③	03 ④	04 ①	05 ②	06 ③
07 ④	08 ⑤	09 $\angle f$, $\angle g$		10 ④	11 ③
12 ③	13 ①	14 ④	15 ①	16 ④	

01
④ 서로 다른 두 선이 만나 여러 개의 교점이 생길 수 있다.

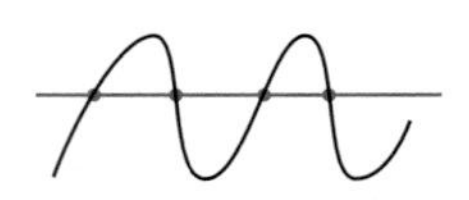

02
입체도형에서 두 모서리의 교점은 꼭짓점이므로 $a=6$
입체도형에서 두 면의 교선은 모서리이므로 $b=12$
따라서 $b-a=12-6=6$

03
다음 그림과 같이 점 A에서 시작하는 반직선 2개, 점 B에서 시작하는 반직선 2개, 점 C에서 시작하는 반직선 2개로 모두 6개이다.

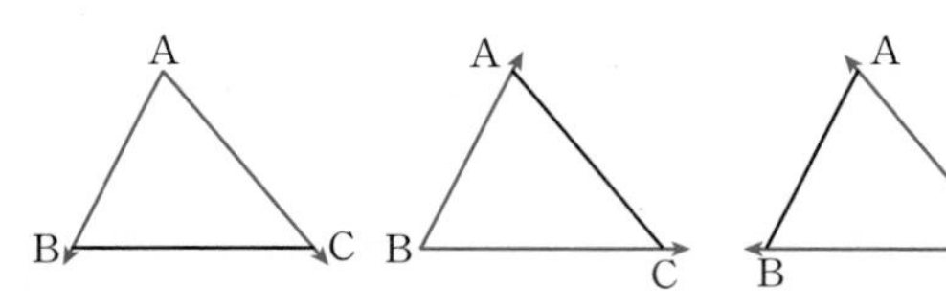

04
가장 짧은 선분의 길이를 k라고 할 때
$\overline{BE}=\overline{DE}=k$
$\overline{CD}=\overline{BD}=2\overline{BE}=2k$
$\overline{AC}=\overline{BC}=2\overline{CD}=4k$
$\overline{AD}=\overline{AC}+\overline{CD}=4k+2k=6k$

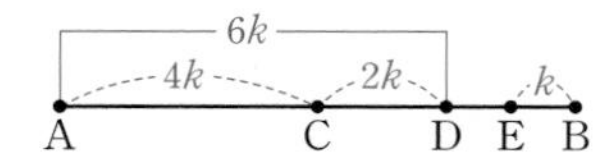

$\overline{BE}=k$, $\overline{AD}=6k$이므로 $\overline{BE}$는 $\overline{AD}$의 $\frac{1}{6}$배이다.

05
$\angle a+\angle b+\angle c=180^\circ$이므로
$\angle a=\frac{5}{1+3+5}\times180^\circ=\frac{5}{9}\times180^\circ=100^\circ$

06
$(93^\circ-x^\circ)+5x^\circ+(48^\circ-x^\circ)=180^\circ$이므로
$141^\circ+3x^\circ=180^\circ$
$3x^\circ=39^\circ$, $x^\circ=13^\circ$
따라서 $x=13$

07
맞꼭지각의 크기는 서로 같으므로
$\angle x=\angle y+90^\circ$
따라서 $\angle x-\angle y=90^\circ$

08
① $\angle AHB=180^\circ$
② $\angle AHD=90^\circ$, $\angle BDH$는 90°보다 작은 예각이다.
③ $\overline{AH}=\overline{BH}$
④ 점 A에서 직선 CD까지의 거리는 $\overline{AH}$의 길이와 같다.
따라서 옳은 것은 ⑤이다.

09
직선 l, n이 직선 m과 만날 때 생기는 동위각: $\angle f$
직선 m, n이 직선 l과 만날 때 생기는 동위각: $\angle g$

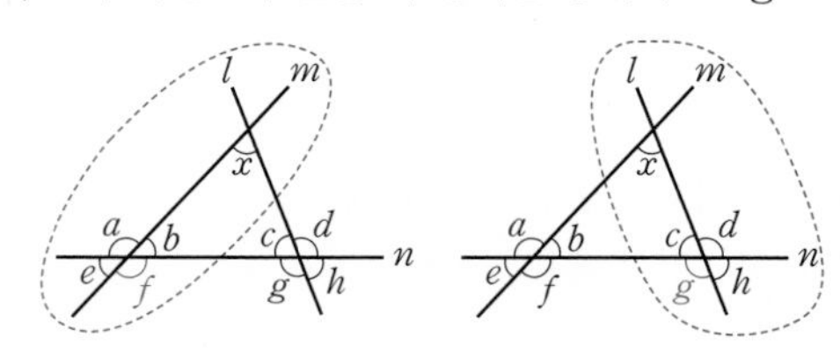

10
$l\,/\!/\,m$이므로 엇각의 크기는 같다.
따라서
$(100^\circ-x^\circ)+(3x^\circ-56^\circ)=180^\circ$
이므로
$2x^\circ+44^\circ=180^\circ$
$2x^\circ=136^\circ$, $x^\circ=68^\circ$
따라서 $x=68$

11

다음 그림과 같이 엇각의 크기가 같지 않으므로 ③ 레일은 평행하지 않다.

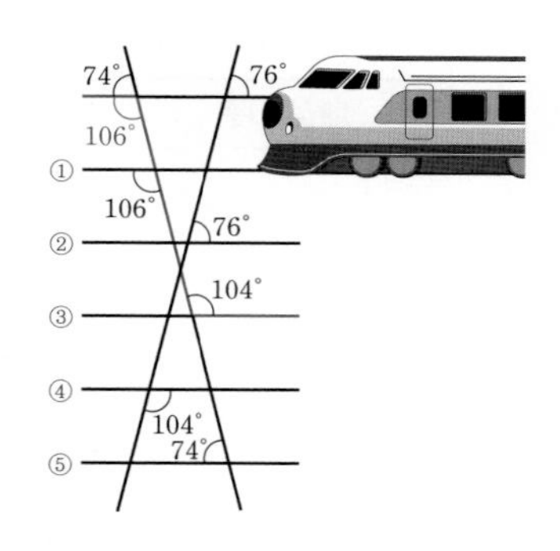

12

오른쪽 그림과 같이 점 H를 지나고 변 AB(CD)와 평행한 선을 그으면 엇각의 성질에 의하여

$60° + \angle x = 90°$, $\angle x = 30°$

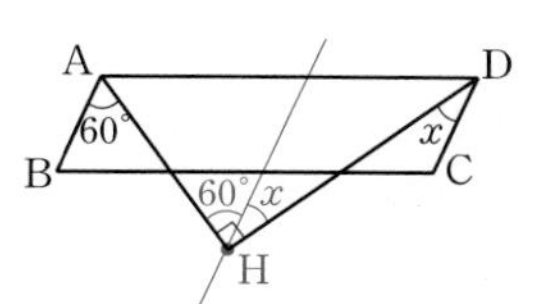

13

점 A를 지나는 직선은 $\overleftrightarrow{AB}$, $\overleftrightarrow{AC}$, $\overleftrightarrow{AD}$, $\overleftrightarrow{AE}$, $\overleftrightarrow{AF}$의 5개이다.

반대로 점 A를 지나는 무수히 많은 직선 중 정육각형의 다른 꼭짓점을 지나는 직선의 개수도 5개이다.

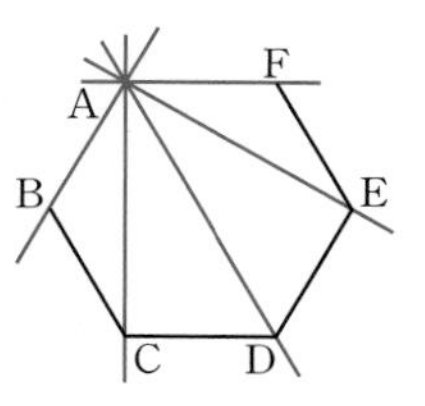

14

④ $\angle AJB = \angle x$라고 하면 다음 그림과 같이 엇각의 크기가 $90° + \angle x$로 같으므로 $\overleftrightarrow{AJ}$와 $\overleftrightarrow{DE}$는 평행하다.

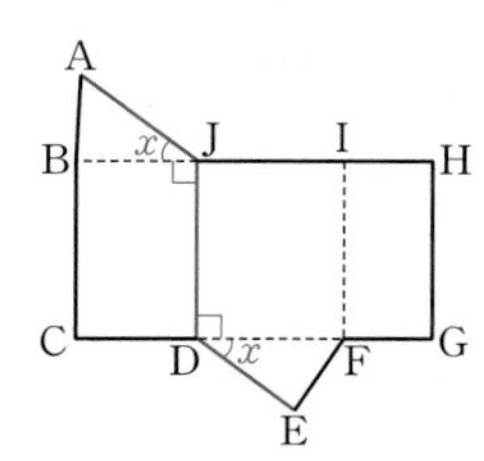

15

전개도로 만든 삼각기둥은 오른쪽 그림과 같다.

따라서 $\overline{CD}$는 $\overline{AB}$와 꼬인 위치에 있고 $\overline{EF}$는 $\overline{AB}$와 평행하다. 또한 $\overline{GH}$, $\overline{IJ}$는 $\overline{AB}$와 한 점에서 만나고 $\overline{HI}$는 $\overline{AB}$와 일치한다.

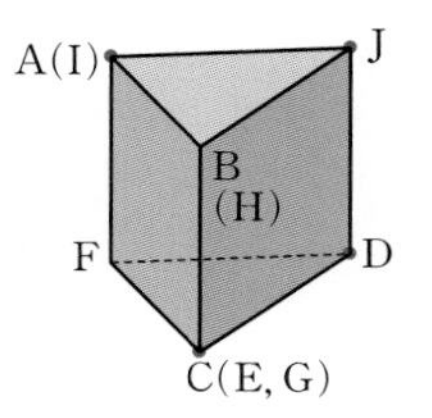

16

모서리 DH와 면 ABD(ABCD), 면 EFGH는 수직이므로 모서리 DH와 수직인 모서리는 모서리 AD, 모서리 BD, 모서리 EH, 모서리 GH의 4개이다.

서술형으로 중단원 마무리

본문 88~89쪽

서술형 1-1 8 cm	**서술형 1-2** 8 cm
서술형 2-1 40°	**서술형 2-2** 110°
서술형 3-1 145°	**서술형 3-2** 105°
서술형 4-1 3	**서술형 4-2** 2

서술형 1-1

답 8 cm

$\overline{BC} = [2] \times \overline{BM} = 2 \times 2 = [4]$(cm) … 1단계

$\overline{AB} : \overline{BC} = 3 : 2$이므로

$2 \times \overline{AB} = [3] \times \overline{BC} = [3] \times [4] = [12]$(cm)

$\overline{AB} = [6]$ cm … 2단계

따라서 $\overline{AM} = \overline{AB} + \overline{BM} = 6 + 2 = [8]$(cm) … 3단계

단계	채점 기준	비율
1	$\overline{BC}$의 길이를 구한 경우	30 %
2	$\overline{AB}$의 길이를 구한 경우	40 %
3	$\overline{AM}$의 길이를 구한 경우	30 %

서술형 1-2

답 8 cm

$\overline{AB} = 2 \times \overline{MB} = 2 \times 3 = 6$(cm) … 1단계

$\overline{AB} : \overline{BC} = 3 : 1$이므로

$\overline{AB} = 3 \times \overline{BC} = 6$(cm)

$\overline{BC} = 2$ cm … 2단계

따라서 $\overline{AC} = \overline{AB} + \overline{BC} = 6 + 2 = 8$(cm) … 3단계

단계	채점 기준	비율
1	$\overline{AB}$의 길이를 구한 경우	30 %
2	$\overline{BC}$의 길이를 구한 경우	40 %
3	$\overline{AC}$의 길이를 구한 경우	30 %

서술형 2-1

답 40°

$\angle BFE = [\angle DEF] = 70°$(엇각) … 1단계

$\angle FEG = [\angle DEF] = 70°$(접은 각) … 2단계

$\angle x+\angle \mathrm{DEF}+\angle \mathrm{FEG}=\boxed{180^\circ}$이므로

$\angle x+70^\circ+70^\circ=180^\circ$

$\angle x=\boxed{40^\circ}$ … 3단계

단계	채점 기준	비율
1	엇각의 크기를 구한 경우	40 %
2	접은 각의 크기를 구한 경우	20 %
3	$\angle x$의 크기를 구한 경우	40 %

서술형 2-2 **답** 110°

$\angle \mathrm{FEI}=35^\circ$ (접은 각) … 1단계

$\angle \mathrm{BIE}=\angle \mathrm{DEI}=70^\circ$ (엇각) … 2단계

$\angle x=180^\circ-\angle \mathrm{BIE}$

$=180^\circ-70^\circ=110^\circ$ … 3단계

단계	채점 기준	비율
1	접은 각의 크기를 구한 경우	20 %
2	엇각의 크기를 구한 경우	40 %
3	$\angle x$의 크기를 구한 경우	40 %

서술형 3-1 **답** 145°

각의 꼭짓점을 지나고 직선 l, m과 평행한 두 직선을 그으면 오른쪽 그림과 같다. … 1단계

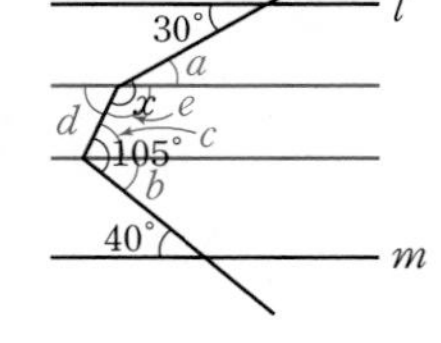

$\angle a=\boxed{30^\circ}$ (엇각)

$\angle b=\boxed{40^\circ}$ (엇각)

$\angle c=105^\circ-\angle b=\boxed{65^\circ}$

$\angle d=\boxed{65^\circ}$ (엇각)

$\angle e=180^\circ-\angle d=\boxed{115^\circ}$ … 2단계

따라서 $\angle x=\angle a+\angle e=30^\circ+115^\circ=\boxed{145^\circ}$ … 3단계

단계	채점 기준	비율
1	평행선을 그은 경우	30 %
2	엇각의 크기를 구한 경우	50 %
3	$\angle x$의 크기를 구한 경우	20 %

서술형 3-2 **답** 105°

각의 꼭짓점을 지나고 직선 l, m과 평행한 두 직선을 그으면 오른쪽 그림과 같다. … 1단계

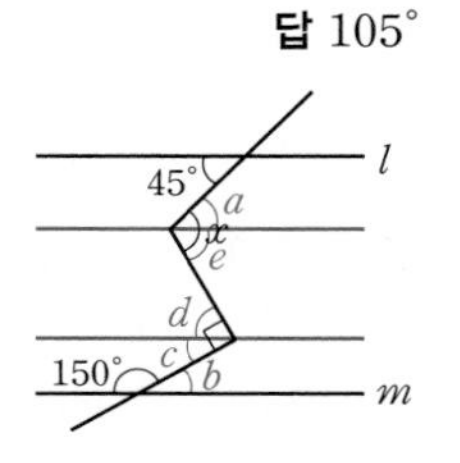

$\angle a=45^\circ$ (엇각)

$\angle b=180^\circ-150^\circ=30^\circ$

$\angle c=30^\circ$ (엇각)

$\angle d=90^\circ-\angle c=60^\circ$

$\angle e=60^\circ$ (엇각) … 2단계

따라서 $\angle x=\angle a+\angle e=45^\circ+60^\circ=105^\circ$ … 3단계

단계	채점 기준	비율
1	평행선을 그은 경우	30 %
2	엇각의 크기를 구한 경우	50 %
3	$\angle x$의 크기를 구한 경우	20 %

서술형 4-1 **답** 3

$\overline{\mathrm{AB}}$와 한 점에서 만나는 모서리는

$\boxed{\overline{\mathrm{AC}}}$, $\boxed{\overline{\mathrm{AD}}}$, $\boxed{\overline{\mathrm{BC}}}$, $\boxed{\overline{\mathrm{BD}}}$의 4개이므로 $a=4$ … 1단계

$\overline{\mathrm{AB}}$와 꼬인 위치에 있는 모서리는

$\boxed{\overline{\mathrm{CD}}}$의 1개므로 $b=1$ … 2단계

따라서 $a-b=\boxed{3}$ … 3단계

단계	채점 기준	비율
1	a의 값을 구한 경우	30 %
2	b의 값을 구한 경우	40 %
3	$a-b$의 값을 구한 경우	30 %

서술형 4-2 **답** 2

$\overline{\mathrm{AB}}$와 한 점에서 만나는 모서리는

$\overline{\mathrm{AC}}$, $\overline{\mathrm{AD}}$, $\overline{\mathrm{AE}}$, $\overline{\mathrm{BC}}$, $\overline{\mathrm{BE}}$, $\overline{\mathrm{BF}}$의 6개이므로 $a=6$ … 1단계

$\overline{\mathrm{AB}}$와 꼬인 위치에 있는 모서리는

$\overline{\mathrm{CD}}$, $\overline{\mathrm{ED}}$, $\overline{\mathrm{CF}}$, $\overline{\mathrm{EF}}$의 4개이므로 $b=4$ … 2단계

따라서 $a-b=2$ … 3단계

단계	채점 기준	비율
1	a의 값을 구한 경우	30 %
2	b의 값을 구한 경우	40 %
3	$a-b$의 값을 구한 경우	30 %

2. 작도와 합동

본문 90~93쪽

유제

1 (1) $\overline{ON}$(또는 $\overline{OM}$) (2) $\overline{MN}$ (3) $\overline{MN}$
2 (1) 6 cm (2) 50° **3** ④
4 (1) × (2) ○ (3) ○ **5** (1) 4.5 cm (2) 60°

유제 1

❶ 점 O를 중심으로 하는 원을 그려 ∠O의 두 변과의 교점을 각각 M, N이라고 한다.
❷ 점 A를 중심으로 하고 반지름의 길이가 (1) $\overline{ON}$(또는 $\overline{OM}$) 인 원을 그려 A에서 시작하는 반직선과의 교점을 점 B라고 한다.
❸ 컴퍼스를 사용하여 (2) $\overline{MN}$ 의 길이를 잰다.
❹ 점 B를 중심으로 하고 반지름의 길이가 (3) $\overline{MN}$ 인 원을 그려 ❷에서 그린 원과의 교점을 점 C라고 한다.
❺ 반직선 AC를 그으면 각 O와 각 A의 크기가 같다.

유제 2

(1) △ABC에서 ∠ABC의 대변은 $\overline{AC}$이므로 6 cm이다.
(2) △BCD에서 $\overline{BC}$의 대각은 ∠D이므로 50°이다.

유제 3

④ 6 cm, 12 cm, 18 cm의 경우 가장 긴 변의 길이가 나머지 두 변의 길이의 합과 같으므로 오른쪽 그림과 같이 삼각형의 세 변의 길이가 될 수 없다.

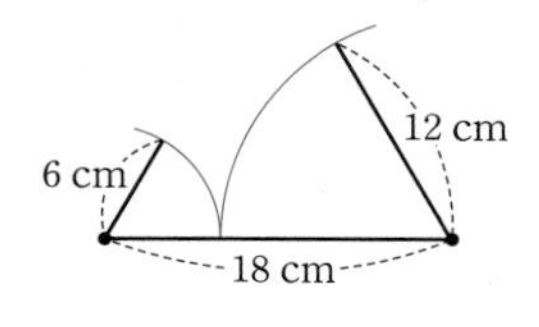

유제 4

(1) 오른쪽 그림과 같이 점 A가 될 수 있는 점이 2개이므로 삼각형을 하나로 작도할 수 없다.

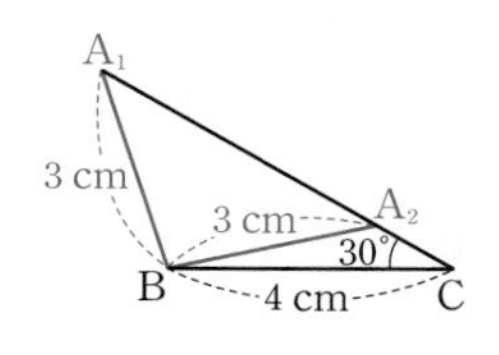

(2) 두 변의 길이와 그 끼인각의 크기가 주어지면 삼각형을 하나로 작도할 수 있다.

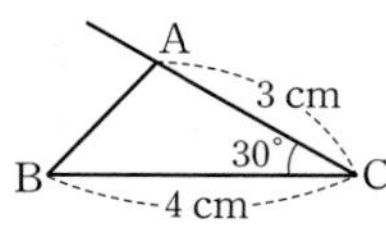

(3) 한 변의 길이와 그 양 끝 각의 크기가 주어지면 삼각형을 하나로 작도할 수 있다.

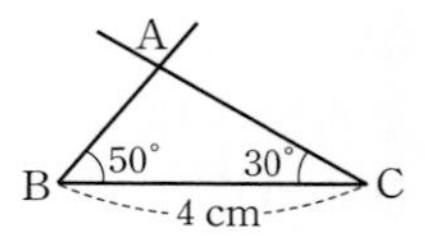

유제 5

(1) △ABC≡△FED이므로 $\overline{AB}$의 대응변은 $\overline{FE}$이고 그 길이는 4.5 cm이다.
따라서 $\overline{AB}$=4.5 cm
(2) △ABC≡△FED이므로 ∠D의 대응각은 ∠C이고 그 크기는 60°이다.
따라서 ∠D=60°

중단원 마무리

본문 94~95쪽

01 ④ **02** ④ **03** ⑤
04 △ONM≡△ABC(또는 △OMN≡△ABC), SSS 합동
05 ③ **06** 2개 **07** ① **08** ②, ⑤ **09** ③ **10** 20
11 ①, ⑤ **12** ④ **13** ⑤ **14** ㄷ, ㄹ, ㅁ **15** ③
16 ④

01

④ 작도를 할 때는 눈금 없는 자와 컴퍼스만 사용하며 눈금 있는 자는 사용하지 않는다.

02

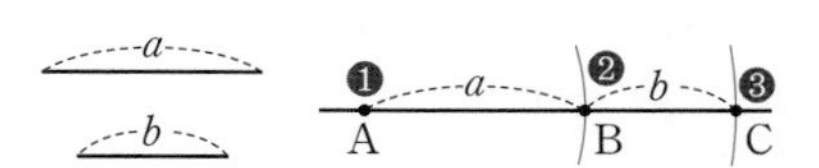

❶ 직선을 긋고 그 위에 점 A를 잡는다.
❷ 점 A를 중심으로 반지름의 길이가 a인 원을 그려 직선과의 교점을 B라고 한다.
❸ 점 (가) B 를 중심으로 반지름의 길이가 (나) b 인 원을 그려 직선과의 교점을 C라고 한다.

03

∠PAQ=∠RCS이면 직선 AB와 직선 CD가 평행하다는 동위각의 성질을 이용하여 작도한 것이다. 크기가 같은 각을 작도하는 과정에 의하여 $\overline{AP}=\overline{AQ}=\overline{CR}=\overline{CS}$, $\overline{PQ}=\overline{RS}$이다. $\overline{AB}$와 $\overline{CD}$의 길이가 같은지는 알 수 없다.

04

컴퍼스는 선분의 길이를 옮기기 위해 사용하므로

$\overline{OM}=\overline{ON}=\overline{AB}=\overline{AC}$, $\overline{NM}=\overline{BC}$

따라서 대응하는 세 변의 길이가 같으므로 SSS 합동이고, 합동인 삼각형을 기호로 나타내면

$\triangle ONM \equiv \triangle ABC$(또는 $\triangle OMN \equiv \triangle ABC$)

05

길이가 가장 긴 변은 $\overline{AC}$로 $\angle B$의 대변이고, 크기가 가장 작은 각은 $\angle A$로 $\overline{BC}$의 대각이다.

06

$3<2+2$이므로 세 변의 길이가 각각 2 cm, 2 cm, 3 cm인 삼각형, $4<2+3$이므로 세 변의 길이가 각각 2 cm, 3 cm, 4 cm인 삼각형을 만들 수 있으므로 만들 수 있는 서로 다른 삼각형은 2개이다.

07

$6-4<x<6+4$이므로 $2<x<10$

따라서 x의 값이 될 수 없는 것은 ① 1이다.

08

① 세 변의 길이가 $4-2<5<4+2$를 만족시키도록 주어졌으므로 삼각형을 하나로 작도할 수 있다.

② $\overline{AB}=3$ cm, $\overline{BC}=2$ cm, $\angle A=20°$이면 오른쪽 그림과 같이 점 C가 될 수 있는 점이 2개이다.

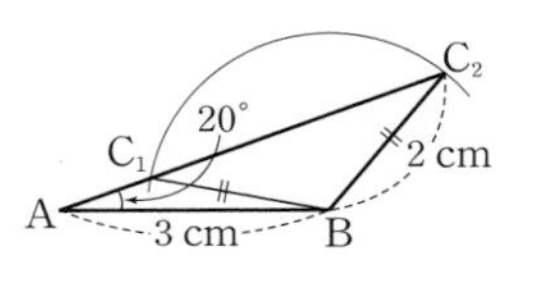

③ 두 변의 길이와 그 끼인각의 크기가 주어졌으므로 삼각형을 하나로 작도할 수 있다.

④ 삼각형의 세 내각의 크기의 합은 180°이므로 $\angle B=100°$임을 알 수 있다. 한 변의 길이와 그 양 끝 각의 크기가 주어졌으므로 삼각형을 하나로 작도할 수 있다.

⑤ $\angle A=50°$, $\angle B=70°$, $\angle C=60°$인 삼각형은 오른쪽 그림과 같이 무수히 많다.

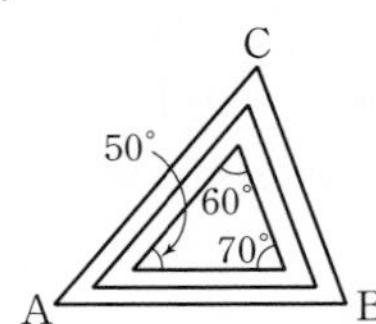

09

두 변의 길이와 끼인각이 주어졌을 경우 다음 두 가지 순서로 삼각형을 작도할 수 있다.

[순서 1] 각을 먼저 작도한 후 각의 두 변 위에 주어진 길이의 선분을 각각 작도한다.

[순서 2] 주어진 길이의 선분을 하나 작도한 후 그 선분을 한 변으로 하는 각을 작도하고 그 후 나머지 한 선분을 작도한다.

따라서 작도 순서는 $\angle B \rightarrow \overline{AB} \rightarrow \overline{BC} \rightarrow \overline{CA}$

①, ②, ④의 경우 길이가 주어지지 않은 선분 CA는 중간에 작도할 수 없으며 ⑤의 경우 두 변의 길이와 끼인각 중 각을 마지막으로 작도할 수 없다.

10

대응변의 길이는 같으므로 $\overline{DE}=\overline{BF}=4$

$\overline{AD}=\overline{AE}+\overline{DE}=1+4=5$

따라서 직사각형 ABCD의 가로의 길이는 5, 세로의 길이는 4이므로 그 넓이는

$5\times4=20$

11

① $\angle D$의 크기, $\overline{DF}$의 길이와 $\angle F$의 크기를 알게 될 경우에는 ASA 합동인지 확인할 수 있다.

⑤ $\overline{DF}$, $\overline{EF}$의 길이와 $\angle F$의 크기를 알게 될 경우에는 SAS 합동인지 확인할 수 있다.

12

④ 넓이가 같은 두 직사각형은 다음 그림과 같이 합동이 아닐 수 있다.

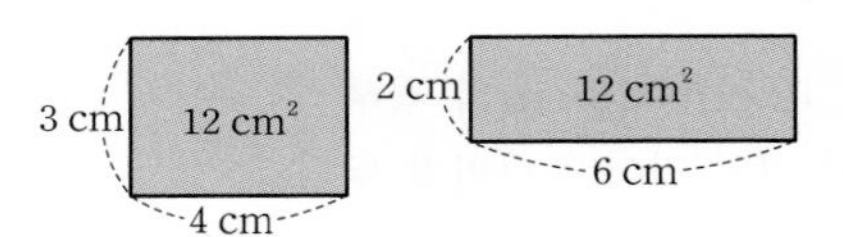

13

$\overline{AB}=\overline{BC}=\overline{CD}=\overline{DA}$이고 $\overline{AC}$는 공통이므로

$\triangle ABC \equiv \triangle ADC$(또는 $\triangle CDA$) (SSS 합동)

대응각의 크기는 같으므로

$\angle CAD=\angle CAB=\angle DCA=70°$

따라서 $\angle BAD=140°$

14

$\triangle PAB$와 $\triangle PDC$에서

$\overline{AB}=\overline{DC}$,

$\angle PAB=\angle PDC$ (엇각), $\angle PBA=\angle PCD$ (엇각)

이므로 $\triangle PAB \equiv \triangle PDC$ (ASA 합동)

15

사각형 ABCD는 정사각형이므로

$\overline{BA}=\overline{BC}$, $\angle A=\angle C=90°$

또한 $\overline{AP}=\overline{CQ}$이므로 $\triangle BAP \equiv \triangle BCQ$ (SAS 합동)

따라서 $\angle ABP=\angle CBQ=20°$이므로

$\angle x=90°-\angle ABP-\angle CBQ=50°$

16

정삼각형의 한 변의 길이를 a라 하고

$\overline{AD}=\overline{BE}=\overline{CF}=b$라고 하면

$\overline{AD}=\overline{BE}=\overline{CF}$이고 $\angle A=\angle B=\angle C=60°$,

$\overline{AF}=\overline{BD}=\overline{CE}=a-b$

그러므로 $\triangle ADF \equiv \triangle BED \equiv \triangle CFE$ (SAS 합동)

대응변의 길이가 같으므로 $\overline{DF}=\overline{ED}=\overline{FE}$이고 $\triangle DEF$는 정삼각형이다.

따라서 $\angle x=60°$

서술형으로 중단원 마무리

본문 96~97쪽

서술형 1-1 풀이 참조	**서술형 1-2** 풀이 참조
서술형 2-1 풀이 참조	**서술형 2-2** 3.6 m
서술형 3-1 25°	**서술형 3-2** 5 cm^2
서술형 4-1 35°	**서술형 4-2** 120°

서술형 1-1 **답** 풀이 참조

[ㄷ]: 눈금 없는 자를 사용하여 선분을 연장한다. … 1단계

[ㄱ]: [컴퍼스]로 $\overline{AB}$의 길이를 잰다. … 2단계

[ㄴ]: 점 [B]를 중심으로 반지름의 길이가 [$\overline{AB}$]인 원을 그려 연장한 선분과의 교점을 C라고 한다. … 3단계

단계	채점 기준	비율
1	첫 번째 과정을 설명한 경우	30 %
2	두 번째 과정을 설명한 경우	30 %
3	세 번째 과정을 설명한 경우	40 %

서술형 1-2 **답** 풀이 참조

ㄹ: 컴퍼스로 점 A를 중심으로 반지름의 길이가 $\overline{AB}$인 원을 그려 각과의 교점을 C라고 한다. … 1단계

ㄷ: 컴퍼스를 사용하여 $\overline{BC}$의 길이를 잰다.

ㄴ: 점 C를 중심으로 하고 반지름의 길이가 $\overline{BC}$인 원을 그려 ㄹ의 원과의 교점을 D라고 한다. … 2단계

ㄱ: 눈금 없는 자를 사용하여 $\overrightarrow{AD}$를 긋는다. … 3단계

단계	채점 기준	비율
1	첫 번째 과정을 설명한 경우	30 %
2	두 번째, 세 번째 과정을 설명한 경우	40 %
3	네 번째 과정을 설명한 경우	30 %

서술형 2-1 **답** 풀이 참조

$\triangle ACD$와 [$\triangle BCD$]에서

[$\overline{CD}$]는 공통, $\angle CDA=\angle CDB=$[90°],

[$\angle ACD$]=[$\angle BCD$] … 1단계

$\triangle ACD \equiv$[$\triangle BCD$] ([ASA] 합동)

따라서 $\overline{AD}=\overline{BD}$이고 점 D는 $\overline{AB}$의 중점이다. … 2단계

단계	채점 기준	비율
1	길이가 같은 변 또는 크기가 같은 각을 찾은 경우	50 %
2	합동임을 설명한 경우	50 %

서술형 2-2 **답** 3.6 m

$\triangle ABC$와 $\triangle ADC$에서

$\overline{AC}$는 공통, $\angle ACB=\angle ACD=90°$,

$\angle BAC=\angle DAC$ … 1단계

$\triangle ABC \equiv \triangle ADC$ (ASA 합동)이고 강의 폭 $\overline{BC}$에 대응하는 변은 $\overline{CD}$이므로 강의 폭은 3.6 m이다. … 2단계

단계	채점 기준	비율
1	길이가 같은 변 또는 크기가 같은 각을 찾은 경우	50 %
2	합동임을 설명하고 강의 폭을 찾은 경우	50 %

서술형 3-1 **답** 25°

$\overline{BC}=$[$\overline{CG}$], $\overline{CF}=$[$\overline{CD}$], $\angle BCF=\angle GCD=90°$

이므로 $\triangle BCF \equiv$[$\triangle GCD$] (SAS 합동) … 1단계

$\angle CGD=\angle CBF=$[65°] … 2단계

따라서 $\angle GDC=180°-\angle CGD-\angle GCD=$[25°] … 3단계

단계	채점 기준	비율
1	합동인 삼각형을 찾은 경우	50 %
2	대응각의 크기를 구한 경우	20 %
3	$\angle GDC$의 크기를 구한 경우	30 %

서술형 3-2 답 5 cm^2

$\overline{BC}=\overline{CG}$, $\overline{CF}=\overline{CD}$, $\angle BCF=\angle GCD=90^\circ$

이므로 $\triangle BCF \equiv \triangle GCD$ (SAS 합동) … 1단계

$\overline{GC}=\overline{BC}=2\text{ cm}$

$\overline{CD}=\overline{CF}=\overline{CG}+\overline{GF}=5(\text{cm})$ … 2단계

따라서 $\triangle CDG=\frac{1}{2}\times 2\times 5=5(\text{cm}^2)$ … 3단계

단계	채점 기준	비율
1	합동인 삼각형을 찾은 경우	50 %
2	대응변의 길이를 구한 경우	20 %
3	$\triangle$CDG의 넓이를 구한 경우	30 %

서술형 4-1 답 35°

$\overline{AC}=\overline{BC}$, $\overline{DC}=\boxed{\overline{EC}}$,

$\angle ACD=\angle BCE=180^\circ-\boxed{60^\circ}=\boxed{120^\circ}$

이므로 $\triangle ACD \equiv \triangle BCE$ ($\boxed{\text{SAS}}$ 합동) … 1단계

$\angle CAD=\boxed{25^\circ}$ … 2단계

따라서 $\angle ADC=180^\circ-\angle ACD-\angle CAD=\boxed{35^\circ}$ … 3단계

단계	채점 기준	비율
1	합동인 삼각형을 찾은 경우	50 %
2	대응각의 크기를 구한 경우	20 %
3	$\angle$ADC의 크기를 구한 경우	30 %

서술형 4-2 답 120°

$\overline{AC}=\overline{BC}$, $\overline{DC}=\overline{EC}$,

$\angle ACD=\angle BCE=180^\circ-60^\circ=120^\circ$

따라서 $\triangle ACD \equiv \triangle BCE$ (SAS 합동) … 1단계

$\angle CDA=\angle CEB=180^\circ-120^\circ-20^\circ=40^\circ$ … 2단계

$\triangle$BDF에서

$\angle BFD=180^\circ-20^\circ-40^\circ=120^\circ$ … 3단계

단계	채점 기준	비율
1	합동인 삼각형을 찾은 경우	50 %
2	대응각의 크기를 구한 경우	20 %
3	$\angle$BFD의 크기를 구한 경우	30 %

Ⅵ 평면도형의 성질

1. 다각형의 성질

본문 100~105쪽

유제

1 (1) 95° (2) 85°
2 ㄴ, ㄷ, ㄹ
3 (1) 칠각형 (2) 십칠각형
4 20개
5 11
6 10
7 (1) 100° (2) 95°
8 십각형
9 110°
10 육각형
11 정십이각형
12 정구각형

유제 1

(1) $\angle B$의 외각의 크기는 $180^\circ-\angle B=180^\circ-85^\circ=95^\circ$

(2) $\angle BCD=180^\circ-120^\circ=60^\circ$이므로

$\angle A=360^\circ-85^\circ-130^\circ-60^\circ=85^\circ$

유제 2

ㅁ. 선분으로 둘러싸인 도형이 아니다.

ㄱ, ㅂ, ㅅ, ㅇ. 평면도형이 아니다.

유제 3

(1) n각형의 대각선의 총 개수가 14개라고 하면

$\frac{n(n-3)}{2}=14$, $n(n-3)=28$

$7\times(7-3)=28$이므로

$n=7$

따라서 대각선의 총 개수가 14개인 다각형은 칠각형이다.

(2) 한 꼭짓점에서 그을 수 있는 대각선의 개수는

(꼭짓점의 개수)-3(개)이므로 주어진 다각형의 꼭짓점의 개수는 17개이다.

따라서 한 꼭짓점에서 그을 수 있는 대각선의 개수가 14개인 다각형은 십칠각형이다.

유제 4

한 꼭짓점에서 그을 수 있는 대각선의 개수가 5개인 다각형은 팔각형이다. 팔각형의 대각선의 총 개수는

$\frac{8\times(8-3)}{2}=20$(개)

유제 5

$(4x^\circ+35^\circ)+x^\circ=90^\circ$, $5x^\circ+35^\circ=90^\circ$이므로

$5x^\circ=55^\circ$, $x^\circ=11^\circ$

따라서 $x=11$

유제 6

$(65^\circ+x^\circ)+(5x^\circ+10^\circ)+45^\circ=180^\circ$이므로

$6x^\circ+120^\circ=180^\circ$, $6x^\circ=60^\circ$, $x^\circ=10^\circ$

따라서 $x=10$

유제 7

(1) 오각형의 내각의 크기의 합은 $180^\circ\times3=540^\circ$이므로

$105^\circ+90^\circ+115^\circ+130^\circ+\angle x=540^\circ$

$\angle x+440^\circ=540^\circ$

$\angle x=100^\circ$

(2) 육각형의 내각의 크기의 합은 $180^\circ\times4=720^\circ$이므로

$140^\circ+\angle x+120^\circ+110^\circ+\angle x+160^\circ=720^\circ$

$2\angle x+530^\circ=720^\circ$, $2\angle x=190^\circ$

$\angle x=95^\circ$

유제 8

육각형의 내각의 크기의 합은 $180^\circ\times4=720^\circ$이므로 내각의 크기의 합이 1440°인 다각형을 n각형이라고 하면

$180^\circ\times(n-2)=1440^\circ$, $n-2=8$, $n=10$

따라서 내각의 크기의 합이 육각형의 내각의 크기의 합의 2배가 되는 다각형은 십각형이다.

유제 9

$\angle x+(\angle x+10^\circ)+(\angle x+20^\circ)=360^\circ$이므로

$3\angle x+30^\circ=360^\circ$, $3\angle x=330^\circ$

$\angle x=110^\circ$

유제 10

외각의 크기의 합은 항상 360°이므로 내각의 크기의 합이 그 2배인 720°인 다각형을 n각형이라고 하면

$180^\circ\times(n-2)=720^\circ$에서 $n-2=4$, $n=6$

즉, 육각형이다.

유제 11

이 다각형을 n각형이라고 하면 한 외각의 크기는

$\frac{360^\circ}{n}=30^\circ$, $n=\frac{360}{30}=12$

따라서 한 외각의 크기가 30°인 정다각형은 정십이각형이다.

유제 12

한 내각의 크기가 140°이면 한 외각의 크기는

$180^\circ-140^\circ=40^\circ$

이 다각형을 정n각형이라고 하면 한 내각의 크기가 140°이므로

$\frac{360^\circ}{n}=40^\circ$, $n=\frac{360}{40}=9$

따라서 한 내각의 크기가 140°인 정다각형은 정구각형이다.

[다른 풀이]

이 다각형을 정n각형이라고 하면 한 내각의 크기가 140°이므로

$\frac{180^\circ\times(n-2)}{n}=140^\circ$

$180(n-2)=140n$, $18(n-2)=14n$

$18n-36=14n$, $4n=36$

따라서 $n=9$이고, 이 다각형은 정구각형이다.

중단원 마무리

본문 106~107쪽

01 ①, ③	02 ③	03 ④	04 ②	05 ③	06 ②
07 ⑤	08 ④	09 ⑤	10 ②	11 $\frac{360^\circ}{7}$	12 ⑤
13 ③	14 ③	15 ④	16 ③		

01

반원은 선분과 곡선으로 이루어져 있으며 삼각기둥은 입체도형이므로 다각형이 아니다.

02

다각형의 한 내각과 한 외각의 크기의 합은 180°이므로

$\angle A+5\angle A=180^\circ$, $6\angle A=180^\circ$

$\angle A=30^\circ$

03

한 꼭짓점에서 그을 수 있는 대각선을 모두 그었을 때, 삼각형 8개로 쪼개지는 다각형은 십각형이다.

따라서 십각형의 대각선의 총 개수는

$\frac{10\times(10-3)}{2}=35$(개)

04

n각형의 한 꼭짓점에서 그을 수 있는 대각선의 개수는 $(n-3)$개이고 대각선의 총 개수는 $\frac{n\times(n-3)}{2}$개로 한 꼭짓점에서 그을 수 있는 대각선의 $\frac{n}{2}$배이다.

$\frac{n}{2}=6$이므로 $n=12$, 즉 십이각형이다.

05

직선 AB와 직선 CE가 평행하므로

$\angle A=\angle ACE$ (엇각)

$\angle B=\angle DCE$ (동위각)

$\angle ACE=\angle DCE$이므로 $\angle A=\angle B$

$\angle A+\angle B+70^\circ=180^\circ$이므로

$2\angle A+70^\circ=180^\circ$

$2\angle A=110^\circ$

$\angle A=55^\circ$

06

삼각형의 세 내각의 크기의 합은 180°이므로

$\triangle$ABC에서 $25^\circ+\angle B+100^\circ=180^\circ$ …… ㉠

$\triangle$BDE에서 $\angle B+95^\circ+\angle D=180^\circ$ …… ㉡

㉠, ㉡에서

$25^\circ+\angle B+100^\circ=\angle B+95^\circ+\angle D$

$125^\circ=95^\circ+\angle D$

$\angle D=30^\circ$

07

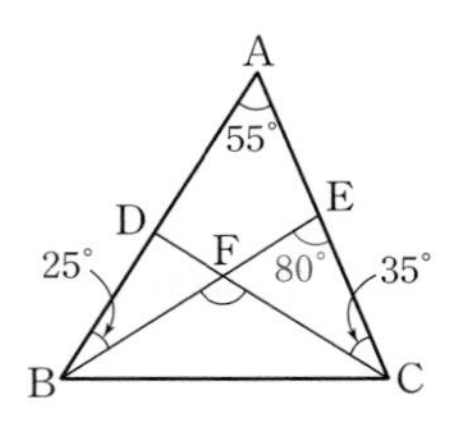

$\triangle$ABE에서 삼각형의 외각의 성질에 의하여

$\angle BEC=55^\circ+25^\circ=80^\circ$

$\triangle$CEF에서 삼각형의 외각의 성질에 의하여

$\angle BFC=35^\circ+80^\circ=115^\circ$

08

다음 그림과 같이 삼각형의 외각의 성질을 두 번 이용하면

$\angle ABC=30^\circ+25^\circ=55^\circ$

$\angle ACB=45^\circ+40^\circ=85^\circ$

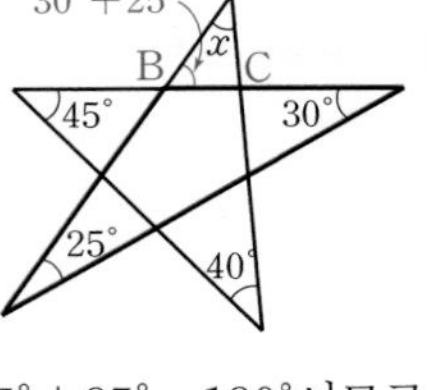

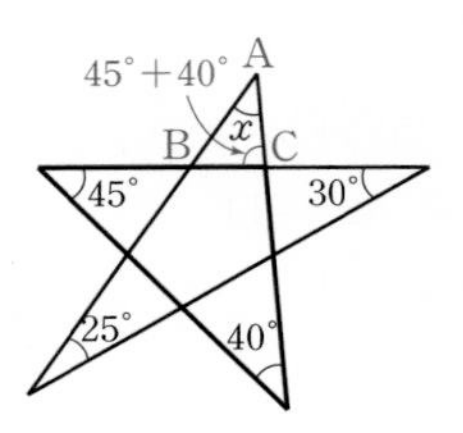

$\angle x+55^\circ+85^\circ=180^\circ$이므로

$\angle x=40^\circ$

09

정n각형이라고 하면

$\frac{n(n-3)}{2}=35$, $n(n-3)=70$

$10\times(10-3)=70$이므로 $n=10$

따라서 정십각형의 한 내각의 크기는

$\frac{180^\circ\times(10-2)}{10}=\frac{1440^\circ}{10}=144^\circ$

10

정n각형이라고 하면

$180^\circ\times(n-2)=1260^\circ$, $n=9$

따라서 정구각형의 한 외각의 크기는

$\frac{360^\circ}{9}=40^\circ$

11

주어진 그림의 칠각형의 외각의 크기가 모두 같으므로

$\angle x=\frac{360^\circ}{7}$

12

크기가 120°인 각의 외각의 크기는 60°이고, 외각의 크기의 합은 360°이므로

$50^\circ+60^\circ+40^\circ+70^\circ+60^\circ+\angle x=360^\circ$

$280^\circ+\angle x=360^\circ$

$\angle x=80^\circ$

13

정오각형의 한 내각의 크기는

$\frac{180^\circ\times(5-2)}{5}=108^\circ$

$\triangle$ABC는 꼭지각의 크기가 108°인 이등변삼각형이므로

$\angle BAC=\angle BCA=\frac{180^\circ-108^\circ}{2}=\frac{72^\circ}{2}=36^\circ$

같은 방법으로 $\angle DAE=36^\circ$

따라서 $\angle x=108^\circ-36^\circ-36^\circ=36^\circ$

14

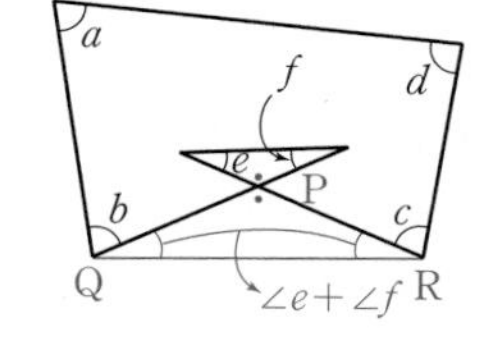

오른쪽 그림과 같이 보조선을 그으면 맞꼭지각의 크기는 같고 삼각형의 세 내각의 크기의 합은 180°이므로

$\angle e+\angle f=180^\circ-\angle QPR$

$=\angle PQR+\angle PRQ$

따라서

$\angle a+\angle b+\angle c+\angle d+\angle e+\angle f$

$=\angle a+\angle b+\angle c+\angle d+\angle PQR+\angle PRQ$

이고, 이는 사각형의 네 내각의 크기의 합과 같으므로 360°이다.

15

정사각형의 한 내각의 크기는 90°, 정육각형의 한 내각의 크기는 $\frac{180^\circ\times(6-2)}{6}=120^\circ$이고, 오각형의 내각의 크기의 합은 $180^\circ\times(5-2)=540^\circ$이므로

$\angle x+130^\circ+90^\circ+90^\circ+120^\circ=540^\circ$

$\angle x+430^\circ=540^\circ$

$\angle x=110^\circ$

16

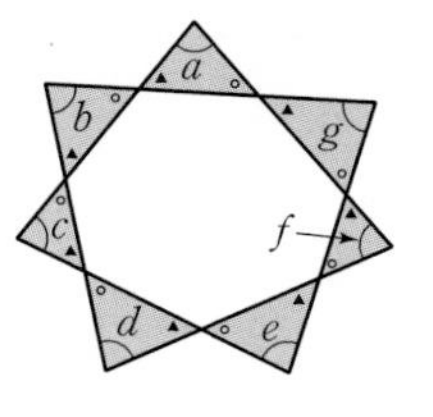

오른쪽 그림에서 색칠한 삼각형의 내각의 크기를 모두 더하면

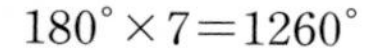

$180^\circ\times7=1260^\circ$

이때 ○ 표시한 각의 크기의 합은 내부에 있는 칠각형의 외각의 크기의 합과 같으므로 360°이다.

▲ 표시한 각의 크기의 합도 내부에 있는 칠각형의 외각의 크기의 합과 같으므로 360°이다.

따라서

$\angle a+\angle b+\angle c+\angle d+\angle e+\angle f+\angle g$

$=1260^\circ-360^\circ-360^\circ$

$=540^\circ$

서술형으로 중단원 마무리

본문 108~109쪽

서술형 1-1 12개	**서술형 1-2** 15개
서술형 2-1 37°	**서술형 2-2** 50°
서술형 3-1 정십각형	**서술형 3-2** 정십이각형
서술형 4-1 정팔각형	**서술형 4-2** 정구각형

서술형 1-1 **답** 12개

주어진 다각형을 n각형이라고 하면

$\frac{n\times(\boxed{n-3})}{\boxed{2}}=90$

$n\times(\boxed{n-3})=\boxed{180}$

$\boxed{15}\times(\boxed{15}-3)=\boxed{180}$이므로 주어진 다각형은 $\boxed{\text{십오각형}}$이다. … 1단계

$\boxed{\text{십오각형}}$의 한 꼭짓점에서 그을 수 있는 대각선의 개수는 자기자신과 이웃한 두 점을 제외한 $\boxed{12}$개이다. … 2단계

단계	채점 기준	비율
1	다각형을 구한 경우	60 %
2	한 꼭짓점에서 그을 수 있는 대각선의 개수를 구한 경우	40 %

서술형 1-2 **답** 15개

주어진 다각형을 n각형이라고 하면

$\frac{n\times(n-3)}{2}=135$

$n\times(n-3)=270$

$18\times(18-3)=270$이므로 주어진 다각형은 십팔각형이다. … 1단계

십팔각형의 한 꼭짓점에서 그을 수 있는 대각선의 개수는 자기자신과 이웃한 두 점을 제외한 15개이다. … 2단계

단계	채점 기준	비율
1	다각형을 구한 경우	60 %
2	한 꼭짓점에서 그을 수 있는 대각선의 개수를 구한 경우	40 %

서술형 2-1 **답** 37°

$74^\circ=\angle ACD-\angle ABC$ …… ㉠

$\angle E=\angle ECD-\boxed{\angle CBE}$ … 1단계

$\angle ABC=\boxed{2}\angle CBE$, $\angle ACD=\boxed{2}\angle ECD$이므로 ㉠에서

$\boxed{2}\angle ECD-\boxed{2}\angle CBE=\boxed{74^\circ}$

따라서 $\angle E=\angle ECD-\angle CBE=\boxed{37^\circ}$ … 2단계

단계	채점 기준	비율
1	삼각형의 외각의 성질을 적용한 경우	50 %
2	각의 이등분선임을 이용하여 주어진 각의 크기를 구한 경우	50 %

서술형 2-2 **답** 50°

$25^\circ=\angle ECD-\angle CBE$ ⋯⋯ ㉠

$\angle A=\angle ACD-\angle ABC$ … 1단계

$\angle ABC=2\angle CBE$, $\angle ACD=2\angle ECD$이므로 ㉠에서

$\frac{1}{2}\angle ACD-\frac{1}{2}\angle ABC=25^\circ$

따라서 $\angle A=\angle ACD-\angle ABC=50^\circ$ … 2단계

단계	채점 기준	비율
1	삼각형의 외각의 성질을 적용한 경우	50 %
2	각의 이등분선임을 이용하여 주어진 각의 크기를 구한 경우	50 %

서술형 3-1 **답** 정십각형

한 내각과 한 외각의 크기의 합은 180°이므로

(한 내각의 크기)$=180^\circ\times\frac{\boxed{4}}{4+1}=\boxed{144^\circ}$

(한 외각의 크기)$=180^\circ\times\frac{\boxed{1}}{4+1}=\boxed{36^\circ}$ … 1단계

정n각형의 한 외각의 크기는 $\frac{\boxed{360^\circ}}{n}=\boxed{36^\circ}$이므로

$n=\boxed{10}$, 즉 $\boxed{\text{정십각형}}$이다. … 2단계

단계	채점 기준	비율
1	한 내각의 크기와 한 외각의 크기를 구한 경우	50 %
2	정다각형을 구한 경우	50 %

서술형 3-2 **답** 정십이각형

한 내각과 한 외각의 크기의 합은 180°이므로

(한 내각의 크기)$=180^\circ\times\frac{5}{5+1}=150^\circ$

(한 외각의 크기)$=180^\circ\times\frac{1}{5+1}=30^\circ$ … 1단계

정n각형의 한 외각의 크기는 $\frac{360^\circ}{n}=30^\circ$이므로

$n=12$, 즉 정십이각형이다. … 2단계

단계	채점 기준	비율
1	한 내각의 크기와 한 외각의 크기를 구한 경우	50 %
2	정다각형을 구한 경우	50 %

서술형 4-1 **답** 정팔각형

한 내각과 한 외각의 크기의 합은 180°이므로

(한 내각의 크기)$=\frac{180^\circ-\boxed{90^\circ}}{2}+90^\circ=\boxed{135^\circ}$

(한 외각의 크기)$=\frac{180^\circ-\boxed{90^\circ}}{2}=\boxed{45^\circ}$ … 1단계

정n각형의 한 외각의 크기는 $\frac{\boxed{360^\circ}}{n}=\boxed{45^\circ}$이므로

$n=\boxed{8}$, 즉 $\boxed{\text{정팔각형}}$이다. … 2단계

단계	채점 기준	비율
1	한 내각의 크기와 한 외각의 크기를 구한 경우	50 %
2	정다각형을 구한 경우	50 %

서술형 4-2 **답** 정구각형

한 내각과 한 외각의 크기의 합은 180°이므로

(한 내각의 크기)$=\frac{180^\circ-100^\circ}{2}+100^\circ=140^\circ$

(한 외각의 크기)$=\frac{180^\circ-100^\circ}{2}=40^\circ$ … 1단계

정n각형의 한 외각의 크기는 $\frac{360^\circ}{n}=40^\circ$이므로

$n=9$, 즉 정구각형이다. … 2단계

단계	채점 기준	비율
1	한 내각의 크기와 한 외각의 크기를 구한 경우	50 %
2	정다각형을 구한 경우	50 %

2. 부채꼴의 성질

본문 110~115쪽

유제

1 (1) 점 A와 점 C를 지나는 원 O의 할선
(2) 호 AB (3) 부채꼴 BOC

2 (1) ○ (2) ○ (3) ×

3 $x=120$, $y=36$

4 12 cm^2

5 둘레의 길이: 30π cm, 넓이: $75\pi\text{ cm}^2$

6 40π m

7 $72°$

8 $(2\pi+4)$ cm

9 $72°$

10 $(4-\pi)\text{ cm}^2$

11 8π cm

12 5

유제 1

(1) 원 위의 두 점 A와 C를 지나는 직선이므로 점 A와 점 C를 지나는 원 O의 할선이다.

(2) 두 점 A와 B를 양 끝 점으로 하는 원의 일부분이므로 호 AB이다.

(3) 두 반지름 OB, OC와 호 BC로 이루어진 도형이므로 부채꼴 BOC이다.

유제 2

(1) 현 AB는 원 위의 두 점을 이은 선분으로 그 길이는 두 점 사이의 거리이고 호 AB는 두 점을 양 끝 점으로 하는 곡선이므로 현 AB보다 길다. (○)

(2) 원에서 가장 긴 현은 지름이고 지름은 원의 중심을 지난다. (○)

(3) 반원은 활꼴이면서 부채꼴이다. (×)

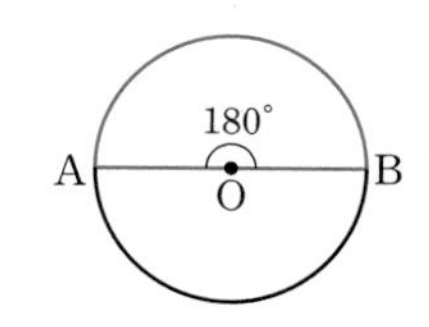

유제 3

부채꼴의 호의 길이와 넓이는 중심각의 크기에 정비례하므로

$10:24=50:x=15:y$, $5:12=50:x=15:y$

$5:12=50:x$에서 $x=120$

$5:12=15:y$에서 $y=36$

유제 4

시계는 360°를 12등분하여 시각을 표시하므로 2시를 가리킬 때의 중심각의 크기가 $360°\times\frac{2}{12}=60°$로 전체의 $\frac{1}{6}$이다.

따라서 색칠한 부채꼴의 넓이도 전체 넓이의 $\frac{1}{6}$이므로

$72\times\frac{1}{6}=12(\text{cm}^2)$

유제 5

큰 원의 반지름의 길이는 10 cm이므로 큰 원의 둘레의 길이는

$2\pi\times10=20\pi(\text{cm})$

작은 원의 반지름의 길이는 5 cm이므로 작은 원의 둘레의 길이는

$2\pi\times5=10\pi(\text{cm})$

따라서 색칠한 부분의 둘레의 길이는

$20\pi+10\pi=30\pi(\text{cm})$

큰 원의 반지름의 길이는 10 cm이므로 큰 원의 넓이는

$\pi\times10^2=100\pi(\text{cm}^2)$

작은 원의 반지름의 길이는 5 cm이므로 작은 원의 넓이는

$\pi\times5^2=25\pi(\text{cm}^2)$

따라서 색칠한 부분의 넓이는

$100\pi-25\pi=75\pi(\text{cm}^2)$

유제 6

트랙의 가장 바깥쪽의 둘레는 반지름의 길이가 50 m인 원의 둘레이므로

$2\pi\times50=100\pi(\text{m})$

트랙의 가장 안쪽의 둘레는 반지름의 길이가 30 m인 원의 둘레이므로

$2\pi\times30=60\pi(\text{m})$

따라서 두 길이의 차는

$100\pi-60\pi=40\pi(\text{m})$

유제 7

부채꼴의 중심각의 크기를 $x°$라고 하면

$2\pi\times5\times\frac{x}{360}=2\pi$, $\pi\times\frac{x}{36}=2\pi$, $x=72$

따라서 부채꼴의 중심각의 크기는 72°이다.

유제 8

반지름의 길이가 2 cm인 반원의 호의 길이는

$\frac{1}{2}\times2\pi\times2=2\pi(\text{cm})$이고, 반원의 지름의 길이는 4 cm이므로 구하는 도형의 둘레의 길이는 $(2\pi+4)$ cm이다.

유제 9

부채꼴의 중심각의 크기를 $x°$라고 하면

$10^2\times\pi\times\frac{x}{360}=20\pi$, $x=20\times\frac{360}{100}=72$

따라서 부채꼴의 중심각의 크기는 $72°$이다.

유제 10

정사각형 ABCD의 넓이는 $2^2=4(\text{cm}^2)$

사분원의 넓이는 $\pi\times2^2\times\frac{90}{360}=\pi(\text{cm}^2)$

따라서 색칠한 부분의 넓이는 $(4-\pi)$ cm^2이다.

유제 11

부채꼴의 호의 길이를 l cm라고 하면

$20\pi=\frac{1}{2}\times l\times5$, $l=20\pi\times\frac{2}{5}=8\pi$

따라서 부채꼴의 호의 길이는 8π cm이다.

유제 12

부채꼴의 반지름의 길이를 r이라고 하면

$15\pi=\frac{1}{2}\times6\pi\times r$, $3\pi\times r=15\pi$

$r=5$

중단원 마무리

본문 116~117쪽

01 ①	02 ④	03 ①	04 ②	05 ③	06 ③
07 ④	08 $(9\pi-18)$ cm^2	09 ⑤	10 ⑤	11 ③	
12 ④	13 $(10\pi-24)$ cm^2		14 ②		

01

원에서 가장 긴 현은 지름이므로 지름의 길이가 6 cm인 원의 넓이는

$\pi\times3^2=9\pi(\text{cm}^2)$

02

ㄱ. π는 3.14159…로 계속되는 소수이므로 3.14보다 크다.

ㄴ. 현의 길이는 중심각의 크기에 정비례하지 않는다.

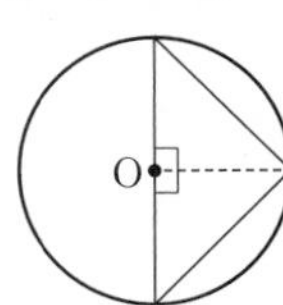

ㄷ. 한 원에서 호의 길이와 부채꼴의 넓이는 중심각의 크기에 정비례한다.

따라서 호의 길이가 2배, 3배, 4배, …가 되면 중심각의 크기가 2배, 3배, 4배, …가 되고 부채꼴의 넓이가 2배, 3배, 4배, …가 되므로 호의 길이는 부채꼴의 넓이에 정비례한다.

따라서 옳은 것은 ㄱ, ㄷ이다.

03

한 원에서 호의 길이와 중심각의 크기는 정비례하므로 호 AB에 대한 중심각의 크기는

$360°\times\frac{5}{5+6+7}=360°\times\frac{5}{18}=100°$

04

$\overline{AB}$, $\overline{PB}$, $\overline{QB}$를 그으면

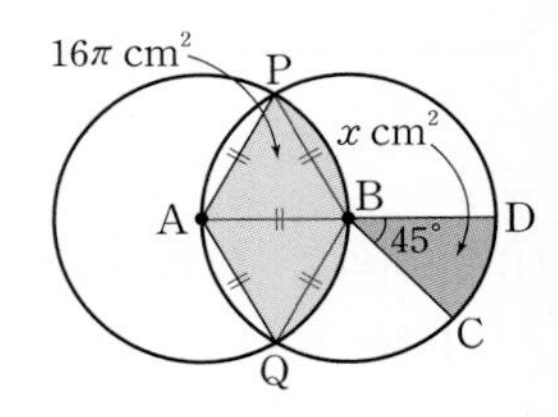

$\triangle$PAB는 정삼각형이므로

$\angle PAB=60°$

$\triangle$QAB도 정삼각형이므로

$\angle QAB=60°$

따라서 $\angle PAQ=120°$

이때 두 원 A, B는 반지름의 길이가 같으므로 합동이고, 합동인 두 원에서 중심각의 크기와 부채꼴의 넓이는 정비례하므로

$x : 16\pi=45 : 120$, $x : 16\pi=3 : 8$

$x=16\pi\times\frac{3}{8}=6\pi$

05

$\triangle$OCD는 $\overline{OC}=\overline{OD}$인 이등변삼각형이므로

$\angle OCD=\frac{180°-100°}{2}=40°$

$\angle AOC=\angle OCD=40°$ (엇각)

호의 길이와 중심각의 크기는 정비례하므로

6 cm : $\overparen{CD}=40 : 100$, 6 cm : $\overparen{CD}=2 : 5$

$\overparen{CD}=\frac{6\times5}{2}=15(\text{cm})$

06

$\overline{AB}$를 지름으로 하는 반원의 호와 $\overline{CD}$를 지름으로 하는 반원의 호를 합치면 지름의 길이가 2 cm인 원의 둘레의 길이와 같고, $\overline{AC}$를 지름으로 하는 반원의 호와 $\overline{BD}$를 지름으로 하는 반원의 호를 합치면 지름의 길이가 4 cm인 원의 둘레의 길이와 같으므로 색칠한 도형의 둘레의 길이는

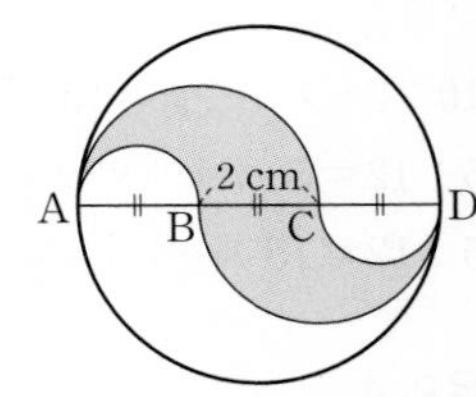

$2\pi\times1+2\pi\times2=2\pi+4\pi=6\pi(\text{cm})$

07

원 A의 넓이는 $\pi\times1^2=\pi(\text{cm}^2)$
원 B의 넓이는 $\pi\times2^2=4\pi(\text{cm}^2)$
원 O의 지름의 길이는 $1\times2+2\times2=6(\text{cm})$이므로 원 O의 넓이는 $\pi\times3^2=9\pi(\text{cm}^2)$
따라서 색칠한 부분의 넓이는
$9\pi-\pi-4\pi=4\pi(\text{cm}^2)$

08

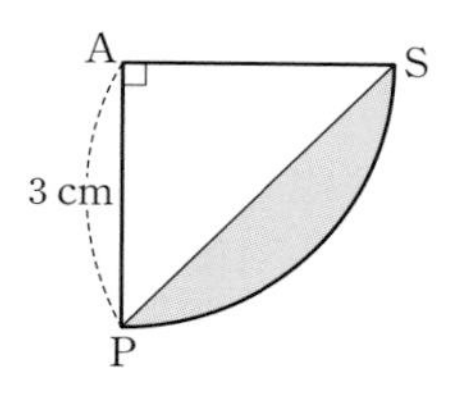

주어진 그림은 오른쪽 그림과 같은 모양이 네 개 반복된다.
따라서 구하는 색칠한 부분의 넓이는 오른쪽 그림의 색칠한 부분의 넓이의 4배이므로
$4\times\{(\text{부채꼴 APS의 넓이})-\triangle\text{APS}\}$
$=4\times\left(\frac{1}{4}\times\pi\times3^2-\frac{1}{2}\times3\times3\right)=4\times\left(\frac{9}{4}\pi-\frac{9}{2}\right)$
$=9\pi-18(\text{cm}^2)$

09

점 A가 중심인 부채꼴의 호의 길이는 이 부채꼴의 중심각의 크기가 60°이므로
$2\pi\times10\times\frac{60}{360}=\frac{10}{3}\pi(\text{cm})$
두 점 B, C가 각각 중심인 부채꼴의 호의 길이도 모두 $\frac{10}{3}\pi$ cm이므로 색칠한 부분의 둘레의 길이는
$3\times\frac{10}{3}\pi=10\pi(\text{cm})$

10

실 끝이 지나간 부분은 반지름의 길이가 2 cm이고 중심각의 크기가 120°인 부채꼴의 호 두 개와 반지름의 길이가 4 cm이고 중심각의 크기가 300°인 부채꼴의 호로 나누어 생각할 수 있다.
따라서 실 끝이 지나간 부분의 길이는
$2\times\left(2\pi\times2\times\frac{120}{360}\right)+2\pi\times4\times\frac{300}{360}$
$=\frac{8}{3}\pi+\frac{20}{3}\pi=\frac{28}{3}\pi(\text{cm})$

11

원그래프에서 '자전거'를 나타내는 부채꼴의 면적은 전체의 30 %이고 부채꼴의 넓이는 중심각의 크기에 정비례하므로 중심각의 크기를 $x°$라고 하면
$x:360=30:100$, $x:360=3:10$, $x=108$
따라서 '자전거'를 나타내는 부채꼴의 중심각의 크기는 108°이다.

12

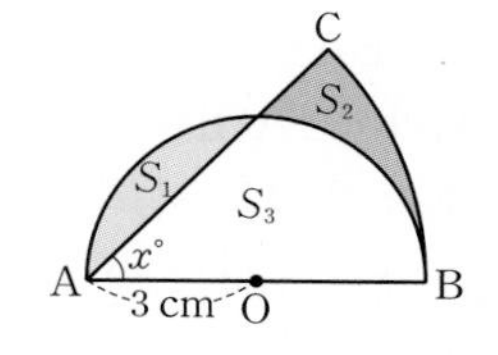

오른쪽 그림과 같이 반원에서 색칠하지 않은 부분의 넓이를 S_3라고 하면 $\overline{\text{AB}}$를 지름으로 하는 반원의 넓이는 S_1+S_3이고, 부채꼴 ABC의 넓이는 S_2+S_3이다.
이때 $S_1=S_2$이므로
($\overline{\text{AB}}$를 지름으로 하는 반원의 넓이)=(부채꼴 ABC의 넓이)
$\frac{1}{2}\times\pi\times3^2=\pi\times6^2\times\frac{x}{360}$
$\frac{9}{2}=\frac{x}{10}$, $x=45$

13

구하는 부분의 넓이는
$2\times(\text{현 AC와 호 AC로 이루어진 활꼴의 넓이})$
$=2\times\{(\text{부채꼴 ABC의 넓이})-\triangle\text{ABC}\}$
$=2\times\left(\pi\times5^2\times\frac{72}{360}-\frac{1}{2}\times4\times6\right)$
$=2\times(5\pi-12)$
$=10\pi-24(\text{cm}^2)$

14

호의 길이가 12이고 반지름의 길이가 6인 부채꼴과 호의 길이가 9이고 반지름의 길이가 r인 부채꼴의 넓이가 같으므로
$\frac{1}{2}\times12\times6=\frac{1}{2}\times9\times r$
$9r=72$, $r=8$

서술형으로 중단원 마무리

본문 118~119쪽

서술형 1-1 4π	**서술형 1-2** 20
서술형 2-1 3π cm²	**서술형 2-2** $\frac{15}{2}\pi$ cm²
서술형 3-1 $(12+6\pi)$ cm	**서술형 3-2** $(32+8\pi)$ cm
서술형 4-1 $(28+4\pi)$ cm²	**서술형 4-2** $(24+4\pi)$ cm²

서술형 1-1 답 4π

오른쪽 그림과 같이 $\overline{OB}$를 그으면 … 1단계

$\angle OAB=\angle DOC=\boxed{30^\circ}$(동위각)

$\triangle OAB$는 $\overline{OA}=\overline{OB}$인 이등변삼각형이므로

$\angle OBA=\angle OAB=\boxed{30^\circ}$

따라서 $\angle AOB=\boxed{120^\circ}$ … 2단계

호의 길이와 중심각의 크기는 정비례하므로

$x:\pi=\boxed{120}:30$, $x:\pi=4:1$

$x=\boxed{4\pi}$ … 3단계

단계	채점 기준	비율
1	보조선을 그은 경우	20 %
2	삼각형의 각의 크기를 구한 경우	40 %
3	x의 값을 구한 경우	40 %

서술형 1-2 답 20

오른쪽 그림과 같이 $\overline{OB}$를 그으면 … 1단계

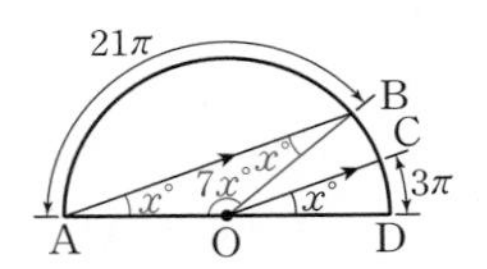

$\angle OAB=x^\circ$(동위각)

$\triangle OAB$는 $\overline{OA}=\overline{OB}$인 이등변삼각형이므로

$\angle OBA=\angle OAB=x^\circ$

호의 길이와 중심각의 크기는 정비례하므로

$\angle AOB:x^\circ=21\pi:3\pi$, $\angle AOB:x^\circ=7:1$

$\angle AOB=7x^\circ$ … 2단계

$\triangle AOB$의 세 내각의 크기의 합은 180°이므로

$x^\circ+x^\circ+7x^\circ=180^\circ$

$9x^\circ=180^\circ$, $x^\circ=20^\circ$

$x=20$ … 3단계

단계	채점 기준	비율
1	보조선을 그은 경우	20 %
2	삼각형의 각의 크기를 구한 경우	50 %
3	x의 값을 구한 경우	30 %

서술형 2-1 답 $3\pi\ \text{cm}^2$

정육각형의 한 내각의 크기는

$\dfrac{\boxed{180^\circ}\times(6-\boxed{2})}{6}=\boxed{120^\circ}$ … 1단계

따라서 색칠한 부채꼴의 넓이는

$\pi\times\boxed{3}^2\times\dfrac{\boxed{120}}{360}=\boxed{3\pi}(\text{cm}^2)$ … 2단계

단계	채점 기준	비율
1	정다각형의 한 내각의 크기를 구한 경우	50 %
2	부채꼴의 넓이를 구한 경우	50 %

서술형 2-2 답 $\dfrac{15}{2}\pi\ \text{cm}^2$

정오각형의 한 내각의 크기는

$\dfrac{180^\circ\times(5-2)}{5}=108^\circ$ … 1단계

따라서 색칠한 부채꼴의 넓이는

$\pi\times5^2\times\dfrac{108}{360}=\dfrac{15}{2}\pi(\text{cm}^2)$ … 2단계

단계	채점 기준	비율
1	정다각형의 한 내각의 크기를 구한 경우	50 %
2	부채꼴의 넓이를 구한 경우	50 %

서술형 3-1 답 $(12+6\pi)$ cm

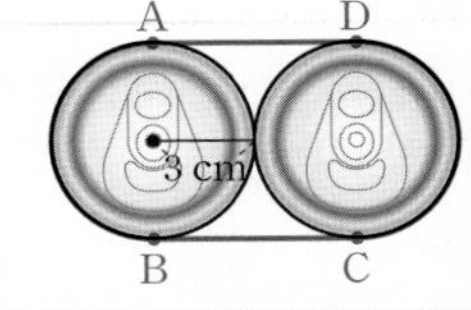

$\overline{AD}=\overline{BC}=\boxed{6}$ cm … 1단계

$\widehat{AB}+\widehat{CD}=\boxed{6\pi}$ cm … 2단계

따라서 끈의 최소 길이는

$(12+6\pi)$ cm이다. … 3단계

단계	채점 기준	비율
1	직선인 부분의 길이를 구한 경우	40 %
2	곡선인 부분의 길이를 구한 경우	40 %
3	끈의 최소 길이를 구한 경우	20 %

서술형 3-2 답 $(32+8\pi)$ cm

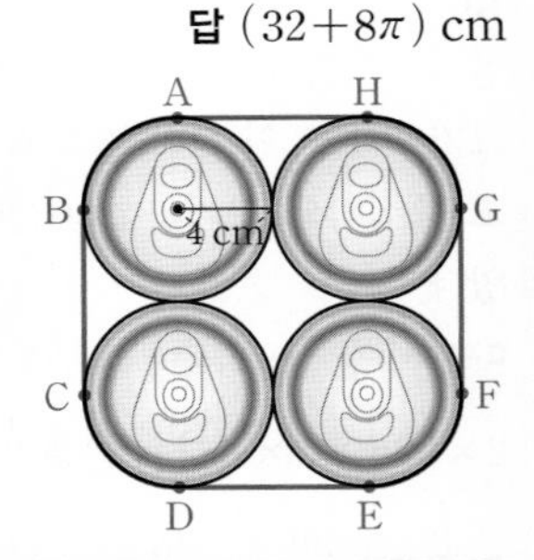

$\overline{BC}=\overline{DE}=\overline{GF}=\overline{AH}=8$ cm … 1단계

$\widehat{AB}+\widehat{CD}+\widehat{EF}+\widehat{GH}=8\pi$ cm … 2단계

따라서 끈의 최소 길이는

$(32+8\pi)$ cm이다. … 3단계

단계	채점 기준	비율
1	직선인 부분의 길이를 구한 경우	40 %
2	곡선인 부분의 길이를 구한 경우	40 %
3	끈의 최소 길이를 구한 경우	20 %

서술형 4-1 답 $(28+4\pi)\ \mathrm{cm}^2$

동전이 지나간 자리는 오른쪽 그림의 색칠한 부분과 같다.

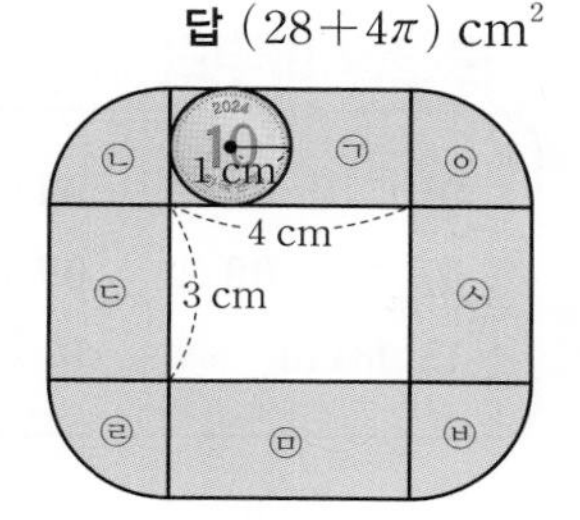

동전이 지나간 자리 중 직사각형 모양인 부분의 넓이는

㉠+㉢+㉤+㉦= 28 (cm^2) … 1단계

동전이 지나간 자리 중 부채꼴 모양인 부분의 넓이는 반지름의 길이가 2 cm이고 중심각의 크기가 90°인 부채꼴 4개의 넓이의 합이므로

㉡+㉣+㉥+㉧= 4π (cm^2) … 2단계

따라서 동전이 지나간 자리의 넓이는 ($28+4\pi$) cm^2이다. … 3단계

단계	채점 기준	비율
1	지나간 자리 중 직사각형 모양인 부분의 넓이를 구한 경우	40 %
2	지나간 자리 중 부채꼴 모양인 부분의 넓이를 구한 경우	50 %
3	지나간 자리의 넓이를 구한 경우	10 %

서술형 4-2 답 $(24+4\pi)\ \mathrm{cm}^2$

동전이 지나간 자리는 오른쪽 그림의 색칠한 부분과 같다.

동전이 지나간 자리 중 직사각형 모양인 부분의 넓이는

㉠+㉢+㉤=24(cm^2) … 1단계

동전이 지나간 자리 중 부채꼴 모양인 부분의 넓이는 반지름의 길이가 2 cm이고 중심각의 크기가 120°인 부채꼴 3개의 넓이의 합이므로

㉡+㉣+㉥=4π(cm^2) … 2단계

따라서 동전이 지나간 자리의 넓이는 $(24+4\pi)$ cm^2이다. … 3단계

단계	채점 기준	비율
1	지나간 자리 중 직사각형 모양인 부분의 넓이를 구한 경우	40 %
2	지나간 자리 중 부채꼴 모양인 부분의 넓이를 구한 경우	50 %
3	지나간 자리의 넓이를 구한 경우	10 %

VII 입체도형의 성질

1. 다면체와 회전체

본문 122~127쪽

유제

1 ㄴ, ㄷ
2 (1) 7개 (2) 12개
3 오면체, 모서리의 개수: 9개, 꼭짓점의 개수: 6개
4 ③
5 정이십면체
6 정십이면체
7 풀이 참조
8 풀이 참조
9 $45\pi\ \mathrm{cm}^2$
10 $x=2$, $y=2.6$, $z=6\pi$
11 풀이 참조

유제 1

ㄱ. 칠면체이다.
ㄴ. 꼭짓점의 개수는 10개이다.
ㄷ. 각 꼭짓점에 모인 면의 개수는 3개이다.
따라서 옳은 것은 ㄴ, ㄷ이다.

유제 2

(1) 면의 개수는 7개이다.
(2) 모서리의 개수는 12개이다.

유제 3

삼각뿔대는 다음 그림과 같은 입체도형이다.

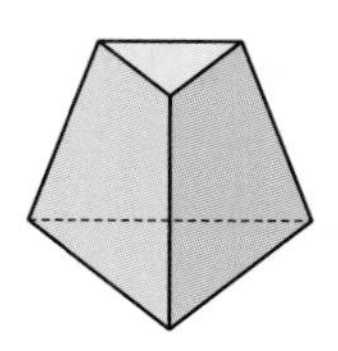

따라서 면의 개수는 5개로 오면체이고, 모서리의 개수는 9개, 꼭짓점의 개수는 6개이다.

유제 4

① 팔면체이다.
② 면의 개수는 8개이다.
④ 모서리의 개수는 18개이다.
⑤ 꼭짓점의 개수는 12개이다.
따라서 옳은 것은 ③이다.

유제 5
모든 면이 합동인 정삼각형이고 각 꼭짓점에 모인 면의 개수가 5개인 다면체는 정이십면체이다.

유제 6
정오각형이 한 꼭짓점에 3개씩 모여있으므로 정다면체 중 정십이면체의 전개도임을 알 수 있다.

유제 7

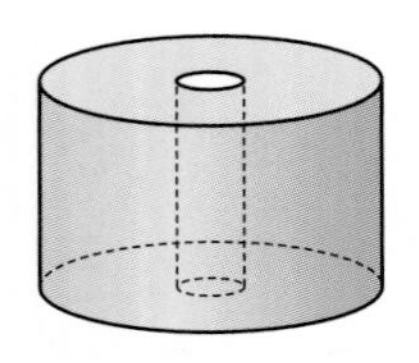

유제 8

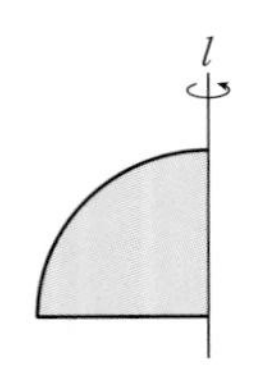

유제 9
두 밑면의 반지름의 길이가 각각 3 cm, 6 cm이므로 두 밑면의 넓이의 합은
$\pi\times3^2+\pi\times6^2=9\pi+36\pi=45\pi(\text{cm}^2)$

유제 10
x cm는 두 밑면 중 더 작은 밑면의 반지름의 길이이므로
$x=2$
y cm는 모선의 길이이므로
$y=2.6$
z cm는 두 밑면 중 더 큰 밑면의 둘레의 길이와 같으므로
$z=6\pi$

유제 11

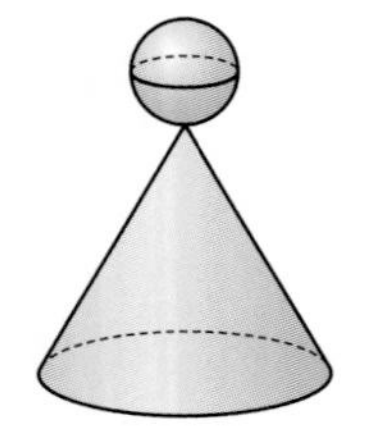

중단원 마무리

본문 128~129쪽

01 ②, ④	02 ③	03 ⑤	04 ③	05 ④	06 ⑤
07 ①	08 ②	09 ③	10 ②	11 12	12 ③
13 48 cm^2		14 ④	15 ②		

01
육각뿔은 칠면체, 육각뿔대와 칠각뿔은 팔면체, 칠각기둥과 칠각뿔대는 구면체이다.

02
모서리의 개수는 다음과 같다.
① 18개 ② 14개 ③ 24개 ④ 18개 ⑤ 20개

03
① n각뿔은 $(n+1)$면체이다.
② n각기둥과 n각뿔대는 모두 $(n+2)$면체이다.
③ 각뿔대의 옆면은 모두 사다리꼴이다.
④ 각뿔대의 밑면의 개수는 각뿔보다 많다.
따라서 옳은 것은 ⑤이다.

04
조건 (가), (나)에 의하여 주어진 다면체는 각뿔대이다.
조건 (다)에서 십삼각뿔의 꼭짓점의 개수는 14개이므로 이와 꼭짓점의 개수가 같은 각뿔대는 칠각뿔대이다.
따라서 칠각뿔대의 모서리의 개수는 21개이다.

05
정사면체, 오각기둥, 정육면체, 정십이면체는 한 꼭짓점에 모인 면의 개수가 3개이고, 정팔면체는 한 꼭짓점에 모인 면의 개수가 4개이다.

06
① 정사면체–정삼각형
② 정육면체–정사각형
③ 정팔면체–정삼각형
④ 정십이면체–정오각형

07

	면의 개수(a)	한 꼭짓점에 모인 면의 개수(b)
정사면체	4	3
정육면체	6	3
정팔면체	8	4
정십이면체	12	3
정이십면체	20	5

따라서 a가 b의 배수가 아닌 정다면체는 정사면체이다.

08

전개도로 만든 정다면체는 오른쪽 그림과 같다.

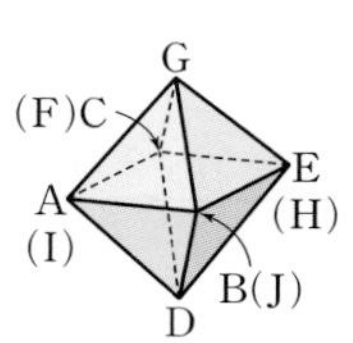

따라서 $\overline{AB}$와 평행한 모서리는 $\overline{CH}$이다.
$\overline{CD}$, $\overline{GH}$는 $\overline{AB}$와 꼬인 위치에 있으며, $\overline{GJ}$는 $\overline{AB}$와 한 점에서 만나고, $\overline{IJ}$는 $\overline{AB}$와 일치한다.

09

③ 구에 외접하는 정육면체가 다면체이므로 이 도형은 회전체가 아니다.

10

② 회전축에 수직인 면으로 자른 단면은 그 높이에 따라 크기가 다른 원이 된다.

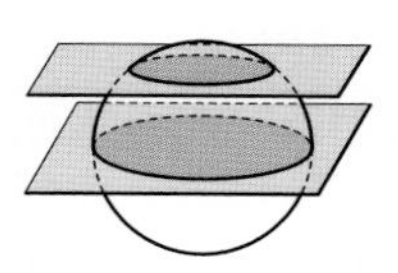

11

트리의 밑면 폭이 24 cm가 되기 위해서는 종이의 밑변 폭은 그 절반인 12 cm가 되어야 하므로 $x=12$

12

원뿔을 회전축을 포함하는 평면으로 자른 단면은 이등변삼각형 모양이다.

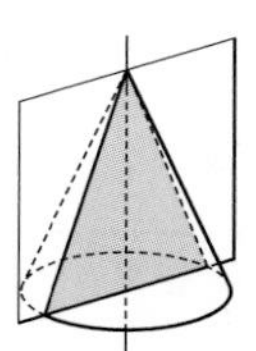

13

단면의 모양은 오른쪽 그림과 같다.
따라서 그 넓이는

$2\times\left(\frac{1}{2}\times6\times8\right)=48(\text{cm}^2)$

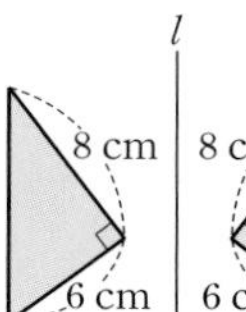
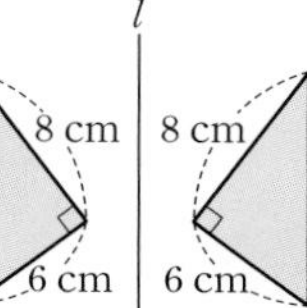

14

단면의 모양은 오른쪽 그림과 같다.
따라서 그 넓이는
$\pi\times3^2-\pi\times1^2=8\pi(\text{cm}^2)$

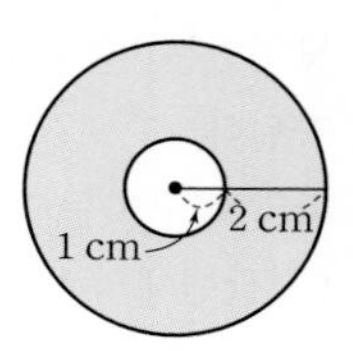

15

회전체의 모양은 원뿔 두 개가 겹쳐진 모양으로 오른쪽 그림과 같다.

서술형으로 중단원 마무리

본문 130~131쪽

서술형 1-1 36개	**서술형 1-2** 36개
서술형 2-1 풀이 참조	**서술형 2-2** 풀이 참조
서술형 3-1 30개	**서술형 3-2** 20개
서술형 4-1 $\frac{5}{3}$	**서술형 4-2** $\frac{3}{2}$

서술형 1-1 **답** 36개

정육면체의 모서리의 개수는 [12]개이다. … 1단계

꼭짓점을 잘라내면서 추가되는 모서리의 개수는 한 꼭짓점에 모여있는 면의 개수와 같으므로 꼭짓점마다 [3]개의 모서리가 추가된다. … 2단계

따라서 구하는 모서리의 개수는
(정육면체의 모서리의 개수)+(추가된 모서리의 개수)
$=$[12]$+8\times$[3]$=$[36](개) … 3단계

단계	채점 기준	비율
1	정육면체의 모서리의 개수를 구한 경우	40 %
2	잘라냈을 때 추가되는 모서리의 개수를 구한 경우	40 %
3	다면체의 모서리의 개수를 구한 경우	20 %

서술형 1-2 **답** 36개

정팔면체의 모서리의 개수는 12개이다. … 1단계

꼭짓점을 잘라내면서 추가되는 모서리의 개수는 한 꼭짓점에 모여있는 면의 개수와 같으므로 꼭짓점마다 4개의 모서리가 추가된다. … 2단계

따라서 구하는 모서리의 개수는

(정팔면체의 모서리의 개수)+(추가된 모서리의 개수)

$=12+6\times4=36$(개) … 3단계

단계	채점 기준	비율
1	정팔면체의 모서리의 개수를 구한 경우	40 %
2	잘라냈을 때 추가되는 모서리의 개수를 구한 경우	40 %
3	다면체의 모서리의 개수를 구한 경우	20 %

서술형 2-1 **답** 풀이 참조

정다면체가 [아니다]. … 1단계

각 면이 [합동]이 아니기 때문이다. … 2단계

단계	채점 기준	비율
1	정다면체인지 판단한 경우	50 %
2	그 이유를 설명한 경우	50 %

서술형 2-2 **답** 풀이 참조

정다면체가 아니다. … 1단계

각 꼭짓점에 모인 면의 개수가 3개, 4개로 같지 않기 때문이다. … 2단계

단계	채점 기준	비율
1	정다면체인지 판단한 경우	50 %
2	그 이유를 설명한 경우	50 %

서술형 3-1 **답** 30개

정십이면체의 면의 모양은 [정오각형]이므로 한 면의 모서리의 개수는 [5]개이다. … 1단계

정십이면체의 면의 개수는 12개이다. … 2단계

한 모서리는 이웃하는 면이 두 개이므로 두 번씩 헤아려진다.

따라서 정십이면체의 모서리의 개수는

$\frac{\boxed{5}\times12}{\boxed{2}}=\boxed{30}$(개) … 3단계

단계	채점 기준	비율
1	한 면의 모서리의 개수를 구한 경우	30 %
2	면의 개수를 구한 경우	30 %
3	정십이면체의 모서리의 개수를 구한 경우	40 %

서술형 3-2 **답** 20개

정십이면체의 면의 모양은 정오각형이므로 한 면의 꼭짓점의 개수는 5개이다. … 1단계

정십이면체의 면의 개수는 12개이다. … 2단계

한 꼭짓점은 이웃하는 면이 세 개이므로 세 번씩 헤아려진다.

따라서 정십이면체의 꼭짓점의 개수는

$\frac{5\times12}{3}=20$(개) … 3단계

단계	채점 기준	비율
1	한 면의 꼭짓점의 개수를 구한 경우	30 %
2	면의 개수를 구한 경우	30 %
3	정십이면체의 꼭짓점의 개수를 구한 경우	40 %

서술형 4-1 **답** $\frac{5}{3}$

옆면의 호의 길이는

$2\pi\times6\times\frac{100}{360}=\boxed{\frac{10}{3}\pi}$(cm) … 1단계

옆면의 호의 길이와 밑면의 둘레의 길이는 같으므로

$2\pi\times r=\boxed{\frac{10}{3}\pi}$, $r=\boxed{\frac{5}{3}}$ … 2단계

단계	채점 기준	비율
1	호의 길이를 구한 경우	50 %
2	밑면의 반지름의 길이를 구한 경우	50 %

서술형 4-2 **답** $\frac{3}{2}$

옆면의 큰 호의 길이는

$2\pi\times9\times\frac{60}{360}=3\pi$(cm) … 1단계

옆면의 큰 호의 길이와 더 큰 밑면의 둘레의 길이는 같으므로

$2\pi\times r=3\pi$, $r=\frac{3}{2}$ … 2단계

단계	채점 기준	비율
1	호의 길이를 구한 경우	50 %
2	밑면의 반지름의 길이를 구한 경우	50 %

2. 입체도형의 겉넓이와 부피

본문 132~137쪽

유제

1 (1) 4π cm^2 (2) 24π cm^2 (3) 32π cm^2
2 (1) 180 cm^3 (2) 72π cm^3
3 144π cm^2 4 84π cm^3
5 75π cm^2 6 64π cm^2
7 144π cm^3 8 3 : 2 : 1

유제 1

주어진 원기둥의 전개도를 그리면 다음 그림과 같다.

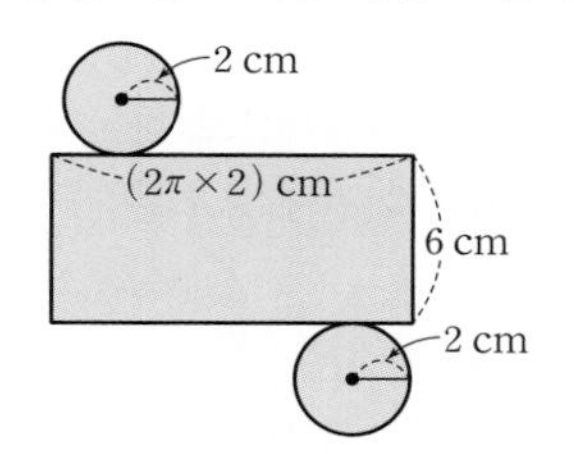

(1) (밑넓이)$=\pi\times2^2=4\pi(\text{cm}^2)$
(2) (옆넓이)$=(2\pi\times2)\times6=24\pi(\text{cm}^2)$
(3) (겉넓이)$=4\pi\times2+24\pi=32\pi(\text{cm}^2)$

유제 2

(1) (부피)=(밑넓이)×(높이)
$=\left\{\frac{1}{2}\times(3+6)\times4\right\}\times10=180(\text{cm}^3)$
(2) (부피)=(밑넓이)×(높이)
$=(\pi\times3^2)\times8=72\pi(\text{cm}^3)$

유제 3

회전체는 [그림 1]과 같은 원뿔이고, 전개도를 그리면 [그림 2]와 같다.

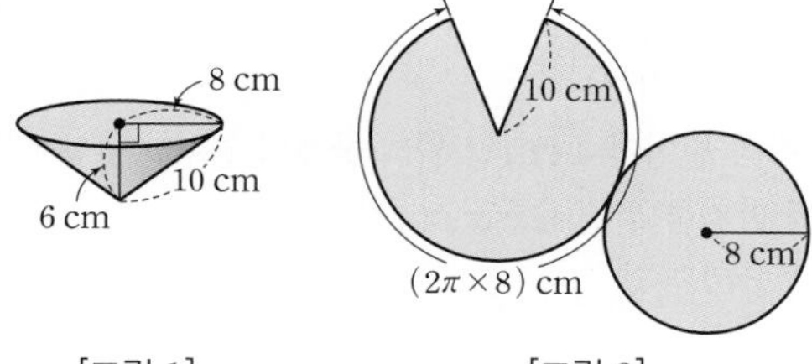

[그림 1] [그림 2]

(겉넓이)$=\pi\times8^2+\frac{1}{2}\times(2\pi\times8)\times10$
$=64\pi+80\pi$
$=144\pi(\text{cm}^2)$

유제 4

(원뿔대의 부피)
=(밑면의 반지름의 길이가 6 cm인 원뿔의 부피)
−(밑면의 반지름의 길이가 3 cm인 원뿔의 부피)
$=\frac{1}{3}\times\pi\times6^2\times8-\frac{1}{3}\times\pi\times3^2\times4$
$=96\pi-12\pi=84\pi(\text{cm}^3)$

유제 5

(반구의 겉넓이)$=\frac{1}{2}\times4\pi\times5^2+\pi\times5^2$
$=50\pi+25\pi$
$=75\pi(\text{cm}^2)$

유제 6

(입체도형의 겉넓이)
$=\frac{3}{4}\times$(구의 겉넓이)
+2×(반지름의 길이가 4 cm인 반원의 넓이)
$=\frac{3}{4}\times4\pi\times4^2+2\times\left(\frac{1}{2}\times\pi\times4^2\right)$
$=48\pi+16\pi=64\pi(\text{cm}^2)$

유제 7

(반구의 부피)$=\frac{1}{2}\times$(구의 부피)
$=\frac{1}{2}\times\frac{4}{3}\pi\times6^3$
$=144\pi(\text{cm}^3)$

유제 8

원기둥의 밑면의 넓이가 25π cm^{2}이므로 밑면인 원의 반지름의 길이는 5 cm이다.
원기둥에 구와 원뿔이 꼭 맞게 들어있으므로 원기둥의 높이는
$5\times2=10(\text{cm})$
(원기둥의 부피)$=\pi\times5^2\times10=250\pi(\text{cm}^3)$
(구의 부피)$=\frac{4}{3}\pi\times5^3=\frac{500}{3}\pi(\text{cm}^3)$
(원뿔의 부피)$=\frac{1}{3}\times\pi\times5^2\times10=\frac{250}{3}\pi(\text{cm}^3)$
따라서
(원기둥의 부피) : (구의 부피) : (원뿔의 부피)
$=250\pi:\frac{500}{3}\pi:\frac{250}{3}\pi$
$=3:2:1$

중단원 마무리

본문 138~139쪽

01 ④	**02** $(24+7\pi)\,\text{cm}^2$	**03** ①	**04** ⑤	**05** ②
06 $64\pi\,\text{cm}^3$	**07** ④	**08** $40\pi\,\text{cm}^2$		
09 (1) 풀이 참조 (2) $34\pi\,\text{cm}^2$		**10** $72\,\text{cm}^3$		**11** 64번
12 ②	**13** ①	**14** 54개	**15** ③	**16** $1:3:2$

01

주어진 기둥의 밑면은 오른쪽 그림과 같으므로

(밑넓이)$=2\times8+3\times4$

$=16+12=28(\text{cm}^2)$

(옆넓이)

$=$(밑면의 둘레의 길이)$\times$(높이)

$=(8+2+5+4+3+6)\times10$

$=28\times10=280(\text{cm}^2)$

따라서

(겉넓이)$=2\times28+280$

$=56+280=336(\text{cm}^2)$

02

주어진 입체도형은 밑면의 모양이 부채꼴인 기둥이므로

(밑넓이)$=\pi\times4^2\times\dfrac{45}{360}=2\pi(\text{cm}^2)$

(옆넓이)$=$(밑면의 둘레의 길이)$\times$(높이)

$=\left\{\left(2\pi\times4\times\dfrac{45}{360}\right)+4+4\right\}\times3$

$=(\pi+8)\times3=3\pi+24(\text{cm}^2)$

따라서

(겉넓이)$=2\times2\pi+24+3\pi$

$=4\pi+24+3\pi$

$=24+7\pi(\text{cm}^2)$

03

원기둥의 밑넓이를 $x\,\text{cm}^2$라고 하면 옆넓이는 $4x\,\text{cm}^2$이다.

(겉넓이)$=$(밑넓이)$\times2+$(옆넓이)

$=2x+4x$

$=6x=54\pi$

즉, $x=9\pi$

따라서 원기둥의 밑넓이가 $9\pi\,\text{cm}^2$이므로 밑면의 반지름의 길이는 $3\,\text{cm}$이다.

04

(주어진 입체도형의 부피)

$=$(정육면체의 부피)$-$(잘라낸 삼각기둥의 부피)

$=10\times10\times10-\dfrac{1}{2}\times3\times4\times10$

$=1000-60=940(\text{cm}^3)$

05

(삼각기둥의 부피)$=$(밑넓이)$\times$(높이)이므로

$120=\dfrac{1}{2}\times12\times5\times$(높이)

따라서 높이는 $4\,\text{cm}$이다.

06

주어진 도형을 직선 l을 회전축으로 하여 1회전 시킬 때 생기는 회전체는 오른쪽 그림과 같다.

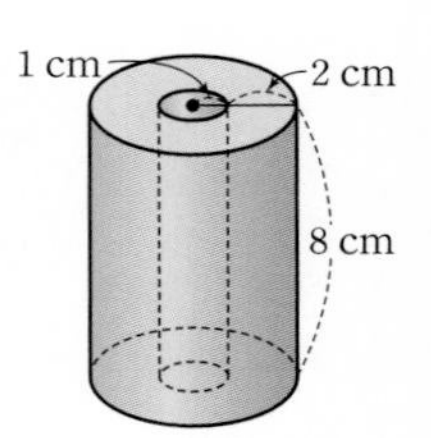

(회전체의 부피)

$=$(밑면의 반지름의 길이가 $3\,\text{cm}$인 원기둥의 부피)

$-$(밑면의 반지름의 길이가 $1\,\text{cm}$인 원기둥의 부피)

$=\pi\times3^2\times8-\pi\times1^2\times8$

$=72\pi-8\pi=64\pi(\text{cm}^3)$

07

(겉넓이)$=$(밑넓이)$+$(옆넓이)이므로

$171=9\times9+\left(\dfrac{1}{2}\times9\times x\right)\times4$

$171=81+18x$, $18x=90$, $x=5$

08

주어진 전개도로 만들 수 있는 입체도형은 원뿔이고, 옆면인 부채꼴의 호의 길이는 밑면의 둘레의 길이와 같다.

즉,

(부채꼴의 호의 길이)

$=$(반지름의 길이가 $4\,\text{cm}$인 원의 둘레의 길이)

부채꼴의 반지름의 길이를 $x\,\text{cm}$라고 하면

$2\pi\times x\times\dfrac{240}{360}=2\pi\times4$, $x=6$

따라서

(겉넓이)$=$(밑넓이)$+$(옆넓이)

$=\pi\times4^2+\pi\times6^2\times\dfrac{240}{360}$

$=16\pi+24\pi=40\pi(\text{cm}^2)$

09

(1) 원뿔대의 옆면의 전개도는 다음 그림과 같다.

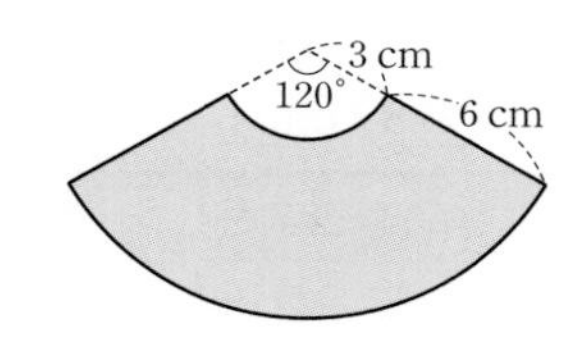

(2) 원뿔대의 옆면의 전개도는 (1)과 같으므로

(옆넓이)

=(반지름의 길이가 9 cm인 부채꼴의 넓이)

−(반지름의 길이가 3 cm인 부채꼴의 넓이)

$=\frac{1}{2}\times 9\times(2\pi\times 3)-\frac{1}{2}\times 3\times(2\pi\times 1)$

$=27\pi-3\pi$

$=24\pi(\text{cm}^2)$

(원뿔대의 겉넓이)

=(반지름의 길이가 1 cm인 원의 넓이)

+(반지름의 길이가 3 cm인 원의 넓이)+(옆넓이)

$=\pi\times 1^2+\pi\times 3^2+24\pi$

$=\pi+9\pi+24\pi$

$=34\pi(\text{cm}^2)$

10

주어진 전개도를 접었을 때 생기는 입체도형은 오른쪽 그림과 같다.

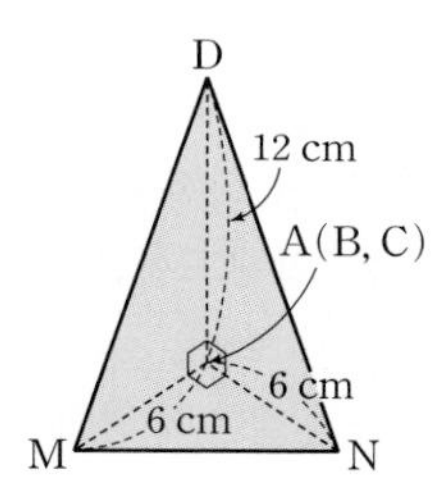

밑면이 직각이등변삼각형인 삼각뿔이므로

(삼각뿔의 부피)

$=\frac{1}{3}\times$(밑넓이)$\times$(높이)

$=\frac{1}{3}\times\left(\frac{1}{2}\times 6\times 6\right)\times 12$

$=72(\text{cm}^3)$

11

작은 원뿔 모양의 그릇 (나)의 부피는

$\frac{1}{3}\times\pi\times 3^2\times 5=15\pi(\text{cm}^3)$

큰 원뿔 모양의 그릇 (가)의 부피는

$\frac{1}{3}\pi\times 12^2\times 20=960\pi(\text{cm}^3)$

따라서 그릇 (나)에 모래를 가득 담아 그릇 (가)에 모래를 가득 채우려면 $960\pi\div 15\pi=64$(번) 부어야 한다.

12

(주어진 사각뿔대의 부피)

=(큰 사각뿔의 부피)−(작은 사각뿔의 부피)

$=\frac{1}{3}\times 5^2\times(4+6)-\frac{1}{3}\times 2^2\times 4$

$=\frac{250}{3}-\frac{16}{3}=\frac{234}{3}=78(\text{cm}^3)$

13

주어진 도형을 직선 l을 회전축으로 하여 1회전 시킬 때 생기는 회전체는 오른쪽 그림과 같다.

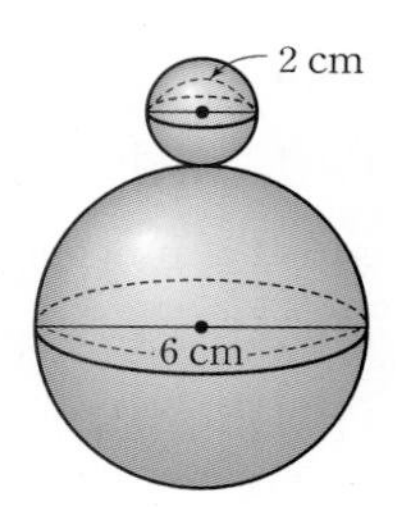

(겉넓이)$=4\pi\times 1^2+4\pi\times 3^2$

$=4\pi+36\pi=40\pi(\text{cm}^2)$

(부피)$=\frac{4}{3}\pi\times 1^3+\frac{4}{3}\pi\times 3^3$

$=\frac{4}{3}\pi+36\pi=\frac{112}{3}\pi(\text{cm}^3)$

14

(구의 부피)$=\frac{4}{3}\pi\times 3^3=36\pi(\text{cm}^3)$

(원뿔의 부피)$=\frac{1}{3}\times\pi\times 1^2\times 2=\frac{2}{3}\pi(\text{cm}^3)$

따라서 구 모양의 초콜릿 1개를 녹여서 원뿔 모양의 초콜릿을 $36\pi\div\frac{2}{3}\pi=54$(개) 만들 수 있다.

15

(주어진 도형의 겉넓이)

=(구의 겉넓이)$\times\frac{1}{2}$+(원기둥의 옆넓이)+(원기둥의 밑넓이)

+(반구를 이루는 원에서 원기둥의 밑면을 이루는 원을 뺀 도형의 겉넓이)

$=4\pi\times 6^2\times\frac{1}{2}+2\pi\times 2\times 6+\pi\times 2^2+(\pi\times 6^2-\pi\times 2^2)$

$=72\pi+24\pi+4\pi+32\pi=132\pi(\text{cm}^2)$

16

(원뿔 모양의 와인잔의 부피)$=\frac{1}{3}\pi r^2\times r=\frac{1}{3}\pi r^3$

(원기둥 모양의 와인잔의 부피)$=\pi r^2\times r=\pi r^3$

(반구 모양의 와인잔의 부피)$=\frac{4}{3}\pi r^3\times\frac{1}{2}=\frac{2}{3}\pi r^3$

따라서

(세 와인잔의 부피의 비)$=\frac{1}{3}\pi r^3:\pi r^3:\frac{2}{3}\pi r^3=1:3:2$

서술형으로 중단원 마무리

본문 140~141쪽

서술형 1-1 $30\pi\ cm^2$ 서술형 1-2 $42\pi\ cm^2$
서술형 2-1 $728\ cm^2$ 서술형 2-2 $144\pi\ cm^2$
서술형 3-1 $84\pi\ cm^3$ 서술형 3-2 $19\pi\ cm^3$
서술형 4-1 $\frac{32}{3}\pi\ cm^3$ 서술형 4-2 $288\pi\ cm^3$

서술형 1-1

답 $30\pi\ cm^2$

(원뿔의 옆넓이)$=\frac{1}{2}\times\boxed{4\pi}\times\boxed{5}=\boxed{10\pi}(cm^2)$ … 1단계

원기둥의 밑면은 반지름의 길이가 $\boxed{2}$ cm이므로

(밑넓이)$=\pi\times2^2=\boxed{4\pi}(cm^2)$ … 2단계

(원기둥의 옆넓이)$=\boxed{4\pi}\times4=\boxed{16\pi}(cm^2)$ … 3단계

따라서

(입체도형의 겉넓이)$=10\pi+4\pi+16\pi$

$=\boxed{30\pi}(cm^2)$ … 4단계

단계	채점 기준	비율
1	원뿔의 옆넓이를 구한 경우	30 %
2	원기둥의 밑넓이를 구한 경우	20 %
3	원기둥의 옆넓이를 구한 경우	30 %
4	입체도형의 겉넓이를 구한 경우	20 %

서술형 1-2

답 $42\pi\ cm^2$

(원뿔의 옆넓이)$=\frac{1}{2}\times(2\pi\times3)\times6=18\pi(cm^2)$ … 1단계

(원기둥의 옆넓이)$=(2\pi\times3)\times1=6\pi(cm^2)$ … 2단계

따라서

(입체도형의 겉넓이)$=18\pi+6\pi+18\pi$

$=42\pi(cm^2)$ … 3단계

단계	채점 기준	비율
1	원뿔의 옆넓이를 구한 경우	40 %
2	원기둥의 옆넓이를 구한 경우	30 %
3	입체도형의 겉넓이를 구한 경우	30 %

서술형 2-1

답 $728\ cm^2$

(밑넓이)$=10\times10-\boxed{4}\times\boxed{4}=\boxed{84}(cm^2)$ … 1단계

(옆넓이)

=(큰 사각기둥의 옆넓이)$\boxed{+}$(작은 사각기둥의 옆넓이)

$=10\times(40+\boxed{16})$

$=\boxed{560}(cm^2)$ … 2단계

따라서

(입체도형의 겉넓이)$=2\times84+560$

$=168+560$

$=\boxed{728}(cm^2)$ … 3단계

단계	채점 기준	비율
1	입체도형의 밑넓이를 구한 경우	30 %
2	입체도형의 옆넓이를 구한 경우	40 %
3	입체도형의 겉넓이를 구한 경우	30 %

서술형 2-2

답 $144\pi\ cm^2$

(밑넓이)$=\pi\times5^2-\pi\times1^2=24\pi(cm^2)$ … 1단계

(옆넓이)=(큰 원기둥의 옆넓이)+(작은 원기둥의 옆넓이)

$=10\pi\times8+2\pi\times8$

$=96\pi(cm^2)$ … 2단계

따라서

(입체도형의 겉넓이)$=24\pi\times2+96\pi$

$=48\pi+96\pi=144\pi(cm^2)$ … 3단계

단계	채점 기준	비율
1	입체도형의 밑넓이를 구한 경우	30 %
2	입체도형의 옆넓이를 구한 경우	40 %
3	입체도형의 겉넓이를 구한 경우	30 %

서술형 3-1

답 $84\pi\ cm^3$

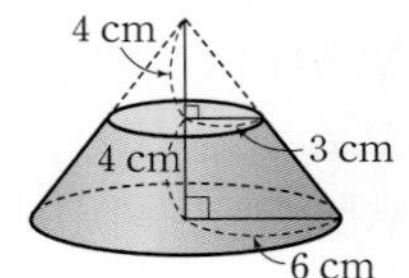

직선 l을 회전축으로 하여 1회전 시켜 생기는 입체도형은 오른쪽 그림과 같은 $\boxed{원뿔대}$이다. … 1단계

처음 원뿔은 밑면의 반지름의 길이가 $\boxed{6}$ cm, 높이가 $\boxed{8}$ cm이므로

(처음 원뿔의 부피)$=\frac{1}{3}\times\pi\times6^2\times8=\boxed{96\pi}(cm^3)$ … 2단계

잘린 원뿔은 밑면의 반지름의 길이가 $\boxed{3}$ cm, 높이가 $\boxed{4}$ cm이므로

(잘린 원뿔의 부피)$=\frac{1}{3}\times\pi\times3^2\times4=\boxed{12\pi}(cm^3)$ … 3단계

따라서 (원뿔대의 부피)$=96\pi-12\pi=\boxed{84\pi}(cm^3)$ … 4단계

단계	채점 기준	비율
1	입체도형의 이름을 구한 경우	20 %
2	처음 원뿔의 부피를 구한 경우	30 %
3	잘린 원뿔의 부피를 구한 경우	30 %
4	입체도형의 부피를 구한 경우	20 %

서술형 3-2 답 19π cm^3

직선 l을 회전축으로 하여 1회전 시켜 생기는 입체도형은 오른쪽 그림과 같은 원뿔대이다. … 1단계

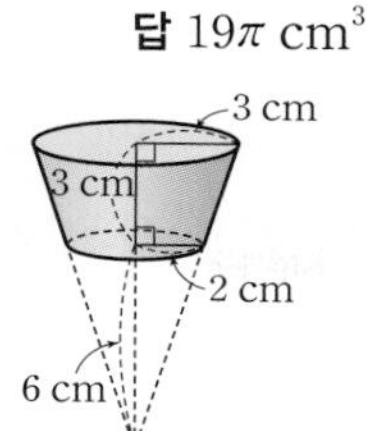

처음 원뿔은 밑면의 반지름의 길이가 3 cm, 높이가 9 cm이므로

(처음 원뿔의 부피)$=\frac{1}{3}\times\pi\times3^2\times9=27\pi$(cm^3) … 2단계

잘린 원뿔은 밑면의 반지름의 길이가 2 cm, 높이가 6 cm이므로

(잘린 원뿔의 부피)$=\frac{1}{3}\times\pi\times2^2\times6=8\pi$(cm^3) … 3단계

따라서 (원뿔대의 부피)$=27\pi-8\pi=19\pi$(cm^3) … 4단계

단계	채점 기준	비율
1	입체도형의 이름을 구한 경우	20 %
2	처음 원뿔의 부피를 구한 경우	30 %
3	잘린 원뿔의 부피를 구한 경우	30 %
4	입체도형의 부피를 구한 경우	20 %

서술형 4-1 답 $\frac{32}{3}\pi$ cm^3

구의 반지름의 길이를 r cm라고 하면

(구의 겉넓이)$=16\pi=\boxed{4\pi r^2}$(cm^2)

$r^2=\boxed{4}$, $r=2$

즉, 구의 반지름의 길이는 $\boxed{2}$ cm이다. … 1단계

따라서 구의 부피는 $\frac{4}{3}\pi\times\boxed{2^3}=\boxed{\frac{32}{3}\pi}$(cm^3) … 2단계

단계	채점 기준	비율
1	구의 반지름의 길이를 구한 경우	50 %
2	구의 부피를 구한 경우	50 %

서술형 4-2 답 288π cm^3

구의 반지름의 길이를 r cm라고 하면

(구의 겉넓이)$=144\pi=4\pi r^2$(cm^2)

$r^2=36$, $r=6$

즉, 구의 반지름의 길이는 6 cm이다. … 1단계

따라서 구의 부피는 $\frac{4}{3}\pi\times6^3=288\pi$(cm^3) … 2단계

단계	채점 기준	비율
1	구의 반지름의 길이를 구한 경우	50 %
2	구의 부피를 구한 경우	50 %

Ⅷ 자료의 정리와 해석

1. 대푯값

본문 144~146쪽

유제

1 21회
2 13분
3 27인치, 34인치
4 햄버거
5 최빈값 240 mm, 270 mm

유제 1

주어진 자료를 작은 값부터 크기순으로 나열하면 8, 10, 12, 20, 22, 25, 30, 32이므로 중앙값은 한가운데 있는 두 값의 평균인 $\frac{20+22}{2}=21$(회)

유제 2

주어진 자료를 작은 값부터 크기순으로 나열하면 다음과 같다.

2, 5, 5, 8, 10, 12, 12, 13, 15, 17, 17, 19, 20, 21, 35

자료의 개수가 홀수이므로 중앙값은 작은 값부터 크기순으로 나열하였을 때 8번째 수이다. 따라서 중앙값은 13분이다.

유제 3

27인치와 34인치가 각각 네 번씩 가장 많이 나타나므로 최빈값은 27인치와 34인치이다.

유제 4

표에 따르면 가장 많은 학생이 좋아하는 음식은 햄버거이므로 최빈값은 햄버거이다.

유제 5

실내화의 크기는 규격화된 자료이므로 평균이나 중앙값보다 최빈값을 대푯값으로 선택해야 한다.

따라서 최빈값은 240 mm, 270 mm이다.

중단원 마무리

본문 147쪽

01 ⑤ **02** ② **03** 90 **04** 70 kg **05** ③
06 21 **07** 5.5 **08** ④

01

ㄱ. 자료 중 극단적인 값에 영향을 받는 대푯값은 평균이다.

ㄴ. 중앙값은 자료의 개수가 홀수 개일 경우 한가운데의 값, 짝수 개일 경우 한가운데의 두 수의 평균이므로 1개이다.

따라서 옳은 것은 ㄷ, ㄹ이다.

02

주어진 자료를 작은 값부터 크기순으로 나열하면

30, 45, 60, 75, 75, 80, 80, 80, 85, 100

따라서 중앙값은 5번째 값과 6번째 값의 평균이므로

$\frac{75+80}{2}=77.5$

80이 3번으로 가장 많이 나타나므로 최빈값은 80이다.

03

그래프에 따르면 가장 많은 옷 사이즈는 90이므로 최빈값은 90이다.

04

최빈값이 65 kg이므로 65 kg인 선수가 2명 이상이다. 주어진 정보로 알 수 있는 자료는 다음과 같다.

80, 100, 65, 65, a

5명의 평균 몸무게는 $\frac{80+100+65+65+a}{5}=76$(kg)이므로

$a=70$

따라서 작은 값부터 크기순으로 나열하면 65, 65, 70, 80, 100이므로 중앙값은 70 kg이다.

05

7개 자료의 중앙값은 y이다. 7과 8 사이에 있고 최빈값이므로

$y=7$ 또는 $y=8$

(i) $y=7$인 경우 $\frac{2+x+7+7+8+10+12}{7}=7$이므로 $x=3$

$2<x<7$이므로 주어진 조건을 만족시킨다.

(ii) $y=8$인 경우 $\frac{2+x+7+8+8+10+12}{7}=8$이므로 $x=9$

$2<x<7$이므로 조건을 만족시키지 않는다.

따라서 $y=7$, $x=3$이므로 $y-x=7-3=4$

06

주어진 자료의 평균은 $\frac{12+10+8+a+18+14}{6}=12$이므로

$a=10$

주어진 자료를 작은 값부터 크기순으로 나열하면 8, 10, 10, 12, 14, 18이므로 중앙값은 $\frac{10+12}{7}=11$(일), 최빈값은 10일이므로 중앙값과 최빈값의 합은

$11+10=21$

07

[자료1]을 a를 제외하고 작은 값부터 크기순으로 나열하면

3, 4, 8, 9이고, a가 추가되었을 때 중앙값이 6이므로 $a=6$

[자료2]를 b를 제외하고 작은 값부터 크기순으로 나열하면

1, 4, 6, 10이고, b가 추가되었을 때 중앙값이 5이므로 $b=5$

[자료1]과 [자료2]를 합친 자료를 작은 값부터 크기순으로 나열하면

1, 3, 4, 4, 5, 6, 6, 8, 9, 10

따라서 중앙값은 $\frac{5+6}{2}=5.5$

08

주어진 자료를 작은 값부터 크기순으로 나열하면 9, 10, 12, 13, 20, 80이므로 중앙값은 $\frac{12+13}{2}=12.5$(만 원)

또 평균은 $\frac{9+10+12+13+20+80}{6}=24$(만 원)

80만 원의 극단적으로 큰 값이 존재하므로 평균보다 중앙값을 적절한 대푯값으로 볼 수 있다.

서술형으로 중단원 마무리

본문 148쪽

서술형 1-1 10개 **서술형 1-2** 2회
서술형 2-1 65점, 75점, 중앙값 **서술형 2-2** 137.5분, 85분, 중앙값

서술형 1-1 **답** 10개

(평균)$=\frac{5+8+15+6+14+a}{\boxed{6}}=\boxed{10}$이므로

$48+a=\boxed{60}$, $a=\boxed{12}$ … 1단계

주어진 자료를 작은 값부터 크기순으로 나열하면 5, 6, 8, 12, 14, 15이므로 중앙값은

$\frac{\boxed{8}+\boxed{12}}{2}=\boxed{10}$(개) … 2단계

단계	채점 기준	비율
1	평균을 이용하여 a의 값을 구한 경우	50 %
2	중앙값을 구한 경우	50 %

서술형 1-2 답 2회

$(\text{평균})=\frac{1+2+15+1+4+3+a}{7}=4$이므로

$26+a=28$, $a=2$ … 1단계

주어진 자료를 작은 값부터 크기순으로 나열하면 1, 1, 2, 2, 3, 4, 15이므로 중앙값은 2회이다. … 2단계

단계	채점 기준	비율
1	평균을 이용하여 a의 값을 구한 경우	50 %
2	중앙값을 구한 경우	50 %

서술형 2-1 답 65점, 75점, 중앙값

$(\text{평균})=\frac{80+72+\boxed{15}+83+75}{\boxed{5}}=\boxed{65}(\text{점})$ … 1단계

주어진 자료를 작은 값부터 크기순으로 나열하면 15, 72, 75, 80, 83이므로 중앙값은 $\boxed{75}$점이다. … 2단계

자료에 극단적인 값이 포함되어 있으므로 $\boxed{\text{중앙값}}$이 적절한 대푯값이다. … 3단계

단계	채점 기준	비율
1	평균을 구한 경우	40 %
2	중앙값을 구한 경우	40 %
3	적절한 대푯값을 구한 경우	20 %

서술형 2-2 답 137.5분, 85분, 중앙값

$(\text{평균})=\frac{130+60+100+70+400+65}{6}=137.5(\text{분})$

… 1단계

주어진 자료를 작은 값부터 크기순으로 나열하면 60, 65, 70, 100, 130, 400이고 자료가 6개이므로 중앙값은

$\frac{70+100}{2}=85(\text{분})$ … 2단계

자료에 극단적인 값이 포함되어 있으므로 중앙값이 더 적절한 대푯값이다. … 3단계

단계	채점 기준	비율
1	평균을 구한 경우	40 %
2	중앙값을 구한 경우	40 %
3	적절한 대푯값을 구한 경우	20 %

2. 자료의 정리와 해석

본문 149~156쪽

유제

1 (1) 7 (2) 8시 36분
2 (1) 2.0 이상 3.0 미만 (2) 3개 (3) 16회
3 풀이 참조
4 (1) 25명 (2) 1회 이상 4회 미만 (3) 10명
5 (1) 25 % (2) 13명
6 (1) ○ (2) × (3) × (4) ○
7 14명
8 (1) 진아네 반: 2명, 수연이네 반: 5명
(2) 7초 이상 8초 미만

유제 1

(1) 줄기 7의 잎이 11개로 가장 많다.
(2) 8시 30분 이후 열차 중 가장 빠른 열차 시간은 8시 36분이다.

유제 2

(1) 2.0 이상 3.0 미만인 계급의 도수는 90으로 가장 크다.
(2) 계급은 2.0 이상 3.0 미만, 3.0 이상 4.0 미만, 4.0 이상 5.0 미만으로 3개이다.
(3) 규모 3.0 이상의 지진 발생 횟수는
$14+2=16(\text{회})$

유제 3

수학 수행평가 점수

점수(점)	학생 수(명)
0이상 ~ 5미만	1
5 ~ 10	3
10 ~ 15	3
15 ~ 20	3
20 ~ 25	6
합계	16

유제 4

(1) 도영이네 반 학생 수는 모든 계급의 도수의 합이므로
$2+8+5+6+4=25(\text{명})$
(2) 1회 이상 4회 미만인 계급의 도수가 2로 가장 작다.
(3) 하루 전화 통화 횟수가 7회 미만인 학생 수는
$2+8=10(\text{명})$

유제 5

(1) 도수의 총합은 $5+2+1+1+3=12$(명)이고 결석한 횟수가 9회 이상인 학생 수는 3명이므로

$\frac{3}{12}\times100=25(\%)$

(2) 1번 이상 결석한 학생 수는 12명이고 하준이네 반 전체 학생 수는 25명이므로 한 번도 결석하지 않은 학생 수는

$25-12=13$(명)

유제 6

(2) 도수의 총합이 50인 도수분포표에서 도수가 35인 계급의 상대도수는 $\frac{35}{50}=0.7$이다.

(3) 상대도수는 도수와 정비례한다.

(4) (도수의 총합)$=\frac{(\text{그 계급의 도수})}{(\text{어떤 계급의 상대도수})}$

유제 7

만족도 점수가 0점 이상 4점 미만인 상대도수가 0.05이고 학생 수가 1명이므로

(도수의 총합)$=\frac{1}{0.05}=20$(명)

만족도 점수가 12점 이상인 상대도수는 $0.3+0.4=0.7$이므로 학생 수는

$0.7\times20=14$(명)

유제 8

(1) 8초 이상 9초 미만으로 뛴 학생 수는 다음과 같다.

진아네 반: 상대도수가 0.2이므로

$10\times0.2=2$(명)

수연이네 반: 상대도수가 0.25이므로

$20\times0.25=5$(명)

(2) 다음 표와 같이 상대도수분포표를 나타낼 수 있으므로 수연이네 반 도수가 진아네 반 도수의 2배가 되는 계급은 7초 이상 8초 미만이다.

진아네 반			수연이네 반	
도수(명)	상대도수	시간(초)	상대도수	도수(명)
1	0.1	6이상 ~ 7미만	0.15	3
4	0.4	7 ~ 8	0.4	8
2	0.2	8 ~ 9	0.25	5
3	0.3	9 ~ 10	0.2	4
10	1	합계	1	20

중단원 마무리

본문 157~158쪽

01 ③ **02** ④ **03** ④ **04** ② **05** ④ **06** ①
07 ③ **08** 16 % **09** ⑤ **10** 80점 이상 90점 미만
11 21.08 **12** 0.24 **13** ①

01

도시농부반 학생 수는 잎의 개수와 같으므로

$4+6+3+7=20$(명)

02

방울토마토를 가장 많이 수확한 학생의 방울토마토의 개수는 59개이고 방울토마토를 가장 적게 수확한 학생의 방울토마토의 개수는 21개이다.

따라서 구하는 차는 $59-21=38$(개)

03

방울토마토를 32개보다 적게 수확한 학생은 21, 25, 27, 29, 30, 30, 31로 총 7명이므로

$\frac{7}{20}\times100=35(\%)$

04

방울토마토를 3번째로 많이 수확한 학생은 줄기와 잎이 가장 큰 쪽에서부터 3번째이다. 즉, 57개이다.

05

320 g 이상 330 g 미만인 계급의 사과의 수가 3개이므로 4번째로 무거운 사과가 속한 계급은 310 g 이상 320 g 미만이다.

06

$9+16+A+5+3=40$이므로 $A=7$

07

② 계급의 크기는 $290-280=10$(g)

③ 가장 무거운 사과는 320 g 이상 330 g 미만인 계급에 속하지만 정확한 무게는 알 수 없다.

④ 전체 사과의 개수는 40개이고 무게가 300 g 미만인 사과의 개수는 $9+16=25$(개)이므로

$\frac{25}{40}\times100=62.5(\%)$

따라서 옳지 않은 것은 ③이다.

08

도수의 총합이 $10+24+8+5+2+1=50$(편)이고 평균 시청률 7 % 이상인 TV 프로그램은 $5+2+1=8$(편)이므로

$\frac{8}{50}\times100=16$(%)

09

① (도수의 총합)$=10+24+8+5+2+1=50$(편)

② 계급의 개수는 6개이다.

③ 도수가 가장 작은 계급은 11 % 이상 13 % 미만이다.

④ 평균 시청률이 9 % 이상인 TV 프로그램은 $2+1=3$(편)이다.

따라서 옳은 것은 ⑤이다.

10

90점 이상 100점 미만인 계급의 도수는 3명, 80점 이상 90점 미만인 계급의 도수는 8명이므로 5번째로 높은 점수를 받은 학생은 80점 이상 90점 미만인 계급에 속한다.

11

1회 이상 4회 미만인 계급의 도수가 17명, 상대도수가 0.34이므로

$\frac{17}{(\text{전체 학생 수})}=0.34$, (전체 학생 수)$=50$(명)

따라서 $A=0.4\times50=20$, $B=\frac{4}{50}=0.08$

상대도수의 총합은 1이므로 $C=1$

따라서 $A+B+C=20+0.08+1=21.08$

12

(도수의 총합)$=1+2+4+8+6+3+1=25$(명)

도수가 2번째로 큰 계급은 10회 이상 12회 미만이고 이 계급의 도수는 6명이므로 구하는 상대도수는

$\frac{6}{25}=\frac{24}{100}=0.24$

13

① 여학생과 남학생의 상대도수는 같지만 도수는 다를 수 있다.

② 상대도수가 클수록 도수가 크므로 여학생 중 도수가 가장 큰 계급은 6개 이상 9개 미만이고, 이때의 상대도수는 0.45이다.

③ 12개 이상 학용품을 가지고 있는 남학생의 상대도수는 0.07이므로 $0.07\times100=7$(%)

④ 학용품을 3개 미만으로 가지고 있는 남학생의 상대도수는 0.15이므로 $0.15\times100=15$(명)

⑤ 학용품의 개수가 6개 이상 9개 미만인 계급의 여학생과 남학생의 상대도수는 각각 0.45, 0.4이므로 여학생의 상대도수가 남학생의 상대도수보다 크다.

따라서 옳지 않은 것은 ①이다.

서술형으로 중단원 마무리

본문 159~160쪽

서술형 1-1 51명	**서술형 1-2** 16명
서술형 2-1 70 %	**서술형 2-2** 60 %
서술형 3-1 4명	**서술형 3-2** 10명
서술형 4-1 125명	**서술형 4-2** 20명

서술형 1-1 — 답 51명

식사 시간이 16분 미만인 학생 수는 $(A+36)$명이므로

$\frac{\boxed{A+36}}{100}=0.46$, 즉 $A=\boxed{10}$ … 1단계

전체 학생 수가 100명이므로

$10+36+B+6+3=100$, $B=\boxed{45}$ … 2단계

따라서 식사 시간이 16분 이상 24분 미만인 학생 수는

$B+\boxed{6}=\boxed{51}$(명) … 3단계

단계	채점 기준	비율
1	A의 값을 구한 경우	40 %
2	B의 값을 구한 경우	40 %
3	식사 시간이 16분 이상 24분 미만인 학생 수를 구한 경우	20 %

서술형 1-2 — 답 16명

외식 횟수가 4회 이상인 학생 수는 $(B+7)$명이므로

$\frac{B+7}{40}=\frac{1}{4}$, $B=3$ … 1단계

전체 학생 수가 40명이므로

$A+14+3+7=40$, $A=16$ … 2단계

따라서 외식 횟수가 2회 미만인 학생 수는 16명이다. … 3단계

단계	채점 기준	비율
1	B의 값을 구한 경우	40 %
2	A의 값을 구한 경우	40 %
3	외식 횟수가 2회 미만인 학생 수를 구한 경우	20 %

서술형 2-1 **답** 70 %

도수의 총합이 [50]명이므로

(찢어진 부분의 도수)=[50]−(11+8+7)=[24](명) … 1단계

(40세 미만인 직원의 수)=11+[24]=[35](명)

따라서 40세 미만인 직원의 비율은

$\frac{[35]}{[50]}\times100=[70](\%)$ … 2단계

단계	채점 기준	비율
1	찢어진 부분의 도수를 구한 경우	40 %
2	40세 미만인 직원의 비율을 구한 경우	60 %

서술형 2-2 **답** 60 %

도수의 총합이 20명이므로

(찢어진 부분의 도수)=20−(4+5+3)=8(명) … 1단계

(줄넘기 이단 뛰기를 20회 미만으로 한 학생 수)=4+8=12(명)

따라서 줄넘기 이단 뛰기를 20회 미만으로 한 학생의 비율은

$\frac{12}{20}\times100=60(\%)$ … 2단계

단계	채점 기준	비율
1	찢어진 부분의 도수를 구한 경우	40 %
2	줄넘기 이단 뛰기를 20회 미만으로 한 학생의 비율을 구한 경우	60 %

서술형 3-1 **답** 4명

도수가 11일 때, 상대도수가 0.55이므로

$\frac{[11]}{(\text{도수의 총합})}=0.55$

(도수의 총합)$=\frac{11}{0.55}=$[20](명) … 1단계

시력이 1.5 이상인 계급의 상대도수가 0.2이므로

(도수)=[20]×0.2=[4](명) … 2단계

단계	채점 기준	비율
1	도수의 총합을 구한 경우	50 %
2	시력이 1.5 이상인 학생 수를 구한 경우	50 %

서술형 3-2 **답** 10명

도수가 8일 때, 상대도수가 0.2이므로

$\frac{8}{(\text{도수의 총합})}=0.2$

(도수의 총합)$=\frac{8}{0.2}=40$(명) … 1단계

하루 통화 횟수가 10회 이상 15회 미만인 계급의 상대도수가 0.25이므로

(도수)=40×0.25=10(명) … 2단계

단계	채점 기준	비율
1	도수의 총합을 구한 경우	50 %
2	하루 통화 횟수가 10회 이상 15회 미만인 직원 수를 구한 경우	50 %

서술형 4-1 **답** 125명

사회 점수가 80점 이상인 여학생 수는

100×([0.15]+[0.2])=[35](명) … 1단계

사회 점수가 80점 이상인 남학생 수는

200×([0.05]+[0.4])=[90](명) … 2단계

따라서 사회 점수가 80점 이상인 학생 수는

(남학생 수)+(여학생 수)=35+90=[125](명) … 3단계

단계	채점 기준	비율
1	사회 점수가 80점 이상인 여학생 수를 구한 경우	40 %
2	사회 점수가 80점 이상인 남학생 수를 구한 경우	40 %
3	사회 점수가 80점 이상인 학생 수를 구한 경우	20 %

서술형 4-2 **답** 20명

키가 160 cm 미만인 1반 학생 수는

20×(0.2+0.3)=10(명) … 1단계

키가 160 cm 미만인 2반 학생 수는

25×(0.08+0.32)=10(명) … 2단계

따라서 키가 160 cm 미만인 학생 수는

(1반 학생 수)+(2반 학생 수)=10+10=20(명) … 3단계

단계	채점 기준	비율
1	키가 160 cm 미만인 1반 학생 수를 구한 경우	40 %
2	키가 160 cm 미만인 2반 학생 수를 구한 경우	40 %
3	키가 160 cm 미만인 학생 수를 구한 경우	20 %

EBS

중학 신입생
예비과정

수학